全国中级注册安全工程师职业资格考试配套辅导用书

# 安全生产技术基础习题集

（2022 版）

全国中级注册安全工程师职业资格考试配套辅导用书编写组　编

应 急 管 理 出 版 社

· 北　京 ·

**图书在版编目（CIP）数据**

安全生产技术基础习题集：2022版／全国中级注册安全工程师职业资格考试配套辅导用书编写组编．--北京：应急管理出版社，2022

全国中级注册安全工程师职业资格考试配套辅导用书

ISBN 978-7-5020-9351-8

Ⅰ．①安…　Ⅱ．①全…　Ⅲ．①安全生产—资格考试—习题集　Ⅳ．①X93-44

中国版本图书馆CIP数据核字(2022)第074431号

**安全生产技术基础习题集　2022版**

（全国中级注册安全工程师职业资格考试配套辅导用书）

**编　　者**　全国中级注册安全工程师职业资格考试配套辅导用书编写组
**责任编辑**　尹忠昌　唐小磊　孔　晶
**责任校对**　孔青青
**封面设计**　卓义云天

**出版发行**　应急管理出版社（北京市朝阳区芍药居35号　100029）
**电　　话**　010-84657898（总编室）　010-84657880（读者服务部）
**网　　址**　www. cciph. com. cn
**印　　刷**　应信印务（北京）有限公司
**经　　销**　全国新华书店

**开　　本**　787mm×1092mm $^{1}/_{16}$　**印张**　24 $^{1}/_{4}$　**字数**　578千字
**版　　次**　2022年6月第1版　2022年6月第1次印刷
**社内编号**　20220696　　**定价**　69.00元

# 编　写　说　明

1. 鉴于2022版全国中级注册安全工程师职业资格考试辅导教材（简称2022版教材）修订幅度较大，涉及相关技术、法规、标准等内容，为让广大考生全面系统地掌握2022版教材内容、熟悉考试题型、巩固学习成果，我们组织行业专家和专业的教师队伍，对“全国中级注册安全工程师职业资格考试配套辅导用书”进行了修订。

2. 新修订的“全国中级注册安全工程师职业资格考试配套辅导用书”（简称2022版配套辅导用书）依旧采用习题集、真题详解与考前模拟、考点速记3个系列类别，满足考生差别化需求的同时互为补充。

3. 习题集按章节编写习题，根据修订内容和题目设置合理化目标，增加并改编了大量题目，同时将2019—2021年3年的真题分散编入各章（节），各章（节）真题比例一目了然；真题详解与考前模拟包括2019—2021年3年的真题试卷以及多套精心编写的模拟试卷，非常适合在冲刺复习阶段进行模拟自测、查缺补漏；考点速记针对知识点进行了补充和完善，内容更加全面，适合随身携带、随时学习。

4. 习题集、真题详解与考前模拟中的习题与解析均参考了最新的法规、标准及2022版教材内容。考虑到真题题目的时效性，历年真题仍按考试当年适用的法规、标准以及当年的教材进行解析。请考生在做历年真题时注意知识的更新。

5. 2022版配套辅导用书内容更新较多、题目解析详细，适合考生在考试复习各阶段学习使用。但由于时间仓促，书中仍可能有疏漏之处，恳请读者批评指正！

编　者

2022年6月

# 目　　次

# 第一章 机械安全技术

## 第一节 机械安全基础知识

### 一、单项选择题（每题的备选项中，只有1个最符合题意）

1. 2012年9月6日，工人黄某跟随师傅吴某在工地大型混凝土拌和现场熟悉生产作业环境。师傅与人交谈时，黄某在拌和操作间内出于好奇触碰下料斗的启动按钮，致使下料斗口门打开，此时下料斗内一工人王某正在处理料斗结块，斗口门的突然打开致使王某从5 m高的料斗口摔落至地面，并被随后落下的混凝土块砸中，经抢救无效死亡。导致此次事故发生的机械性危险有害因素有（　　）。
   A. 料斗口锋利的边缘、机械强度不够导致的坍塌、料斗中的尖锐部位造成的形状伤害
   B. 高处坠落的势能伤害、击中物体的动能伤害、坠落物体的挤压
   C. 料斗口稳定性能丧失、机械强度不够导致的坍塌、电气故障
   D. 高处坠落的势能伤害、料斗中的尖锐部位造成的形状伤害、料斗口稳定性能丧失
2. 带“轮”的机械设备是一类特殊的旋转机械。下列对于此类机械设备的说法中，错误的是（　　）。
   A. 啮合齿轮部件必须有全封闭的防护装置，且装置必须坚固可靠
   B. 当有辐轮附属于一个转动轴时，最安全的方法是用手动驱动
   C. 砂轮机的防护装置除磨削区附近，其余位置均应封闭
   D. 啮合齿轮的防护罩应方便开启，内壁涂成红色，应安装电气联锁装置
3. 传动机构是常见的危险机械，包括了齿轮、齿条、皮带、输送链和链轮等。下列关于直线和传动机构危险部位说法中，错误的是（　　）。
   A. 齿轮传动机构必须装置全封闭的防护装置，可采用钢板或铸造箱体
   B. 皮带传送机构危险部位主要是皮带接头及进入皮带轮的部分
   C. 输送链和链轮的危险来自输送链进入到链轮处以及链齿
   D. 齿轮传动防护罩内壁应涂成黄色，安装电气联锁安全装置
4. 在齿轮传动机构中，两个齿轮开始啮合的部位是最危险的部位，不管啮合齿轮处于何种位置都应装设安全防护装置。下列关于齿轮安全防护的做法中，错误的是（　　）。
   A. 齿轮传动机构必须装有半封闭的防护装置
   B. 齿轮防护罩的壳体不应有尖角和锐利部分
   C. 齿轮防护罩应能方便地打开和关闭
   D. 在齿轮防护罩开启的情况下，机器不能启动

5. 为了实现人在操纵机械时不发生伤害，提出了诸多实现机械安全的途径与对策，其中最重要的三个步骤的顺序分别是（　　）。
   A. 使用安全信息—提供安全防护—实现本质安全
   B. 提供安全防护—使用安全信息—实现本质安全
   C. 实现本质安全—使用安全信息—提供安全防护
   D. 实现本质安全—提供安全防护—使用安全信息
6. 下列实现机械安全的途径与对策措施中，不属于本质安全措施的是（　　）。
   A. 通过加大运动部件之间的最小间距，使人体相应部位可以安全进入，或通过减少其间距，使人体任何部位不能进入
   B. 系统的安全装置布置高度符合安全人机工程学原则
   C. 改革工艺，减少噪声、振动，控制有害物质的排放
   D. 冲压设备的施压部件安设挡手板，保证人员不受伤害
7. 下列关于安全防护装置的选用原则和常见的补充保护措施的说法中，错误的是（　　）。
   A. 机械正常运行期间操作者不需要进入危险区域的场合，可优先选择止-动操纵装置或双手操纵装置
   B. 正常运行时需要进入的场合，可采用联锁装置、自动停机装置、双手操纵装置
   C. 急停装置是补充安全措施，不应削弱安全装置或与安全功能有关装置的效能
   D. 急停装置启动后应保持接合状态，手动重调之前不可能恢复电路
8. 安全标志是工作场所常用的提示性安全技术措施，按照相关规程合理的张贴安全标志能够有效地提示工作人员存在的风险以及需要执行的指令和安全的疏散通道等，根据不同的风险等级张贴不同的安全标志符合企业风险分级管控和隐患排查治理的基本要求。在金属切削机床车间中，下列常见的安全标志哪一个不是必须张贴的（　　）。

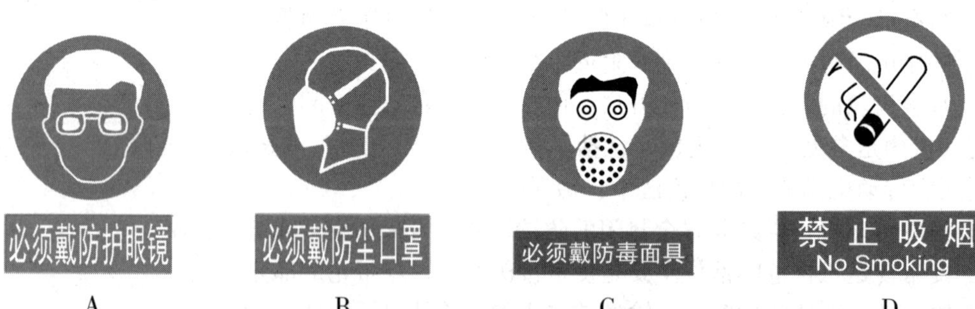

A.　　B.　　C.　　D.

9. 生产厂区和生产车间的通道是保证企业正常生产运输的关键，也是发生安全生产事故时最主要的撤离路径。下列关于机械制造厂区及车间通道的说法中，错误的是（　　）。
   A. 主要生产区的道路应环形布置，尽端式道路应有便捷的消防车回转场地
   B. 车间内横向主要通道宽度不小于 2000 mm，次要通道宽度不小于 1000 mm
   C. 主要人流与货流通道出入口分开设置，不少于 1 个出入口
   D. 工厂铁路不宜与人行主干道交叉

10. 机械的可靠性设计原则主要包括：使用可靠性已知的安全相关组件、关键组件或子系统加倍（或冗余）、操作的机械化或自动化设计、机械设备的维修性设计四项原则。下列关于这四项原则及其对应性的说法中，错误的是（　　）。

A. 操作的机械化或自动化设计——一个组件失效时，另一个组件可继续执行相同功能

B. 使用可靠性已知的安全相关组件——考虑冲击、振动、温度、湿度等环境条件

C. 关键组件或子系统加倍（或冗余）——采用多样化设计或技术，以避免共因失效

D. 机械设备的维修性设计——一旦出现故障，易拆卸、易检修、易安装

11. 某特大型机械制造企业在年终总结会前，由甲、乙、丙、丁四家分公司对各自企业本年度生产的机械设备进行了分类统计并制定如下统计表。根据机械使用用途分类方法，上述四家分公司制作的统计表中，正确的是（　　）。

甲统计表

| 通用机械 | 风机 | 蒸汽机 | 干燥设备 | 气体净化设备 |
|---|---|---|---|---|
| 台数 | 10 | 25 | 56 | 49 |

乙统计表

| 工程机械 | 路面机 | 凿岩机 | 减速机 | 打桩机 |
|---|---|---|---|---|
| 台数 | 10 | 22 | 45 | 30 |

丙统计表

| 专用机械 | 冶金机械 | 印刷机械 | 采煤机械 | 石油机械 |
|---|---|---|---|---|
| 台数 | 33 | 24 | 57 | 74 |

丁统计表

| 农用机械 | 拖拉机 | 林业机械 | 牧业机械 | 渔业机械 |
|---|---|---|---|---|
| 台数 | 25 | 72 | 87 | 85 |

A. 甲　　B. 丙　　C. 丁　　D. 乙

12. 机械使用过程中的危险可能来自机械设备、工具自身、原材料、工艺方法和使用手段、人对机器的操作过程，以及机械所在场所和环境条件等多方面。下列关于直线运动的危险部位及其防护的说法中，正确的是（　　）。

A. 砂带机的砂带应该向靠近操作者的方向运动，并且具有止逆装置

B. 使用配重块时，应当只对其上行程加以封闭，直到机械的固定配件处

C. 剪刀式升降机可用帘布封闭，维修时可通过障碍物（木块等）防止剪刀机构的闭合

D. 具有滑枕的机械设备当滑枕达到极限位置时，滑枕的端面应和固定结构的间距不能小于 350 mm

13. 某工厂购进一批皮带传动装置，下表为购进物品样品清单。下列皮带传动装置中，可

不设置安全防护装置的是（　　）。

| 名称 | 参　　数 | 安装高度/m |
|---|---|---|
| 甲 | 皮带轮中心距为 2 m | 3 |
| 乙 | 皮带回转速度为 10 m/min | 3 |
| 丙 | 皮带回转速度为 0.3 m/s | 5 |
| 丁 | 皮带宽度为 10 cm | 1 |

A. 丙　　　　B. 甲　　　　C. 乙　　　　D. 丁

14. 机械的可靠性设计一是机械设备要尽量少出故障，即设备的可靠性；二是出了故障要容易修复，即设备的维修性，维修性是产品固有可靠性的指标之一。下列不符合维修性设计考虑要求的是（　　）。
A. 将维护、润滑和维修设定点放在危险区之内
B. 检修人员接近故障部位进行检查、修理、更换零件等维修作业的可达性
C. 考虑封闭设备用于人员进行检修的开口部分的结构及其固定方式
D. 零部件的标准化与互换性和维修人员的安全

15. 保护装置种类很多，防护装置和保护装置经常通过联锁成为组合的安全防护装置，如联锁防护装置、带防护锁的联锁防护装置和可控防护装置等。下列关于保护装置技术特征的说法中，错误的是（　　）。
A. 保护装置零部件的可靠性应作为其安全功能的基础，在规定的使用寿命期限内，不会因零部件失效使保护装置丧失主要保护功能
B. 保护装置应能在危险事件发生时，停止危险过程
C. 光电式、感应式保护装置应具有自检功能，当出现故障时，应使危险的机器功能不能执行或停止执行，并触发报警器
D. 保护装置的设计应采用“定向失效模式”的部件或系统、考虑关键件的加倍冗余，必要时还应考虑采用自动监控

16. 安全信息的使用是工作场所一项重要的提示性安全技术措施，能够让操作人员意识到危险的存在和级别，同时也是安全工作可视化管理的一项重要措施。下列关于安全信息的使用说法中，正确的是（　　）。
A. 安全信息的使用强度顺序由弱到强分别是：安全标志、安全色、警告信号、报警器
B. 图形符号和安全标志应优先于文字信息，文字信息应采用生产机器的国家语言
C. 警告视觉信号应使用闪烁信号灯，警告视觉信号亮度应至少是背景亮度的 10 倍
D. 紧急信号应优先于所有警告信号，紧急撤离信号应优于其他所有险情信号

17. 安全色是被赋予安全意义具有特殊属性的颜色，包括红、黄、蓝、绿四种。下列关于安全色对应的表述中，正确的是（　　）。
A. 各种机械在工作或移动时容易碰撞的部位——黄色与黑色相间隔的条纹
B. 仪表刻度盘上极限位置的刻度、危险信号旗——黄色
C. 液化石油气汽车槽车的条纹——蓝色与白色相间隔的条纹

D. 皮带轮及其防护罩的内壁、砂轮机罩的内壁——红色

18. 厂区通道包括保证厂内车辆行驶、人员流动以及消防灭火、救灾厂区主干道和保证职工通行和安全运送材料、工件而设置的通道。下列关于厂区道路安全要求的说法中，正确的是（　　）。

A. 道路上部管架和栈桥等，在干道上的净高不得小于 8 m

B. 车间横向主要通道宽度不应小于 2000 mm；机床之间的次要通道宽度一般不应小于 1000 mm

C. 厂房大门净宽度应比最大运输件宽度大 500 mm，比净高度大 200 mm

D. 工厂铁路专用线设计，不得与人行主干道交叉

19. 某机械加工厂车间分布情况如下，A 区为冷加工车间，原料与工件的运输方式为人工运输；B 区为铸造车间，原料与工件的运输方式为汽车运输；C 区为焊接车间，原料与工件的运输方式为人工运输；D 区为锻造车间，原料与工件的运输方式为电瓶车对开运输。上述四区通道宽度满足相应安全技术要求的是（　　）。

A. A 区车间通道宽度为 1 m　　B. B 区车间通道宽度为 3 m

C. C 区车间通道宽度为 1 m　　D. D 区车间通道宽度为 2 m

20. 2020 年 5 月，某工厂对本厂厂房进行改造，并于 2020 年 12 月完工，现决定将新购置的各类机床放置在改造完毕的厂房中。该工厂安全与技术部门联合制定的布局表如下，根据该表，下列机床布置中符合相应安全技术要求的是（　　）。

| 机床参数 | 项目 | 距离/m | 编号 |
| --- | --- | --- | --- |
| 最大外形尺寸为 5.5 m | 机床后面、侧面离墙柱间距 | 0.8 | (1) |
| 最大外形尺寸为 10 m | 机床后面、侧面离墙柱间距 | 0.8 | (2) |
| 质量为 20 t | 机床操作面离墙柱间距 | 1.5 | (4) |
| 质量为 50 t | 机床操作面间距 | 1.6 | (3) |

A.（2）　B.（4）　C.（1）　D.（3）

21. 由于工作环境或机器设备工具的不完善和设备设施布局不科学，工艺过程、劳动组织或技术操作方法上的缺陷等原因，有可能会引起伤亡事故。为减少事故发生，作业现场生产设备应布局合理，且各种安全防护装置及设施齐全。下列关于工艺布置的说法中，符合有关设备安全卫生规程要求的是（　　）。

A. 重型机床高于 200 mm 的操作平台周围应设高度不低于 1050 mm 的防护栏杆

B. 需登高检查和维修的设备处宜设钢梯，当采用钢直梯时，钢直梯 1.8 m 以上部分应设安全护笼

C. 高振设备设施和高噪声设备设施宜相对集中布置

D. 消防器材前方不准堆放物品和杂物，用过的灭火器应当完整的放回原处

22. 机械设备无处不在、无时不用，是人类进行生产经营活动不可或缺的重要工具。下列关于机械基本概念的说法中，正确的是（　　）。

A. 机械包括金属切削机床、起重机等，加工中心不属于机械

B. 可更换设备可自备动力或不具备动力

C. 机械安全是指在机械生命周期的使用阶段，按规定的预定使用条件执行其功能的安全

D. 机械安全完全由组成机械的各部分及整机的安全状态来保证

23. 机械是由若干个零、部件连接构成，其中至少有一个零、部件是可运动的，并且配备或预定配备动力系统，是具有特定应用目的的组合。按照机械的使用用途，可以将机械大致分为 10 类。下列关于机械产品分类的说法中，正确的是（　　）。

A. 电动机、运输机、升降机、卷扬机均属于起重机械

B. 风机、压缩机、拖拉机、减（变）速机均属于通用机械

C. 印刷机械、纺织机械、压实机、食品加工机械均属于轻工机械

D. 冶金机械、采煤机械、化工机械、石油机械均属于专用机械

24. 机械使用过程中的危险可能来自机械设备和工具自身、原材料、工艺方法和使用手段、人对机器的操作过程，以及机械所在场所和环境条件等多方面，可分为机械性危险和非机械性危险。下列关于二者的说法中，正确的是（　　）。

A. 土岩滑动造成掩埋所致的窒息危险属于非机械危险

B. 未履行安全人机工程学原则而产生的危险属于机械危险

C. 机械强度不够导致的断裂属于产生机械性危险的条件因素

D. 机械设备的振动危险属于机械性危险

25. 生产操作中，机械设备的运动部分是最危险的部位，尤其是那些操作人员易接触到的运动的零部件；此外，机械加工设备的加工区也是危险部位。下列针对机械危险部位及其防护，符合安全要求的是（　　）。

A. 对旋式轧辊，一般采用钳型条进行防护

B. 牵引辊一般采用钳形防护罩进行防护

C. 当辊式输送机所有的辊轴都被驱动时，应该在每一个驱动轴的下游都安装防护罩

D. 对于齿条和齿轮的组合装置，应利用固定式防护罩将齿条和齿轮全部封闭起来

26. 安全防护措施是指从人的安全需要出发，采用特定技术手段，减小或充分限制各种危险的安全措施。下列关于机械危险部位及其安全防护措施的说法中，正确的是（　　）。

A. 对于无凸起部分的转动轴一般是在光轴的暴露部分安装紧固的护套来对其进行防护

B. 对于辊轴交替驱动的辊式输送机应该在驱动轴的上游安装防护罩

C. 具有运动平板的机械设备当其运动平板达到极限位置时，平板的端面和固定结构的间距不得小于 50 mm

D. 安装在通风管道内部的径流通风机和轴流风扇（机）不存在危险

27. 齿轮传动是指由齿轮副传递运动和动力的装置，它是现代各种设备中应用最广泛的一种机械传动方式。齿轮传动在方便我们的同时也存在较大的危险性。下列关于啮合齿轮安全防护的说法中，正确的是（　　）。

A. 齿轮传动机构必须装置半封闭型的防护装置，同时应便于开启，便于机器的维护保养

B. 在采取相应的安全技术措施后，可在机器外部设置裸露的啮合齿轮

C. 齿轮防护装置材料必须选用防护网制造且必须牢固可靠，保证在机器运行过程中不发生振动

D. 为引起人们的注意，防护罩内壁应涂成红色

28. 传动装置是把动力装置的动力传递给工作机构等的中间设备。例如，汽车的传动系统是将发动机发出的动力传给汽车的驱动车轮。下列有关传动装置的说法中，正确的是（　　）。

A. 输送链和链轮传动装置的危险来自输送链进入到链轮处以及链齿

B. 皮带传动的危险一般情况下只出现在皮带进入到皮带轮的部位

C. 皮带传动装置防护罩可采用金属骨架的防护网，与皮带的距离不应大于 50 mm

D. 距离地面 3 m，且皮带回转的速度为 0.2 m/s 以上的传动机构可不设防护罩

29. 本质安全设计措施是指通过改变机器设计或工作特性，来消除危险或减小与危险相关的风险的安全措施。下列关于本质安全设计措施的说法中，正确的是（　　）。

A. 采用焊接等连接方式，保证结合部的连接强度符合相关要求，属于合理的结构型式

B. 用锤击成形代替液压成形工艺，属于使用本质安全的工艺过程和动力源

C. 手动控制器的设计和配置符合安全人机学原则，属于控制系统的安全设计

D. 材料的抗拉强度等满足执行预定功能的载荷作用的要求，属于限制机械应力以保证足够的抗破坏能力

30. 机械的可靠性设计一是机械设备要尽量少出故障，即设备的可靠性；二是出了故障要容易修复，即设备的维修性。下列关于机械可靠性的说法中，正确的是（　　）。

A. 可靠性已知的安全相关组件是指在固定的使用期限内，能够经受住大部分有关的干扰和应力，且产生失效概率小的组件

B. 关键组件或子系统加倍（或冗余）和单一性设计是机械可靠性设计的重要环节

C. 操作的机械化或自动化设计可减少人员在操作点暴露于危险，限制操作产生的风险

D. 机械设备的维修性设计应考虑维修费用以及零部件的标准化与互换性

31. 在机械基础设计阶段，对操作者和机器进行功能分配时，应遵循安全人机工程学原则，考虑预定使用机器“人—机”相互作用的所有要素，以减轻操作者心理、生理压力和紧张程度。下列关于手动控制操纵装置的要求不合理的是（　　）。

A. 手动控制操纵装置必须清晰可见、可识别，且作用明确，必要处应当加标志

B. 手动控制操纵装置布局、行程和操作阻力与所要执行的操作相匹配，能安全地即时操作

C. 手动控制操纵装置按钮的位置、手柄和手轮运动与它们的作用应是恒定的

D. 手动控制操纵装置操作时不会引起附加风险

32. 防护装置通常采用壳、罩、屏、门、盖、栅栏等结构和封闭式装置，用于提供防护的物理屏障，将人与危险隔离，为机器的组成部分。下列关于防护装置与其对应功能的描述中，正确的是（　　）。

A. 防护装置可以防止人体任何部位进入机械的危险区触及各种运动零部件——阻挡作用

B. 防护装置可以防止飞出物打击，高压液体意外喷射或防止人体灼烫、腐蚀伤害等——隔离作用

C. 防护装置可以接受可能由机械抛出、掉落、射出的零件及其破坏后的碎片等——阻挡作用
D. 防护装置可以在有特殊要求的场合对烟雾、噪声等具有特别阻挡、隔绝、密封、吸收或屏蔽——其他作用

33. 防护装置可以设计为封闭式，将危险区全部封闭；也可采用距离防护，不完全封闭危险区；还可设计为整个装置可调或装置的某组成部分可调。下列关于防护装置的类型及选用的说法中，正确的是（　　）。
A. 活动式防护装置不用工具就可以打开
B. 联锁式防护装置的开闭状态应直接与防护的危险状态相联锁，只有当防护装置开启时，被其“抑制”的危险机器功能才有可能执行
C. 用金属铸造或金属板焊接的防护箱罩常用于皮带传动装置的防护
D. 用金属骨架和金属网制成的防护网一般用于齿轮传动或传输距离不大的传动装置的防护

34. 安全距离是指为了防止人体触及或接近危险物体或危险状态，防止危险物体或危险状态造成的危害，而在两者之间所需保持的一定空间距离。根据《机械安全　防止上下肢触及危险区的安全距离》（GB 23821），下列关于安全距离的说法中，正确的是（　　）。
A. 半径为 5 mm 的圆形开口，当安全距离为 5 mm 时，可防护指尖位置
B. 直径为 40 mm 的圆形开口，当安全距离为 120 mm 时，可防护臂至肩关节位置
C. 边长为 50 mm 的方形开口，当安全距离为 800 mm 以上时，可防护臂至肩关节位置
D. 最宽边长为 120 mm 的槽形开口，当安全距离为 750 mm 以上时，可防护臂至肩关节位置

35. 补充保护措施也称附加预防措施，是指在设计机器时，除了一般通过设计减小风险，采用安全防护措施和提供各种使用信息外，还应另外采取的有关安全措施。急停装置是补充保护措施的一种。下列关于急停装置的说法中，正确的是（　　）。
A. 急停装置的急停器件应为黄色掌揿或蘑菇式开关、拉杆操作开关等
B. 急停功能只可以部分削弱安全装置或与安全功能有关装置的效能
C. 急停装置应当设置在坚固不易破碎的玻璃罩内
D. 急停装置被启动后应保持接合状态，在用手动重调之前应不可能恢复电路

36. 安全色是被赋予安全意义具有特殊属性的颜色，包括红、黄、蓝、绿四种。下列关于安全色的代表意义及其应用的说法中，正确的是（　　）。
A. 红色表示表示禁止、停止、危险的信息，但不得应用于机械设备的裸露部位
B. 黄色表示注意、警告的信息，可用于皮带轮及其防护罩的内壁、砂轮机罩的内壁等
C. 蓝色表示必须遵守规定的指令性信息，应用于指示安全通道、紧急出口等方向的标志
D. 黄色比黄色与黑色相间隔的条纹更醒目，常用于移动式起重机的外伸腿等

37. 安全标志由图形符号、安全色和（或）安全对比色、几何形状（边框）或附以简短的文字组合构成，用于传递与安全及健康有关的特定信息或使某个对象或地点变得醒目。下列关于安全标志要求的说法中，正确的是（　　）。

A. 安全标志不得设在可移动的物体上，且标志牌前不得放置妨碍认读的障碍物
B. 多个安全标志在一起设置时应按禁止、警告、指令、提示类型的顺序，先左后右排列
C. 安全标志应使人们看到后有足够的时间来注意它所表示的内容
D. 安全标志至少每年检查一次，发现变形、破损不符合要求时，应及时修整或更换

38. 信号的功能是提醒注意、显示运行状态、警告可能发生故障或出现险情（包括人身伤害或设备事故风险）先兆，要求人们做出排除或控制险情反应的信号。下列关于信号类别及安全要求的说法中，正确的是（　　）。
A. 警告视觉信号是指危险情形已经开始或正在发生，要求采取应急措施的视觉信号
B. 听觉信号应明显超过有效掩蔽阈值，在接收区内的任何位置都不应低于 85 dB（A）
C. 紧急视觉信号应使用闪烁信号灯，以吸引注意并产生紧迫感，警告视觉信号的亮度应至少是背景亮度的 10 倍
D. 紧急信号应优先于所有警告信号，紧急撤离信号应优先于其他所有险情信号

39. 【2021 年真题】本质安全设计措施是指通过改变机器设计或工作特性，来消除危险或减少与危险相关的风险的安全措施。下列采用的安全措施中，属于本质安全措施的是（　　）。
A. 采用安全电源　　B. 设置防护装置
C. 设置保护装置　　D. 设置安全标志

40. 【2021 年真题】机械制造企业的车间内设备应合理布局，各设备之间、管线之间、管线与建筑物的墙壁之间的距离应符合有关规范的要求。依据《机械工业职业安全卫生设计规范》（JBJ 18），大型机床操作面间最小安全距离是（　　）。
A. 0.5 m　　B. 1.0 m　　C. 1.5 m　　D. 2.0 m

41. 【2021 年真题】机械产品设计应考虑维修性，以确保机械产品一旦出现故障，易发现、易检修。下列机械产品设计要求中，不属于维修性考虑的是（　　）。
A. 关键零部件的多样化设计
B. 足够的检修活动空间
C. 故障部位置于危险区以外
D. 零部件的标准化与互换性

42. 【2020 年真题】机械使用过程中的危险可能来自机械设备和工具自身、原材料、工艺方法和使用手段等多方面，危险因素可分为机械性危险因素和非机械性危险因素。下列危险因素中，属于非机械性的是（　　）。
A. 挤压　　B. 碰撞
C. 冲击　　D. 噪声

43. 【2020 年真题】安全保护装置是通过自身结构功能限制或防止机器某种危险，从而消除或减小风险的装置。常见种类包括联锁装置、能动装置、敏感保护装置、双手操作式装置、限制装置等。下列关于安全保护装置功能的说法中，正确的是（　　）。
A. 联锁装置是防止危险机器功能在特定条件下停机的装置
B. 限制装置是防止机器或危险机器状态超过设计限度的装置
C. 能动装置是与停机控制一起使用的附加手动操纵装置

D. 敏感保护装置是探测周边敏感环境并发出信号的装置

44. 【2020 年真题】某工厂为了扩大生产能力，在新建厂房内需安装一批设备，有大、中、小型机床若干，安装时要确保机床之间的间距符合《机械工业职业安全卫生设计规范》(JBJ 18)。其中，中型机床之间操作面间距应不小于（　　）。

A. 1.1 m　　B. 1.3 m

C. 1.5 m　　D. 1.7 m

45. 【2019 年真题】机械安全防护措施包括防护装置、保护装置及其他补充保护措施。机械保护装置通过自身的结构功能限制或防止机器的某种危险，实现消除或减小风险的目的。下列用于机械安全防护措施的机械装置中，不属于保护装置的是（　　）。

A. 联锁装置　　B. 能动装置

C. 限制装置　　D. 固定装置

46. 【2019 年真题】消除或减小相关风险是实现机械安全的主要对策和措施，一般通过本质安全技术、安全防护措施、安全信息来实现。下列实现机械安全的对策和措施中，属于安全防护措施的是（　　）。

A. 采用易熔塞、限压阀　　B. 设置双手操纵装置

C. 设置信号和警告装置　　D. 采用安全可靠的电源

## 二、多项选择题（每题的备选项中有 2 个或 2 个以上符合题意，至少有 1 个错误选项）

47. 下列关于对机械安全防护装置的要求中，正确的有（　　）。

A. 安全防护装置应不得有锐利的边缘，不得成为新的危险源

B. 安全防护装置应设置在进入危险区的唯一通道上，使人不能绕过防护装置接触危险

C. 固定式防护装置应牢固的固定在地上，用专用工具方可打开或拆除

D. 活动式防护装置打开时尽量铰链相连，防止防护装置丢失

E. 紧急停车开关应保证瞬时动作时，能终止设备的一切运动；紧急停车开关的形状应区别于一般开关，颜色为蓝色，设备由紧急停车开关停止运动后，可以从原来的位置接着全部启动

48. 皮带传送机构是常见的危险机械之一。下图所示为传送带传动机构示意图，图上标示了 *A*、*B*、*C*、*D*、*E* 五个部位，其中属于危险部位的有（　　）。

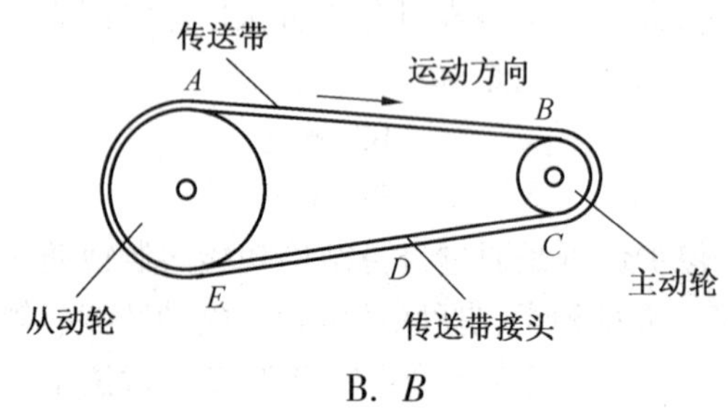


A. *A*　　B. *B*

C. *C*　　D. *D*

E. *E*

49. 机械制造场所是发生机械伤害最多的地方，因此，机械制造车间的状态安全直接或间

接涉及设备和人的安全。下列关于机械制造生产车间安全技术的说法中，正确的是（　　）。

A. 采光：应设有一般照明和局部照明，安全照明的照度标准值另有规定的除外，不低于该场所一般照明照度标准值的10%

B. 通道：冷加工车间，人行通道宽度不得小于1 m

C. 设备布局：小型机床操作面间距必须大于1.1 m，机床距离后墙的距离大于0.8 m

D. 物料堆放：当物资直接存放在地面上时，堆垛高度不应超过1.4 m，且高与底边长之比不应大于1

E. 噪声：中小型机床的噪声极限不得超过85 dB

50. 使用信息由文本、文字、标记、信号、符号或图表等组成，以单独或联合使用的形式向使用者传递信息，用以指导使用者安全、合理、正确地使用机器，警示剩余风险和可能需要应对机械危险事件。下列关于安全信息使用原则的说法中，正确的是（　　）。

A. 在安全信息的使用上，图形符号和安全标志应优先于文字信息

B. 警告超载的信息应在负载达到额定值时发出警告信息

C. 提示操作要求的信息应采用简洁形式，长期固定在所需的机器部位附近

D. 安全色的合理使用在某些情况下能取代防范事故的其他安全措施

E. 采用安全信息的方式和使用方法应与操作人员或暴露人员的能力相符合

51. 某公司在安全生产总结会上提出总结，本公司本年度发生事故的主要原因有两种：一种是因为厂房采光不合理造成的伤害；另一种是物资堆放不合理导致的伤害。公司总经理决定在下一年度重点解决这两个问题，提出了相关方案。下列关于上述问题解决方案的做法符合相关要求的是（　　）。

A. 已知铸造车间照明照度值为100 lx，则车间内的备用照明照度设定值除另有规定外，不得低于5 lx

B. 已知锻造车间照明照度值为100 lx，则车间内的安全照明照度设定值除另有规定外，不得低于1 lx

C. 疏散照明的地面平均水平照度值除另有规定外，水平疏散通道不应低于1 lx

D. 原材料、辅助材料等应限量储存，夜班存放量应为加工量的1.5倍

E. 当成垛堆放的生产物料直接存放在地面上时，堆垛高度不应超过1.4 m

52. 某工厂为扩大生产，新建了一座大型厂房，因管理不当，造成一起人身伤亡事故。该工厂主要负责人在事后带头成立安全检查小组，对现有厂房及新建项目施工现场进行安全检查。检查之后，安全管理人员对检查出的危险有害因素进行了总结：①厂区的供热锅炉安全泄压装置失效，且工作时偶尔会超过锅炉元器件额定安全压力，存在锅炉爆炸的危险；②轨道式起重机防风夹轨器质量存在问题，存在倾覆的危险；③建筑所需层板堆垛超高，且缺少防坍塌措施，存在料垛坍塌的危险；④焊接车间缺少降噪措施；⑤磨削车间机床设置不合理，生产过程中存在强迫体位现象。上述危险有害因素中，属于非机械性危险的是（　　）。

A. ①　　　　B. ③

C. ⑤　　D. ②

E. ④

53. 某机械加工厂为了提高本厂生产机械的安全系数，决定采用本质安全设计措施来实现机械的本质安全化。下列关于本质安全设计及其对应性的说法中，正确的是（　　）。

A. 减小冲压机冲模垂直投影范围模口区的间距，使人体的任何部位不能进入，从而避免挤压和剪切危险——控制系统的安全设计

B. 使用“i”形电气装置，避免一般电气装置容易出现火花而导致爆炸的危险——使用本质安全的工艺过程和动力源

C. 在压力容器中设置限压阀，限制超载应力，保障主要受力件避免破坏——合理的结构型式

D. 保证剪板机的手动控制器的设计和配置符合安全人机学原则，作业区或危险区直接观察范围最大，以便发现险情及时停机——合理的结构型式

E. 各组成受力零件应保证足够安全系数，在额定最大载荷或工作循环次数下，应满足强度、刚度等要求——限制机械应力以保证足够的抗破坏能力

54. 安全防护措施是指从人的安全需要出发，采用特定技术手段，防止仅通过本质安全设计措施不足以减小或充分限制各种危险的安全措施，包括防护装置、保护装置及其他补充保护措施。下列关于安全防护装置的说法中，正确的是（　　）。

A. 安全防护装置应保证在机器的整个可预见的使用寿命期内，其功能除了防止机械性危险外，还应能防止由机械使用过程中产生的其他各种非机械性危险

B. 安全防护装置应保证对机器使用期间各种模式的操作产生的干扰最小，增加的操作强度或难度最小，对观察生产过程的视野障碍最小

C. 防护装置应保证不用工具或者不用专用工具不能将其打开或拆除

D. 防护装置应设置在进入危险区的唯一通道上，防护结构体不应出现漏防护区，并满足安全距离的要求，使人不可能越过或绕过防护装置接触危险

E. 可调式防护装置的可调或活动部分调整件，在特定操作期间保持固定、自锁状态，不得因为机器振动而移位或脱落

55. 某焊接车间新购置一台全自动焊接机器人，为保证使用安全，该车间采用 30 mm×40 mm的槽形开口防护罩进行防护，现已知该焊接机器人的作业半径为1.5 m，所使用的防护罩为 4 m×4 m 不可跨越结构。下图为设备及防护罩俯视图，则该防护罩可防护的人体部位是（　　）。

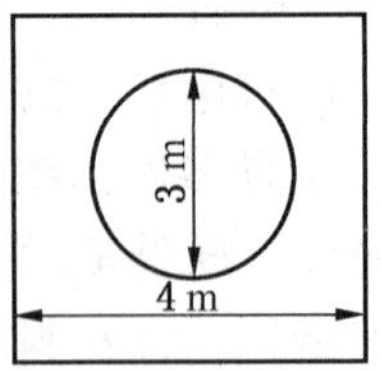


A. 脚趾　　B. 手指尖

C. 指至指关节　　D. 手

E. 臂至肩关节

56. 保护装置是通过自身的结构功能限制或防止机器的某种危险，消除或减小风险的装置。包括联锁装置、能动装置、保持—运行控制装置等。下列关于安全保护装置功能的说法中，错误的是（　　）。

A. 保持—运行控制装置是一种附加手动操纵装置，与启动控制一起使用，并且只有连续操作时，才能使机器执行预定功能

B. 能动装置是一种手动控制装置，只有当手对操纵器作用时，机器才能启动并保持机器功能

C. 限制装置是与机器控制系统一起作用的，使机器元件做有限运动的控制装置

D. 机械抑制装置是防止机器或危险机器状态超过设计空间限度、压力限度、载荷限度等的装置

E. 敏感保护装置是用于探测人体或人体局部，并向控制系统发出正确信号以降低被探测人员风险的装置

57. 【2021 年真题】维修性设计是指产品设计时从维修的观点出发，保证产品一旦出故障能容易地发现并进行维修。产品维修性设计应考虑的主要因素有（　　）。

A. 可达性　　B. 零部件的互换性

C. 可靠性　　D. 故障周期性

E. 维修人员的安全

## 第二节　金属切削机床及砂轮机安全技术

### 一、单项选择题（每题的备选项中，只有 1 个最符合题意）

1. 金属切削机床的风险有很多，有非机械风险如热、辐射等，但机械风险主要来自两个方面：①故障、能量供应中断、机械零件破损及其他功能紊乱造成的危险；②安全措施错误，安全装置缺陷或定位不当造成的危险。下列各种情况属于第二类危险的是（　　）。

A. 由于机床动力中断或动力波动造成机床误动作

B. 金属切削机床加工过程中，工件意外甩出造成工人的机械伤害

C. 机床的配重系统故障引起机床倾覆

D. 气动排气装置装反，气流将切屑和灰尘吹向操纵者

2. 下图所示的机械是机械制造场所常用的砂轮机。在一次日常安全检查中，一台砂轮直径为 200 mm 砂轮机的检查记录是：①主轴螺纹部分延伸到紧固螺母的压紧面内，未超过砂轮最小厚度内孔长度的一半；②砂轮卡盘外侧面与砂轮防护罩开口边缘之间间距 30 mm；③砂轮防护罩与主轴水平线的开口角为 50°；④卡盘与砂轮部分有不小于 2 mm 的间隙。请指出检查记录中，不符合安全要求的是（　　）。

A. ①　　B. ②

C. ③　　D. ④

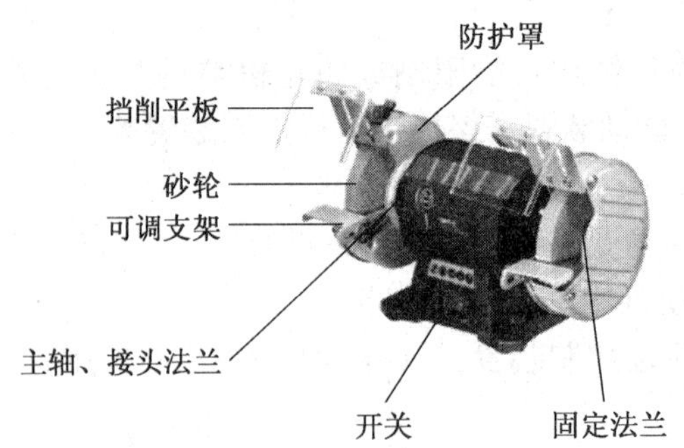


3. 2016 年 10 月 30 日，某高校女生李某在进行学校布置的金工实习金属切削机床的有关操作时，由于未正确绑扎所戴的工作帽，造成长发滑落，被高速旋转的主轴带入，造成了严重的机械伤害。根据以上描述，可判断导致此次事故发生的主要机械危险是（　　）。
A. 机床部件的挤压、冲击、剪切危险
B. 机床部件碾轧的危险
C. 做回转运动的机械部件卷绕和绞缠
D. 滑倒、绊倒跌落危险

4. 在安全人机工程学领域，对防护罩的开口尺寸有着严格的要求，依照《机械安全　防止上下肢触及危险区的安全距离》（GB 23821）和《机械安全　防止人体部位挤压的最小间距》（GB/T 12265）的标准要求，下列说法中正确的是（　　）。
A. 开口尺寸 4 mm，与旋转部件的距离为 5 mm 的防护网能够防止手指被机械伤害
B. 开口尺寸为 20 mm，与旋转部件的距离为 20 mm 的防护网能够防护指尖到关节处被机械伤害
C. 开口尺寸表示方形的边长，圆形开口的半径长度要求
D. 对于槽型开口的网孔，开口尺寸表示槽型开口的最宽处

5. 操作金属切削机床的危险大致存在两类。第一类是故障、能量中断、机械零件破损及其他功能紊乱造成的危险；第二类是安全措施错误、安全装置缺陷或定位不当造成的危险。下列金属切削机床作业的危险中，属于第二类危险的是（　　）。
A. 机床的互锁装置与限位装置失灵等引起的危险
B. 机床意外启动、进给装置超负荷工作等引起的危险
C. 机床部件、电缆、气路等连接错误引起的危险
D. 机床稳定性丧失，配重系统的元件破坏等引起的危险

6. 金属切削机床存在的主要危险部位（或危险区）是指机床在静止或运转时，可能使人员损伤或危害健康及设备损坏的区域，主要包括加工区域和工作区域。加工区域专指机床上刀具切削工件的区域；工作区域包括所有可能出现工作过程的工作区域。下列危险中全部属于金属切削机床存在的主要危险是（　　）。
A. 机械危险、电气危险、热危险、噪声危险、辐射危险
B. 机械危险、电气危险、苯中毒危险、辐射危险、设计时忽视人机工程学产生的危险
C. 机械危险、电气危险、热危险、一氧化碳中毒危险、物质和材料产生的危险

D. 二氧化硫窒息危险、辐射危险、物质和材料产生的危险、设计时忽视人机工程学产生的危险、热危险

7. 金属切削机床应通过设计尽可能排除或减少所有潜在的危险因素，当通过设计不能避免或充分限制危险时，应采取必要的安全防护装置。下列关于防止机械危险，采取的安全技术措施的说法中，正确的是（　　）。

A. 有可能造成缠绕、吸入或卷入等危险的运动部件应予以封闭，并应设置缓冲装置

B. 机动夹持装置夹紧过程的开始应与机床运转的开始相联锁

C. 当可能坠落的高度超过 500 mm 时，应安装防坠落护栏、安全护笼及防护板等

D. 当经常通过或有多人同时交叉通过的通道宽度最佳为 800 mm

8. 砂轮机属于危险性较大的生产设备，虽然结构简单，但使用频率高，一旦发生事故，后果严重，砂轮机防护罩是保护操作者的重要设施。下列关于砂轮机防护罩的说法中，正确的是（　　）。

A. 使用砂轮安装轴水平面以上砂轮部分加工时，防护罩开口角度可以增大到 125°

B. 砂轮卡盘外侧面与砂轮防护罩开口边缘之间的间距一般应不大于 15 mm

C. 防护罩上方可调护板与砂轮圆周表面间隙应可调整至 3 mm 以下

D. 当砂轮磨损时，砂轮的圆周表面与防护罩可调护板之间的距离应不小于 1. 6 mm

9. 机床存在的机械危险大量表现为人员与可运动件的接触伤害，是导致金属切削机床发生事故的主要危险。下列关于金属切削机床机械危险的分类正确的是（　　）。

A. 由于质量分布不均、外形布局不合适、重心不稳，或有外力作用，丧失稳定性，发生倾翻、滚落——飞出物打击的危险

B. 蜗轮与蜗杆、啮合的齿轮之间、齿轮与齿条、皮带与皮带轮、链与链轮进入啮合部位——卷绕和绞缠危险

C. 机床的冷却液、切削液、油液和润滑剂溅出或渗漏造成地面湿滑，或由于地面过于光滑、冰雪等导致接触面摩擦力过小——滑倒、绊倒和跌落危险

D. 机床冷却系统、液压系统、气动系统由于泄漏或元件失效引起流体喷射，负压和真空导致吸入的危险——引入或卷入、碾压的危险

10. 砂轮机是机械工厂最常用的机械设备之一，砂轮质量易碎、转速高、使用频繁，容易发生伤人事故。下列关于砂轮机使用安全要求的说法中，错误的是（　　）。

A. 新砂轮、经第一次修整的砂轮以及发现运转不平衡的砂轮都应做平衡试验

B. 禁止多人共用一台砂轮机同时操作

C. 砂轮没有标记或标记不清，无法核对、确认砂轮特性的砂轮，不管是否有缺陷，都不可使用

D. 除特殊情况外，砂轮的运转速度不允许超过最高工作速度

11. 【2021 年真题】金属切削作业存在较多危险因素，包括机械危险、电气危险、热危险、噪声危险等因素，可能会对人体造成伤害。因此，切削机床设计时应尽可能排除危险因素。下列切削机床设计中，针对机械危险因素的是（　　）。

A. 控制装置设置在危险区以外

B. 友好的人机界面设计

C. 工作位置设计考虑操作者体位

D. 传动装置采用隔离式防护装置

12. 【2021 年真题】砂轮机借助高速旋转砂轮的切削作用除去工件表面的多余层，其操作过程容易发生伤害事故。无论是正常磨削作业、空转试验，还是修整砂轮，操作者都应站在砂轮机的（　　）。

A. 正前方　　B. 正后方

C. 斜前方　　D. 斜后方

13. 【2020 年真题】砂轮装置由砂轮、主轴、卡盘和防护罩组成，砂轮装置的安全与其组成部分的安全技术要求直接相关。下列关于砂轮装置各组成部分安全技术要求的说法中，正确的是（　　）。

A. 砂轮主轴端部螺纹旋向应与砂轮工作时的旋转方向一致

B. 一般用途的砂轮卡盘直径不得小于砂轮直径的 1/5

C. 卡盘与砂轮侧面的非接触部分应有不小于 1. 5 mm 的间隙

D. 砂轮防护罩的总开口角度一般不应大于 120°

14. 【2019 年真题】运动部件是金属切削机床安全防护的重点，当通过设计不能避免或不能充分限制危险时，应采取必要的安全防护装置。对于有行程距离要求的运动部件，应设置（　　）。

A. 限位装置　　B. 缓冲装置

C. 超负荷保护装置　　D. 防挤压保护装置

## 二、多项选择题（每题的备选项中有 2 个或 2 个以上符合题意，至少有 1 个错误选项）

15. 金属切削机床是用切削方法将毛坯加工成机器零件的装备。下列选项中属于金属切削机床易造成机械性伤害的危险部位或危险部件有（　　）。

A. 旋转部件和内旋转咬合部件

B. 往复运动部件和突出较长的部件

C. 工作台与滑鞍之间

D. 锋利的切削刀具

E. 操作开关与刀闸

16. 金属切削机床是生产制造型工厂中同时具有卷入与碾轧、电气伤害与飞出物打击伤害的多种机械伤害因素于一体的机械设备，因此需要妥帖的安全防护措施。下列关于机床的基本防护措施的说法中，错误的是（　　）。

A. 有惯性冲击的机动往返运动部件应设置缓冲装置、可能脱落的零部件必须加以紧固

B. 机床中具有单向旋转特征的部件在防护罩内壁标注出转动方向

C. 手工清除废屑，应用专用工具，当工具无法企及废屑时，应用吹风机或人工吹气将其吹到工具可以企及的地方再进行清理

D. 金属切削机床应有有效的除尘装置，机床附近的粉尘浓度不超过10 $mg/m^3$

E. 当可能坠落的高度超过 500 mm 时应安装防护栏及防护板等

17. 砂轮机是用来刃磨各种刀具、工具的常用设备，也用作普通小零件进行磨削、去毛刺

及清理等工作。因其大部分工作需要手工配合完成，因此对操作砂轮机的安全使用有着较为严格的规定。下列操作中符合砂轮机安全操作规程的情况有（　　）。

A. 张某是砂轮机熟练操作工，为更快完成加工，将砂轮机旋转速度调至仅超过砂轮机最高转速的5%

B. 李某是砂轮机操作的初学者，为避免磨削过程中的飞溅物，站在砂轮机的斜前方进行操作

C. 宋某是磨削车间的检修人员，在安装新的砂轮前核对砂轮主轴的转速，在更换新砂轮时进行了必要的验算

D. 王某和杨某各使用同一台砂轮机的左右轮同时进行磨削，以保证砂轮机稳定

E. 李某操作砂轮机时用砂轮的圆周表面进行工件的磨削

18. 金属切削机床是用切削方法将毛坯加工成机器零件的设备，其危险因素包括静止部件的危险因素和运动部件的危险因素，如控制不当，就可能导致伤害事故的发生。为避免金属切削机床机械伤害事故发生，常采用的安全措施有（　　）。

A. 零部件装卡牢固

B. 用专用工具，戴护目镜

C. 尾部安装防弯装置

D. 及时维修安全防护、保护装置

E. 操作人员必须远离机床

19. 金属切削加工过程是通过机床或手持工具来进行切削加工的，其主要方法有车、铣、刨、磨、钻、镗、齿轮加工、划线、锯、锉、刮、研、铰孔、攻螺纹、套螺纹等。其形式虽然多种多样，但它们有很多方面都有着共同的现象和规律。金属切削机床除机械危险外，还存在其他危险有害因素。下列关于金属切削机床防护措施的说法中，正确的是（　　）。

A. 金属切削机床控制系统应确保控制系统功能安全可靠，能经受预期的工作负荷和操作程序的错误

B. 紧急停止装置、移动控制装置等控制装置应设置在危险区以外，保证操作者在遇到危险时能迅速停止设备

C. 工作时产生大量粉尘的机床，应采取有效的措施使机床附近的粉尘浓度最大值不超过 $10\ mg/m^3$

D. 显示器安装高度距地面或操作站台应为 1.3~2 m

E. 使用激光的作业环境应使用镜面反射的材料，且光通路应设置密封式防护罩

20. 砂轮机除了具有磨削机床的某些共性要求外，还具有转速高、适用面广、一般为手工操作等特点。砂轮机一般无固定人员操作，有的维护保养较差，磨削操作中未遵守安全操作规程而造成的伤害事故也占有相当的比例。下列关于砂轮机使用的说法中，正确的是（　　）。

A. 有裂纹或损伤等缺陷的砂轮必须采取相应的安全技术措施后方可安装使用

B. 砂轮没有标记，无法核对、确认砂轮特性的砂轮，不管是否有缺陷，都不可使用

C. 除新砂轮外，经第一次修整的砂轮以及发现运转不平衡的砂轮，都应做平衡试验

D. 应使用砂轮的圆周表面进行磨削作业，不宜使用侧面进行磨削

E. 多人共用一台砂轮机同时操作时，每一位操作者都应站在砂轮的斜前方位置

21. 金属切削机床应通过设计尽可能排除或减少所有潜在的危险因素，通过设计不能避免或充分限制的危险，应采取必要的安全防护装置。下列关于机械危险的安全措施的说法中，正确的是（　　）。

A. 运动部件与运动部件之间、运动部件与静止部件之间，不应存在挤压危险和剪切危险，否则为了保护身体，应限定最小安全距离不小于 300 mm

B. 运动部件不允许同时运动时，其控制机构应联锁，不能实现联锁的，应在控制机构附近设置警告标志，并在说明书中加以说明

C. 机动夹持装置夹紧过程的结束应与机床运转的开始相联锁；夹持装置的放松应与机床运转的结束相联锁

D. 一般情况下，工作平台和通道上的最小净高度应为 2100 mm，当经常通过或有多人同时交叉通过的通道宽度最佳应为 800 mm

E. 相邻地板构件之间的最大高度差应不超过 4 mm，对于下面有人工作的非临时通道工作平台或通道地板的最大开口，应使直径 35 mm 的球不能通过该开口

22. 【2021 年真题】切削机床存在机械、电气、噪声等多种危险因素，其中在操作过程中发生的飞出物造成的打击伤害属于机械伤害。下列切削机床作业危险产生的原因或部位中，可导致飞出物打击伤害的有（　　）。

A. 失控的动能　　B. 弹性元件的位能

C. 液体的位能　　D. 气体的位能

E. 接触的滚动面

23. 【2020 年真题】金属切削机床作业存在的机械危险多表现为人员与可运动部件的接触伤害。当通过设计不能避免或不能充分限制机械危险时，应采取必要的安全防护措施。下列防止机械危险的安全措施中，正确的有（　　）。

A. 危险的运动部件和传动装置应予以封闭，设置防护装置

B. 有行程距离要求的运动部件，应设置可靠的限位装置

C. 有惯性冲击的机动往复运动部件，应设置缓冲装置

D. 两个运动部件不允许同时运动时，控制机构禁止联锁

E. 有可能松脱的零部件，必须采取有效紧固措施

## 第三节　冲压剪切机械安全技术

### 一、单项选择题（每题的备选项中，只有 1 个最符合题意）

1. 冲压机是通过电动机驱动飞轮，并通过离合器，传动齿轮带动曲柄连杆机构使滑块上下运动，带动拉伸模具对钢板成型。为了防止操作人员受到伤害，冲压机的安全装置分为安全保护装置和安全保护控制。下列选项中属于安全保护控制的是（　　）。

A. 推手式安全防护装置　　B. 拉手式安全防护装置

C. 固定式安全防护装置　　D. 光电感应保护装置

2. 下列关于冲压机安全设计环节及安全操作的有关规定中，错误的是（　）。
   A. 离合器及其控制系统应保证在气动、液压和电气失灵的情况下，离合立即脱开，制动器立即制动
   B. 在机械制动压力机上，为使滑块在危险情况下能够迅速停止，使用带式制动器来停止滑块
   C. 在离合器、制动控制系统中须有急停按钮，急停按钮停止动作优先于其他控制装置
   D. 如果压力机工作过程中要从多个侧面接触危险区域，应为各侧面安装提供相同等级的安全防护装置
3. 冲压机常采用的安全保护控制类型有：双手操作式、光电感应保护装置，对于双手操作式安全保护控制装置有具体的要求。下列关于该要求的说法中，正确的是（　）。
   A. 必须双手同时推按操纵器，离合器才能接合滑块下行程，只有同时松开两个按钮，滑块才会立即停止下行程或超过下死点
   B. 对于被中断的操作，需要恢复工作，松开一个按钮，然后再次按压后才能恢复运行
   C. 两个操纵器内缘装配距离至少相隔 260 mm，防止意外触动，按钮不得凸出台面或加以遮盖
   D. 双手操作式安全保护控制装置既可以保护该装置操作者，又能保护其他相关人员安全
4. 冲压机常采用的安全防护控制类型有：双手操作式、光电感应保护装置。对于光电感应式安全防护控制有具体的要求，下列关于该要求的说法中，正确的是（　）。
   A. 保护高度不低于滑块最大行程与装模高度调节量之和，保护长度要求能覆盖危险区
   B. 光电保护幕被遮挡，滑块停止运行后，恢复通光，滑块恢复运行
   C. 光电感应装置在滑块回程时仍起作用，此期间保护幕破坏，滑块停止运行
   D. 光电感应装置不具备对自身故障进行检查控制，但有失效报警装置
5. 下列机械安全防护装置中，仅能对操作者提供保护的是（　）。
   A. 联锁安全装置　　B. 双手控制安全装置
   C. 自动安全装置　　D. 隔离安全装置
6. 铣床是常见机床的一种，某公司近期购置了 2 台 25 m 长的大型龙门铣床，安装时，这两台机床操作面之间的安全距离至少是（　）。
   A. 1.1 m　　B. 1.3 m
   C. 1.5 m　　D. 1.8 m
7. 剪板机是机械加工工业生产中应用比较广泛的一种剪切设备，能够剪切各种厚度的钢板材料。机械传动式剪板机一般用脚踏或按钮操纵进行单次或连续剪切金属，因剪板机剪刀口非常锋利，常常造成严重的切手事故。下列关于剪板机的安全技术要求中，不符合规定的是（　）。
   A. 剪板机应有单次循环模式，即使控制装置持续有效，刀架和压料脚只能工作一个行程
   B. 必须设置紧急停止按钮，紧急停止装置可在剪板机的前部或后部选择一个地方设置

C. 压料装置应确保剪切前将剪切料压紧，刀片应固定可靠
D. 可采用联锁式防护装置进行防护

8. 剪板机用于各种板材的裁剪。下列关于剪板机操作与防护的要求中，正确的是（　　）。
A. 不同材质的板料不得叠料剪切，但不同厚度的板料可以叠料剪切
B. 剪板机的剪刀间隙固定，应根据剪刀间隙选择不同的钢材进行匹配剪切
C. 操作者单独操作剪板机时，应时刻注意控制尺寸精度
D. 剪板机后部落料危险区域应设置阻挡装置，防止人员发生危险

9. 压力加工广泛应用于航空、轻工、冶金、化工、建筑、船舶、汽车、电力、电器等行业生产部门。其中，中、小吨位开式曲柄机械压力机的使用数量最多，常称冲床。压力机是危险性较大的机械，下列关于冲压事故及防护的说法中，错误的是（　　）。
A. 压力加工的危险因素中，噪声和振动的危险性最大
B. 冲压事故更多是发生在机器处于正常状态，冲压作业正常进行中
C. 冲头打崩，机器本身故障造成连冲等是造成冲压事故的原因之一
D. 冲压机操作区采用安全装置，应保障滑块的下行程期间，人手处于危险模口区之外

10. 安全防护装置分为安全保护装置与安全保护控制装置。下列装置中不属于安全保护装置的是（　　）。
A. 双手操作式保护装置
B. 推手式保护装置
C. 拉手式保护装置
D. 固定栅栏式保护装置

11. 剪板机是机加工中应用比较广泛的一种剪切设备，它能剪切各种厚度的钢板材料。常用的剪板机分为平剪、滚剪及震动剪 3 种类型。一般用脚踏或按钮操纵进行单次或连续剪切金属。为保护操作者，剪板机必须配有相应的安全防护装置。下列关于剪板机安全防护装置的说法中，正确的是（　　）。
A. 光电保护装置应保证除手指外，人体任一部分引起光电保护装置动作，机器均不能启动
B. 剪板机完成工作需从多个侧面接触危险区域，每一个侧面都应设置防护
C. 只有联锁式防护装置处于打开位置时，电动后挡料和辅助装置才能开始运动
D. 每一个检测区域应安装多个复位装置保证使用效率

12. 压力机的操作控制系统包括离合器、制动器和脚踏或手操作装置。其中，离合器分为刚性离合器和摩擦离合器。下列关于两种离合器安全技术要求及特性的说法中，正确的是（　　）。
A. 刚性离合器构造简单，不需要额外动力源，可使滑块停止在行程的任意位置
B. 离合器及其控制系统应保证在失灵的情况下，离合器立即结合，制动器立即制动
C. 在离合器、制动器控制系统中，须有急停按钮，且急停按钮停止动作应优先于其他控制装置
D. 应当在机械压力机上使用带式制动器来停止滑块

13. 压力机的安全保护控制措施包括双手操作式、光电感应保护装置等，其中双手操作式安全保护控制装置的工作原理是将滑块的下行程运动与对双手的限制联系起来。下列关于双手操作式安全保护控制装置安全技术要求的说法中，正确的是（ ）。
A. 安全距离是指操纵器的按钮或手柄到压力机危险线的最长直线距离
B. 对于被中断的操作，需要恢复工作，松开一个按钮，然后再次按压后才能恢复运行
C. 为保证使用的便捷性，两个操纵器按钮应设计成凸出台面且不得加以遮盖
D. 双手操作式安全保护控制装置只可以保护使用该装置的操作者，不能保护其他人员的安全

14. 光电保护装置是目前压力机使用最广泛的安全保护控制装置。当人体的某个部位进入危险区或接近危险区时，立即被检测出来，滑块停止运动或不能启动。下列关于压力机光电保护装置的说法中，正确的是（ ）。
A. 光电保护装置的响应时间不得超过 30 ms
B. 光电保护装置可对自身发生的故障进行检查和控制，在故障排除以前不能恢复运行
C. 光电保护装置应保证在滑块下行程及回程时均起作用
D. 光电保护装置的保护高度不得高于滑块最大行程与装模高度调节量之和

15. 剪板机属于压力机械中的一种，其作用原理为借助于固定在刀架上的上刀片相对固定在工作台上的下刀片作往复直线运动。对各种厚度的金属板材施加剪切力，使板材按所需要的尺寸断裂分离。下列关于剪板机安全要求的说法中，正确的是（ ）。
A. 安装在刀架上的刀片可以仅靠摩擦进行固定，但应确保摩擦力足够大
B. 剪板机应有单次循环模式，选择单次循环模式后，即使控制装置持续有效，刀架和压料脚也只能工作一个行程
C. 复位装置应放置在可以清楚观察危险区域的位置，一个检测区域可安装多个复位装置
D. 必须设置紧急停止按钮，紧急停止装置应在剪板机的前部或后部选择一个地方设置

16. 【2021 年真题】剪板机借助于固定在刀架上的上刀片与固定在工作台上的下刀片作相对往复运动，从而使板材按所需的尺寸断裂分离。关于剪板机安全要求的说法，正确的是（ ）。
A. 剪板机后部落料区域一般应设置阻挡装置
B. 剪板机不必具有单次循环模式
C. 安装在刀架上的刀片可以靠摩擦安装固定
D. 压紧后的板料可以进行微小调整

17. 【2020 年真题】剪板机因其具有较大危险性，必须设置紧急停止按钮，其安装位置应便于操作人员及时操作。紧急停止按钮一般应设置在（ ）。
A. 剪板机的前面和后面
B. 剪板机的前面和右侧面
C. 剪板机的左侧面和后面
D. 剪板机的左侧面和右侧面

18. 【2019 年真题】冲压机是危险性较大的设备，从劳动安全卫生角度看，冲压加工过程的危险有害因素来自机电、噪声、振动等方面。下列冲压机的危险有害因素中，危险性最大的是（ ）。

A. 噪声伤害　　B. 振动伤害
C. 机械伤害　　D. 电击伤害

19.【2019年真题】压力机危险性较大，其作业区应安装安全防护装置，以保护暴露于危险区的人员安全。下列安全防护装置中，属于压力机安全保护控制装置的是（　　）。
A. 推手式安全装置　　B. 拉手式安全装置
C. 光电式安全装置　　D. 栅栏式安全装置

## 二、多项选择题（每题的备选项中有2个或2个以上符合题意，至少有1个错误选项）

20. 福建省某市建有多家金属加工制造企业，该市针对金属加工制造企业普遍具有的冲压机械进行了统一规定和管理，在某次安全突击检查中，发现了其中一家企业关于冲压机床以下的一些现象，现场检查人员作了记录。以下现象中属于符合冲压机安全技术规定的是（　　）。
A. 该企业为每台冲压机配备了双手控制保护装置，装置试验时发现，必须双手同时推按操纵器，离合器才能接合滑块下行程，松开任一按钮，滑块立即停止下行程或超过下死点
B. 检查人员在试验双手控制装置时，不小心中断了电源，发现对于被中断的操作，需要恢复以前应松开全部按钮，然后再次双手按压后才能恢复运行
C. 该企业有数台大型冲压设备配备了光电感应幕保护装置，在试验该安全装置时，试验人员遮挡住了保护幕，发现滑块停止运行后，即使恢复通光，装置仍保持遮光状态，滑块不能恢复运行，必须按动“复位”按钮才可以重新运行
D. 检查人员发现有一台精度较高的冲压机，工作人员需要从左、右、前方同时接触危险区域，正前方接触次数最多，所以在正前方安装了防护等级最高的安全防护装置
E. 检查人员检查汇总中发现，有一台大型冲压设备需要4人同时操作，该企业为其中最危险的两人配备了双手控制按钮保护装置

21. 操作控制系统包括离合器、制动器和脚踏或手操作装置。制动器和离合器是操纵曲柄连杆机构的关键控制装置，离合器与制动器工作异常，会导致滑块运动失去控制，引发冲压事故。下列关于离合器与制动器的说法中，正确的是（　　）。
A. 刚性离合器构造简单，不需要额外动力源，可使滑块停止在行程的任意位置
B. 离合器与制动器的联锁控制动作应灵活、可靠，尽量提高二者同时结合的可能性
C. 离合器及其控制系统应保证在电气失灵等情况下，离合器立即脱开，制动器立即制动
D. 在离合器、制动器控制系统中，急停按钮停止动作应优先于其他控制装置
E. 除另有规定外，应在机械压力机上使用带式制动器来停止滑块

22. 压力机应安装危险区安全保护装置，并确保正确使用、检查、维修和可能的调整，以保护暴露于危险区的每个人员。安全防护装置分为安全保护装置与安全保护控制装置。下列关于安全防护装置的说法中，正确的是（　　）。
A. 安全保护控制装置包括活动式、固定栅栏式、推手式、拉手式安全装置
B. 安全防护装置应具备的安全功能之一是在滑块运行期间，人体的任一部分不能进入

工作危险区

C. 安全防护装置应具备的安全功能之一是在滑块向下行程期间，当人体的任一部分进入危险区之前，滑块能停止下行程或超过下死点

D. 安全保护装置包括双手操作式、光电感应式安全装置

E. 危险区开口小于 7 mm 的压力机可不配置安全防护装置

## 第四节 木工机械安全技术

### 一、单项选择题（每题的备选项中，只有 1 个最符合题意）

1. 木工机械加工过程中常发生加工件因受到应力抛射击中操作人员而造成严重伤害的事故，因此对于存在工件抛射风险的机床，应设有相应的安全防护装置。下列对于防范工件抛射风险的安全措施中，不合理的是（　　）。

A. 在圆锯机上安装止逆器

B. 木工平刨床的唇板上打孔或开梳状槽

C. 在圆锯机安装楔形分离刀

D. 在圆锯机和带锯机上均安装防反弹安全屏护

2. 我国南方某市是重要的木材输送基地，该市郊区建立了为数众多的木材加工企业，这些企业中使用的机械大多数有木工平刨床、带锯机、圆锯机等。都有可能对人体造成严重的机械伤害。因此，该市应急管理局组织突击检查，在检查记录中发现的以下问题中，不符合规定的是（　　）。

A. 某企业现场有一台带锯机，其上锯条焊接平整，焊接接头不超过 3 个

B. 某企业现场有数台木工平刨机床，其中刀轴的驱动装置所有外露旋转件有牢固可靠的防护罩，并在罩上标出了单向转动的明显标志

C. 某企业的木工平刨床上按要求装设了数个安全防护装置，并为了醒目，将安全防护装置外壳涂上了耀眼的黄色作为提示色

D. 某企业现场有一台带锯机，上锯轮内衬内设有缓冲装置

3. 圆锯机是以圆锯片对木材进行锯割加工的机械设备。除锯片的切割伤害外，圆锯机最主要的安全风险是（　　）。

A. 木材反弹抛射打击　　B. 木材锯屑引发火灾

C. 传动皮带绞入　　D. 触电

4. 木材加工是指通过刀具切割破坏木材纤维之间的联系，从而改变木料形状、尺寸和表面质量的加工工艺过程。木材加工过程中存在的危险有害因素较多，下列不属于木材加工危险的是（　　）。

A. 木屑碎片抛射飞出伤人　　B. 对呼吸道黏膜的刺激和病变

C. 刀具高速转动发热产生的灼烫　　D. 噪声和振动危害

5. 木工刨床是用旋转或固定刨刀加工木料的平面或成形面的木工机床。按照不同的工艺用途，木工刨床可分为平刨床、压刨床（单面压刨床、双面压刨床）、双面刨床、三面

刨床、四面刨床和精光刨床等。工作台是木材刨削的操作平台。下列关于作业平台的说法中，正确的是（　　）。

A. 安装后的工作台面离地面高度应为800~1000 mm；机身外形应避免利棱锐角

B. 导向板和升降机构应能自锁或被锁紧，防止受力后其位置自行变化引起危险

C. 在唇板上打孔或开梳状槽，既能降噪减振同时也可以防止刨刀切割手事故

D. 在零切削位置时的工作台唇板与切削圆之间的径向距离应保持为3~5 mm

6. 刀轴由刨刀体、刀轴主轴、刨刀片和压刀组成，装入刀片后的总成，称为刨刀轴或刀轴。下列关于刀轴的各组成部分及其装配应满足的安全要求的说法中，正确的是（　　）。

A. 刀轴必须使用方形刀轴，严禁使用装配式圆柱形结构，组装后的刀槽应为封闭型或半封闭型

B. 组装后的刨刀片径向伸出量不得大于3. 1 mm

C. 刀轴的驱动装置所有外露旋转件都必须有牢固可靠的防护罩，并在罩上标出单向转动的明显标志

D. 组装后的刀轴须经拉伸试验和切断试验，试验后的刀片不得有卷刃、崩刃或显著磨钝现象

7. 带锯机是以一条开出锯齿的无端头的带状锯条为刀具，锯条由高速回转的上、下锯轮带动，实现直线纵向剖解木材的木工机械。带锯机在使用过程中可能产生一定危险，控制带锯机危险的重要条件之一是保证操控机构安全。下列关于操控机构安全要求的说法中，错误的是（　　）。

A. 上锯轮机动升降机构应与锯机启动操纵机构联锁，且上锯轮应装有能对运转进行有效制动的装置

B. 启动按钮应设置在能够确认锯条位置状态、便于调整锯条的位置上

C. 操控机构必须设置急停控制按钮

D. 启动按钮应灵敏、可靠，不应因接触振动等原因而产生误动作

8. 各种类型带锯机的共同特点是高速运动的带锯条悬空段长，自由度大、刚性差，容易出现振动、锯条从锯轮上脱落、锯条断裂等情况，锯条的切割伤害等是主要的危险因素，为避免带锯机的危险，应选用合格的带锯条并装设安全防护装置。下列安全技术措施中符合要求的是（　　）。

A. 带锯条的锯齿应锋利，齿深不得超过锯宽的1/5，锯条厚度应与匹配的带锯轮相适应

B. 锯条焊接应牢固平整，接头不得超过3个，且两接头之间长度不得超过总长的1/5

C. 锯轮防护罩的结构应保证上锯轮处于任何位置，防护罩均应能罩住锯轮3/4以上表面

D. 上锯轮处于最高位置时，其上端与防护罩内衬表面应有不小于200 mm的足够间隔

9. 圆锯机按照进给方式分为立式，卧式以及剪刀式。按照控制方式可分为手动，半自动以及全自动。锯片的切割伤害、木材的反弹抛射打击伤害是主要危险，为减低操作风险，必须在圆锯机上安装防护装置。下列关于圆锯机安全技术措施的说法中，正确的

是（　　）。

A. 分料刀与锯片最靠近点与锯片的距离不得超过 3 mm

B. 圆锯片有裂纹时，必须经过修复后方可使用

C. 分料刀的宽度不得超过锯身厚度且在全长上厚度要一致

D. 无特殊情况下，锯轴的额定转速不得超过圆锯片的最大允许转速

10. 带锯机是以一条开出锯齿的无端头的带状锯条为刀具，锯条由高速回转的上、下锯轮带动，实现直线纵向剖解木材的木工机械。下列关于带锯机安全技术要求说法中，正确的是（　　）。

A. 带锯条的锯齿应锋利，齿深不得超过锯宽的 1/5，锯条厚度应与匹配的带锯轮相适应

B. 锯条焊接应牢固平整，接头不得超过 3 个，两接头之间长度应为总长的 1/4 以上，接头厚度应与锯条厚度基本一致

C. 锯轮安全防护装置应保证上锯轮处于任何位置，防护罩均应能罩住锯轮 3/4 以上表面，并在靠锯齿边的适当处设置锯条承受器

D. 应采取降噪、减振措施，在空运转条件下，机床噪声最大声压级不得超过 85dB

11. 圆锯机是以圆锯片对木材进行锯切加工的机械设备，带动锯片高速旋转来锯切木料。锯片的切割伤害、木材的反弹抛射打击伤害是主要危险。为保证使用安全，下列关于圆锯机的安全技术要求的说法中，正确的是（　　）。

A. 锯片与法兰盘应与锯轴的旋转中心线垂直，锯片与法兰盘应与锯轴同心，防止产生不平衡离心力

B. 圆锯机分料刀的引导边应是楔形的，以便于导入，其圆弧半径不应大于圆锯片半径

C. 圆锯片连续断裂 2 齿或出现裂纹时应停止使用，圆锯片有裂纹时，应经修复并检验后方可使用

D. 分料刀顶部应不低于锯片圆周上的最高点；与锯片最靠近点与锯片的距离不超过 4 mm，其他各点与锯片的距离不得超过 8 mm

12. 【2021 年真题】木材机械加工过程存在多种危险有害因素，包括机械因素、生物因素、化学因素、粉尘因素等。下列木材机械加工对人体的伤害中，发生概率最高的是（　　）。

A. 皮炎　　B. 过敏

C. 切割伤害　　D. 呼吸道疾病

13. 【2021 年真题】圆锯机是以圆锯片对木材进行锯切加工的机械设备。锯片的切割伤害、木材的反弹打击伤害是主要危险。手动进料圆锯机必须安装分料刀，分料刀应设置在出料端，以减少木材对锯片的挤压，防止木材的反弹。关于分料刀安全要求的说法，正确的是（　　）。

A. 分料刀顶部应不高于锯片圆周上的最高点

B. 分料刀的宽度应介于锯身厚度与锯料宽度之间

C. 分料刀与锯片最靠近点与锯片的距离不超过 10 mm

D. 分料刀刀刃为弧形，其圆弧半径不应大于圆锯片半径

14.【2020 年真题】木材加工过程中，因加工工艺、加工对象、作业场所环境等因素，不仅存在切割、冲击、粉尘、火灾、爆炸等危险，还存在对作业人员造成危害的生物效应危险。下列木材加工人员呈现的症状中，不属于生物效应危险造成的是（　　）。

A. 皮肤症状　　B. 听力损伤
C. 视力失调　　D. 过敏病状

15.【2020 年真题】手动进料圆盘锯作业过程中可能存在因木材反弹抛射而导致的打击伤害。为预防此类打击伤害，下列安全防护装置中，手动进料圆盘锯必须装设的是（　　）。

A. 止逆器　　B. 分料刀
C. 压料装置　　D. 侧向挡板

16.【2019 年真题】带锯机是以一条开出锯齿的无端头的带状锯条为刀具，锯条由高速回转的上、下锯轮带动，实现直线纵向剖解木材的木工机械。为安全起见，应严格规范带锯机操控机构。下列对带锯机操控机构的安全要求中，错误的是（　　）。

A. 启动按钮应设置在能够确认锯条位置状态、便于调整锯条的位置上
B. 启动按钮应灵敏、可靠，不应因接触振动等原因而产生误动作
C. 带锯机控制装置系统必须设置急停按钮
D. 上锯轮机动升降机构与带锯机启动操作机构不应联锁

## 二、多项选择题（每题的备选项中有 2 个或 2 个以上符合题意，至少有 1 个错误选项）

17. 木工加工过程存在诸多危险有害因素，如火灾爆炸以及木材的生物化学危害、木粉尘和噪声振动危害。下列关于木工加工过程中的安全技术问题中，不符合规定的是（　　）。

A. 木工刨床的结构应将其固定在地面、台面或其他稳定结构上；每一操作位置上应装有使机床相应的危险运动部件停止的操纵装置
B. 对于手推工件进给的机床，工件的加工必须通过工作台、导向板来支撑和定位
C. 有害物质排放的规定中，木工加工粉尘浓度不超过 30 $mg/m^3$
D. 使用吸音材料，在木工平刨床的唇板上打孔或开梳状槽，吸尘罩采用气动设计
E. 安全装置应功能安全可靠，为了保护重点部位，即使安全装置成为新的危险源也是可以接受的

18. 在木材加工过程中，用旋转或固定刨刀加工木料的平面或成形面的木工机床叫作刨床，使用的较多的刨床是木工平刨床。木工平刨床可能产生危险的地方有：作业平台、刨刀轴和加工区域。下列关于木工平刨床刀轴的安全技术措施的说法中，正确的有（　　）。

A. 刨床刀轴处开口量应尽量小，使刀轴外露区域小，但开口应兼顾加工安全、排屑降噪的需要
B. 刨刀片径向伸出量不得大于 5.1 mm
C. 刀轴的驱动装置所有外露旋转件都必须有牢固可靠的防护罩，并在罩上标出单向转动的明显标志

D. 木工平刨床的刀轴必须使用方刀轴，严禁使用圆刀轴

E. 组装后的刀轴需经强度试验和离心试验，试验后的刀片不得有卷刃、崩刀或显著磨钝现象

19. 木材加工是建筑施工行业尤其是室内装修行业不可缺少的一个环节，多数刚刚从事木材加工行业的木工师傅在工作时出现脸部过敏，起红疹，并且高热等现象，证明对长期从事木工行业的工人来说存在一定程度对身体健康有害的危险因素。下列属于木工行业存在的危险有害因素的是（　　）。

A. 粉尘危害　　B. 生物、化学危害

C. 火灾和爆炸　　D. 电离辐射

E. 高温

20. 平刨床操作危险区必须设置安全防护装置，其基本功能是遮盖刀轴防止切手。可采用护指键式、护罩或护板等形式，控制方式有机械式、光电式、电磁式、电感应式等。下列关于平刨床遮盖式安全装置的安全技术要求的说法中，正确的是（　　）。

A. 非工作状态下，护指键必须在工作台面全宽度上盖住刀轴

B. 防护装置在刨削时仅打开与工件等宽的相应刀轴部分，其余的刀轴部分仍被遮盖

C. 整体护罩或全部护指键应承受 1 kN 径向压力，不得发生径向位移

D. 爪形护指键式的相邻键间距不得大于 8 mm

E. 安全防护装置应涂耀眼的红色，以便引起操作者注意

21. 木工机械是把木材加工成木模、木器及各类机械的机器，木工机械刀轴转速高、噪声大，最容易发生事故的是木工平刨床。下列关于木工平刨床危险有害因素和安全技术措施的说法中，正确的是（　　）。

A. 木材加工过程中的危险因素包括火灾和爆炸、热辐射、机械伤害、木材的生物效应危险等

B. 在木工平刨床的唇板上打孔或开梳状槽，既能降噪减振又可防止刀轴割伤事故

C. 组装后的刨刀片径向伸出量不得大于 1.1 mm

D. 安全装置应涂耀眼的颜色，闭合要灵敏，从接到闭合指令开始到护指键或防护罩关闭为止，闭合时间不得大于 20 ms

E. 组装后的刀轴须经强度试验和离心试验，试验后的刀片不得有卷刃、崩刀或显著磨钝现象

22. 【2019 年真题】木工平刨床操作危险区必须设置可以遮盖刀轴防止切手的安全防护装置，常用护指键式、护罩或护板等形式，控制方式有机械式、光电式、电磁式、电感应式等。下列对平刨床遮盖式安全装置的安全要求中，正确的有（　　）。

A. 非工作状态下，护指键（或防护罩）必须在工作台面全宽度上盖住刀轴

B. 刨削时仅打开与工件等宽的相应刀轴部分，其余的刀轴部分仍被遮盖

C. 安全装置应涂耀眼颜色，以引起操作者的注意

D. 整体护罩或全部护指键应承受规定的径向压力

E. 安全装置闭合时间不得小于规定的时间

# 第五节 铸造及锻造安全技术

## 一、单项选择题（每题的备选项中，只有1个最符合题意）

1. 锻造分为热锻、温锻、冷锻。热锻是使被加工的金属材料处在红热状态，通过锻造设备对金属施加的冲击力或静压力，使其发生塑性变形以获得预想尺寸和组织结构的加工方法。热锻加工中存在着多种危险有害因素。下列危险有害因素中，不属于热锻作业危险有害因素的是（　　）。

A. 尘毒危害　　B. 烫伤

C. 急性中毒　　D. 机械伤害

2. 铸造车间的厂房建筑设计应符合专业标准要求。下列有关铸造车间建筑要求的说法中，错误的是（　　）。

A. 熔化、浇铸区不得设置任何天窗

B. 铸造车间应建在厂区中不释放有害物质的生产建筑物的下风侧

C. 厂房平面布置在满足产量和工艺流程的前提下，应综合考虑建筑结构和防尘等要求

D. 铸造车间除设计有局部通风装置外，还应利用天窗排风设置屋顶通风器

3. 下列铸造工序中，存在职业危害种类最多的工序是（　　）。

A. 备料工序　　B. 模型工序

C. 浇铸工序　　D. 落砂清理工序

4. 锻造机的结构不仅应保证设备运行中的安全，而且还应保证安装、拆除和检修等工作的安全。下列关于锻造机安全要求的说法中，错误的是（　　）。

A. 安全阀的重锤必须封在带锤的锤盒内

B. 锻压机的机架和突出部分不得有棱角和毛刺

C. 启动装置的结构应能防止锻压机械意外地开动或自动开动

D. 较大型的空气锤或蒸汽-空气自由锤一般是自动操控的

5. 铸造设备就是利用铸造技术将金属熔炼成符合一定要求的液体并浇进铸型里，经冷却凝固、清整处理后得到有预定形状、尺寸和性能的铸件的所有机械设备。下列关于铸造设备分类的说法中，正确的是（　　）。

A. 辗轮式混砂机、逆流式混砂机、落砂机均为砂处理设备

B. 冲天炉、电弧炉、反射炉均属于金属冶炼设备

C. 无箱射压造型机、冷和热芯盒机、感应炉均属于造型造芯设备

D. 抛砂机、抛丸机、清理滚筒机均属于铸件清理设备

6. 铸造作业过程中存在诸多的不安全因素，可能导致多种危害，需要从管理和技术方面采取措施，控制事故的发生，减少职业危害。下列关于铸造作业危险有害因素的说法中，正确的是（　　）。

A. 砂芯干燥和浇铸过程中都会产生大量二氧化碳气体，如处理不当，将引起呼吸道疾病

B. 在铸造车间使用的振实造型机最容易产生的是机械伤害事故

C. 红热的铸件、飞溅铁水等一旦遇到易燃易爆物品，极易引发火灾和爆炸事故

D. 由于工作环境恶劣、照明不良，在设备的维护、检修和使用时，易发生触电事故

7. 由于铸造车间的工伤事故远较其他车间为多，因此，需从多方面采取安全技术措施。下列关于铸造工艺要求的说法中，正确的是（　　）。

A. 造型工段在集中采暖地区应布置在非采暖季节最小频率风向的上风侧

B. 造型、落砂、清砂等工序宜固定作业工位或场地，以方便采取防尘措施

C. 混砂不宜采用带称量装置的密闭混砂机，宜采用爬式翻斗加料机和外置式定量器

D. 为增强炉渣的流动性，使炉渣黏度降低，应在冲天炉熔炼辅料中加入萤石

8. 铸造是一种古老的制造方法，在我国可以追溯到6000年前。随着工业技术的发展，大型铸件的质量直接影响着产品的质量，因此，铸造在机械制造业中占有重要的地位。下列关于铸造工艺操作的说法中，正确的是（　　）。

A. 在炉料准备过程中最容易发生事故的是破碎金属块料

B. 冲天炉用于炼钢，电弧炉用于化铁

C. 浇包盛铁水不得太满，不得超过容积的90%

D. 浇注时，所有与金属溶液接触的工具等均需干燥，防止与冷工具接触产生飞溅

9. 为减少铸造过程中对周围环境的影响，铸造车间的建筑需满足相应的安全技术要求。下列关于铸造车间安全要求不合理的是（　　）。

A. 铸造车间应建在厂区其他不释放有害物质的生产建筑的上风侧

B. 厂房主要朝向宜南北向

C. 铸造车间除设计有局部通风装置外，还应利用天窗排风或设置屋顶通风器

D. 熔化、浇注区和落砂、清理区应设避风天窗

10. 近年来，随着经济的迅速发展，冶金炼钢电炉和以原煤为燃料的锅炉增加很多，这些炉窑排放的大气污染物对周围环境造成很大危害，所以从含尘气体中去除颗粒物以减少其向大气排放的技术越来越重要。下列关于铸造作业除尘安全技术措施的说法中，正确的是（　　）。

A. 电弧炉宜采用机械排烟净化设备，包括高效旋风除尘器、颗粒层除尘器、电除尘器

B. 冲天炉的烟气净化设备宜采用干式高效除尘器

C. 当冲天炉粉尘的排放浓度在400~600 $mg/m^3$ 时，最好利用机械通风和喷淋装置进行排烟净化

D. 颚式破碎机上部，直接给料，落差小于1 m时，可只做密闭罩而不排风

11. 铸造是一种金属热加工工艺，是将熔融的金属注入、压入或吸入铸模的空腔中使之成型的加工方法，但在铸造作业过程中存在多种危险有害因素。下列关于铸造作业过程中的危险有害因素说法中，正确的是（　　）。

A. 火灾爆炸、灼烫、机械伤害、苯中毒、高温热辐射、高处坠落均存在于铸造作业中

B. 冲天炉、电炉产生的烟气中含有大量对人体有害的一氧化碳

C. 在铸造车间使用的振实造型机、锻锤等会产生大量噪声和强烈的振动

D. 在铸型、浇包、砂芯干燥和浇铸过程中会产生大量二氧化碳

12. 某工厂铸造车间对 2019 年度车间发生的事故进行了统计，统计表明 2019 年度共发生 9 起事故，造成 45 人受伤。为提高新年度车间安全系数，该企业决定从工艺布置、工艺设备、工艺方法等方面进行改进。下列关于铸造工艺要求及内容对应正确的是（　　）。
   A. 冲天炉熔炼不宜加萤石，在工艺可能的条件下，宜采用湿法作业——工艺方法
   B. 很多造型机、制芯机都是以压缩空气为动力源，为保证安全，防止设备发生事故或造成人身伤害，在结构、气路系统和操作中，应设有相应的安全装置——工艺设备
   C. 混砂不宜采用扬尘大的爬式翻斗加料机和外置式定量器，宜采用带称量装置的密闭混砂机——工艺操作
   D. 造型、落砂、清砂、打磨、切割、焊补等工序宜固定作业工位或场地，以方便采取防尘措施——工艺布置
13. 锻压机械的结构不但应保证设备运行中的安全，而且应能保证安装、拆卸和检修等各项工作的安全；此外，还必须便于调整和更换易损件，便于对在运行中应取下检查的零件进行检查。下列关于锻压机械安全技术要求的说法中，错误的是（　　）。
   A. 较大型的空气锤或蒸汽—空气自由锤一般是自动操纵的，为保证安全应该设置简易的操作室或屏蔽装置
   B. 模锻锤的脚踏板应置于某种挡板之下，操作者需将脚伸入挡板内进行操纵
   C. 高压蒸汽管道上必须装有安全阀和凝结罐，以消除水击现象，降低突然升高的压力
   D. 任何类型的蓄力器都应有安全阀，且安全阀的重锤必须封在带锁的锤盒内
14. 锻造是金属压力加工的方法之一，是机械制造生产中的一个重要环节。下列关于锻造的危险有害因素的说法中，错误的是（　　）。
   A. 锻造加工过程中，导致的机械伤害包括锻锤锤头击伤，模具、冲头打崩、损坏伤人，原料、锻件等在运输过程中造成的砸伤等
   B. 曲柄热模锻压力机在工作时，冲击性较大，而且设备突然损坏等情况也时有发生，操作者往往猝不及防，也有可能导致工伤事故
   C. 红热的坯料、锻件及飞溅氧化皮等一旦遇到易燃易爆物品，极易引发火灾和爆炸事故
   D. 锻造加工坯料常加热至 800~1200 ℃，操作者一旦接触到红热的坯料、锻件及飞溅氧化皮等，必定被烫伤
15. 【2021 年真题】铸造作业过程中存在诸多危险有害因素。下列危险有害因素中，铸造作业过程最可能存在的是（　　）。
   A. 灼烫、噪声、电离辐射
   B. 火灾、灼烫、机械伤害
   C. 机械伤害、放射、火灾
   D. 爆炸、机械伤害、微波
16. 【2021 年真题】锻造是一种利用锻压机械对金属坯料施加压力，使其产生塑性变形以获取具有一定机械性能、形状和尺寸锻件的加工方法。下列伤害类型中，锻造过程最常见的是（　　）。

A. 起重伤害　　B. 机械伤害
C. 电击伤害　　D. 高处坠落

17. 【2020 年真题】铸造作业过程存在诸多危险有害因素，发生事故的概率较大。为预防事故，通常会从工艺布置、工艺设备、工艺操作、建筑要求等方面采取相应的安全技术措施。下列铸造作业的安全技术措施中，错误的是（　　）。

A. 大型铸造车间的砂处理、清理工段布置在单独厂房内
B. 铸造车间熔化、浇注区和落砂、清理区设避风天窗
C. 浇包盛装铁水的体积不超过浇包容积的 85%
D. 浇注时，所有与金属溶液接触的工具均需预热

18. 【2020 年真题】冲天炉、电炉是铸造作业中的常用金属冶炼设备，在冶炼过程会产生大量危险有害气体。下列危险有害气体中，（　　）是电炉运行过程中产生的。

A. 氢气　　B. 一氧化碳
C. 甲烷　　D. 二氧化硫

19. 【2019 年真题】铸造作业过程中存在诸多的不安全因素，可能导致多种危害，因此应从工艺、建筑、除尘等方面采取安全技术措施，工艺安全技术措施包括工艺布置、工艺设备、工艺方法、工艺操作。下列安全技术措施中，属于工艺方法的是（　　）。

A. 浇包盛铁水不得超过容积的 80%
B. 冲天炉熔炼不宜加萤石
C. 球磨机的旋转滚筒应设在全封闭罩内
D. 大型铸造车间的砂处理工段应布置在单独的厂房内

20. 【2019 年真题】锻造加工过程中，当红热的坯料、机械设备、工具等出现不正常情况时，易造成人身伤害。因此，在作业过程中必须对设备采取安全措施加以控制。下列关于锻造作业安全措施的说法中，错误的是（　　）。

A. 外露传动装置必须有防护罩
B. 机械的突出部分不得有毛刺
C. 各类型蓄力器必须配安全阀
D. 锻造过程必须采用湿法作业

## 二、多项选择题（每题的备选项中有 2 个或 2 个以上符合题意，至少有 1 个错误选项）

21. 铸造作业中存在火灾、爆炸、尘毒危害等多种危险危害。为了保障铸造作业的安全，应从建筑、工艺、除尘等方面全面考虑安全技术措施。下列关于安全技术措施的说法中，正确的有（　　）。

A. 浇包盛铁水不得太满，不得超过容积的 90%
B. 砂处理工段宜与造型工段直接毗邻
C. 在允许的条件下应采用湿式作业
D. 与高温金属溶液接触的火钳接触溶液前应预热
E. 浇注完毕后不能等待其温度降低，而应尽快取出铸件

22. 锻造是一种利用锻压机械对金属坯料施加压力，使其产生塑性变形以获得具有一定机

械性能、一定形状和尺寸的锻件的加工方法。锻造的主要设备有锻锤、压力机、加热炉等。下列关于锻造设备安全技术措施的说法中，正确的有（　　）。

A. 锻压机械的机架和突出部位不得有棱角

B. 蓄力器应装有安全阀，且安全阀的重锤应位于明处

C. 控制按钮有按钮盒，启动按钮为红色按钮，停车按钮为绿色按钮

D. 启动装置的结构应能防止锻造设备意外开启或自动开启

E. 外露的齿轮传动、摩擦传动、曲柄传递、皮带传动机构有防护罩

23. 区别于3D打印造型，金属铸造是一种传统的金属热加工造型工艺，主要包括砂处理、造型、金属熔炼、浇铸、铸件处理等工序。下列关于铸造工艺安全健康措施的说法中，正确的有（　　）。

A. 铸造工艺用球磨机的旋转滚筒应设在全密闭罩内

B. 铸造车间应布置在厂区不释放有害物质的生产建筑物的上风侧

C. 铸造用熔炼炉的烟气净化设备宜采用干式高效除尘器

D. 铸造工艺用压缩空气的气罐、气路系统应设置限位、联锁和保险装置

E. 铸造工艺用颚式破碎机的上部直接给料，落差小于1 m时，可只做密闭罩而不排风

24. 由于铸造车间的工伤事故远较其他车间多，因此，需从多方面采取安全技术措施。下列关于铸造车间安全技术措施的说法中，正确的是（　　）。

A. 造型、制芯工段在非集中采暖地区应位于全年最小频率风向的上风侧

B. 浇注作业一般包括烘包、浇注和冷却三个工序，与高温金属溶液接触的火钳接触溶液前应进行干燥处理

C. 为提高生产率，浇注完毕后不能等待其温度降低，而应尽快取出铸件进行落砂清理作业

D. 在浇注作业中，浇包盛铁水不得超过容积的80%，以免洒出伤人

E. 颚式破碎机上部，直接给料，落差小于1 m时，可只做密闭罩而不排风

25. 锻造加工过程中，当红热的坯料、机械设备、工具等出现不正常情况时，易造成人身伤害。因此，在作业过程中必须对设备采取安全措施加以控制。下列关于锻造作业安全措施的说法中，正确的是（　　）。

A. 外露的传动装置必须有防护罩，且需用铰链安装在锻压设备的活动部件上

B. 锻压机械的启动装置必须能保证对设备进行迅速开关，并保证设备运行和停车状态的连续可靠

C. 安设在独立室内的重力式蓄力器必须装有荷重位置指示器，且任何类型的蓄力器都应有安全阀，为保证反应灵敏，安全阀的重锤严禁封在带锁的锤盒内

D. 高压蒸汽管道上必须装有安全阀和凝结罐，以消除水击现象，降低突然升高的压力

E. 较大型的空气锤或蒸汽-空气自由锤一般是自动操纵的，且应该设置简易的观察室或屏蔽装置

26. 【2021年真题】铸造作业过程危害较多，需从源头落实工艺安全措施来提高安全水平。关于铸造安全措施的说法，正确的有（　　）。

A. 大型铸造车间的砂处理工段可布置在单独的厂房内

B. 造型、落砂、清砂等工艺要采取防尘措施
C. 冲天炉熔炼应加入萤石等助熔剂
D. 混砂作业宜采用带称量装置的密闭混砂机
E. 造型、制芯工段应布置在最小频率风向的上风侧

27. 【2020 年真题】锻造是金属压力加工的方法之一，是机械制造的一个重要环节，可分为热锻、温锻和冷锻。锻造机械在加工过程中危险有害因素较多。下列危险有害因素中，属于热锻加工过程中存在的危险有害因素有（　　）。
A. 火灾　　B. 机械伤害
C. 爆炸　　D. 灼烫
E. 刀具切割

28. 【2019 年真题】锻造机械的结构不但应保证设备运行中的安全，而且应能确保安装、拆卸和检修等环节的人身安全。因此，在锻造机械上采取了很多安全措施，保证操作人员的安全。下列关于锻造机械安全技术措施的说法中，正确的有（　　）。
A. 启动装置的结构应能防止锻造机械意外动作
B. 高压蒸汽管道上必须装有安全阀和凝结罐
C. 安全阀的重锤必须封在带锁的锤盒内
D. 大修后的锻造设备可以直接使用
E. 模锻锤的脚踏板应置于挡板之上

## 第六节 安全人机工程

### 一、单项选择题（每题的备选项中，只有 1 个最符合题意）

1. 我国北方城市冬季气温较低，因此生产制造车间需要进行采暖，根据规范要求，不同劳动强度级别的工作地点，冬季采暖温度（干球）具有不同的划分。当冬季从事体力劳动强度为Ⅲ级的工作时，工作地点的采暖温度应大于（　　）。
A. 18 ℃　　B. 16 ℃
C. 14 ℃　　D. 12 ℃

2. 高温作业对劳动者职业健康产生许多不利影响，应加强预防措施。判断作业场所是否属于高温作业的主要指标是（　　）。
A. 温度　　B. 相对湿度
C. 绝对湿度　　D. WBGT 指数

3. 某职工在啤酒厂负责给回收的啤酒瓶进行翻洗工作，工作时间从 8：00 到 17：00，工作一段时间后，该职工认为作业单一、乏味，没有兴趣，经常将啤酒瓶打碎，根据安全人机工程原理，造成该职工经常将酒瓶打碎的主要原因是（　　）。
A. 肌肉疲劳　　B. 体力疲劳
C. 心理疲劳　　D. 行为疲劳

4. 下列关于全自动化控制的人机系统的说法中，正确的是（　　）。

A. 人在系统中充当全过程的操作者和控制者
B. 机器的运转完全依赖于人的控制
C. 以人为主体，即人必须在全过程中进行管理或干预
D. 以机为主体，人只是监视者和管理者

5. 根据人机特性的比较，为了充分发挥各自的优点，需要进行人机功能的合理分配。下列关于人机功能合理分配的说法中，正确的是（　　）。
A. 指令和程序的编排适合机器来做
B. 故障处理适合于机器来做
C. 研究、决策适合于人来承担
D. 操作复杂的工作适合于人来承担

6. 体力劳动强度分级是我国制定的劳动保护工作科学管理的一项基础标准，是确定体力劳动强度大小的根据。应用这一标准，可以明确工人体力劳动强度的重点工种或工序，以便有重点、有计划地减轻工人的体力劳动强度，提高劳动生产率。下列关于体力劳动强度分级正确的是（　　）。
A. 体力劳动强度指数为 20 的为轻劳动
B. 体力劳动强度指数为 20 的为重劳动
C. 体力劳动强度指数为 25 的为中等劳动
D. 体力劳动强度指数为 30 的为极重劳动

7. 单调作业是指内容单一、节奏较快、高度重复的作业。单调作业所产生的枯燥、乏味和不愉快的心理状态，又称为单调感。下列关于单调作业的说法中，错误的是（　　）。
A. 作业只有少量单项动作，周期短，频率高，易引起身体局部出现疲劳乃至心理厌烦
B. 在工作地放置标识板，让作业人员了解工作成果可改进单调作业
C. 设立作业的阶段目标，中间目标的到达，会给人以鼓舞，增强信心
D. 充分利用颜色提醒作业人员环境危险可以有效改善单调作业枯燥感

8. 机器是由各种金属和非金属部件组装成的装置，消耗能源，可以运转、做功。它是用来代替人的劳动、进行能量变换、信息处理，以及产生有用功。下列关于机器特性的说法中，正确的是（　　）。
A. 在可靠性和适应性方面，设计合理的机器对设定的作业有很高的可靠性，设计精密的机器对意外事件的处理能力非常强
B. 在成本方面，机器设备一次性投资可能过高，但是在寿命期限内的运行成本较人工成本要低
C. 在学习与归纳能力方面，机器的学习能力较差，但是灵活性较强，能理解特定的事物
D. 机器可快速、准确地进行工作，对处理液体、气体、粉状体及柔软物体等比人优越

9. 人机系统是由相互作用、相互依存的要素（部分）组成的、具有特定功能的有机整体。人机系统按系统的自动化程度可分为人工操作系统、半自动化系统和自动化系统三种。下列关于三个系统安全性的说法中，正确的是（　　）。

A. 在人工操作系统，人为失误状况是该系统安全性的重要决定因素之一
B. 在自动化系统中，人机功能分配的合理性是该系统安全性的重要决定因素之一
C. 在自动化系统中，人为失误状况是该系统安全性的重要决定因素之一
D. 在半自动化系统中，机器的冗余系统是否失灵是该系统安全性的重要决定因素之一

10. 某产品由生产流水线进行生产，甲进行第一道工序，乙对甲的工作进行审核，最后由机器完成最后一道工序，方可出厂合格产品。现已知甲的可靠度为 0.8，乙的可靠度为 0.9，机器的可靠度为 0.95，求机器正常情况下，产品合格的概率为（　　）。
A. 0.931　　B. 0.782
C. 0.998　　D. 0.953

11. 照明环境即光环境，又称为光照环境。光环境主要依赖于光照条件，光照条件中来自光源的光通量是最主要的物理量和最基本的光度量。照明条件和作业疲劳有一定联系，下列有关照明的说法中，正确的是（　　）。
A. 适当的照明条件能提高近视力降低远视力，因为在亮光下，视网膜上成像更为清晰
B. 物体周围背景发出刺目耀眼的光线时，人们会因瞳孔放大而导致视物模糊
C. 在配置比较暗淡的一般照明的同时，控制台或操作部位需配置局部照明
D. 使用的各种视觉显示器之间的亮度差应避免小于 10∶1，确保显示器使用时无闪烁

12. 色彩可以引起人的情绪反应，也会一定程度影响人的行为。产生这种反应的原因，一是人的先天因素；二是人们对过去经验的潜意识作用。下列关于色彩对人体影响的说法中，正确的是（　　）。
A. 红色色调会抑制各种器官的兴奋，可起到一定的降低血压及减缓脉搏的作用
B. 色彩的生理作用主要表现在对视觉疲劳的影响
C. 绿色等色调会使人的各种器官机能兴奋，有促使血压升高及脉搏加快的作用
D. 对引起眼睛疲劳而言，红、橙色最甚，蓝、紫色次之

13. 张某、王某、董某、靳某为某农场的四名员工，张某主要工作为打字记录麦苗生长情况；王某主要工作为割草；董某主要工作为除草；靳某主要工作为摘水果。根据我国对常见职业体力劳动强度的分级，下列关于上述四人劳动强度分级的说法中，正确的是（　　）。
A. 张某的体力劳动强度为Ⅰ级
B. 王某的体力劳动强度为Ⅱ级
C. 董某的体力劳动强度为Ⅲ级
D. 靳某的体力劳动强度为Ⅳ级

14. 劳动者在作业中会产生肌肉疲劳和精神疲劳。下列关于疲劳产生的原因及消除途径的说法中，正确的是（　　）。
A. 肌肉疲劳与中枢神经活动有关，是一种弥散的、不愿意再做任何活动的懒惰感觉，意味着肌体迫切需要得到休息
B. 大多数影响因素都会带来生理疲劳，一般情况下，肌体疲劳与主观疲劳感是同时发生的，不存在肌体尚未进入疲劳状态，却出现了心理疲劳的身体状态
C. 改善工作环境，科学地安排环境色彩、环境装饰及作业场所布局，保证合理的温湿

度、充足的光照，张贴警示标志提醒危险或者播放音乐等手段均属于消除疲劳的途径

D. 如劳动效果不佳、劳动内容单调、劳动环境缺乏安全感、劳动技能不熟练等原因会诱发心理疲劳

15. 【2021 年真题】疲劳分为肌肉疲劳和精神疲劳，肌肉疲劳是指过度紧张的肌肉局部出现酸痛现象，而精神疲劳则与中枢神经活动有关。疲劳产生的原因主要来自工作条件因素和作业者自身因素。下列引起疲劳的因素中，属于作业者自身因素的是（　　）。

A. 工作强度　　B. 环境照明

C. 工作体位　　D. 熟练程度

16. 【2021 年真题】传统人机工程中的“机”一般是指不具有人工智能的机器。人机功能分配是指根据人和机器各自的优势和局限性，把“人-机-环”系统中的任务进行分解，然后合理地分配给人和机器，使其承担相应的任务，进而使系统安全、经济、高效地完成工作。基于人与机器的特点，关于人机功能分配的说法，错误的是（　　）。

A. 机器可适应单调、重复性的工作而不会发生疲劳，故可将此类工作任务赋予机器完成

B. 机器具有高度可塑性，灵活处理程序和策略，故可将一些意外事件交由机器处理

C. 人具有综合利用记忆的信息进行分析的能力，故可将信息分析和判断交由人处理

D. 机器的环境适应性远高于人类，故可将危险、有毒、恶劣环境的工作赋予机器完成

17. 【2021 年真题】劳动强度是以作业过程中人体的能耗、氧耗、心率、直肠温度、排汗率或相对代谢率等指标进行分级，体力劳动强度分为 4 个等级。下列劳动作业中，属于Ⅱ级劳动强度的是（　　）。

A. 手和臂持续动作

B. 臂和躯干负荷工作

C. 大强度的挖掘或搬运

D. 手工作业或腿的轻度活动

18. 【2021 年真题】体力劳动强度指数是区分体力劳动强度等级的指标。关于体力劳动强度级别的说法，正确的是（　　）。

A. 体力劳动强度指数为 16 时，则体力劳动强度级别为“Ⅰ级”

B. 体力劳动强度指数为 18 时，则体力劳动强度级别为“Ⅱ级”

C. 体力劳动强度指数为 20 时，则体力劳动强度级别为“Ⅲ级”

D. 体力劳动强度指数为 22 时，则体力劳动强度级别为“Ⅳ级”

19. 【2021 年真题】人机系统是由相互作用、相互依存的人和机器两个子系统构成，能完成特定目标的一个整体系统。在自动化系统中，人机功能分配的原则是（　　）。

A. 以人为主　　B. 以机为主

C. 人机同等　　D. 人机共体

20. 【2021 年真题】对工作环境进行照明设计时，应考虑视觉作业的照明与作业安全、视觉工效之间的关系。下列针对作业场所照明的要求中，错误的是（　　）。

A. 避免强烈眩光的使用　　B. 注意表面特性的显示
C. 运用各种照明方式　　D. 采用强烈的颜色对比

21. 【2020 年真题】劳动者在劳动过程中，因工作因素产生的精神压力和身体负担，不断积累可能导致精神疲劳和肌肉疲劳。下列关于疲劳的说法中，错误的是（　　）。
A. 肌肉疲劳是指过度紧张的肌肉局部出现酸疼现象
B. 肌肉疲劳和精神疲劳可能同时发生
C. 劳动效果不佳是诱发精神疲劳的因素之一
D. 精神疲劳仅与大脑皮层局部区域活动有关

22. 【2020 年真题】在人机系统中，人始终处于核心地位并起主导作用，机器起着安全可靠的保障作用，在信息反应能力、操作稳定性、事件处理能力、环境适应能力等特性方面，人与机器各有优势。下列特性中，属于人优于机器的是（　　）。
A. 特定信息反应能力　　B. 操作稳定性
C. 环境适应能力　　D. 偶然事件处理能力

23. 【2020 年真题】事故统计表明，不良的照明条件是发生事故的重要影响因素之一，事故发生的频率与工作环境照明条件存在着密切的关系。下列关于工作环境照明条件影响效应的说法中，正确的是（　　）。
A. 合适的照明能提高近视力，但不能提高远视力
B. 环境照明强度越大，人观察物体越清楚
C. 视觉疲劳可通过闪光融合频率和反应时间来测定
D. 遇眩光时，眼睛瞳孔放大，视网膜上的照度增加

24. 【2019 年真题】人机系统按自动化程度可分为人工操作系统、半自动化系统和自动化系统。在自动化系统中，以机为主体，机器的正常运转完全依赖于闭环系统的机器自身的控制，人只是一个监视者和管理者，监视自动化机器的工作。只有在自动控制系统出现差错时，人才进行干预，采取相应的措施。自动化系统的安全性主要取决于（　　）。
A. 人机功能分配的合理性、机器的本质安全性及人为失误
B. 机器的本质安全性、机器的冗余系统是否失灵及人为失误
C. 人机功能分配的合理性、机器的本质安全性及人处于低负荷时应急反应变差
D. 机器的本质安全性、机器的冗余系统是否失灵及人处于低负荷时应急反应变差

25. 【2019 年真题】安全人机工程是运用人机工程学的理论和方法研究“人-机-环境”系统，并使三者在安全的基础上达到最佳匹配，人的心理特性是决定人的安全性的一个重要因素。下列人的特性中，不属于心理特性的是（　　）。
A. 能力　　B. 心率
C. 动机　　D. 情感

26. 【2019 年真题】在人机系统中，人始终处于核心并起主导作用，机器起着安全可靠的保障作用。分析研究人和机器的特性有助于建构和优化人机系统。下列关于机器特性的说法中，正确的是（　　）。
A. 处理柔软物体比人强　　B. 修正计算错误能力强

C. 单调重复作业能力强　　D. 图形识别能力比人强

27. 【2019 年真题】在人机工程中，机器与人之间的交流只能通过特定的方式进行，机器在特定条件下比人更加可靠。下列机器特性中，不属于机器可靠性特性的是（　　）。

A. 不易出错　　B. 固定不变

C. 难做精细的调整　　D. 出错则不易修正

28. 【2019 年真题】色彩对人的生理作用主要表现在对视觉疲劳的影响。下列颜色中，最容易引起眼睛疲劳的是（　　）。

A. 黄色　　B. 蓝色

C. 绿色　　D. 红色

29. 【2019 年真题】某机械系统由甲乙两人监控，他们的操作可靠度均为 0.9000，机械系统的可靠度为 0.9800。当两人并联工作并同时发生异常时，该人机系统的可靠度为（　　）。

A. 0.9604　　B. 0.7938

C. 0.8820　　D. 0.9702

## 二、多项选择题（每题的备选项中有 2 个或 2 个以上符合题意，至少有 1 个错误选项）

30. 某企业员工刘某从事的工作环境噪声较高，造成了刘某工作效率下降，极易产生疲劳感。劳动过程中工作条件因素和劳动本身的因素都有可能是导致疲劳的原因。下列造成疲劳的原因中，属于工作条件因素的有（　　）。

A. 劳动者作业条件需要劳动者长期半蹲作业

B. 劳动内容单调

C. 劳动者的心理压力过大

D. 作业环境噪声过大

E. 劳动环境缺少安全感

31. 人与机械设备在不同的工作上能够发挥各自不同的优势，因此，根据人的特性和机器的特性安排不同的工作，有助于整体工作效率的提高。以下的工作中，适合机器完成的有（　　）。

A. 古代金丝镌刻工艺品首饰暗纹的现代修复工作

B. 金丝线等柔软物体的制作工作

C. 野外地质情况的勘探工作

D. 突发事件的应对和处理工作

E. 检测电磁波等物理量的工作

32. 劳动强度以作业过程中人体的能耗量、氧耗、心率、排汗率或相对代谢率等指标进行分级。下列属于Ⅲ级劳动的是（　　）。

A. 割草　　B. 脚踏开关

C. 除草　　D. 搬重物

E. 锻造

33. 在人机系统中，人始终处于核心并起主导作用，机器起着安全可靠的保障作用。分析研究人和机器的特性有助于建构和优化人机系统。下列关于人机特性对比的说法中，正确的是（　　）。

A. 人能够运用多种通道接收信息，而机器只能按设计的固定结构和方法输入信息

B. 人具有高度的灵活性和可塑性，能在恶劣的环境条件下工作，如一线工人在高温、低温等条件下都可以很好地工作，而机器则无法耐受恶劣的环境

C. 高度精密的机器能长期大量储存信息并能综合利用记忆的信息进行分析和判断

D. 人能同时完成多种操作，且可保持较高的效率和准确度，而机器一般只能同时完成1~2项操作，而且两项操作容易相互干扰

E. 机器的动作速度极快，信息传递、加工和反应的速度也极快。

34. 人机系统是由相互作用、相互依存的要素组成的、具有特定功能的有机整体，按系统的自动化程度可分为人工操作系统、半自动化系统和自动化系统三种。下列关于人机系统的说法中，错误的是（　　）。

A. 在人机系统中，人始终处于核心并起主导作用，机器起着安全可靠的保障作用

B. 人工操作系统、半自动化系统中，人在系统中主要充当生产过程的操作者与控制者，系统的安全性主要取决于机器的本质安全性、机器的冗余系统是否失灵以及人处于低负荷时的应急反应变差等情形

C. 自动化系统机器的正常运转完全依赖于闭环系统的机器自身的控制，人只是一个监视者和管理者，系统的安全性主要取决于人机功能分配的合理性、机器的本质安全性及人为失误状况

D. 人机系统按有无反馈控制可分为闭环人机系统和开环人机系统两类，其中开环人机系统也叫反馈控制人机系统

E. 闭环人机系统的特征是系统中没有反馈回路，系统输出不对系统的控制发生作用，所提供的反馈信息不能控制下一步的操作，即系统的输出对系统的控制作用没有直接影响

35. 根据人与机器各方面特性的差别，可以有效地进行人机功能的分配，进而高效地实现系统效能。下列关于人机功能分配的说法中，正确的有（　　）。

A. 机器能够运用多种通道接收信息，对信息的感受能力和反应能力一般比人高

B. 机器的持续性、可靠性优于人，故可将需要长时间、可靠作业的事交由机器处理，不易出错，但是一旦出错则不易修改

C. 机器运行精度高，可有效进行图形识别和处理柔软物体

D. 人具有高度的灵活性和可塑性，能随机应变，能更灵活地处理信息，机器则常按程序处理问题

E. 传统机器的学习和归纳的能力不如人类，因此针对复杂问题的决策，目前仍然需要人的干预

36. 安全人机工程是运用人机工程学的理论和方法研究“人—机—环境”系统，并使二者在安全的基础上达到最佳匹配的综合性科学。下列属于安全人机工程的主要研究内容是（　　）。

A. 分析机械设备及设施在生产过程中存在的不安全因素，并有针对性地进行可靠性设

计、安全启动和安全操作设计及安全维修设计等

B. 研究人的生理和心理特性，分析研究人和机器各自的功能特点，进行合理的功能分配，以建构不同类型的最佳人机系统

C. 研究人与机器相互接触、相互联系的人机界面中信息传递的安全问题

D. 研究事故发生之后，机器对于人的应急保护措施

E. 分析人机系统的可靠性，建立人机系统可靠性设计原则，据此设计出经济、合理以及可靠性高的人机系统

37. 【2020 年真题】劳动强度是以作业过程中人体的能耗量、氧耗、心率、排汗率等指标为根据，将其从轻到重分为：Ⅰ、Ⅱ、Ⅲ、Ⅳ级。根据我国对常见职业体力劳动强度的分级，下列操作中，属于Ⅱ级劳动强度的有（　　）。

A. 摘水果　　B. 搬重物

C. 驾驶卡车　　D. 操作仪器

E. 操作风动工具

38. 【2019 年真题】人机功能分配指根据人和机器各自的长处和局限性，把人机系统中任务分解，合理分配给人和机器去承担，使人与机器能够取长补短，相互匹配和协调，使系统安全、经济、高效地完成人和机器往往不能单独完成的工作任务。根据人机特性和人机功能分配的原则，下列人机系统的工作中，适合人来承担的有（　　）。

A. 长期连续不停的工作　　B. 系统运行的监督控制

C. 机器设备的维修与保养　　D. 操作复杂的重复工作

E. 意外事件的应急处理

# 第二章 电气安全技术

## 第一节 电气事故及危害

### 一、单项选择题（每题的备选项中，只有1个最符合题意）

1. 人体与带电体接触，电流通过人体时，因电能转换成的热能引起的伤害被称为（ ）。

A. 机械损伤 B. 电流灼伤

C. 电弧 D. 电烙印

2. 人体发生带电事故，通常分为电击和电伤两种。下列关于电击和电伤的说法中，错误的是（ ）。

A. 电击是电流直接通过人体对人体的器官造成伤害的现象，严重时可能致人死亡

B. 电伤是因电能转换成的热能引起的伤害，通常伤害程度较电击更轻，不能导致死亡

C. 绝大多数的触电事故造成的伤害中，既有电击又有电伤

D. 电击事故中，最主要的对人体造成伤害的因素是电流

3. 电击分为直接接触电击和间接接触电击。下列触电导致人遭到电击的状态中，属于直接接触电击的是（ ）。

A. 带金属防护网外壳的排风机漏电，工作人员触碰到排风机防护网而遭到电击

B. 电动机线路短路漏电，工作人员触碰电动机时触电

C. 泳池漏电保护器损坏，游客游泳过程中遭到电击

D. 工作人员在起重臂上操作，起重机吊臂碰到380 V架空线，挂钩工人遭到电击

4. 2016年4月，河南省某市市郊发生一起触电事故。事故经过为某市郊区高压输电线路由于损坏被大风刮断，线路一端掉落在地面上。某日清晨附近有6名中学生上学路过此处，出于好奇，其中两名学生欲上前观察情况，在距离高压线仍有4 m距离的地方，两名中学生突然触电，倒地死亡。此次事故为（ ）。

A. 直接接触触电 B. 间接接触触电

C. 跨步电压触电 D. 单线触电

5. 下页图所示是某工地一起特大触电事故的描述图片。20余名工人抬着瞭望塔经过10 kV架空线下方时发生强烈放电，导致多人触电死亡。按照触电事故的类型，该起触电事故属于（ ）。

A. 低压直接接触电击 B. 高压直接接触电击

C. 高压间接接触电击 D. 低压间接接触电击

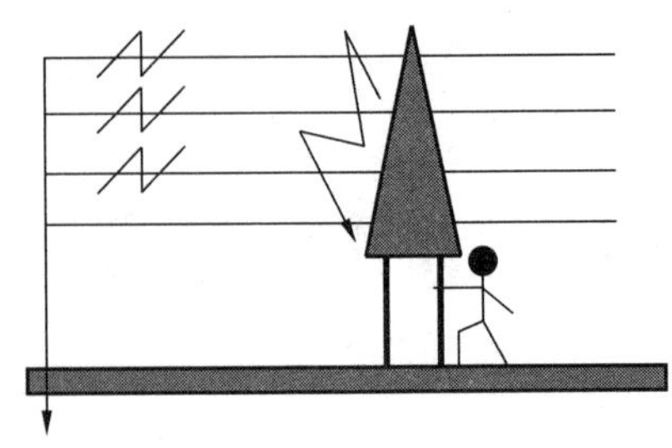

6. 摆脱电流是确定电流通过人体的一个重要界限。对于频率为 50~60 Hz 的电流称为工频电流，工频电流也称为对人体最危险的电流，对于工频电流，人体能够摆脱的电流大约为（　　）。

A. 5~10 mA　　B. 50 mA

C. 500 mA　　D. 1 A

7. 室颤电流是通过人体引起心室发生纤维性颤动的最小电流，当电流持续时间超过心脏跳动周期时，室颤电流约为（　　）。

A. 5~10 mA　　B. 50 mA

C. 500 mA　　D. 1 A

8. 对于工频电流，人的感知电流为 0.5~1 mA、摆脱电流为 5~10 mA、室颤电流约为 50 mA。某事故现场如下图所示，电动机接地装置的接地电阻为2 Ω；该电动机漏电，流过其接地装置电流为 5 A；地面十分潮湿。如果电阻 1000 Ω 的人站在地面接触该电动机，最有可能发生的情况是（　　）。

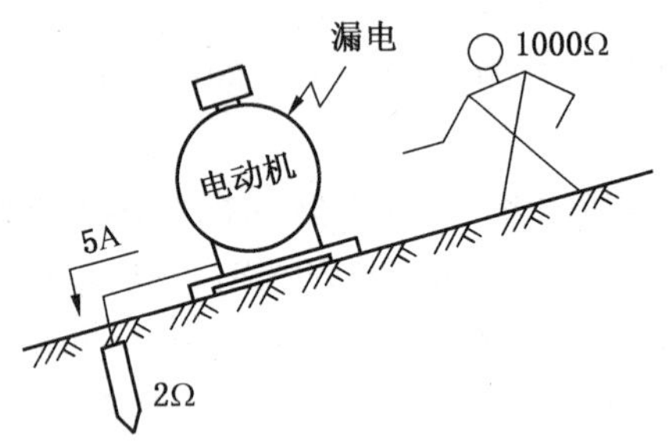


A. 引起该人发生心室纤维性颤动

B. 使该人不能脱离带电体

C. 使该人有电击感觉

D. 使该人受到严重烧伤

9. 根据 GB/T 13870.1《电流对人和家畜的效应　第 1 部分：通用部分》的规定，总结出了电流对人体作用带域划分图（下页图），对于 AC-1 所在的 a 区域的说法中，正确的是（　　）。

A. a 区域为 AC-1 所在的区域，该区域电流较小，通过人体几乎无生理效应

B. a 区域为 AC-1 所在的区域，该区域电流较小，通过人体能产生感觉但基本没有损害

C. a 区域为 AC-1 所在的区域，该区域电流较小，通过人体可能导致肌肉收缩但不

致命

D. a区域为AC-1所在的区域，该区域电流较大，通过人体可能造成室颤并导致死亡

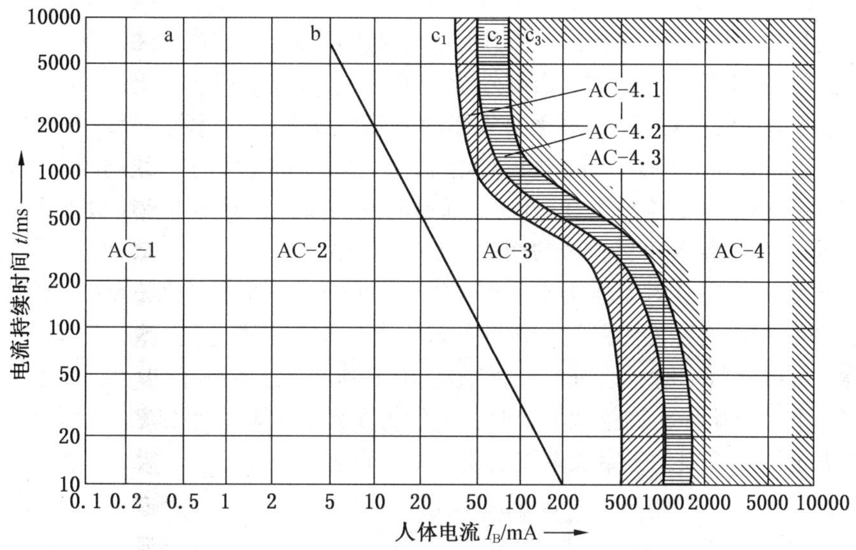


10. 作为火灾和爆炸的电气引燃源，电气设备及装置在运行中产生的危险温度、电火花和电弧是电气火灾爆炸的主要原因。下列有可能导致温度过高产生火灾的情况有（　　）。

A. 电动机在额定功率和额定电压下运转长达4 h

B. 白炽灯灯泡表面温度高到烫手的程度

C. 电动机电流过小，导致电动机转速过慢

D. 电动机导线受到损伤导致截面积变小

11. 电气事故包括人身事故和设备事故，人身事故和设备事故都可能导致二次事故，而且二者很可能同时发生。按照电能的形态，电气事故分为触电事故、电气火灾爆炸事故等。下列关于触电事故的说法中，正确的是（　　）。

A. 电击是电流转换成热能、机械能等其他形态的能量作用于人体造成的伤害

B. 电伤是电流直接通过人体造成的伤害

C. 触电事故是由电流形态的能量造成的事故

D. 一般情况下，85%以上的死亡事故是电击造成的，其中不包含电伤因素

12. 按照人体触及带电体的方式和电流流过人体的途径，电击可分为单线电击、两线电击和跨步电压电击。下列关于上述电击的说法中，错误的是（　　）。

A. 两线电击是发生最多的触电事故

B. 两线电击的危险程度主要决定于接触电压和人体阻抗

C. 单线电击危险程度与带电体电压、鞋袜条件、地面状态等因素有关

D. 有大电流流过的接地装置附近可能发生跨步电压电击

13. 按照电流转换成作用于人体的能量的不同形式，电伤分为电弧烧伤、电流灼伤、皮肤

金属化、电烙印、电气机械性伤害、电光眼等伤害。下列关于电伤的说法中，正确的是（　　）。

A. 一般情况下，高压电弧会造成严重烧伤，低压电弧只会造成轻微烧伤

B. 电流灼伤是电流通过人体由电能转换成热能造成的伤害，是最危险的电伤

C. 电流越大、通电时间越长、电流途径上的电阻越小，电流灼伤越严重

D. 电光眼是发生弧光放电时，由红外线、可见光、紫外线对眼睛的伤害

14. 按照人体所呈现的不同状态，将通过人体的电流划分为三个阈值。分别为感知电流，摆脱电流和室颤电流。下列关于上述三种电流对人体影响的说法中，正确的是（　　）。

A. 人体的最小感知电流约为 0.5 mA，随着时间的增加，感知电流将会增大至 1.1 mA

B. 成年男子摆脱概率为 99.5% 的摆脱电流为 9 mA

C. 感知电流一般不会对人体构成生理伤害，但是随着时间的增加，感觉会增强

D. 通过人体引起心室发生纤维性颤动的最大电流称为室颤电流

15. 发生心室纤维性颤动时，心脏每分钟颤动 1000 次以上，但幅值很小，而且没有规则，血液实际上中止循环，如抢救不及时，数秒钟至数分钟将由诊断性死亡转为生物性死亡。根据下图，下列关于室颤电流的说法中，正确的是（　　）。

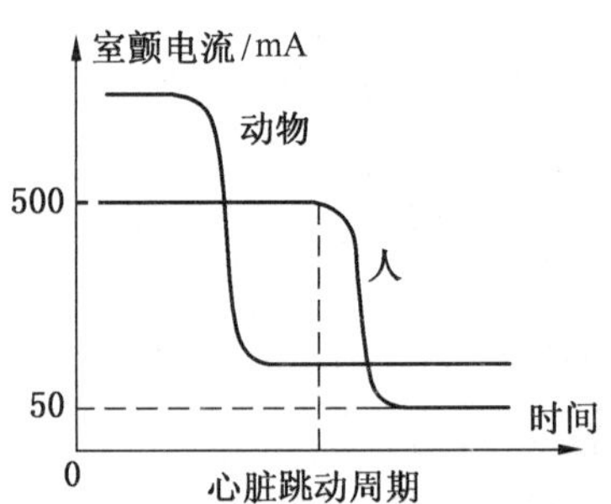


室颤电流与电流持续时间的关系曲线

A. 室颤电流主要决定于电流持续时间等电气参数，与机体组织等个体特征无关

B. 当电流持续时间短于心脏跳动周期时，人的室颤电流约为 50 mA

C. 当电流持续时间超过心脏跳动周期时，人的室颤电流约为 500 mA

D. 当电流持续时间在 0.1 s 以下时，只有电击发生在心脏易损期，500 mA 以上乃至数安的电流才可能引起心室纤维性颤动

16. 人体阻抗是由皮肤、血液、肌肉、细胞组织及其结合部所组成的，是含有电阻和电容的阻抗。下列关于人体阻抗的影响因素说法中，错误的是（　　）。

A. 随着接触电压升高，角质层和表皮被击穿，会使人体阻抗下降

B. 接触面积增大、接触压力增大、温度升高时，人体阻抗也会降低

C. 如皮肤长时间湿润，皮肤阻抗几乎消失

D. 金属粉、煤粉等导电性物质渗入皮肤，乃至汗腺会造成人体阻抗会提高

17. 某公园内有一花灯音乐喷泉，一名游客在下水时遭到电击而死亡。从带电体的状态考虑，该起触电事故属于（　　）。

A. 直接接触电击　　　　B. 间接接触电击

C. 两相电击　　D. 跨步电压电击

18. 2020 年 5 月，位于甲省乙市的一工人路过 A 公司防雷接地点发生触电事故，倒地死亡。按照按人体触及带电体的方式和电流流过人体的途径，判断该起事故为跨步电压电击。下列措施中，可避免造成自身发生跨步电压电击的是（　　）。

A. 快速从故障点跑开　　B. 单腿从故障点跳开

C. 匍匐从故障点爬出去　　D. 快速从故障点滚出去

19. 人体阻抗与接触电压、皮肤状态、接触面积等因素有关。下列关于电流对人体阻抗影响因素的说法中，错误的是（　　）。

A. 接触电压升高，人体产生应激反应，人体阻抗急剧升高

B. 电流增加，人体阻抗降低，电流持续时间延长，人体阻抗由于出汗等原因下降

C. 人体大量出汗后，或角质层或表皮破损，人体阻抗明显降低

D. 人体阻抗与个体特征有关

20. 每年由于触电造成的死亡人数超过 8000 人。通过对触电事故的分析，可找出触电事故具有一定的规律。下列关于触电事故规律的说法中，正确的是（　　）。

A. 触电事故中，年纪大的工作人员比青年员工发生的次数多

B. 相较于低压设备，高压设备触电事故多

C. 固定式电气设备电压高，发生的触电事故更多

D. 触电事故发生在移动式设备、临时性设备上居多

21. 【2021 年真题】触电事故是由电流形态的能量造成的事故，分为电击和电伤。下列触电事故伤害中，属于电击的是（　　）。

A. 电弧烧伤　　B. 电烙印

C. 跨步电压触电　　D. 皮肤金属化

22. 【2021 年真题】电流对人体伤害的程度与电流通过人体的路径有关，电流流入人体，一定是从人体某一个部位流入，从另一个部位流出的，这两个部位之间的路径，就决定了人体受到的伤害程度。下列电流通过人体的路径中，最危险的路径是（　　）。

A. 左手至脚部　　B. 左手至背部

C. 左手至胸部　　D. 左手至右手

23. 【2021 年真题】在电流途径左手到右手、大接触面积（50～100 $cm^2$）且干燥的条件下，当接触电压在 100～220 V 时，人体电阻大致在（　　）。

A. 500～1000 Ω　　B. 2000～3000 Ω

C. 4000～5000 Ω　　D. 6000～7000 Ω

24. 【2020 年真题】人体阻抗与接触电压、皮肤状态、接触面积等因素有关。下列关于人体阻抗影响因素的说法中，正确的是（　　）。

A. 人体阻抗与电流持续的时间无关

B. 人体阻抗随接触面积增大而增大

C. 人体阻抗与触电者个体特征有关

D. 人体阻抗随温度升高而增大

25. 【2020 年真题】直接接触电击是触及正常状态下带电的带电体时发生的电击。间接接

触电击是触及正常状态下不带电而在故障状态下带电的带电体时发生的电击。下列触电事故中，属于间接接触电击的是（　　）。

A. 作业人员在使用手电钻时，手电钻漏电发生触电

B. 作业人员在清扫配电箱时，手指触碰电闸发生触电

C. 作业人员在清扫控制柜时，手臂触到接线端子发生触电

D. 作业人员在带电抢修时，绝缘鞋突然被钉子扎破发生触电

26.【2019 年真题】间接接触电击是触及正常状态下不带电，而在故障状态下意外带电的带电体时发生的电击。下列触电事故中，属于间接接触电击的是（　　）。

A. 小王使用手持电动工具时，由于使用时间过长绝缘破坏造成触电事故

B. 小张在带电更换空气开关时，由于使用改锥不规范造成触电事故

C. 小李清扫配电柜的电闸时，使用绝缘柄毛刷清扫精力不集中造成触电事故

D. 小赵在带电作业时，无意中触碰带电导线的裸露部分发生触电事故

27.【2019 年真题】电流通过人体，当电流大于某一值时，会引起麻感、针刺感、打击感、痉挛、窒息、心室纤维性颤动等。下列关于电流对人体伤害的说法，正确的是（　　）。

A. 小电流给人以不同程度的刺激，但人体组织不会发生变异

B. 电流除对机体直接起作用外，还可能对中枢神经系统起作用

C. 数百毫安的电流通过人体时，使人致命的原因是引起呼吸麻痹

D. 发生心室纤维性颤动时，心脏每分钟颤动上万次

## 二、多项选择题（每题的备选项中有 2 个或 2 个以上符合题意，至少有 1 个错误选项）

28. 触电事故分为电击和电伤，电击是电流直接作用于人体所造成的伤害；电伤是电流转换成热能、机械能等其他形式的能量作用于人体造成的伤害。人触电时，可能同时遭到电击和电伤。电击的主要特征有（　　）。

A. 受伤严重程度和人体自身情况有密切关系

B. 主要伤害人的皮肤和肌肉

C. 人体表面受伤后留有大面积明显的痕迹

D. 受伤害的严重程度与电流的种类有关

E. 受伤害程度与电流的大小有关

29. 电击分为直接接触电击和间接接触电击，直接接触电击是指电气设备在正常运行条件下，人体直接触及了设备的带电部分所形成的电击。下列说法中，属于直接接触电击的有（　　）。

A. 打开电动机的绝缘外壳，使用非绝缘螺丝刀维修带电电机导致触电

B. 高压电线断裂掉落到路边的起重机上，导致车上休息的起重机司机触电

C. 电动机接线盒盖脱落，手持金属工具碰到接线盒内的接线端子

D. 电风扇漏电，手背直接碰到电风扇的金属保护罩

E. 检修工人手持电工刀割带电的导线

30. 在每年的安全生产事故统计中可以发现，触电事故造成的死亡人数占据非常大的比例，每年由于触电造成的死亡人数超过 8000 人。触电事故具有一定的特性，下列关于

触电事故特性的说法中，正确的是（　　）。

A. 触电的伤害程度用电流指数来表示，与电流通过人体的途径有关，左手至胸部的心脏电流指数 1.5，危害最大

B. 左脚至右脚的电流途径能使电流不通过心脏，因此对人体没有伤害

C. 男性对电流的感知比女性更为敏感，感知电流阈和摆脱电流阈约为女性的 2/3

D. 人体阻抗受到电流强度、人体表面潮湿程度和接触电压等因素的影响

E. 触电事故发生在移动式设备、临时性设备上居多，农村触电事故发生的比城市多

31. 电气装置的危险温度以及电气装置上发生的电火花或电弧是两个重要的电气引燃源。电气装置的危险温度指超过其设计运行温度的异常温度。下图所示 5 种电气装置中，正常运行与操作时会在空气中产生电火花的有（　　）。

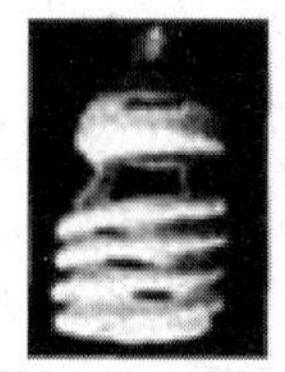

A. 节能灯

B. 控制按钮

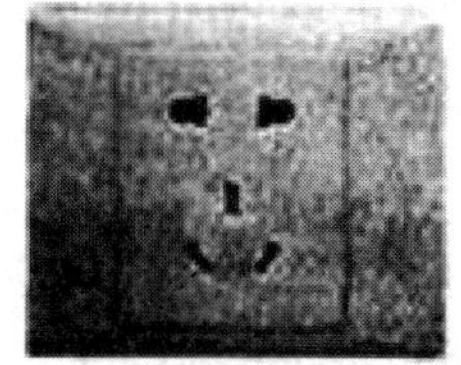

C. 插座

D. 接触器

E. 绝缘电线

32. 电伤是指电对人体外部造成局部伤害，即由电流的热效应、化学效应、机械效应对人体外部组织或器官的伤害，如电灼伤、皮肤金属化、电烙印等。下列关于电伤情景及电伤类别的说法中，正确的有（　　）。

A. 吴某在检修时发生了相间短路，产生弧光放电，熔化了的炽热金属飞溅出来造成的烫伤属于皮肤金属化

B. 赵某在检修时手部误触裸导线，手部与导线接触的部位留下的永久性瘢痕属于电弧烧伤

C. 钱某在检修时发生了相间短路，产生的电弧使金属熔化、气化，金属微粒渗入皮肤造成的伤害属于皮肤金属化

D. 李某在检修时手部误触裸导线，手臂出现应激反应弹开撞到铁架子导致骨折属于电气机械性伤害

E. 周某在焊接钢筋笼时被电焊的光闪到眼睛感到有剧烈的异物感和疼痛，流泪和睁不开眼属于电光眼

33. 电流对人体的作用事先没有任何预兆，伤害往往发生在瞬息之间，而且，人体一旦遭到电击后，防卫能力迅速降低。下列关于电流对人体作用产生生理反应的说法中，正确的是（　　）。

A. 小电流对人体的作用主要表现为生物学效应，不会使人体组织发生变异

B. 电流对机体除直接起作用外，还可能通过中枢神经系统起作用

C. 当人体触及带电体时，没有电流通过的部位不会发生反应

D. 数十至数百毫安的小电流通过人体短时间使人致命的最危险的原因是引起心室纤维性颤动

E. 发生心室纤维性颤动时，心脏每分钟颤动 1000 次以上，幅值很大，而且没有规则

34. 电流通过人体内部，对人体伤害的严重程度与通过人体电流的大小、电流通过人体的持续时间、电流通过人体的途径、电流的种类以及人体状况等多种因素有关。下列关于电流持续时间和途径对人体影响的说法中，正确的是（　　）。

A. 电流持续时间越长，室颤电流明显增大，越容易引起心室纤维性颤动

B. 电击持续时间延长，人体阻抗由于出汗、击穿、电解而下降，如接触电压不变，将导致电击危险性增大

C. 人体在电流的作用下，没有绝对安全的途径

D. 电流从右手至胸部的途径心脏电流因数最大，所以该途径是最危险的途径

E. 电流路线越长的途径是电击危险性越大的途径

35. 【2019 年真题】按照电流转换成作用于人体的能量的不同形式，电伤分为电弧烧伤、电流灼伤、皮肤金属化、电烙印、电气机械性伤害、电光眼等类别。下列关于电伤情景及电伤类别的说法中，正确的有（　　）。

A. 赵某在维修时发生相间短路，产生的弧光烧伤了手臂，属电弧烧伤

B. 钱某在维修时发生相间短路，短路电流达到 2000 A 使导线熔化烫伤手臂，属电流灼伤

C. 孙某在维修时发生相间短路，产生的弧光造成皮肤内有许多铜颗粒，属皮肤金属化

D. 李某在维修时发生手部触电，手接触的部位被烫出印记，属电烙印

E. 张某在维修时发生手部触电，手臂被弹开碰伤，属电气机械性伤害

## 第二节　触电防护技术

### 一、单项选择题（每题的备选项中，只有 1 个最符合题意）

1. 当绝缘体受潮或受到过高的温度、过高的电压时，可能完全失去绝缘能力而导电，称

为绝缘击穿或绝缘破坏。下列关于绝缘击穿的说法中，正确的是（　　）。

A. 气体击穿是碰撞电离导致的电击穿，击穿后绝缘性能不可恢复

B. 液体绝缘的击穿特性与其纯净度有关，纯净液体击穿也是电击穿，密度越大越难击穿

C. 液体绝缘击穿后，绝缘性能能够很快完全恢复

D. 固体绝缘击穿后只能在一定程度上恢复其绝缘性能

2. 屏护和间距是最为常用的电气安全措施之一，按照防止触电的形式分类，屏护和间距应属于（　　）。

A. 直接接触触电安全措施

B. 兼防直接接触触电和间接接触触电的安全措施

C. 间接接触触电安全措施

D. 其他安全措施

3. 为了防止触电事故和电气火灾事故的发生，某企业拟采用屏护与间距的方式作为电气安全措施。该企业设置的屏护与间距的情况中，不符合安全管理规定的是（　　）。

A. 企业中 35 kV 高压输电线导线与建筑物的水平距离为 5 m

B. 架空线路在跨越可燃材料屋顶建筑物时采取了防爆措施

C. 企业规定，员工在低压操作时，人体与所携带工具质检距离不小于 0.1 m

D. 企业规定，对金属材料制成的屏护装置必须可靠连接保护线

4. 通过低电阻接地，把故障电压限制在安全范围以内的是（　　）。

A. 保护接地系统　　B. TT 系统

C. TN 系统　　D. 保护接零系统

5. 保持安全间距是一项重要的电气安全措施。在 10 kV 无遮拦作业中，人体及其所携带工具与带电体之间最小距离为（　　）。

A. 0.7 m　　B. 0.5 m

C. 0.35 m　　D. 1.0 m

6. 间接接触触电的防护措施有保护接地和保护接零。根据接地保护的方位和方式不一样，系统分为 IT 系统、TT 系统、TN 系统，下图表示的系统是（　　）。

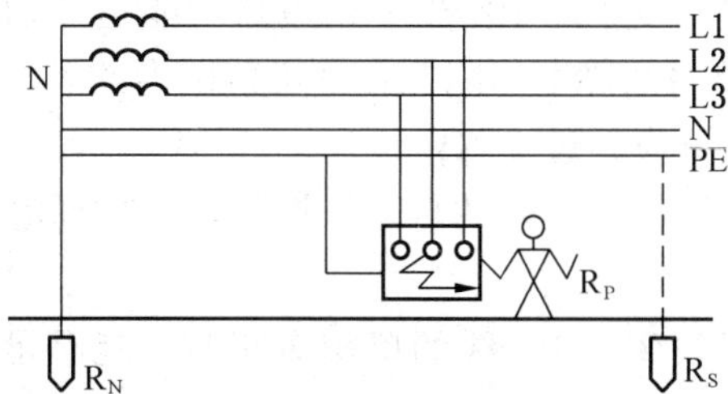


A. IT 系统（保护接地）　　B. TT 系统

C. TN-C 系统　　D. TN-S 系统

7. 保护接零系统又叫作 TN 系统，N 表示电气设备在正常情况下不带电的金属部分与配电网中性点之间直接连接。TN 系统又分为 TN-S、TN-C-S、TN-C 三种情况。下列图中

表示 TN-C-S 系统的是（　　）。

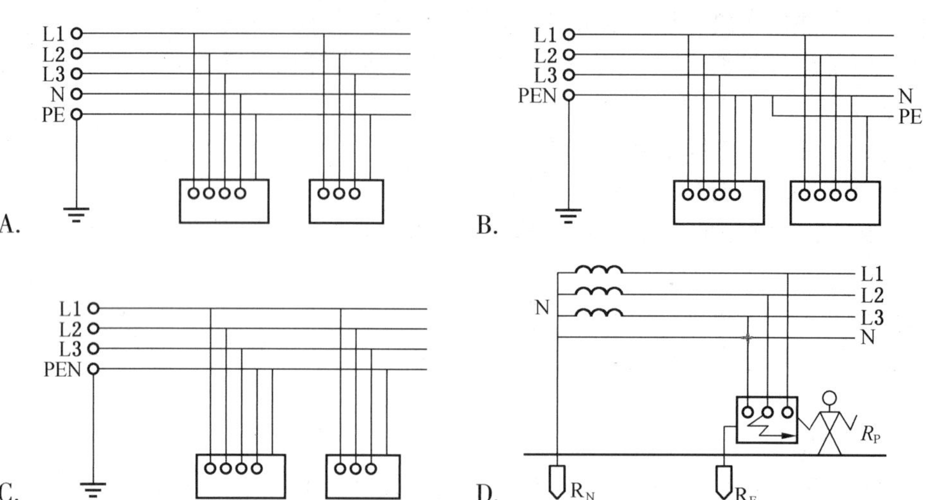


8. 采用不同的接地、接零保护方式的配电系统，如 IT 系统（保护接地）、TT 系统和 TN 系统（保护接零），属于间接接触电击防护措施。下列关于上述三种系统的说法中，正确的是（　　）。
   A. TN 系统串联有 $R_N$、$R_E$，同在一个数量级，漏电设备对地电压不能降低到安全范围以内
   B. TT 系统必须安装电流保护装置，并且优先选择过电流保护器
   C. IT 系统由于单相接地电流较小，才有可能通过保护接地把漏电设备故障电压限制在安全范围内
   D. IT 系统能够将故障电压限制在安全范围内，但漏电状态并未消失
9. 保护接零的安全原理是当某相带电部分碰连设备外壳时，形成该相对零线的单相短路，短路电流促使线路上的保护元件迅速动作，从而把故障设备电源断开，消除危险。下列关于保护接零系统的叙述中，错误的是（　　）。
   A. 有爆炸危险、火灾危险性大及其他安全要求高的场所应采用 TN-S 系统，触电危险小，用电设备简单的场合可采用 TN-C 系统
   B. 在 380 V 低压系统中，发生对 PE 线单相短路时能迅速切断电源的反应时间不超过 0.2 s，否则应采用能将故障电压限制在许可范围内的等电位联结
   C. 工作接地的电阻一般不应超过 10 Ω
   D. 除非接地设备装有快速切断故障的自动保护装置（如漏电保护器），不得在 TN 系统中混用 TT 方式
10. 接零保护系统中，要求发生对 PE 线的单相短路时，能够迅速切断电源。对于相线对地电压 220 V 的 TN 系统，手持式电气设备的短路保护元件应保证故障持续时间不超过（　　）。
    A. 5 s　　B. 0.2 s　　C. 1 s　　D. 0.4 s
11. 对地电压指带电体与零电位大地之间的电位差。下页图所示为 TT 系统［即配电变压器低压中性点（N 点）直接接地，用电设备（M）的外壳也直接接地的系统］示意图。已

知低压中性点接地电阻 $R_N=2\ \Omega$、设备外壳接地电阻 $R_M=3\ \Omega$、配电线路相电压 $U=220$ V。当用电设备发生金属性漏电（即接触电阻接近于零）时，该设备对地电压为（　　）。

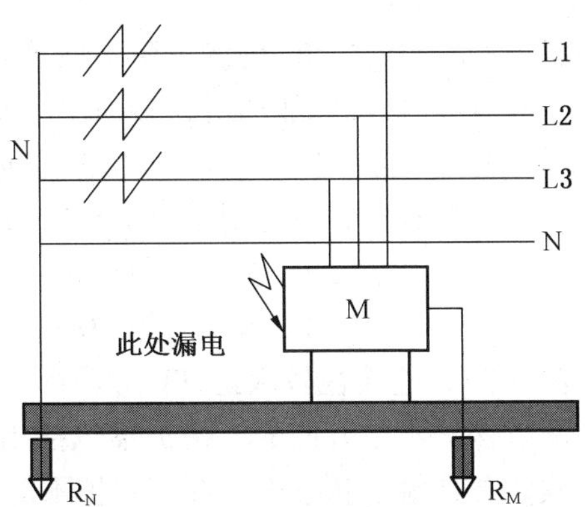


A. 200 V　　B. 132 V

C. 88 V　　D. 110 V

12. 电气设备的防触电保护可分为四类，各类设备使用时对附加安全措施的装接要求不同。下列关于电气设备装接保护接地的说法中，正确的是（　　）。

A. Ⅰ类设备必须装接保护接地

B. Ⅰ类设备可以装接也允许不装接保护接地

C. Ⅱ类设备必须装接保护接地

D. Ⅲ类设备应装接保护接地

13. 间接接触电击是人体触及非正常状态下带电的带电体时发生的电击。预防间接接触电击的正确措施是（　　）。

A. 绝缘、屏护和间距　　B. 保护接地、屏护

C. 保护接地、保护接零　　D. 绝缘、保护接零

14. 双重绝缘是兼防直接接触电击和间接接触电击的措施。Ⅱ类设备就是靠双重绝缘进行防护的设备。下列关于Ⅱ类设备双重绝缘的说法中，错误的是（　　）。

A. 具有双重绝缘的设备，工作绝缘电阻不低于 2 MΩ，保护绝缘电阻不低于 5 MΩ

B. Ⅱ类设备在采用双重绝缘的基础上可以再次接地以保证安全

C. Ⅱ类设备在明显位置处应有“回”形标志

D. 潮湿场所及金属构架上工作时，应尽量选择Ⅱ类设备

15. Ⅱ类设备是带有双重绝缘结构和加强绝缘结构的设备。下列图片所示的电气设备中，Ⅱ类装备是（　　）。

A. 冲击电钻

B. 机床

C. 低压开关柜

D. 电焊机

16. 下列关于使用手持电动工具和移动式电气设备的说法中，错误的是（　　）。
A. Ⅰ类设备必须采取保护接地或保护接零措施
B. 一般场所，手持电动工具采用Ⅱ类设备
C. Ⅱ类设备带电部分与可触及导体之间的绝缘电阻不低于 2 MΩ
D. 在潮湿或金属构架等导电性能好的作业场所，必须使用Ⅱ类或Ⅲ类设备

17. 在建筑物的进线处将 PE 干线、设备 PE 干线、进水管、采暖和空调竖管、建筑物构筑物金属构件和其他金属管道、装置外露可导电部分等相联结，此措施称为（　　）。
A. 主等电位联结　　B. 主等电位保护
C. 辅助等电位保护　　D. 辅助等电位联结

18. 漏电保护又称为剩余电流保护。危险性较大的 TT 防护系统必须安装剩余电流动作保护器作为保护。但是，漏电保护不是万能的，保护不包括相与相之间，相与 N 线之间形成的直接接触触电事故。下列触电状态中，漏电保护不能起保护作用的是（　　）。
A. 人站在塑料凳上同时触及相线和中性线
B. 人站在地上触及一根火线
C. 人站在地上触及漏电设备的金属外壳
D. 人坐在接地的金属台上触及一根带电导线

19. 剩余电流动作保护又称为漏电保护，是利用剩余电流动作保护装置来防止电气事故的一种安全技术措施。其装置和工作原理图如下图所示，下列关于剩余电流动作保护的工作原理说法中，正确的是（　　）。

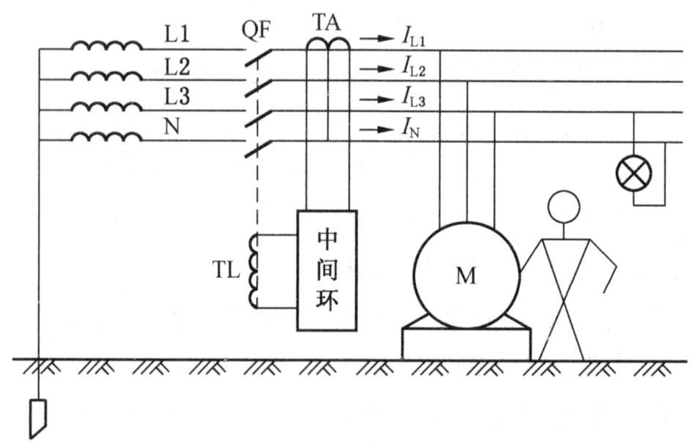


A. M 电动机漏电，人触碰后形成短路，促使中间环节 TL 动作，发出信号导致熔断器熔断以切断供电电源
B. TA 表示零序电流互感器，由 TA 获取漏电信号，经中间环节放大电信号，使 QF 跳闸
C. M 电动机外壳发生漏电，能够通过电气设备上的保护接触线把剩余电流引入大地
D. 剩余电流直接促使电气线路上的保护元件迅速动作断开供电电源

20. 电气设备安全防护不仅要求要能够防止人身触电事故，更重要的是防止发生群死群伤的电气火灾和爆炸事故。下列关于电气防火防爆的要求中，错误的是（　　）。
A. 对于接零和接地保护系统中，所有金属部分应接地并连接成整体

B. 对于接零和接地保护系统中，不接地的部分应实行等电位联结

C. 如电气设备发生火灾，灭火时应采用绝缘工具操作，先断隔离开关，后断开断路器

D. 如需剪断电线，剪断电线位置应在电源方向支持点附近，以防电线掉落下来短路

21. 保护接零的安全原理是当电气设备漏电时形成的单相短路，促使线路上的短路保护元件迅速动作，切断漏电设备的电源。因此，保护零线必须有足够的截面。当相线截面为 10 $mm^2$ 时，保护零线的截面不应小于（　　）。

A. 2.5 $mm^2$　　B. 4 $mm^2$

C. 6 $mm^2$　　D. 10 $mm^2$

22. 保护接零是为了防止电击事故而采取的安全措施，在变压器的中性点接地系统中，当某相带电体碰连设备外壳时，可能造成电击事故。下列关于保护接零的说法中，正确的是（　　）。

A. 保护接零能将漏电设备上的故障电压降低到安全范围以内，但不能迅速切断电源

B. 保护接零既能将漏电设备上的故障电压降低到安全范围以内，又能迅速切断电源

C. 保护接零既不能将漏电设备上的故障电压降低到安全范围以内，也不能迅速切断电源

D. 保护接零一般不能将漏电设备上的故障电压降低到安全范围以内，但可以迅速切断电源

23. 所有电气装置都必须具备防止电气伤害的直接接触防护和间接接触防护。下列防护措施中，属于防止直接接触电击的防护措施是（　　）。

A. 利用避雷器防止雷电伤害　　B. 利用绝缘体对带电体进行封闭和隔离

C. TT 系统　　D. TN 系统

24. 兼防直接接触和间接接触电击的措施包括双重绝缘、安全电压、剩余电流动作保护。其中，剩余电流动作保护的工作原理是（　　）。

A. 通过电气设备上的保护接零线把剩余电流引入大地

B. 保护接地经剩余电流构成接地电阻从而导致熔断器熔断以后切断电源

C. 由零序电流互感器获取漏电信号，经转换后使线路开关跳闸

D. 剩余电流直接促使电气线路上的保护元件迅速动作断开电源

25. 屏护是采用护罩、护盖、栅栏、箱体、遮栏等将带电体同外界隔绝开来，既能防止无意识，也能防止有意识触及或过分接近带电体。下列有关屏护装置的说法中，错误的是（　　）。

A. 遮栏高度不应小于 1.7 m，下部边缘离地面高度不应大于 0.1 m

B. 户内栅栏高度不应小于 1.2 m，户外栅栏高度不应小于 1.5 m

C. 对于低压设备，遮栏与裸导体的距离不应小于 0.8 m

D. 对于低压设备，遮栏栏条间距离不应小于 0.2 m

26. 由于 IT 系统的不利因素使它的应用受到限制。在我国由于 IT 系统局限性，除在矿井、冶金企业以及有些局部范围内采用 IT 系统外，在建筑物电气装置配电中几乎不采用 IT 系统。下列关于 IT 系统的说法中，正确的是（　　）。

A. 使用 IT 系统，在 380 V 不接地低压配电网中，为限制设备漏电时外壳对地电压不

超过安全范围，一般要求保护接地电阻 $R_E \geqslant 4\ \Omega$

B. 使用 IT 系统，当配电变压器或发电机的容量不超过 100 kV · A 时，可以放宽到 $R_E \geqslant 10\ \Omega$

C. IT 系统不能把故障电压限制在安全范围以内

D. IT 系统中，字母 I 表示配电网不接地或经高阻抗接地，字母 T 表示电气设备外壳直接接地

27. 接地保护和接零保护都是防止间接接触电击的基本技术措施。这两种技术措施还与低压系统的防火性能有关。下列有关接地保护和接零保护的说法中，正确的是（　　）。

A. 只有在接地配电网中，由于单相接地电流较小，才有可能通过保护接地把漏电设备故障对地电压限制在安全范围之内

B. 在 TT 系统中应优先装设能自动切断漏电故障的过电流保护装置

C. 保护接零系统的原理是当设备外壳漏电时，线路上的短路保护迅速动作，将故障部分断开电源，消除电击危险

D. 一般情况下，保护接零能将漏电设备对地电压限制在某一安全范围内

28. 某施工现场为保证施工用电安全，配电防护系统采用 TN 系统。在 TN 系统中，对于不同线路的故障持续时间的要求各不相同。下列对线路故障持续时间的要求中，正确的是（　　）。

A. 对于供给手持式电动工具、移动式电气设备的线路或插座回路，电压 220 V 者故障持续时间不应超过 0.2 s

B. 对于供给手持式电动工具、移动式电气设备的线路或插座回路，电压 380 V 者故障持续时间不应超过 0.1 s

C. 对于供给手持式电动工具、移动式电气设备的线路或插座回路，电压 220 V 者故障持续时间不应超过 0.4 s

D. 对于供给手持式电动工具、移动式电气设备的线路或插座回路，电压 380 V 者故障持续时间不应超过 0.4 s

29. 如果将接地设备的外露金属部分同保护零线连接起来，构成 TN 系统，其接地为重复接地，这对安全是有益无害的。下列关于重复接地作用的说法中，错误的是（　　）。

A. 重复接地不能消除人身伤亡及设备损坏的危险，但可降低危险程度

B. 架空线路零线上的重复接地对雷电流有分流作用，有利于限制雷电过电压

C. 重复接地能在接零保护降低故障对地电压的作用的情况下把故障电压进一步降低

D. 重复接地能加速线路保护装置的动作，缩短漏电故障持续时间

30. 工作接地指配电网在变压器或发电机中性点的接地，其主要作用是减轻各种过电压的危险。下列关于工作接地的说法中，正确的是（　　）。

A. 在配电系统发生一相故障接地的情况下，如有工作接地 $R_N \leqslant 4\ \Omega$，一般可限制非接地相对地电压不超过 50 V

B. 在不接地的 10 kV 系统中，工作接地与避雷器的接地是共用的，其接地电阻应根据避雷器的接地电阻来确定

C. 在不接地的 10 kV 系统中，一般要求 $R_N \leqslant 4\ \Omega$

D. 在直接接地的 10 kV 系统中，工作接地与变压器外壳的接地、避雷器的接地是共用的

31. 某地应急管理部门对一企业进行安全检查，检查发现该企业未设保护零线，为保证生产安全及供电稳定，该企业决定立即增设与相线材料相同的保护零线。经过测量得知相线截面积为 35 $mm^2$，则该企业增设的保护零线最小截面积为（　　）。

A. 35 $mm^2$　　B. 18 $mm^2$

C. 16 $mm^2$　　D. 12 $mm^2$

32. 为满足导电能力、热稳定性、力学稳定性、耐化学腐蚀的要求，保护导体必须有足够的截面积。下列有关保护零线及 PEN 线截面积的说法中，正确的是（　　）。

A. 采用单芯绝缘导线作保护零线时，没有机械防护的截面积不得小于 2.5 $mm^2$

B. 采用单芯绝缘导线作保护零线时，有机械防护的截面积不得小于 4 $mm^2$

C. 铜质 PEN 线截面积不得小于 4 $mm^2$

D. 铝质 PEN 线截面积不得小于 16 $mm^2$

33. 接地线就是直接连接地球的线，也可以称为安全回路线，一旦电器发生漏电时接地线会把电带入大地释放掉，算是一根生命线。下列关于接地线的说法中，正确的是（　　）。

A. 接地线不得作其他电气回路使用

B. 在爆炸危险环境，如自然接地线有足够的截面，可不再另行敷设人工接地线

C. 非经允许，不得利用蛇皮管、管道保温层的金属外皮或金属网以及电缆的金属护层作接地线

D. 交流电气设备应优先利用自然导体作接地线

34. 接地装置是指埋设在地下的接地电极与由该接地电极到设备之间的连接导线的总称。为保证安全，接地装置连接必须符合相应的安全技术要求。下列关于接地装置连接的说法中，正确的是（　　）。

A. 接地装置地下部分的连接应采用螺栓连接，严禁使用焊接，以免因焊接不牢导致接地装置失效

B. 利用建筑物的钢结构、起重机轨道、工业管道等自然导体作接地线时，其伸缩缝或接头处严禁另加跨接线

C. 自然接地体与人工接地体之间的连接必须可靠

D. 接地线与管道的连接可采用螺纹连接或抱箍螺纹连接，但必须采用镀铜件，以防止锈蚀

35. 良好的绝缘对于保证电气设备与线路的安全运行，防止人身触电事故的发生是最基本、最可靠的手段，双重绝缘是强化的绝缘结构。下列关于双重绝缘的说法中，正确的是（　　）。

A. Ⅱ类设备的绝缘电阻用 220 V 或 380 V 直流电压测试

B. 凡属双重绝缘的设备，应当再行接地或接零，保证安全

C. 工作绝缘的绝缘电阻不得低于 2 MΩ，保护绝缘的绝缘电阻不得低于5 MΩ

D. 具有双重绝缘的电气设备属于Ⅰ类设备

36. 电气隔离指工作回路与其他回路实现电气上的隔离。下列关于电气隔离技术的说法中，正确的是（　　）。

A. 电气隔离安全原理是在隔离变压器的二次边构成了一个接地的电网，阻断在二次边工作的人员单相电击电流的通路

B. 为保证安全，被隔离回路应与其他回路及大地应有不少于两处的可靠连接，对于二次边回路线路较长者，应装设绝缘监视装置

C. 电气隔离回路二次边线路电压过低或者二次边线路过短，都会降低这种措施的可靠性

D. 为了防止隔离回路中两台设备的不同相线漏电时的故障电压带来的危险，各台设备的金属外壳之间应采取等电位联结措施

37. 良好的绝缘是保证电器设备和线路正常运行的必要条件，也是防止触及带电体的安全保障。下列关于绝缘材料性能的说法中，正确的是（　　）。

A. 绝缘材料的电性能包括绝缘电阻、耐压强度、耐弧性能和泄漏电流

B. 介电常数表明绝缘极化特征的性能参数，介电常数越大，极化过程越快

C. 阻燃性能指接触电弧时表面抗炭化的能力，无机绝缘材料优于有机绝缘材料

D. 绝缘电阻相当于漏导电流遇到的电阻，是直流电阻，是判断绝缘质量最基本、最简易的指标

38. 安全电源的正确选用与安全电压回路的正确配置是防止发生触电的重要手段。下列关于安全电源及回路配置的说法中，正确的是（　　）。

A. 一般用途的单相安全隔离变压器的额定容量不应超过 16 kV·A，玩具用变压器的额定容量不应超过 200 V·A

B. 安全电压设备的插销座应当带有接零或接地插头或插孔

C. 如果变压器不具备双重绝缘的结构，二次线圈既需要接地也需要接零

D. 安全隔离变压器的一次边和二次边均应装设短路保护元件

39. 不导电环境是指地板和墙都用不导电材料制成，即大大提高了绝缘水平的环境。下列关于不导电环境安全要求的说法中，正确的是（　　）。

A. 对于不导电环境，地板和墙每一点的电阻不应低于 50 kΩ

B. 不导电环境应不会因引进其他设备而降低安全水平，只有受潮时才会失去不导电性能

C. 为了保持环境不导电特征，场所内应有良好的保护零线和保护地线

D. 不导电环境应有防止场所内高电位引出场所范围外和场所外低电位引入场所范围内的措施

40. 漏电保护装置的动作时间指动作时最大分断时间，漏电保护装置的动作时间应根据保护要求确定。按照动作时间，漏电保护装置有快速型、定时限型和反时限型之分。下列关于不同漏电保护装置的应用的说法中，正确的是（　　）。

A. 延时型只能用于动作电流 30 mA 以上的漏电保护装置

B. 防止触电的漏电保护装置宜采用高灵敏度、定时限型装置

C. 对于公共场所的通道照明电源应装设快速切断电源的报警式漏电保护装置

D. 一般环境条件下使用的具有双重绝缘的电气设备应当安装漏电保护装置

41. 漏电保护装置主要用于防止间接接触电击和直接接触电击，也可用于防止漏电火灾，以及用于监测一相接地故障。下列关于漏电保护装置的说法中，错误的是（　　）。

A. 属于Ⅱ类的移动式电气设备及手持式电动工具必须安装漏电保护装置

B. 安装在水中的供电线路和设备必须安装漏电保护装置

C. 使用特低电压供电的电气设备可不漏电保护装置

D. 一般环境条件下使用的具有双重绝缘的电气设备可不安装漏电保护装置

42. 【2021 年真题】特低电压是在一定条件下、一定时间内不危及生命安全的电压，既能防止间接接触电击，也能防止直接接触电击。按照触电防护方式分类，由特低电压供电的设备属于（　　）。

A. 0 类设备　　B. Ⅰ类设备

C. Ⅱ类设备　　D. Ⅲ类设备

43. 【2021 年真题】在中性点接地配电网中，对于有火灾、爆炸危险性较大的场所或有独立附设变电站的车间，应选用的接地（零）系统是（　　）。

A. TT 系统　　B. TN-C 系统

C. TN-C-S 系统　　D. TN-S 系统

44. 【2021 年真题】当施加于绝缘材料上的电场强度高于临界值时，绝缘材料发生破裂或分解，完全失去绝缘能力，这种现象就是绝缘击穿。固体绝缘的击穿有电击穿、热击穿、电化学击穿、放电击穿等形式。其中，电击穿的特点是（　　）。

A. 作用时间短、击穿电压低

B. 作用时间短、击穿电压高

C. 作用时间长、击穿电压低

D. 作用时间长、击穿电压高

45. 【2021 年真题】接地保护是防止间接接触电击的基本技术措施。关于接地保护系统的说法，错误的是（　　）。

A. IT 系统适用于各种不接地配电网

B. TT 系统适用于三角形连接的低压中性点直接接地的配电网

C. TT 系统适用于星形连接的低压中性点直接接地的配电网

D. TT 系统中装设能自动切断漏电故障线路的漏电保护装置

46. 【2021 年真题】保护导体分为人工保护导体和自然保护导体。关于保护导体的说法，错误的是（　　）。

A. 交流电气设备应优先利用起重机的轨道作为人工保护导体

B. 低压系统中允许利用不流经可燃液体或气体的金属管道作为自然保护导体

C. 多芯电缆的芯线、与相线同一护套内的绝缘线可作为人工保护导体

D. 交流电气设备应优先利用建筑物的金属结构作为自然保护导体

47. 【2021 年真题】接地装置是接地体和接地线的总称。运行中电气设备的接地装置应当始终保持良好状态。关于接地装置要求的说法，正确的是（　　）。

A. 埋设在地下的各种金属管道均可用作自然接地体

B. 自然接地体至少应有两根导体在不同地点与接地网相连

C. 管道保温层的金属外皮、金属网以及电缆的金属护层可用作接地线

D. 接地体顶端应埋入地表面下，深度不应小于 0.4 m

48. 【2020 年真题】安全电压既能防止间接接触电击，也能防止直接接触电击。安全电压通过采用安全电源和回路配置来实现。下列实现安全电压的技术措施中，正确的是（　　）。

A. 安全电压回路应与保护接地或保护接零线连接

B. 采用安全隔离变压器作为特低电压的电源

C. 安全电压设备的插座应具有接地保护的功能

D. 安全隔离变压器二次边不需装设短路保护元件

49. 【2020 年真题】重复接地指 PE 线或 PEN 线上除工作接地外的其他点再次接地。下列关于重复接地作用的说法中，正确的是（　　）。

A. 减小零线断开的故障率　　　　B. 提高漏电设备的对地电压

C. 不影响架空线路的防雷性能　　D. 加速线路保护装置的动作

50. 【2020 年真题】电气设备在运行中，接地装置应始终保持良好状态，接地装置包括接地体和接地线。下列关于接地装置连接的说法中，正确的是（　　）。

A. 有伸缩缝的建筑物的钢结构可直接作接地线

B. 接地装置地下部分的连接应采用搭焊

C. 接地线与管道的连接可采用镀铜件螺纹连接

D. 接地线的连接处有振动隐患时应采用螺纹连接

51. 【2020 年真题】保护导体旨在防止间接接触电击，包括保护接地线、保护接零线和等电位连接线。下列关于保护导体应用的说法中，正确的是（　　）。

A. 保护导体干线必须与电源中性点和接地体相连

B. 低压电气系统中可利用输送可燃液体的金属管道作保护导体

C. 保护导体干线应通过一条连接线与接地体连接

D. 电缆线路不得利用其专用保护芯线和金属包皮作保护接零线

52. 【2020 年真题】间距是架空线路安全防护技术措施之一，架空线路之间及其与地面之间、与树木之间、与其他设施和设备之间均需保持一定的间距。下列关于架空线路间距的说法中，错误的是（　　）。

A. 架空线路的间距须考虑气象因素和环境条件

B. 架空线路应与有爆炸危险的厂房保持必需的防火间距

C. 架空线路与绿化区或公园树木的距离不应小于 3 m

D. 架空线路跨越可燃材料屋顶的建筑物时，间距不应小于 5 m

53. 【2019 年真题】良好的绝缘是保证电气设备和线路正常运行的必要条件，也是防止触及带电体的安全保障。下列关于绝缘材料性能的说法中，正确的是（　　）。

A. 绝缘材料的介电常数越大极化过程越慢

B. 绝缘材料的耐热性能用最高工作温度表征

C. 有机绝缘材料的耐弧性能优于无机材料

D. 绝缘材料的绝缘电阻相当于交流电阻

54. 【2019 年真题】保护接地是将低压用电设备金属外壳直接接地，适用于 IT 和 TT 系统三相低压配电网。下列关于 IT 和 TT 系统保护接地的说法中，正确的是（　　）。

A. IT 系统低压配电网中，由于单相接地电流很大，只有通过保护接地才能把漏电设备对地电压限制在安全范围内

B. IT 系统低压配电网中，电气设备金属外壳直接接地，当电气设备发生漏电时，造成该系统零点漂移，使中性线带电

C. TT 系统低压配电网中，电气设备金属外壳直接接地，当电气设备发生漏电时，造成控制电气设备空气开关跳闸

D. TT 系统中应装设能自动切断漏电故障的漏电保护装置，所以装有漏电保护装置的电气设备的金属外壳可以不接保护接地线

55. 【2019 年真题】接地装置是接地体和接地线的总称。运行中的电气设备的接地装置应当始终保持在良好状态。下列关于接地装置技术要求的说法中，正确的是（　　）。

A. 自然接地体应有三根以上导体在不同地点与接地网相连

B. 当自然接地体的接地电阻符合要求时，可不敷设人工接地体

C. 三相交流电网的接地装置采用角钢作接地体时，埋于地下部分应不小于 6 mm

D. 为了减小自然因素对接地电阻的影响，接地体上端离地面深度不应小于 0.1 m

56. 【2019 年真题】安全电压是在一定条件下、一定时间内不危及生命安全的电压，包含安全电压限值和安全电压额定值。下列关于安全电压限值和安全电压额定值的说法中，正确的是（　　）。

A. 隧道内工频安全电压有效值的限值为 36 V

B. 潮湿环境中工频安全电压有效值的限值为 16 V

C. 金属容器内的狭窄环境应采用 24 V 安全电压

D. 存在电击危险的环境照明灯应采用 42 V 安全电压

57. 【2019 年真题】漏电保护装置主要用于防止间接接触电击和直接接触电击。下列关于装设漏电保护装置要求的说法中，正确的是（　　）。

A. 使用特低电压供电的电气设备，应安装漏电保护装置

B. 医院中可能直接接触人体的电气医用设备，应装设漏电保护装置

C. 一般环境条件下使用Ⅲ类移动式电气设备，应装设漏电保护装置

D. 隔离变压器且二次侧为不接地系统供电的电气设备，应装设漏电保护装置

58. 【2019 年真题】电气隔离是指工作回路与其他回路实现电气上的隔离。其安全原理是在隔离变压器的二次侧构成了一个不接地的电网，防止在二次侧工作的人员被电击。下列关于电气隔离技术的说法中，正确的是（　　）。

A. 隔离变压器的输入绕组与输出绕组没有电气连接，并具有双重绝缘的结构

B. 隔离变压器一次侧应保持独立，隔离回路应与大地有连接

C. 隔离变压器二次侧线路电压高低不影响电气隔离的可靠性

D. 为防止隔离回路中各设备相线漏电，各设备金属外壳采用等电位接地

59. 【2019 年真题】触电防护技术包括屏护、间距、绝缘、接地等，屏护是采用护罩、护盖、栅栏、箱体、遮栏等将带电体与外界隔绝。下列针对用于触电防护的户外栅栏的高度要求中，正确的是（　　）。
A. 户外栅栏的高度不应小于 1.2 m
B. 户外栅栏的高度不应小于 1.5 m
C. 户外栅栏的高度不应小于 1.8 m
D. 户外栅栏的高度不应小于 2.0 m

## 二、多项选择题（每题的备选项中有 2 个或 2 个以上符合题意，至少有 1 个错误选项）

60. 不同的接地、接零保护方式的配电系统，如 IT 系统（保护接地）、TT 系统和 TN 系统（保护接零）工作原理不一致，能提供的保护也不一致。下列关于上述三种系统的工作原理和保护原理的说法中，正确的是（　　）。
A. 根据戴维南定理，接地保护系统在有低电阻接地时，加在人体的电压是安全电压
B. 接零保护系统中，发生故障时故障电流不会很大，可能不足以使漏电保护器动作
C. 保护接零的原理是当某相带电部分触及设备外壳时，马上形成短路，促使保护元件动作，能够把设备电源断开
D. 接地保护系统是通过低电阻接地，把故障电压控制在安全范围以内
E. TN 系统由于故障得不到迅速切除，故只有在采用其他间接接触电击的措施有困难的条件下才考虑采用

61. 电击分为直接接触电击和间接接触电击，针对这两类电击应采取不同的安全技术措施。下列技术措施中，对预防直接接触电击有效的有（　　）。
A. 采用保护接地系统
B. 应用加强绝缘的设备（Ⅱ类设备）
C. 将电气设备的金属外壳接地
D. 与带电体保持安全距离
E. 将带电体屏蔽起来

62. 剩余电流动作保护器是在规定条件下，当剩余电流达到或超过给定值时，能自动断开电路的机械开关电器或组合电器。下列关于剩余电流动作保护器的说法中，正确的是（　　）。
A. 在额定漏电动作电流不大于 30 mA 的剩余电流动作保护装置，在其他保护措施失效时，也可作为直接接触电击的补充保护
B. 剩余电流动作保护器能够防护所有线路中有电流变化的触电事故
C. 剩余电流保护器中的零序电流互感线圈能够直接使电路断开，起到保护作用
D. 剩余电流动作保护器的工作原理要求，电路中必须要有电流损耗造成电流差，保护器才会动作
E. 剩余电流动作保护器是兼防直接接触电击和间接接触电击的有效防护措施

63. 为防止电气设备或线路因绝缘损坏形成接地故障引起的电气火灾，应装设当接地故障电流超过预定值时，能发出报警信号或自动切断电源的剩余电流动作保护装置。下列场所中必须安装剩余电流动作保护装置的设备和场所是（　　）。
A. 游泳池使用的电气设备

B. Ⅱ类电气设备
C. 医院用于接触人体的电气设备
D. Ⅲ类移动式电气设备
E. 临时用电的电气设备

64. 良好的绝缘是保证电气设备和线路正常运行的必要条件，选择绝缘材料应视其环境适应性。下列情形中，可能造成绝缘破坏的有（　　）。
A. 石英绝缘在常温环境中使用
B. 矿物油绝缘中杂质过多
C. 陶瓷绝缘长期在风吹日晒环境中使用
D. 聚酯漆绝缘在高电压作用环境中使用
E. 压层布板绝缘在霉菌侵蚀的环境中使用

65. 接地装置是接地体（极）和接地线的总称。运行中的电气设备的接地装置应当始终保持在良好状态。为保证使用安全，接地装置的选用、安装应符合相应的安全技术要求。下列关于接地装置的说法中，正确的是（　　）。
A. 埋设在地下的输送甲烷金属管道、金属井管、与大地有可靠连接的建筑物的金属结构均可作为自然接地体
B. 交流电气设备应优先利用自然导体作接地线
C. 不得利用蛇皮管、管道保温层的金属外皮或金属网以及电缆的金属护层作接地线
D. 接地体离独立避雷针接地体之间的地下水平距离不应小于 3 m，离建筑物墙基之间的地下水平距离不应小于 1.5 m
E. 接地线与管道的连接可采用螺纹连接或抱箍螺纹连接，但需要采用镀银件，在有振动的地方，应采取防松措施

66. 当施加于绝缘材料上的电场强度高于临界值时，绝缘材料发生破裂或分解，电流急剧增加，完全失去绝缘性能，这种现象就是绝缘击穿。下列关于绝缘击穿的说法中，正确的是（　　）。
A. 气体绝缘击穿是由碰撞电离导致的电击穿，气体击穿后绝缘性能难以恢复
B. 液体绝缘击穿特性与其纯净程度无关
C. 液体的密度大，电子自由行程短，积聚能量的难度大，其击穿强度比气体高
D. 固体绝缘电击穿是碰撞电离导致的击穿，击穿作用时间长，击穿电压高
E. 固体绝缘热击穿的特点是电压作用时间较长，而击穿电压较低

67. 间距是将可能触及的带电体置于可能触及的范围之外。其安全作用与屏护的安全作用基本相同。带电体与地面之间、带电体与树木之间、带电体与其他设施和设备之间、带电体与带电体之间均需保持一定的安全距离。下列关于架空线路安全距离的说法中，正确的有（　　）。
A. 架空线路必须跨越可燃材料屋顶的建筑物时，应与有关部门协商并取得该部门的同意
B. 架空线路导线与街道树木或厂区树木以及绿化区或公园树木的距离不应小于 3 m
C. 架空线路应与有爆炸危险的厂房和有火灾危险的厂房保持必需的防火间距

D. 在低压作业中，人体及其所携带工具与带电体的距离不应小于 0.1 m

E. 在 10 kV 作业中，有遮栏时，遮栏与带电体之间的距离不应小于 3 m

68. 等电位联结指保护导体与建筑物的金属结构、生产用的金属装备以及允许用作保护线的金属管道等用于其他目的的不带电导体之间的联结。等电位联结是保护接零系统的组成部分。下列关于等电位联结的说法中，正确的是（　　）。

A. 总开关柜内保护导体端子排与自然导体之间的联结称为辅助等电位联结

B. 为了提高保护接零的可靠性，可将其与自然导体之间再进行联结，这一联结称为主等电位联结

C. 主等电位联结导体的最小截面积不得小于最大保护导体截面积的 1/2，且不得小于 6 $mm^2$

D. 两台设备之间局部等电位联结导体的最小截面积不得小于两台设备保护导体中较大者的截面积

E. 设备与设备外导体之间的局部等电位联结线的截面积不得小于该设备保护零支线截面积的 1/2

69. 保护导体可分为人工保护导体和自然保护导体，保护导体包括保护接地线、保护接零线和等电位联结线。下列关于保护导体的说法中，正确的是（　　）。

A. 交流电气设备应优先利用建筑物的金属结构、流经可燃液体的金属管道作保护导体

B. 保护导体干线必须与电源中性点和接地体相连，与接地体相连时应经两条连接线

C. 为了保持保护导体导电的连续性，所有保护导体，包括有保护作用的 PEN 线上应当安装单极开关和熔断器

D. 封装的保护导体的接头应便于检查和测试

E. 不得利用设备的外露导电部分作为保护导体的一部分

70. 安全隔离变压器是通过至少相当于双重绝缘或加强绝缘的绝缘使输入绕组与输出绕组在电气上分开的变压器。这种变压器是为以安全特低电压向配电电路、电器或其他设备供电而设计的。下列关于安全隔离变压器的说法中，正确的是（　　）。

A. 安全隔离变压器的一次线圈与二次线圈之间有良好的绝缘，但其间不得用接地屏蔽隔离

B. 一般用途的单相安全隔离变压器的额定容量不应超过 16 kV·A

C. 除隔离变压器外，具有同等隔离能力的发电机、电子装置等均可做成特低电压电源

D. 当环境温度为 35 ℃，安全隔离变压器正常使用时，对于不被持续握持的金属材料外壳的温升不得超过 25 K

E. 电铃用变压器的额定容量不应超过 200 kV·A

71. 安全电源是一种本质安全电源，是发生电气事故时，对操作者及设备的重要保护装置。下列关于安全电源回路配置及其他技术措施的说法中，正确的是（　　）。

A. 安全电压回路的带电部分必须与较高电压的回路保持电气隔离，且应当与大地有可靠连接

B. 如果变压器不具备双重绝缘的结构，为减轻变压器一次线圈与二次线圈短接的危险，二次线圈不得接地或接零

C. 安全电压的配线最好与其他电压等级的配线分开敷设
D. 安全隔离变压器的一次边和二次边均应装设短路保护元件
E. 功能特低电压回路与一次边保护零线或保护地线连接时，一次边应装设防止电击的自动断电装置，以防止直接接触电击

72. 漏电保护装置是用来防止人身触电和漏电引起事故的一种接地保护装置，当电路或用电设备漏电电流大于装置的整定值，或人、动物发生触电危险时，它能迅速动作，切断事故电源，避免事故的扩大，保障了人身、设备的安全。下列关于漏电保护装置的说法中，正确的是（　　）。
A. 漏电保护装置可以用来防止间接接触电击和直接接触电击，但是用于防止间接接触电击时，只作为基本防护措施的补充保护措施
B. 按照动作原理，漏电保护装置分为电子式和电磁式两类
C. 电流型漏电保护装置以漏电电流或触电电流为动作信号
D. 电磁式漏电保护装置承受过电流或过电压冲击的能力强，灵敏度高，但工艺难度较大
E. 电子式漏电保护装置灵敏度很高、动作参数容易调节，但其可靠性较低、承受电磁冲击的能力较弱

73. IT 系统是将在故障情况下可能呈现危险对地电压的金属部分经接地线、接地体同大地连接起来，把故障电压限制在安全范围以内的做法。下列关于 IT 系统安全技术要求的说法中，正确的是（　　）。
A. IT 系统中的字母 I 表示电气设备外壳不接地或经高阻抗接地
B. 在 380 V 不接地低压配电系统中，保护接地电阻不大于 5 Ω，当配电变压器或发电机的容量不超过 100 kV · A，可以放宽到不大于 10 Ω
C. 只有在不接地配电网中，由于单相接地电流较小，才有可能通过保护接地把漏电设备故障对地电压限制在安全范围之内
D. 在线路较长的低压配电网中，因线路中存在电阻，沿途存在电压损失，故不存在单相电击的危险
E. 保护接地适用于各种不接地的配电网

74. 保护接地和保护接零都是防止间接接触电击的基本措施。如图所示，下列关于该保护系统的说法中，正确的是（　　）。

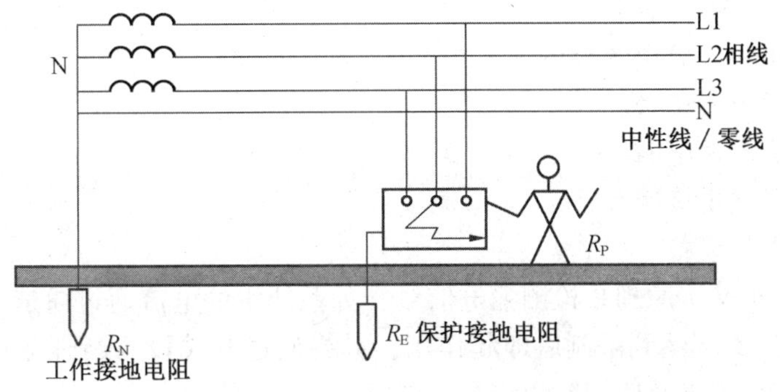


A. 只有在采用其他防止间接接触电击的措施有困难的条件下才考虑采用该系统

B. 该系统过电压防护性能较好、一相故障接地时单相电击的危险性较小，但是故障接地点不容易检测

C. 在该系统中应装设能自动切断漏电故障的漏电保护装置（剩余电流保护装置）

D. 发生漏电时，漏电设备对地电压一般可以降低到安全范围以内，且一般的短路保护不起作用，不能及时切断电源，使故障长时间延续下去

E. 该系统主要用于低压用户，即用于未装备配电变压器，从外面直接引进低压电源的小型用户

75. 保护接零是把电气设备的金属外壳和电网的零线可靠连接，以保护人身安全的一种用电安全措施，保护接零系统就是 TN 系统。下列关于 TN 系统的说法中，正确的是（　　）。

A. 保护接零一般情况下，既可以将漏电设备上的故障电压降低到安全范围以内，又可以迅速切断电源

B. 对于相线对地电压 220 V 的 TN 系统，手持式电气设备的短路保护元件应保证故障持续时间不超过 0.2 s

C. 在有爆炸危险、火灾危险性大及其他安全要求高的场所应采用干线部分的前一段保护零线与中性线共用，后一段保护零线与中性线分开的 TN-C-S 系统

D. 为实现保护接零要求，可采用一般过电流保护装置或剩余电流保护装置

E. 除非接地的设备装有快速切断故障的自动保护装置（如漏电保护装置），不得在 TN 系统中混用 TT 方式

76. 安全电压是在一定条件下、一定时间内不危及生命安全的电压。下列关于安全电压规定的说法中，正确的有（　　）。

A. 当电气设备采用 24 V 以上安全电压时，必须采取间接接触电击的防护措施

B. 6 V 安全电压用于特殊场所

C. 金属容器内、隧道内、水井内以及周围有大面积接地导体等工作地点狭窄、行动不便的环境应采用 12 V 安全电压

D. 凡有电击危险环境使用的手持照明灯和局部照明灯应采用 36 V 或 24 V 安全电压

E. 凡特别危险环境使用的手持电动工具应采用 42 V 安全电压的Ⅲ类工具

77. 剩余电流动作保护装置的主要功能是提供间接接触电击保护，在其他保护措施失效时，也可作为直接接触电击的补充保护。下列场所和设备必须安装剩余电流动作保护装置的有（　　）。

A. 属于Ⅰ类的移动式电气设备

B. 临时用电的电气设备

C. 住宅壁挂式空调电源插座

D. 安装在户外的电气装置

E. 喷水池的电气设备

78. 电流型漏电保护基本原理是检测漏电信号（如系统中的电流通过通道流入大地，就出现了漏电信号），当达到限制后即起作用，最终通过开关设备断开电源。下列关于漏电保护装置安全要求及应用的说法中，正确的是（　　）。

A. 公共场所的通道照明电源和应急照明电源以及消防用电梯及确保公共场所安全的电

气设备，应装设不切断电源的报警式漏电保护装置

B. 中灵敏度电流型漏电保护装置的动作电流为 30 mA 以上、1000 mA 及 1000 mA 以下，用于防止漏电火灾和监视一相接地故障

C. 高灵敏度电流型漏电保护装置的动作电流在 30 mA 及 30 mA 以下，主要用于防止触电事故和漏电火灾

D. 误动作和拒动作都会影响漏电保护装置正常运行，为了避免误动作，保护装置的额定不动作电流不得低于额定动作电流的 1/3

E. 使用隔离变压器且二次侧为不接地系统供电的电气设备，以及其他没有漏电危险和触电危险的电气设备可以不安装漏电保护装置

79. 【2020 年真题】漏电保护装置主要用于防止间接接触电击和直接接触电击，也可用于防止漏电火灾及监视单相接地故障。下列关于漏电保护装置使用场合的说法中，正确的有（　　）。

A. 定时限型漏电保护装置，可用于应急照明电源

B. 中灵敏度漏电保护装置，可用于防止漏电火灾

C. 高灵敏度漏电保护装置，可用于防止触电事故

D. 低灵敏度漏电保护装置，可用于监视单相接地故障

E. 报警式漏电保护装置，可用于消防水泵的电源

80. 【2019 年真题】当施加于绝缘材料上的电场强度高于临界值时，绝缘材料发生破裂或分解，电流急剧增加，完全失去绝缘性能，这种现象称为绝缘击穿。下列关于绝缘击穿的说法中，正确的有（　　）。

A. 气体绝缘击穿是由碰撞电离导致的电击穿

B. 液体绝缘的击穿特性与其纯净程度有关

C. 电击穿的特点是作用时间短、击穿电压高

D. 热击穿的特点是电压作用时间短、击穿电压低

E. 电化学击穿的特点是电压作用时间很短、击穿电压高

## 第三节 电气防火防爆技术

### 一、单项选择题（每题的备选项中，只有 1 个最符合题意）

1. 爆炸性气体、蒸气按最小点燃电流比（MICR）和最大试验安全间隙（MESG）分为ⅡA 级、ⅡB 级、ⅡC 级。下列关于这三个级别的危险气体危险性排序正确的是（　　）。

A. ⅡA 类>ⅡB 类>ⅡC 类　　B. ⅡA 类<ⅡB 类<ⅡC 类

C. ⅡA 类<ⅡC 类<ⅡB 类　　D. ⅡB 类>ⅡA 类>ⅡC 类

2. 根据爆炸性气体混合物出现的频繁程度和持续时间，对危险场所分区，分为 0 区、1 区、2 区。根据爆炸性气体环境危险区域范围典型示例图（下页图）中可以看出，图中为易燃物质重于空气、设在户外地坪上的固定式贮罐，箭头标记处应划分为的区域为（　　）。

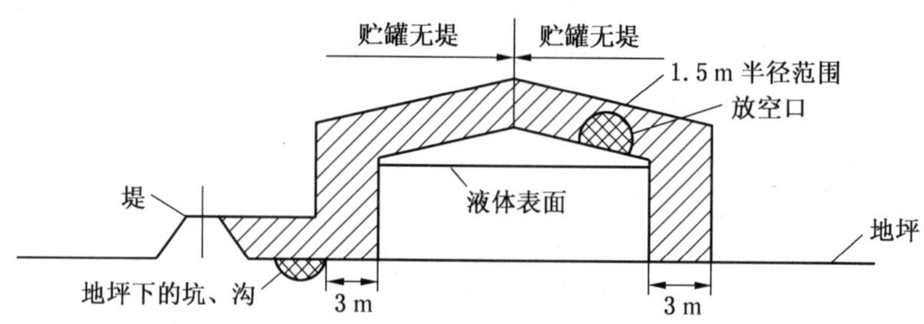


A. 0 区　　B. 1 区
C. 2 区　　D. 3 区

3. 通风条件和释放源的等级综合决定了环境的爆炸危险性。同时，释放源也是划分爆炸危险区域的基础。下列关于爆炸危险区域的划分和释放源的说法中，正确的是（　　）。
A. 一级释放源是连续、长时间释放或短时间频繁释放的释放源
B. 存在连续级释放源的区域可划分为 0 区
C. 二级释放源是正常运行时周期性释放或偶然释放的释放源
D. 存在一级释放源的区域可划分为 0 区

4. 对于有爆炸性危险的环境要使用与其危险相对应的防爆电气设备。下列关于防爆电气设备分类的说法中，错误的是（　　）。
A. Ⅰ类电气设备适用于煤矿瓦斯气体环境，Ⅱ类电气设备用于煤矿甲烷以外的爆炸性气体环境
B. Ⅲ类电气设备用于爆炸性粉尘环境
C. 对于Ⅱ类电气设备分级中，保护等级的排序为 Ga＜Gb＜Gc
D. 对于Ⅲ类电气设备分级中，保护等级的排序为 Da＞Db＞Dc

5. 在电气设备发生爆炸时，其外壳能承受爆炸性混合物在壳内爆炸时产生的压力，并能阻止爆炸火焰传播到外壳的周围，不致引起外部爆炸性混合物爆炸的防爆电气设备是（　　）。
A. 隔爆型防爆电气设备　　B. 充油型防爆电气设备
C. 本质安全型防爆电气设备　　D. 充砂型防爆电气设备

6. 在结构上采取措施，提高安全程度，避免在正常或规定的过载条件下出现电弧、火花或可能点燃爆炸性混合物的高温的电气设备称为（　　）。
A. 隔爆型防爆电气设备　　B. 增安型防爆电气设备
C. 本质安全型防爆电气设备　　D. 充砂型防爆电气设备

7. 隔爆型电气设备的防爆标志用字母（　　）标识。
A. i　　B. d
C. e　　D. p

8. 防爆电器应有具体的标志，并且应设置在设备外部主体部分的明显地方。以 Ex d ⅡB T3 Gb 为例，下列解释中，正确的是（　　）。

A. 表示该设备为正压型“d”，保护级别为 Gb，用于ⅡB 类 T3 组爆炸性气体环境
B. 表示该设备为正压型“d”，保护级别为ⅡB，用于 Gb 类 T3 组爆炸性气体环境
C. 表示该设备为隔爆型“d”，保护级别为 Gb，用于ⅡB 类 T3 组爆炸性气体环境
D. 表示该设备为正压型“d”，保护级别为ⅡB，用于 Gb 类 T3 组爆炸性气体环境

9. 防爆电器应有具体的标志，并且应设置在设备外部主体部分的明显地方。设备为正压型，保护等级为 Db，用于ⅡB 类 T3 组爆炸性气体环境的防爆电器，下列编号正确的是（　　）。
A. Ex d ⅡB T3 Db　　B. Ex p ⅡB T3 Db
C. Ex o T3 Db ⅡB　　D. Ex d T3 Db ⅡB

10. 具有爆炸性危险的环境需要根据环境危险等级需求，使用专用的防爆电气设备及管线。防爆电气设备的选用具有严格的要求，防爆电器线路的敷设也有严格的要求。下列关于防爆电气设备的选择和线路的敷设要求中，错误的是（　　）。
A. 危险区域划分为 0 区的，使用Ⅱ类电气设备时，需使用 Ga 的防护类别
B. 电气线路应敷设在爆炸危险性较小或距离释放源较远的地方
C. 当可燃物质比空气重时，电气线路宜在较高处敷设或直接埋地
D. 煤矿井下可以使用铜芯或铝芯导线作为电缆材料

11. 电火花是电极间的击穿放电；大量电火花汇集起来即构成电弧，电火花和电弧不仅能引起可燃物燃烧，还能使金属熔化、飞溅，构成二次引燃源。电火花分为工作火花和事故火花。下列关于火花分类的说法中，正确的是（　　）。
A. 一般情况下，雷电击中正在工作的设备时产生的雷电火花属于工作火花
B. 直流电动机的电刷与换向器的滑动接触处产生的火花属于事故火花
C. 变压器、断路器等高压电气设备由于绝缘质量降低发生的闪络属于事故火花
D. 电暖风工作时导致环境温度升高，设备熔丝熔断时产生的火花属于工作火花

12. 电气火灾约占全部火灾总数的 30%，其中，危险温度是造成电气火灾的重要因素之一。下列情形中，一般不会形成危险温度的是（　　）。
A. 设备发生漏电，漏电电流沿线路均匀分布
B. 铁芯短路或通电后铁芯不能吸合，使涡流损耗和磁滞损耗增加
C. 运行中的电气设备发生长时间过载
D. 电动机被卡死或轴承损坏、缺油，造成堵转或负载转矩过大

13. 电火花是电极间的击穿放电，电弧是大量电火花汇集而成，电火花分为工作火花和事故火花。下列属于事故火花的是（　　）。
A. 控制开关、断路器、接触器接通和断开线路时产生的火花
B. 插销拔出或插入时产生的火花
C. 直流电动机的电刷与换向器的滑动接触处、绕线式异步电动机的电刷与滑环的滑动接触处产生的火花
D. 电动机的转动部件与其他部件相碰产生的机械碰撞火花

14. 为便于对不同的危险物质采取有针对性的防范措施，将爆炸危险物质分成三类。下列物质中，属于Ⅱ类爆炸危险物质的有（　　）。

A. 沼气　　B. 爆炸性纤维
C. 矿井甲烷　　D. 铝粉尘

15. 为了正确选用电气设备和电气线路，必须正确划分所在环境危险区域的大小和级别。下列关于爆炸危险环境划分的说法中，正确的是（　　）。
A. 0 区，指正常运行时持续出现或长时间出现或短时间频繁出现爆炸性气体、蒸气或薄雾，能形成爆炸性混合物的区域
B. 1 区，指在正常运行时，空气中的可燃性粉尘云很可能偶尔出现于爆炸性环境中的区域
C. 2 区，指正常运行时可能出现（预计周期性出现或偶然出现）爆炸性气体、蒸气或薄雾，能形成爆炸性混合物的区域
D. 除通风条件外，粉尘量和粉尘爆炸极限不会影响粉尘、纤维爆炸危险区域的级别和大小

16. 为了正确选用电气设备和电气线路，必须正确划分所在危险环境区域的大小和级别。下列关于释放源和通风条件对区域危险等级划分的说法中，错误的是（　　）。
A. 有效通风可以使高一级的危险环境降为低一级的危险环境
B. 良好的通风标志是混合物中危险物质的浓度被稀释到爆炸下限 20% 以下
C. 利用堤或墙等障碍物，可限制比空气重的爆炸性气体混合物扩散，可缩小爆炸危险区域的范围
D. 在障碍物、凹坑和死角处，应局部提高爆炸危险区域等级

17. 爆炸危险环境中的电气线路也是引发事故的主要的原因之一，针对电气线路的敷设方式，材料选取、额定载流量等必须符合相应的规范。下列关于爆炸区域电气线路的说法中，错误的是（　　）。
A. 1 区和 21 区的电力及照明线路应采用截面不小于 2.5 $mm^2$ 的铜芯导线
B. 2 区和 22 区电力线路可采用截面不小于 1.5 $mm^2$ 的铜芯导线
C. 2 区和 22 区照明线路应采用截面不小于 1.5 $mm^2$ 的铜芯导线
D. 1 区、2 区导体允许载流量不应小于熔断器熔体额定电流和断路器长延时过电流脱扣器整定电流的 2.25 倍

18. 电气火灾和爆炸事故在火灾和爆炸事故中占有很大的比例，仅就电气火灾而言，不论是发生频率还是所造成的经济损失，在火灾中所占的比例都有上升的趋势。为保证安全，下列关于电气防火防爆及灭火安全技术的说法中，正确的是（　　）。
A. 室内电压 10 kV 以上、总油量 60 kg 以下的充油设备，应安装在有防爆隔墙的间隔内
B. 配电室允许通过走廊或套间与火灾危险环境相通，但走廊或套间应由非燃材料制成
C. 在爆炸危险环境中，应采用 TN-S 系统，并装设双极开关同时操作相线和中性线且保护导体的最小截面，铜导体不得小于 10 $mm^2$，钢导体不得小于 18 $mm^2$
D. 用二氧化碳等有不导电灭火剂的灭火器灭火时，机体、喷嘴至带电体的最小距离，电压 10 kV 者不应小于 0.8 m

19. 闪点、燃点、引燃温度、爆炸极限、最小点燃电流比、最大试验安全间隙是危险物质

的主要性能参数。下列关于以上参数的说法中，正确的是（　　）。

A. 对于闪点不超过 45 ℃的易燃液体，燃点仅比闪点高 1~5 ℃，一般只考虑燃点，不考虑闪点

B. 引燃温度是指在规定试验条件下，可燃物质能被外来火源点燃的最低温度

C. 闪点越低的危险物质的危险性越小

D. 最大试验安全间隙是指在规定试验条件下，两个经长 25 mm 的间隙连通的容器，一个容器内燃爆不引起另一个容器内燃爆的最大连通间隙

20. 为了正确选用电气设备和电气线路，必须正确划分所在环境危险区域的大小和级别。根据爆炸危险物质出现的频繁程度和持续时间可将危险场所划分为不同的区域。下列危险物质划分区域正确的是（　　）。

A. 正常运行时持续出现或长时间出现或短时间频繁出现爆炸性气体、蒸气或薄雾，能形成爆炸性混合物的区域属于 22 区

B. 正常运行时不出现，即使出现也只可能是短时间偶然出现爆炸性气体、蒸气或薄雾，能形成爆炸性混合物的区域属于 21 区

C. 正常运行时，空气中的可燃粉尘云一般不可能出现于爆炸性粉尘环境中的区域，即使出现，持续时间也是短暂的属于 0 区

D. 正常运行时预计周期性出现爆炸性气体、蒸气或薄雾，能形成爆炸性混合物的区域属于 1 区

21. 爆炸性粉尘环境的范围，应根据爆炸性粉尘的量、释放率、浓度和物理特性，以及同类企业相似厂房的实践经验等确定。下列爆炸性粉尘危险区域划分正确的是（　　）。

A. 频繁打开的粉尘容器出口附近区域属于 20 区

B. 搅拌器内部的区域属于 20 区

C. 传送带附近区域属于 22 区

D. 粉尘袋周围区域属于 21 区

22. 防爆电气设备的包含型式、等级、类别和组别，应设置在设备外部主体部分的明显地方，且应在设备安装后能清楚看到。标志“Ex p ⅢC T100 ℃ Db IP44”的正确含义是（　　）。

A. 正压型“p”，保护级别为 Db，用于ⅢC 类导电性粉尘的爆炸性气体环境的防爆电气设备，其最高表面温度低于 100 ℃，外壳防护等级为 IP44

B. 增安型“p”，保护级别为ⅢC，用于 Db 类导电性粉尘的爆炸性气体环境的防爆电气设备，其最高表面温度低于 100 ℃，外壳防护等级为 IP44

C. 正压型“p”，保护级别为 Db，用于ⅢC 类导电性粉尘的爆炸性粉尘环境的防爆电气设备，其最高表面温度低于 100 ℃，外壳防护等级为 IP44

D. 正压型“p”，保护级别为ⅢC，用于 Db 类导电性粉尘的爆炸性粉尘环境的防爆电气设备，其最高表面温度低于 100 ℃，外壳防护等级为 IP44

23. 导线允许载流量是在规定环境温度下，导线内能持续承受而其稳定温度不超过允许值的最大电流。下列关于爆炸危险环境允许载流量的说法中，正确的是（　　）。

A. 爆炸危险环境导线允许载流量不应低于非爆炸危险环境的允许载流量

B. 1 区、2 区导体允许载流量不应小于熔断器熔体额定电流和断路器长延时过电流脱扣器整定电流的 1.25 倍

C. 1 区、2 区导体允许载流量不应小于电动机额定电流的 1.5 倍

D. 对于高压线路，可不进行热稳定校验

24. 我国施工现场临时用电系统一般为中性点直接接地的三相四线制低压电力系统，这个系统的接地、接零保护系统有两种形式，在有爆炸危险的环境中，接地接零保护更是重要的安全手段。下列关于爆炸危险的环境接地和接零安全技术措施的说法中，错误的是（　　）。

A. 交流 127 V 及以下、直流 110 V 及以下的电气设备也应接地或接零，并实施等电位联结

B. 所有设备的金属部分以及建筑物的金属结构应全部接地或接零，并连接成连续整体

C. 保护导体的最小截面，铜导体和钢导体不得小于 4 $mm^2$

D. 在不接地配电网中，必须装设严重漏电时能自动切断电源的保护装置或报警装置

25. 【2021 年真题】电火花是电极之间的击穿放电呈现出的现象，其电弧温度高达 8000 ℃，能使金属熔化、飞溅，构成二次引燃源。电火花可分为工作火花和事故火花。下列电火花中，属于事故火花的是（　　）。

A. 开关开合时产生的火花

B. 熔丝熔断时产生的火花

C. 电源插头拔出时产生的火花

D. 手持电钻碳刷产生的火花

26. 【2021 年真题】电气装置运行中产生的危险温度会形成事故的引燃源，造成危险温度的原因有：短路、接触不良、过载、铁芯过热、漏电、散热不良、机械故障、电压过高或过低等。下列造成危险温度的故障中，属于机械故障造成的是（　　）。

A. 电气设备的散热油管堵塞

B. 运行中的电气设备的通风道堵塞

C. 电动机、变压器等电气设备的铁芯通电后过热

D. 交流异步电动机转子被卡死或者轴承损坏、缺油

27. 【2021 年真题】电气线路短路、过载、电压异常等会引起电气设备异常运行，发热量增加，温度升高，乃至产生危险温度，构成电气引燃源。关于电压异常造成危险温度的说法，正确的是（　　）。

A. 对于恒定电阻负载，电压过高，工作电流增大，发热增加，可能导致危险温度

B. 对于恒定功率负载，电压过低，工作电流变小，发热增加，可能导致危险温度

C. 对于恒定功率负载，电压过高，工作电流变大，发热增加，可能导致危险温度

D. 对于恒定电阻负载，电压过低，工作电流变小，发热增加，可能导致危险温度

28. 【2021 年真题】爆炸性粉尘环境的危险区域划分，应根据爆炸性粉尘量、释放率、浓度和其他特性，以及同类企业相似厂房的实践经验等确定。下列对面粉生产车间爆炸性粉尘环境的分区中，错误的是（　　）。

A. 筛面机容器内为 20 区

B. 面粉灌袋出口为 22 区

C. 取样点周围区为 22 区

D. 旋转吸尘器内为 20 区

29. 【2021 年真题】在爆炸危险环境中使用的电气设备和电气线路不应产生能够造成引燃源的火花、电弧或危险温度。下列针对爆炸危险环境中电气设备和电气线路的要求中，错误的是（　　）。

A. 正常运行时不产生火花、电弧或高温的环境，应选用增安型设备

B. 存在燃爆危险性混合物的环境，操作用小开关应选用本质安全型

C. 电气线路穿过不同区域之间隔墙的孔洞，应采用非燃性材料严密封堵

D. 在 1 区内电缆线路严禁有中间接头，在 2 区、20 区、21 区内可有中间接头

30. 【2020 年真题】电气防火防爆可采取消除或减少爆炸性混合物、消除引燃源、隔离、爆炸危险环境接地和接零等技术措施。下列电气防火防爆技术措施中，正确的是（　　）。

A. 在危险空间充填空气，防止形成爆炸性混合物

B. 毗连变电室、配电室的建筑物，其门、窗应向内开

C. 采用 TN-S 作供电系统时需装设双极开关

D. 配电室不得通过走廊与火灾危险环境相通

31. 【2020 年真题】电气电极之间的击穿放电可产生电火花，大量电火花汇集起来即构成电弧。下列关于电火花和电弧的说法，正确的是（　　）。

A. 电火花和电弧只能引起可燃物燃烧，不能使金属熔化

B. 电气设备正常操作过程中不会产生电火花，更不会产生电弧

C. 静电火花和电磁感应火花属于外部原因产生的事故火花

D. 绕线式异步电动机的电刷与滑环的滑动接触处产生的火花属于事故火花

32. 【2019 年真题】电气设备运行过程中如果散热不良或发生故障，可能导致发热量增加、温度升高、达到危险温度。下列关于电动机产生危险温度的说法中，正确的是（　　）。

A. 电动机卡死导致电动机不转，造成无转矩输出，不会产生危险温度

B. 电动机长时间运转导致铁芯涡流损耗和磁滞损耗增加，产生危险温度

C. 电动机长时间运转由于风扇损坏、风道堵塞会导致电动机产生危险温度

D. 电动机运转时连轴节脱离，会造成负载转矩过大，电动机产生危险温度

33. 【2019 年真题】电气防火防爆技术包括消除或减少爆炸性混合物、消除引燃源、隔离和间距、爆炸危险环境接地和接零等。下列爆炸危险环境电气防火防爆技术的要求中，正确的是（　　）。

A. 在危险空间充填清洁的空气，防止形成爆炸性混合物

B. 隔墙上与变、配电室连通的沟道、孔洞等，应使用非燃性材料严密封堵

C. 设备的金属部分、金属管道以及建筑物的金属结构必须分别接地

D. 低压侧断电时，应先断开闸刀开关，再断开电磁起动器或低压断路器

## 二、多项选择题（每题的备选项中有2个或2个以上符合题意，至少有1个错误选项）

34. 当电缆发生短路、过载、局部过热、电火花或者电弧等故障状态时，所产生的热量远远超过正常状态。电缆火灾的常见起因有（　　）。
A. 电缆接头的中间接头因压接不紧、焊接不良和接头材料选择不当，导致运行中发热
B. 电缆绝缘损坏导致绝缘击穿发生电弧
C. 电缆头故障使绝缘物自燃
D. 堆积在电缆上的粉尘起火
E. 局部放电引起的电缆过热

35. 为便于对不同的危险物质采取有针对性的防范措施，将危险物质分成三类。下列物质中，属于Ⅲ类爆炸危险物质的有（　　）。
A. 爆炸性气体
B. 爆炸性粉尘
C. 矿井甲烷（$CH_4$）
D. 爆炸性纤维
E. 爆炸性飞絮

36. 正确划分爆炸危险区域的级别和范围是电气防爆设计的基本依据之一。下列关于爆炸危险区域划分的说法中，正确的有（　　）。
A. 固定顶式油管内部油面上方的空间应划为爆炸性气体环境0区
B. 正常运行时偶然释放爆炸性气体的空间可划分为爆炸性气体环境1区
C. 正常运行时偶尔且只能短时间释放爆炸性气体的空间不划为爆炸性气体环境
D. 良好、有效的通风可降低爆炸性环境的危险等级
E. 爆炸性气体密度大于空间密度时，应提高地沟、凹坑内爆炸性环境的危险等级

37. 电气火灾爆炸是由电气引燃源引起的火灾和爆炸。电气引燃源中形成危险温度的原因有：短路、过载、漏电、散热不良、机械故障、电压异常、电磁辐射等。下列情形中，属于因过载和机械故障形成危险温度的有（　　）。
A. 电气设备或线路长期超设计能力超负荷运行
B. 交流异步电动机转子被卡死或者轴承损坏
C. 运行中的电气设备发生绝缘老化和变质
D. 电气线路或设备选型和设计不合理
E. 交流接触器分断时产生电火花

38. 由于不存在100%效率，电气设备运行时总是要发热的。电气设备稳定运行时，其最高温度和最高温升都不会超过允许范围，一旦出现故障，电气设备的发热量增加，温度增高会产生危险温度。下列关于危险温度的描述中，正确的是（　　）。
A. 可拆卸的接头连接过紧密或由于振动而松动会导致危险温度
B. 各种开关的触头，如果接触压力过大或表面粗糙不平，均可能增大接触电阻，产生危险温度
C. 通电后铁芯不能吸合，由于涡流损耗和磁滞损耗增加都将造成铁芯过热并产生危险温度
D. 电动机被卡死或轴承损坏、缺油，造成堵转或负载转矩过大，都将产生危险温度

E. 电压过低除可能使电磁铁吸合不牢外，对于恒定功率负载，还会使电流增大，产生危险温度

39. 某企业在安全生产会议上，对近几年来五个主要车间的电气事故进行了讨论研究。会后，该企业总经理决定购进一批防爆电气设备，五个主要车间的电气设备要求见下表。下列关于防爆结构型式及设备保护级别的选择中，正确的是（　　）。

| 车间名称 | 环境 | 设备要求 | 保护等级 |
| --- | --- | --- | --- |
| 甲 | 爆炸性粉尘 | 具有能承受内部的爆炸性混合物发生爆炸而不致受到破坏，而且通过外壳任何结合面或结构间隙，不致由内部爆炸引起外部爆炸性混合物爆炸 | 加强 |
| 乙 | 爆炸性粉尘 | 正常状态下和故障状态下产生的火花或热效应均不能点燃爆炸性混合物 | 很高 |
| 丙 | 爆炸性粉尘 | 将可能产生能点燃混合物的电弧、火花及高温部件浇封在环氧树脂等浇封剂里面，使其不能点燃周围爆炸性混合物 | 高 |
| 丁 | 爆炸性气体 | 外壳内充入带正压的清洁空气、惰性气体或连续通入清洁空气以阻止爆炸性混合物进入外壳内 | 高 |
| 戊 | 爆炸性气体 | 将可能产生电火花、电弧或危险温度的带电零、部件浸在绝缘油里，使之不能点燃油面上方爆炸性混合物 | 很高 |

A. 甲车间型式选 d，设备保护级别选 Dc

B. 乙车间型式选 i，设备保护级别选 Da

C. 丙车间型式选 m，设备保护级别选 Dc

D. 丁车间型式选 o，设备保护级别选 Db

E. 戊车间型式选 p，设备保护级别选 Gc

40. 释放源是划分爆炸危险区域的基础，通风情况是划分爆炸危险区域的重要因素，很多现场还存在两种以上特征的多级释放源，正确划分危险区域对安全生产有重要意义。下列关于危险区域的说法中，正确的是（　　）。

A. 在障碍物、凹坑和死角处，应局部提高爆炸危险区域等级

B. 汽油储存仓库利用防火墙等设施限制汽油蒸气扩散时，可提高爆炸危险区域的范围

C. 当危险物质释放量越大、浓度越高、爆炸下限越高、闪点越高，爆炸危险区域越大

D. 如果厂房内空间大，释放源释放的易燃物质量少，可按厂房内部分空间划定爆炸危险的区域范围

E. 良好的通风标志是混合物中危险物质的浓度被稀释到爆炸下限的 1/4 以下

41. 随着科学技术的进步与发展，人类面临的火灾现象更加复杂和多样，电气火灾也是常见的一种火灾。下列关于电气灭火安全要求的说法中，错误的是（　　）。

A. 高压应先断开隔离开关，后断开断路器，低压应先断开电磁起动器或低压断路器，后断开闸刀开关

B. 如有单根带电导线断落地面，应在周围画警戒圈，主要是防止可能的单线电击

C. 二氧化碳灭火器、干粉灭火器对电气设备的绝缘有影响，不宜用于电气灭火

D. 对架空线路等空中设备进行灭火时，人体位置与带电体之间的仰角不应超过45°
E. 用水灭火时，水枪喷嘴至带电体的距离，电压10 kV及以下者不应小于5 m

42. 为防止爆炸事故的发生，除在爆炸危险场所广泛采取防爆电气设备外，隔离和间距也是防爆的重要手段之一。下列关于电气防爆隔离和间距的说法中，正确的是（　　）。
A. 室内电压10 kV以上、总油量500 kg的充油设备，应安装在单独的防爆间隔内
B. 变、配电室与爆炸危险环境或火灾危险环境毗连时，隔墙应用非燃材料制成
C. 毗连变、配电室的门、窗应向内开，并通向无爆炸或火灾危险的环境
D. 室外变、配电装置不宜设置在易于沉积可燃粉尘或可燃纤维的地方
E. 起重机滑触线的下方，不应堆放易燃物品

43. 导线指的是用作电线电缆的材料，工业上也指电线。一般由铜或铝制成，也有用银线所制（导电、热性好），用来疏导电流或者是导热。下列关于防爆电气线路导线材料的说法中，正确的是（　　）。
A. 1区和21区的电力及照明线路应采用截面不小于2.5 $mm^2$ 的铜芯导线
B. 对于爆炸危险环境中的移动式电气设备，1区和21区应采用轻型电缆
C. 在有剧烈振动处应选用单股铜芯软线或单股铜芯电缆，防止多股线因振动而缠绕导致短路
D. 爆炸危险环境不宜采用油浸纸绝缘电缆
E. 在爆炸危险环境，低压电力、照明线路所用电线和电缆的额定电压不得低于工作电压，并不得低于220 V

44. 爆炸危险环境使用的电气设备和电气线路，应当不会在使用中产生能构成引燃源的火花、电弧或危险温度。某工厂要采购的防爆电气设备的要求如下：①用于爆炸性气体环境；②具有能承受内部的爆炸性混合物发生爆炸而不致受到破坏，而且通过外壳任何结合面或结构间隙，不致由内部爆炸引起外部爆炸性混合物爆炸或者正常状态下和故障状态下产生的火花或热效应均不能点燃爆炸性混合物；③具有足够的安全程度，使设备在正常运行过程中、在预期的故障条件下或者在罕见的故障条件下不会成为点燃源或者在正常运行过程中、在预期的故障条件下不会成为点燃源。根据以上条件，下列关于防爆结构型式及设备保护级别的选择，正确的有（　　）。
A. d，Ga　　B. i，Gb
C. d，Mc　　D. i，Gc
E. e，Db

45. 【2021年真题】爆炸危险区域的等级应根据释放源的级别和位置、易燃物质的性质、通风条件、障碍物及生产条件、运行经验综合确定。关于爆炸危险区域等级及范围的划分，正确的有（　　）。
A. 存在连续级释放源的区域可划分为0区
B. 区域通风良好，可降低爆炸危险区域等级
C. 在障碍物、凹坑和死角处，应局部提高爆炸危险区域等级
D. 区域采用局部机械通风，可降低整个爆炸危险区域等级
E. 利用墙限制比空气重的爆炸性气体混合物扩散，可缩小爆炸危险区域范围

46. 【2020 年真题】释放源是划分爆炸危险区域的基础，通风情况是划分爆炸危险区域的重要因素，因此，划分爆炸危险区域时应综合考虑释放源和通风条件。下列关于爆炸危险区域划分原则的说法中，正确的有（　　）。
    A. 在凹坑处，应局部提高爆炸危险区域等级
    B. 如通风良好，可降低爆炸危险区域等级
    C. 局部机械通风不能降低爆炸危险区域等级
    D. 存在连续级释放源的区域可划分为 1 区
    E. 存在第一级释放源的区域可划分为 2 区
47. 【2019 年真题】爆炸危险环境的电气设备和电气线路不应产生能构成引燃源的火花、电弧或危险温度。下列对防爆电气线路的安全要求中，正确的有（　　）。
    A. 当可燃物质比空气重时，电气线路宜在较高处敷设或在电缆沟内敷设
    B. 在爆炸性气体环境内 PVC 管配线的电气线路必须做好隔离封堵
    C. 在 1 区内电缆线路严禁中间有接头
    D. 钢管配线可采用无护套的绝缘单芯导线
    E. 电气线路宜在有爆炸危险的建、构筑物的墙外敷设

## 第四节 雷击和静电防护技术

**一、单项选择题（每题的备选项中，只有 1 个最符合题意）**

1. “这是一种奇怪的现象，它有时爆炸，有时无声而逝，有时在地面上缓慢移动，有时跳跃行走，有时在地面上不高处悬浮……”这句话形容的现象是（　　）。
    A. 直击雷　　B. 闪电感应
    C. 球雷　　D. 雷电感应
2. 雷击有电性质、热性质、机械性质等多方面的破坏作用，并产生严重后果，对人的生命、财产构成很大的威胁。下列各种危险危害中，不属于雷击危险危害的是（　　）。
    A. 二次放电引起的触电事故　　B. 导致变压器断路
    C. 引起火灾和爆炸　　D. 使人遭受致命电击
3. 异质材料互相接触，由于材料的功函数不同，当两种材料之间的距离接近原子级别时，会在接触的两个表面上产生电荷，从而形成带电体的现象。这种现象叫作（　　）。
    A. 感应起电　　B. 接触-分离起电
    C. 破断起电　　D. 电荷迁移
4. 雷电是大气中的一种放电现象，具有雷电流幅值大、雷电流陡度大、冲击性强、冲击过电压高等特点。下列关于雷电破坏作用的说法中，正确的是（　　）。
    A. 破坏电力设备的绝缘　　B. 引起电气设备过负荷
    C. 造成电力系统过负荷　　D. 引起电动机转速异常
5. 工艺过程中产生的静电可能引起爆炸、火灾、电击，还可能妨碍生产。下列关于静电防护的说法中，错误的是（　　）。

A. 用苛性钠、四氯化碳取代汽油等易燃介质作洗涤剂能够起到良好的防爆效果

B. 汽车槽车、铁路槽车在装油之前，应与储油设备跨接并接地

C. 接地的主要作用是消除绝缘体上的静电

D. 静电消除器主要用于消除非导体上的静电

6. 有一种防雷装置，当雷电冲击波到来时，该装置被击穿，将雷电波引入大地，而在雷电冲击波过去后，该装置自动恢复绝缘状态，这种装置是（　　）。

A. 接闪器　　B. 接地装置

C. 避雷针　　D. 避雷器

7. 用于直击雷的防雷装置中，（　　）是利用其高出被保护物的地位，把雷电引向自身，起到拦截闪击的作用。

A. 接闪器　　B. 引下线

C. 接地装置　　D. 屏蔽导体

8. 接闪器的保护范围按照滚球法确定。滚球的半径按建筑物防雷类别确定，一类建筑物的滚球半径为（　　）。

A. 15 m　　B. 30 m

C. 45 m　　D. 60 m

9. 防止雷电伤害的方法包括设置防雷装置和人身防雷措施，下列关于人身防雷措施的说法中，错误的是（　　）。

A. 雷暴时，在户外逗留时应尽量远离大树，可选择靠近池塘

B. 如有条件可进入有宽大金属架构的建筑物、汽车或船只

C. 在户外避雨时，要注意离开墙壁或树干 8 m 以外

D. 雷暴时，在户内也可能遭受雷电冲击波通过电气线路对人体的二次放电伤害

10. 雷电是大气中的一种放电现象，具有电性质、热性质和机械性质三方面的破坏作用。下列雷电造成的破坏现象中，属于热性质破坏作业的是（　　）。

A. 破坏高压输电系统，毁坏发电机、变压器、断路器等电气设备的绝缘

B. 二次放电的火花引起火灾或爆炸

C. 巨大的雷电流通过被击物时，在被击物缝隙中的气体剧烈膨胀，缝隙中的水分也急剧蒸发气化，致使被击物破坏或爆炸

D. 巨大的雷电流通过导体烧毁导体，使金属熔化、飞溅，引起火灾或爆炸

11. 为防止雷电对建筑物和雷电产生的过程电压随线路侵入对建筑物内电气设备绝缘造成的破坏，应该在建筑物和线路上安装防雷装置。下列关于安装防雷装置的说法中，错误的是（　　）。

A. 阀型避雷器上端接驳在架空线路上，下端接地

B. 第一类防雷建筑的防护直击雷的接闪杆可设置在建筑物上

C. 第一类防雷建筑应采取防闪电感应的防护措施

D. 第一类、第二类、第三类防雷建筑物均应采取闪电电流侵入的防护措施

12. 雷电是伴有闪电和雷鸣的一种雄伟壮观而又令人生畏的放电现象，大气中的水蒸气是雷云形成的内因；雷云的形成也与自然界的地形以及气象条件有关。下列有关雷电种

类的说法中，正确的是（　　）。

A. 直击雷一般情况下不会重复放电

B. 感应雷不会在空间产生辐射电磁波

C. 一次雷击的全部放电时间一般不超过 1000 ms

D. 在雷雨季节，球雷可能从门、窗、烟囱等通道侵入室内

13. 雷电参数包括雷暴日、雷电流幅值、雷电流陡度等。下列关于上述参数的说法中，正确的是（　　）。

A. 一天之内能听到雷声的就算一个雷暴日

B. 雷电流幅值指主放电时冲击电流的最小值

C. 由于雷电流陡度很小，所以雷电具有高频特征

D. 雷电的电流和陡度都很大、放电时间很长

14. 建筑物的防雷分类按其火灾和爆炸的危险性、人身伤亡的危险性、政治经济价值可分为第一类防雷建筑物、第二类防雷建筑物、第三类防雷建筑物。下列关于建筑物防雷分类的说法中，正确的是（　　）。

A. 国家级重点文物保护的建筑物属于第一类防雷建筑物

B. 具有 1 区、21 区爆炸危险场所，且因电火花引起爆炸会造成巨大破坏和人身伤亡的建筑物属于第三类防雷建筑物

C. 省级档案馆属于第一类防雷建筑物

D. 制造、使用或储存火炸药及其制品，遇电火花会引起爆炸、爆轰，从而造成巨大破坏或人身伤亡的建筑物属于第一类防雷建筑物

15. 防雷装置包括外部防雷装置和内部防雷装置。外部防雷装置由接闪器、引下线和接地装置组成，避雷针（接闪杆）、避雷线、避雷网和避雷带都可作为接闪器。下列关于接闪器的说法中，正确的是（　　）。

A. 用建筑物的金属屋面作第一类工业建筑物的接闪器时，金属板之间的搭接长度不得小于 100 mm

B. 采用折线法计算接闪器的保护范围时，折点在避雷针或避雷线高度的 1/4 处

C. 避雷线一般采用截面不小于 50 $mm^2$ 的热镀锌钢绞线或铜绞线

D. 接闪器焊接处应涂防腐漆，当截面锈蚀 50% 以上时应予更换

16. 雷电灾害是一种气象灾害。为了防止雷电灾害，我们应用了多种防雷装置，包括避雷器、电涌保护器和防雷接地装置等。下列关于防雷装置的说法中，正确的是（　　）。

A. 避雷器正常时处在接通的状态；出现雷击过电压时，击穿放电，切断过电压，发挥保护作用

B. 电涌保护器在无冲击波时表现为低阻抗，冲击到来时急剧转变为高阻抗

C. 防雷电冲击波的接地电阻不应大于 5~30 Ω

D. 附设接闪器每一引下线的冲击接地电阻一般也不应大于 20 Ω

17. 第一类防雷建筑物、第二类防雷建筑物以及第三类防雷建筑物的易受雷击部位应采取防直击雷防护措施，即装设避雷针、避雷线、避雷网、避雷带。下列关于直击雷防护安全技术措施的说法中，正确的是（　　）。

A. 特殊情况下，可以在装有避雷针的构筑物上架设通讯线、广播线或低压线

B. 附设避雷针的接地装置可以与其他接地装置共用

C. 露天装设的有爆炸危险的金属储罐和工艺装置，当其壁厚不小于 4 mm 时，允许不再装设接闪器，不再接地

D. 如金属储罐和工艺装置击穿后不对周围环境构成危险，其壁厚小于2.5 mm时应当装设接闪器

18. 所谓静电，就是一种处于静止状态的电荷或者说不流动的电荷（流动的电荷就形成了电流）。当电荷聚集在某个物体上或表面时就形成了静电，而电荷分为正电荷和负电荷两种，也就是说静电现象也分为两种即正静电和负静电。下列关于静电的产生和特点的说法中，错误的是（　　）。

A. 静电产生的方式也很多，最常见的方式是接触-分离起电

B. 乙烯比较容易产生和积累静电，橡胶等绝缘材料一般不会产生静电

C. 一般情况下，杂质有增强静电的趋势

D. 液体静电和粉体静电可达数万伏，人体静电也可达一万多伏

19. 工艺过程中产生的静电可能引起爆炸和火灾，也可能给人以电击，还可能妨碍生产。下列关于静电危害的说法中，正确的是（　　）。

A. 静电能量很大而且容易发生放电，如果所在场所有易燃物质可能由静电火花引起爆炸或火灾

B. 带静电的人体接近接地导体或其他导体时，可能发生火花放电，导致爆炸或火灾

C. 静电电击不会使人致命或导致严重后果

D. 电子技术领域，生产过程中产生的静电不会造成集成电路的绝缘击穿

20. 静电最为严重的危险是引起爆炸和火灾。因此，静电安全防护主要是对爆炸和火灾的防护。这些措施对于防止静电电击和防止静电影响生产也是有效的。下列关于静电防护安全技术措施的说法中，正确的是（　　）。

A. 为了防止静电放电，应当在液体灌装、循环或搅拌过程中进行取样、检测或测温操作

B. 对于感应静电，接地只能消除部分危险

C. 对于吸湿性很强的聚合材料，为了保证降低静电的效果，相对湿度应提高到65%~70%

D. 静电消除器能把带电体上的静电完全消除掉，使其处在安全范围以内

21. 防雷装置包括外部防雷装置和内部防雷装置。外部防雷装置由接闪器、引下线和接地装置组成；内部防雷装置主要指防雷等电位联结及防雷间距。下列关于防雷装置安全技术要求的说法中，正确的是（　　）。

A. 阀型避雷器的接地电阻一般不应大于 10 Ω

B. 建筑物的金属屋面可作为第一类工业建筑物以外其他各类建筑物的接闪器

C. 电涌保护器无冲击波时表现为低阻抗，冲击到来时急剧转变为高阻抗

D. 不太重要的第三类建筑物的防雷接地电阻阻值一般不应大于 10 Ω

22. 静电危害是由静电电荷或静电场能量引起的，静电电压可高达数十千伏以上，容易产

生静电火花。下列静电危害的说法中，错误的是（　　）。

A. 静电能量虽然不大，但因其电压很高而容易发生放电

B. 生产过程中产生的静电，可能妨碍生产或降低产品质量

C. 静电电击还可能引起工作人员紧张而妨碍工作

D. 生产过程中产生的静电只有积累到一定程度才会使人致命

23. 【2021 年真题】建筑物防雷分类按其火灾和爆炸的危险性、人身伤亡的危险性、政治经济价值分为三类。关于建筑物防雷分类的说法，错误的是（　　）。

A. 具有 0 区爆炸危险场所的建筑物是第一类防雷建筑物

B. 国家级重点文物保护建筑物是第一类防雷建筑物

C. 国际特级和甲级大型体育馆是第二类防雷建筑物

D. 省级重点文物保护建筑物是第三类防雷建筑物

24. 【2021 年真题】存在摩擦而且容易产生静电的工艺环节，必须采取工艺控制措施，以消除静电危害。关于从工艺控制进行静电防护的说法，正确的是（　　）。

A. 采用导电性工具，有利于静电的泄漏

B. 将注油管出口设置在容器的顶部

C. 增加输送流体速度，减少静电积累时间

D. 液体灌装或搅拌过程中进行检测作业

25. 【2021 年真题】雷电可破坏电气设备或电力线路，易造成大面积停电、火灾等事故。下列雷电事故中，不属于雷电造成电气设备或电力线路破坏事故的是（　　）。

A. 直击雷落在变压器电源侧线路上造成变压器爆炸起火

B. 球雷侵入棉花仓库造成火灾烧毁库里所有电器

C. 直击雷落在超高压输电线路上造成大面积停电

D. 雷电击毁高压线绝缘子造成短路引起大火

26. 【2020 年真题】雷电具有电性质、热性质、机械性质等多方面的危害，可引起火灾爆炸、人身伤亡、设备设施毁坏、大规模停电等。下列关于雷电危害的说法中，正确的是（　　）。

A. 球雷本身不会伤害人员，但可引起可燃物发生火灾甚至爆炸

B. 巨大的雷电流瞬间产生的热量不足以引起电流通道中的液体急剧蒸发

C. 巨大的雷电流流入地下可直接导致接触电压和跨步电压电击

D. 雷电可导致电力设备或电力线路破坏但不会导致大面积停电

27. 【2020 年真题】电气设备运行过程中，可能产生静电积累，应对电气设备采取有效的静电防护措施。下列关于静电防护措施的说法中，正确的是（　　）。

A. 用非导电性工具可有效泄放接触-分离静电

B. 接地措施可以从根本上消除感应静电

C. 增湿措施不宜用于消除高温绝缘体上的静电

D. 静电消除器主要用来消除导体上的静电

28. 【2019 年真题】工艺过程中产生的静电可能引起爆炸和火灾，也可能给人以电击，还可能妨碍生产。下列燃爆事故中，属于静电因素引起的是（　　）。

A. 实验员小王忘记关氢气阀门，当他取出金属钠放在水中时产生火花发生燃爆
B. 实验员小李忘记关氢气阀门，当他在操作台给特钢做耐磨实验过程中发生燃爆
C. 司机小张跑长途用塑料桶盛装汽油备用，当他开到半路给汽车加油瞬间发生燃爆
D. 维修工小赵未按规定穿防静电服维修天然气阀门，当他用榔头敲击钎子瞬间发生燃爆

29. 【2019 年真题】防雷装置包括外部防雷装置和内部防雷装置，外部防雷装置由接闪器、引下线和接地装置组成，内部防雷装置由避雷器、引下线和接地装置组成。下列关于防雷装置安全技术要求的说法中，正确的是（　　）。
A. 金属屋面不能作为外部防雷装置的接闪器
B. 独立避雷针的冲击接地电阻应小于 100 Ω
C. 避雷器应装设在被保护设施的引入端
D. 独立避雷针可与其他接地装置共用

## 二、多项选择题（每题的备选项中有 2 个或 2 个以上符合题意，至少有 1 个错误选项）

30. 雷电具有电性质、机械性质、热性质三方面的破坏作用。下列属于电性质破坏的是（　　）。
A. 雷电劈裂电线杆，造成大规模停电事故
B. 球雷入侵引发火灾
C. 二次放电的电火花引起火灾
D. 雷击产生的静电场突变和电磁辐射，干扰电视电话通信
E. 直击雷放电高温电弧引燃附近可燃物

31. 静电危害是由静电电荷或静电场能量引起的。静电通常是引发生产企业发生大规模火灾爆炸的重要原因之一。下列关于静电特性的说法中，正确的是（　　）。
A. 静电产生的电压可高达数十千伏以上，能够造成人的直接致命
B. 静电产生的电压高，蓄积的电能泄漏较慢
C. 静电具有多种放电形式，常见的有电晕放电、刷形放电、火花放电
D. 一般情况下，接触面积越大，产生的静电越多，工艺速度越高，产生的静电越强
E. 一般情况下，杂质有增加静电的趋势

32. 工艺过程中产生的静电可能引起爆炸、火灾、电击，还可能妨碍生产。下列关于静电防护措施的说法中，正确的是（　　）。
A. 为了防止静电引燃成灾，可采取取代易燃介质、降低爆炸性混合物的浓度、减少氧化剂含量等措施
B. 为有利于静电的泄漏，可采用导电性工具
C. 静电消除器主要用来消除非导体上的静电
D. 对于吸湿性很强的聚合材料，为了保证降低静电的效果，相对湿度应提高到 60% ~70%
E. 为防止静电放电，在液体搅拌过程中进行取样操作应使用绝缘器具

33. 两种物质紧密接触而后再分离时，就可能产生静电，静电的产生是同接触电位差和接

触面上的双电层直接相关的。下列关于静电的产生及影响因素的说法中，正确的是（　　）。

A. 最常见的是感应起电，比较常见的是接触-分离起电

B. 一般情况下，杂质有增强静电的趋势

C. 因静电能量大，所以静电电压很高，液体静电和粉体静电可达数万伏

D. 静电泄漏的速率随着材料介电常数与电阻率乘积的增大而减小

E. 容易得失电子，而且电阻率很高的材料才容易产生和积累静电

34. 2020 年 5 月，某防雷研究所五名研究员为进一步深入研究防雷有效措施，提出下列观点，见下表。表中研究员所提出的观点中，正确的是（　　）。

| 人员 | 观　点 |
|---|---|
| 张某 | 装设避雷针、避雷线、避雷网、避雷带是直击雷防护的主要措施 |
| 王某 | 除电力系统外，有爆炸或火灾危险的建筑物均应采取雷电感应防护措施 |
| 董某 | 室外天线的馈线临近避雷针时，馈线应穿金属管或采用屏蔽线 |
| 靳某 | 在配电箱或开关箱内安装电涌保护器，可对室内浪涌电压进行防护 |
| 成某 | 电磁脉冲防护是将建筑物所有正常时不带电的导体进行等电位联结，不予接地 |

A. 张某　　　　B. 王某

C. 靳某　　　　D. 成某

E. 董某

35. 【2021 年真题】静电防护的主要措施有环境危险程度控制、工艺控制、接地、增湿、加入抗静电添加剂、采用静电消除器等。关于静电防护措施的说法，正确的有（　　）。

A. 接地的主要作用是消除导体上的静电

B. 采用接地措施，可以消除感应静电的全部危险

C. 增湿的方法不宜用于消除高温绝缘体上的静电

D. 高绝缘材料中加入抗静电添加剂，可加速静电释放，消除静电危险

E. 静电消除器主要用来消除导体上的静电

36. 【2021 年真题】在工业生产和日常生活中，受材质、工艺设备、工艺参数和环境条件等因素的影响，会产生和积累大量静电，对生产生活造成较大危害。关于静电危害的说法，正确的有（　　）。

A. 在爆炸性混合物场所，静电积累可能产生静电火花引起爆炸或火灾

B. 带静电的人体接近接地导体时可能发生火花放电，是爆炸或火灾的因素

C. 接地的人体接近带静电物体时不会发生火花放电，但会伤害人体

D. 生产过程中积累的静电放电造成的瞬间冲击性电击可能致人死亡

E. 生产过程中产生的静电可能妨碍生产或降低产品质量

37. 【2020 年真题】建筑物的防雷分类按其火灾和爆炸的危险性、人身伤害的危险性、政治经济价值可分为第一类防雷建筑物、第二类防雷建筑物、第三类防雷建筑物。下列

建筑物防雷分类中，正确的是（　　）。

A. 具有 0 区爆炸危险场所的建筑物，是第一类防雷建筑物

B. 有爆炸危险的露天气罐和油罐，是第二类防雷建筑物

C. 省级档案馆，是第三类防雷建筑物

D. 大型国际机场航站楼，是第一类防雷建筑物

E. 具有 2 区爆炸危险场所的建筑物，是第三类防雷建筑物

38.【2020 年真题】生产过程中产生的静电可能引起火灾爆炸、电击伤害、妨碍生产。其中，火灾爆炸是最大的危害。下列关于静电危害的说法中，正确的是（　　）。

A. 人体接近接地导体，会发生火花放电，导致爆炸和火灾

B. 静电能量虽然不大，但因其电压很高而容易发生放电

C. 生产过程中积累的静电发生电击可使人致命

D. 带静电的人体接近接地导体时可能发生电击

E. 生产过程中产生的静电，可能降低产品质量

## 第五节　电气装置安全技术

### 一、单项选择题（每题的备选项中，只有 1 个最符合题意）

1. 油浸纸绝缘电缆是火灾危险性比较大的电气装置。下列情况中不属于电缆线路起火的原因是（　　）。

A. 电缆终端头密封不良，受潮后发生击穿短路

B. 电缆接头的中间接头因压接不紧，焊接不良，导致运行中接头氧化发热

C. 电源电压波动、频率过低

D. 电缆严重过载，发热量剧增，引燃表面积尘

2. 电机和低压电器的外壳防护包括两种防护，防护等级用“IP+数字+数字”表示。下列对电气设备防护等级的描述中，正确的是（　　）。

A. “IP43”表示“能防止直径大于 2.5 mm 的工具、金属线等触及壳内带电或运动部分，防淋水”

B. “IP34”表示“能防止直径大于 1 mm 的工具、金属线等触及壳内带电或运动部分，防溅水”

C. “IP25”表示“能防止灰尘进入达到影响产品正常运行的程度，防喷水”

D. “IP66”表示“能完全防止灰尘进入壳内，防止海浪或强力喷水”

3. 电动机是把电能转换成机械能的一种设备。它是利用通电线圈产生旋转磁场并作用于转子形成磁电动力旋转扭矩。电动机在使用过程存在触电、火灾等危险有害因素，为减少使用过程的风险，必须采取相应的安全技术措施。下列关于电动机安全技术措施的说法中，正确的是（　　）。

A. 电动机的运行参数应符合要求，电压波动不得超过−5%～10%，电压不平衡不得超过 10%，电流不平衡不得超过 10%

B. 电动机用熔断器保护时，熔体额定电流应取异步电动机额定电流的 1.5 倍（全压启动或重载启动）

C. 用热继电器保护时，热元件的电流不应大于电动机额定电流的 1~1.5 倍

D. 电动机的外壳应根据配电网的运行方式可靠接零以及接地

4. 低压电器可分为控制电器和保护电器。控制电器主要用来接通、断开线路和用来控制电气设备。刀开关、低压断路器、减压启动器、电磁起动器属于低压控制电器。下列关于常见低压电器的特点、性能和应用的说法中，正确的是（　　）。

A. 低压隔离开关有强有力的灭弧装置，能分断短路电流

B. 低压断路器没有或只有简单的灭弧机构，不能切断短路电流和较大的负荷电流

C. 接触器有灭弧装置，能分、合负荷电流，不能分断短路电流，能频繁操作，用作线路主开关

D. 控制器结构简单，触头少、挡位少，常用于起重机等的控制

5. 高压开关是指额定电压 3 kV 及以上主要用于开断和关合导电回路的电器。下列有关高压开关的说法中，正确的是（　　）。

A. 断路器不能切断短路电流，能接通、分断负荷电流，与熔断器串联安装用作主开关

B. 负荷开关能切断短路电流，故障时能自动跳闸，用作控制及保护的主开关

C. 正常情况下，跌开式熔断器只用来操作空载线路或空载变压器

D. 跌开式熔断器正确的操作顺序是拉闸时先拉开下风侧边相，再拉开中相，最后拉开上风侧边相

6. 接地电阻测量仪是用于测量接地电阻的仪器，有机械式测量仪和数字式测量仪。下列属于数字式接地电阻测量仪的是（　　）。

A.

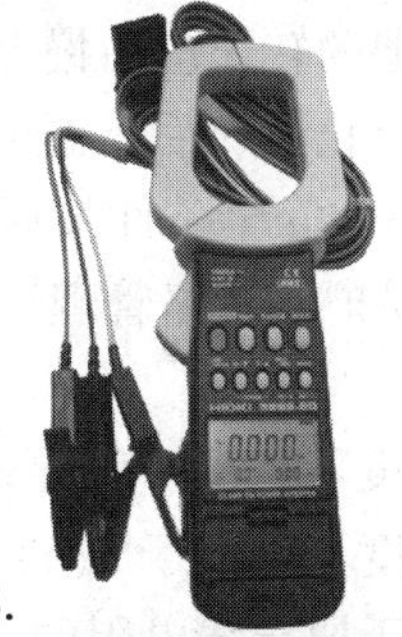

B.

C.

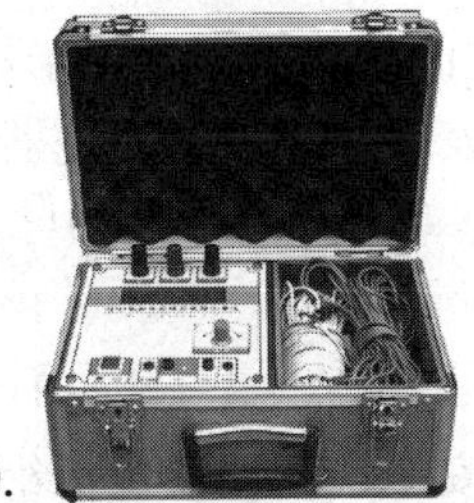

D.

7. 按照触电防护方式，电气设备可分为 0 类、0 Ⅰ类、Ⅰ类、Ⅱ类和Ⅲ类。下列关于电气设备防触电保护分类的说法中，正确的是（　　）。

A. 0 类设备的外壳不得采用金属材料制成

B. 0 Ⅰ类设备和Ⅰ类设备仅靠基本绝缘

C. Ⅱ类设备没有保护接地或保护接零的要求

D. Ⅲ类设备应具有保护接地手段

8. 低压开关种类很多，其中有强有力的灭弧装置能分断短路电流的低压开关是（　　）。

A. 低压隔离开关　　B. 接触器

C. 低压断路器　　D. 控制器

9. 高压开关种类很多，其中能切断短路电流，故障时能自动跳闸，用作控制及保护的主开关的高压开关是（　　）。

A. 高压隔离开关　　B. 高压联锁装置

C. 高压断路器　　D. 高压负荷开关

10. 为保证生产过程中的用电安全，生产经营单位所建设的变、配电站及选用的高压开关需要符合相应的安全技术要求。下列关于高压开关及变、配电站的说法中，正确的是（　　）。

A. 变、配电站应避开易燃易爆场所，设置在企业的下风侧

B. 隔离开关具备操作负荷电流的能力

C. 高压负荷开关必须串联有高压断路器，由断路器切断短路电流

D. 正常情况下，跌开式熔断器只用来操作空载线路和空载变压器

11. 绝缘是防止直接接触电击的基本措施之一，电气设备的绝缘电阻应经常检测，绝缘电阻用兆欧表测定。下列关于绝缘电阻测定的做法中，正确的是（　　）。

A. 测量连接导线不得采用单股绝缘线，而应采用绝缘良好双股绝缘线连接

B. 对于有较大电容的设备，停电后应立刻测量使测量结果符合运转时的实际温度

C. 使用指针式兆欧表摇把的转速应由慢至快，转速应稳定，不要时快时慢

D. 测量应尽可能在设备停止运转后，温度降至室温时测量

12. 【2021 年真题】电力线路的安全条件包括导电能力、力学强度、绝缘和间距、导线连接、线路防护和过电流保护、线路管理。下列针对导线连接安全条件的要求中，正确的是（　　）。

A. 导线连接处的力学强度不得低于原导线力学强度的 60%

B. 导线连接处的绝缘强度不得低于原导线绝缘强度的 80%

C. 接头部位电阻不得小于原导线电阻的 120%

D. 铜导线与铝导线之间的连接应尽量采用铜-铝过渡接头

13. 【2021 年真题】电气安全检测仪器对电器进行测量，其测出的数据是判断电器是否能正常运行的重要依据。下列仪器仪表中，用于测量绝缘电阻的是（　　）。

A. 兆欧表　　B. 接地电阻测量仪

C. 万用表　　D. 红外测温仪

14. 【2020 年真题】电气安全检测仪器包括绝缘电阻测量仪、接地电阻测量仪、谐波测试仪、红外测温仪、可燃气体检测仪等。下列电气安全检测仪器中，属于接地电阻测量仪的是（　　）。

A. 

B. 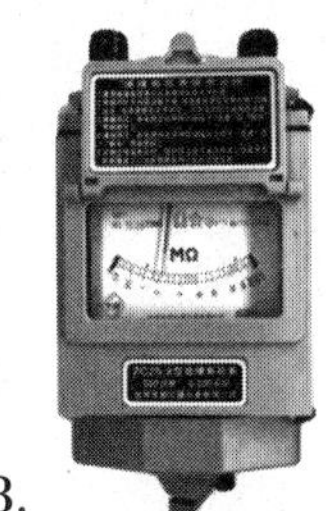


C. 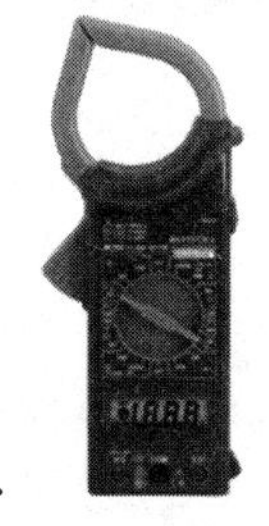

D. 

15. 【2020 年真题】电力线路安全条件包括导电能力、力学强度、绝缘、间距、导线连接、线路防护、过电流保护、线路管理等。下列关于电力线路安全条件的说法中，正确的是（　　）。

A. 导线连接处的绝缘强度不得低于原导线的绝缘强度的 90%

B. 电力线路的过电流保护专指过载保护，不包括短路保护

C. 导线连接处的电阻不得大于原导线电阻的 2 倍

D. 线路导线太细将导致其阻抗过大，受电端得不到足够的电压

16. 【2019 年真题】低压电器可分为控制电器和保护电器。保护电器主要用来获取、转换和传递信号，并通过其他电器实现对电路的控制。下列关于低压保护电器工作原理的说法中，正确的是（　　）。

A. 热继电器作用是当热元件温度达到设定值时迅速动作，并通过控制触头断开控制电路

B. 由于热继电器和热脱扣器的热容量较大，动作延时也较大，只宜用于短路保护

C. 熔断器是串联在线路上的易熔元件，遇到短路电流时迅速熔断来实施保护

D. 在产生冲击电流的线路上，串联在线路上的熔断器可用作过载保护元件

## 二、多项选择题（每题的备选项中有 2 个或 2 个以上符合题意，至少有 1 个错误选项）

17. 防爆电气线路的敷设有严格的要求。下列关于防爆电气的敷设要求的说法中，错误的是（　　）。

A. 当可燃物质比空气重时，电气线路宜在较低处敷设或直接埋地

B. 电缆沟敷设时，沟内应冲砂，在爆炸环境中，电缆应沿粉尘不易堆积的位置敷设

C. 钢管配线可采用无护套的绝缘单芯或多芯导线

D. 架空电力线路严禁跨越爆炸性气体环境，架空线路与爆炸性气体环境的水平距离，不应小于杆塔高度 1.5 倍

E. 爆炸环境应优先采用铝线

18. 电气装置发生故障可能导致火灾或爆炸。下列电气设备中可能导致爆炸的有（　　）。

A. 直流电动机

B. 低压断路器

C. 油浸式变压器

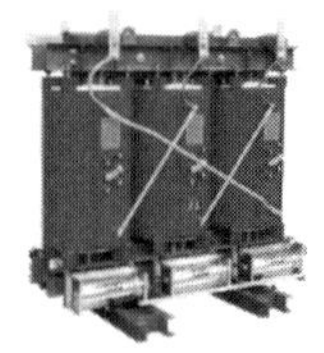

D. 干式变压器

E. 多油断路器

19. 低压电气保护装置有热继电器、熔断器、配电箱和配电柜，高压电气保护装置有电力变压器、高压断路器、高压隔离开关、高压负荷开关等。下列关于低压电气保护和高压电气保护的说法中，正确的是（　　）。

A. 在低压电气保护装置中，有冲击电流出现的线路上，熔断器可以用作过载保护原件

B. 在高压电气保护装置中，高压断路器有强有力的灭弧装置，既能在正常情况下接通和分断负荷电流，又能借助继电保护装置在故障情况下切断过载和短路电流

C. 高压隔离开关简称刀闸，没有灭弧装置，因此不能够带负载操作

D. 高压负荷开关有简单的灭弧装置，但必须与有高分断能力的高压熔断器配合使用

E. 在高压电气保护中，如需断电，应先断开高压隔离开关，然后断开高压断路器

20. 隔离开关和跌开式熔断器是配合高压开关工作的电器元件。下列关于隔离开关和跌开式熔断器的说法中，正确的是（　　）。

A. 正常情况下，跌开式熔断器只用来操作空载线路或空载变压器

B. 如断路器两侧都有隔离开关，应先拉负荷侧隔离开关，后拉电源侧隔离开关

C. 跌开式熔断器正确的操作顺序是拉闸时先拉开中相，再拉开下风侧边相，最后拉开上风侧边相

D. 跌开式熔断器正确的操作顺序是拉闸时先拉开下风侧边相，再拉开中相，最后拉开上风侧边相

E. 高压开关喷出电弧方向不得有可燃物

21. 手持电动工具包括手电钻、手砂轮、冲击电钻、电锤、手电锯等工具。移动式设备包括蛙夯、振捣器、水磨石磨平机等电气设备。按照触电防护方式，下列关于电气设备的分类及特性的说法中，正确的是（　　）。
A. 仅仅依靠基本绝缘来防止触电的设备属于0类设备，外壳应由绝缘材料制成
B. 0Ⅰ类设备是依靠基本绝缘来防止触电的，也可以有Ⅱ类结构或Ⅲ类结构的部件
C. Ⅰ类设备可以有Ⅱ类结构或Ⅲ类结构的部件
D. Ⅱ类设备具有双重绝缘和加强绝缘的结构，Ⅱ类设备不得有Ⅲ类结构的部件
E. Ⅲ类设备依靠安全特低电压供电以防止触电，设备内不得产生高出安全特低电压的电压
22. 手持电动工具和移动式电气设备有很大的移动性，其电源线容易受拉、磨而损坏，电源线容易接错，而且连接处容易脱落而使金属外壳带电，导致触电事故。为保证使用安全，移动式电气设备的安全要求应当符合相应的技术规范。下列关于手持电动工具和移动式电气设备安全使用的说法中，正确的是（　　）。
A. Ⅰ类设备必须采取保护接地或保护接零措施，Ⅱ类、Ⅲ类设备没有保护接地或保护接零的要求
B. 单相设备的相线和中性线上都应该装有熔断器，并装有双极开关
C. 移动式电气设备的保护线应当与电源线有同样的防护措施并单独敷设
D. 在锅炉内、金属容器内、管道内等狭窄的特别危险场所，应使用Ⅱ类设备
E. Ⅱ、Ⅲ类设备的控制箱和电源连接器件等必须放在内部，以防误触
23. 电气线路分为电力线路和控制线路。前者用来输送电能，后者用来输送信号。下列关于电缆线路安全条件的说法中，正确的是（　　）。
A. 在TN系统中，如果线路导线太细，则单相短路电流可能不能推动短路保护动作
B. 新安装和大修后的低压电力线路一般不得低于5000 Ω
C. 工作中，应当尽可能减少导线的接头，接头过多的导线不得使用
D. 原则上导线连接处的力学强度不得低于原导线力学强度的80%
E. 铜导线与铝导线之间的连接应尽最采用铜-锌过渡接头
24. 兆欧表是电工常用的一种测量仪表，主要用来检查电气设备、家用电器或电气线路对地及相间的绝缘电阻，以保证这些设备、电器和线路工作处在正常状态，避免发生触电伤亡及设备损坏等事故。下列关于使用兆欧表测量绝缘电阻的说法中，正确的是（　　）。
A. 对于有较大电容的设备，停电后还必须充分放电
B. 测量连接导线不得采用单股绝缘线，而应采用绝缘良好的双股线分开连接
C. 使用指针式兆欧表摇把的转速应由慢至快，转速应稳定，不要时快时慢
D. 使用指针式兆欧表测量过程中，如果指针指向“0”位，表明已经完成“欧姆调零”
E. 测量应尽可能在设备刚开始运转时进行
25. 常见的低压保护电器有热继电器和熔断器等，正确安装并使用保护电器对预防电器事故起着重要的作用。下列有关热继电器及熔断器的说法中，正确的是（　　）。
A. 热继电器的工作原理是当热元件温度达到设定值时迅速动作，并通过控制触头断开主电路

B. 热继电器的热容量较大，动作延时也较大，只宜用于短路保护，不能用于过载保护

C. 熔断器是将易熔元件串联在线路上，遇到短路电流时迅速熔断来实施保护的保护电器

D. 易熔元件刚刚可以熔断的电流称为临界电流，易熔元件的临界电流大于其额定电流

E. 由于易熔元件的热容量大，动作很快，熔断器可用作断路保护元件

26. 某工厂为减少电气事故，拟购买一批符合相关要求的电气设备，五个车间对设备外壳的要求见下表。下列描述中符合对应安全要求的是（　　）。

| 车间 | 防 尘 要 求 | 防水要求 |
| --- | --- | --- |
| 7 号成型车间 | 能防止直径大于等于 12.5 mm 的固体异物进入壳内；能防止手指触及壳内带电或运动部分 | 垂直的滴水不能直接进入产品内部 |
| 8 号冶炼车间 | 能防止直径大于等于 2.5 mm 的固体异物进入壳内；能防止厚度（或直径）大于等于 2.5 mm 的工具、金属线等触及壳内带电或运动部分 | 任何方向的溅水对产品应无有害的影响 |
| 9 号磨削车间 | 能防止直径大于等于 1 mm 的固体异物进入壳内；能防止厚度（或直径）大于等于 1 mm 的工具、金属线等触及壳内带电或运动部分 | 任何方向的喷水对产品应无有害的影响 |
| 6 号锻造车间 | 能防止灰尘进入达到影响产品正常运行的程度；能完全防止触及壳内带电或运动部分 | 向外壳各个方向强烈喷水无有害影响 |
| 3 号铸造车间 | 能完全防止灰尘进入壳内；能完全防止触及壳内带电运动部分 | 浸入规定压力的水中经规定时间后外壳进水量未达有害程度 |

A. 7 号成型车间购买的电气设备的外壳防护等级应为 IP12

B. 3 号铸造车间购买的电气设备的外壳防护等级应为 IP35

C. 8 号冶炼车间购买的电气设备的外壳防护等级应为 IP44

D. 6 号锻造车间购买的电气设备的外壳防护等级应为 IP56

E. 9 号磨削车间购买的电气设备的外壳防护等级应为 IP45

27. 手持电动工具和移动式电气设备是触电事故较多的用电设备。为保证手持电动工具和移动式电气设备的使用安全，下列为防止意外触电安全技术措施的说法中，正确的是（　　）。

A. Ⅱ类、Ⅲ类设备没有保护接地或保护接零的要求，Ⅰ类设备必须采取保护接地或保护接零措施

B. 在锅炉等狭窄的特别危险场所，若使用Ⅱ类设备，则必须装设额定漏电动作电流不大于 15 mA、动作时间不大于 0.1 s 的漏电保护装置

C. 在潮湿或金属构架上等导电性能良好的作业场所，必须使用Ⅰ类或Ⅲ类设备

D. 移动式电气设备的电源插座和插销应有专用的保护线插孔和插头，插入时保护插头在导电插头之后接通

E. 移动式电气设备的电源插座和插销应有专用的保护线插孔和插头，拔出时保护插头在导电插头之前拔出

# 第三章　特种设备安全技术

## 第一节　特种设备的基础知识

### 一、单项选择题（每题的备选项中，只有 1 个最符合题意）

1. 按承压方式分，压力容器可以分为内压容器和外压容器，若某内压容器设计压力为 12 MPa，则该压力容器为（　　）。
   A. 低压容器　　B. 中压容器
   C. 高压容器　　D. 超高压容器
2. 特种设备中，压力管道是指公称直径> 50 mm 并利用一定的压力输送气体或者液体的管道。下列介质中，必须应用压力管道输送的是（　　）。
   A. 最高工作温度高于标准沸点<0.1 MPa（表压）的气体
   B. 有腐蚀性、最高工作温度低于标准沸点的液化气体
   C. 最高工作温度低于标准沸点的液体
   D. 有腐蚀性、最高工作温度高于或者等于标准沸点的液体
3. 按照 TSG D0001《压力管道安全技术监察规程——工业管道》中要求，下列管道类别中不属于压力管道按照安全管理分类的是（　　）。
   A. 长输管道　　B. 公用管道
   C. 动力管道　　D. 民用管道
4. 按照 TSG D0001《压力管道安全技术监察规程——工业管道》中要求，设计工作压力为 1 MPa 的压力管道应划分为（　　）。
   A. 低压管道　　B. 中压管道
   C. 高压管道　　D. 超高压管道
5. 客运架空索道是一种将钢索架设在支承结构上作为轨道，通过运载工具来输送人员的运输系统。下列不属于客运索道的是（　　）。
   A. 客运架空索道
   B. 客运攀登索道
   C. 客运缆车
   D. 客运拖牵索道
6. 压力容器按照压力等级划分可分为（　　）。
   A. 二个等级　　B. 三个等级
   C. 四个等级　　D. 五个等级

7. 根据《中华人民共和国特种设备安全法》《特种设备目录》等规定，特种设备是指对人身和财产安全有较大危险性的设备。下列不属于特种设备的是（　　）。

A. 压力管道　　B. 景区观光车

C. 电梯　　D. 汽车吊

8. 压力容器，一般泛指在工业生产中盛装用于完成反应、传质、传热、分离和储存等生产工艺过程的气体或液体，并能承载一定压力的密闭设备。压力容器的种类很多，分类方法也很多。下列关于压力容器分类的说法中正确的是（　　）。

A. 设计压力为 1.6 MPa$\leqslant p<$10 MPa 的压力容器为低压压力容器

B. 设计压力为 10 MPa$\leqslant p<$100 MPa 的压力容器为中压压力容器

C. 冷却器、冷凝器、蒸发器、吸收塔属于换热压力容器

D. 过滤器、集油器、洗涤器、干燥塔属于分离压力容器

9. 压力容器的主要工艺参数为压力、温度、介质。其中压力容器的压力可以来自两个方面，一是在容器外产生（增大）的，二是在容器内产生（增大）的。下列压力容器压力参数中，数值最高的是（　　）。

A. 工作压力

B. 最高工作压力

C. 设计压力

D. 爆破片爆破压力

10. 为便于安全监察、使用管理和检验检测，需将压力容器进行分类，某压力容器盛装介质为水蒸气，压力为 10 MPa，容积为 10 $m^3$。根据《固定式压力容器安全技术监察规程》（TSG 21）的压力容器分类图（下图），该压力容器属于（　　）。

A. Ⅰ类　　B. Ⅱ类

C. Ⅲ类　　D. Ⅱ类或Ⅲ类

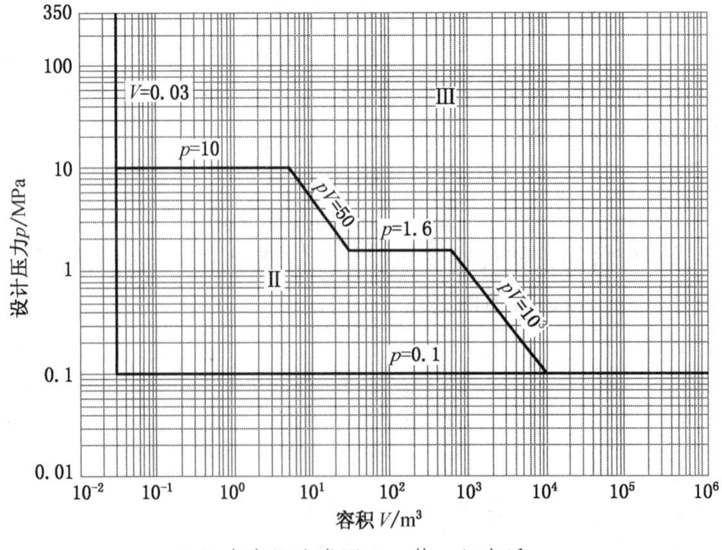


压力容器分类图——第一组介质

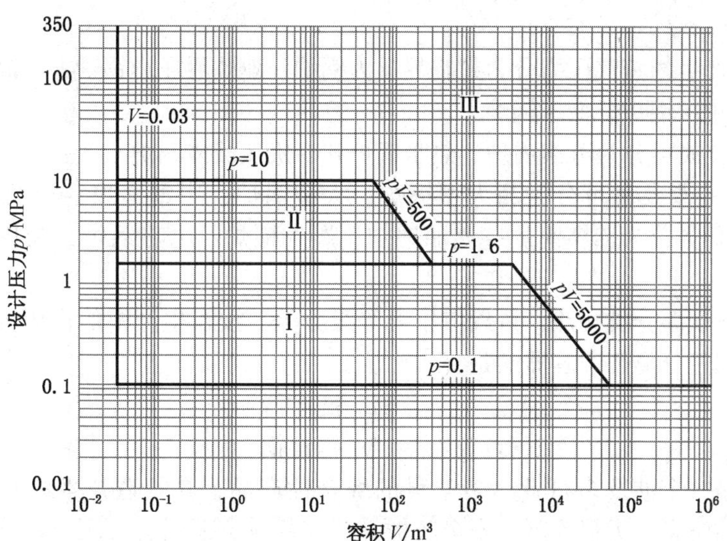


压力容器分类图——第二组介质

11. 特种设备是指对人身和财产安全有较大危险性的锅炉、压力容器（含气瓶）、压力管道、电梯、起重机械、客运索道、大型游乐设施、场（厂）内专用机动车辆。下列属于特种设备的是（　　）。
   A. 设计正常水位容积为 3 $m^3$，且额定蒸汽压力等于 1 kPa（表压）的承压蒸汽锅炉
   B. 盛装公称工作压力等于 0.2 MPa（表压），且容积为 4L、标准沸点为 60 ℃液体的气瓶
   C. 层数为 2 层的机械式停车设备
   D. 公称直径小于 150 mm，且其最高工作压力小于 1.6 MPa（表压）的输送氮气的管道
12. 特种设备依据其主要工作特点，分为承压类特种设备和机电类特种设备。下列属于承压类特种设备的是（　　）。
   A. 有机热载体锅炉
   B. 桥式起重机
   C. 叉车
   D. 家用电梯
13. 锅炉由“锅”和“炉”以及相配套的附件、自控装置、附属设备组成。“锅”是指锅炉接受热量并将热量传给水、汽、导热油等工质的受热面系统。“炉”是指燃料燃烧产生高温烟气，将化学能转化为热能的空间和烟气流通的通道。下列属于锅炉“炉”的部分的是（　　）。
   A. 水冷壁　　　　B. 炉墙
   C. 过热器　　　　D. 对流管束及集箱
14. 锅炉是指利用燃料燃烧释放的热能或其他热能加热水或其他工质，以生产规定参数和品质的蒸汽、热水或其他工质的设备。下列关于锅炉分类的说法中，错误的是

(　　)。

A. 按锅炉产生的蒸汽压力分为超临界压力锅炉、亚临界压力锅炉、超高压锅炉、高压锅炉、中压锅炉、低压锅炉

B. 按载热介质可分为蒸汽锅炉、热水锅炉和有机热载体锅炉

C. 按锅炉的蒸发量可分为超大型锅炉，大型锅炉、中型锅炉、小型锅炉

D. 按燃料种类分为燃煤锅炉、燃油锅炉、燃气锅炉、电热锅炉、余热锅炉、废料锅炉等

15. 压力容器有众多分类方法，可以按压力等级分类，按在生产中的作用分类等。下列压力容器中属于分离压力容器的是（　　）。

A. 合成塔　　B. 洗涤器

C. 缓冲罐　　D. 消毒锅

16. 压力容器是一个涉及多行业、多学科的综合性产品，其制造技术涉及冶金、机械加工、腐蚀与防腐、无损检测、安全防护等众多行业。下列有关压力容器的说法中，正确的是（　　）。

A. 按压力容器内介质对人类的毒害程度可分为 4 级，其中Ⅳ级为极度危害

B. 设计压力为 100 MPa 的内压容器为高压容器

C. 罐式集装箱属于固定式压力容器

D. 压力容器试验温度指的是压力试验时，壳体的金属温度

17. 为便于安全监察、使用管理和检验检测，需将压力容器进行分类。某压力容器盛装介质为氢气，压力为 10 MPa，容积为 100 $m^3$。根据《固定式压力容器安全技术监察规程》（TSG 21）的压力容器分类图（下图），该压力容器属于（　　）。

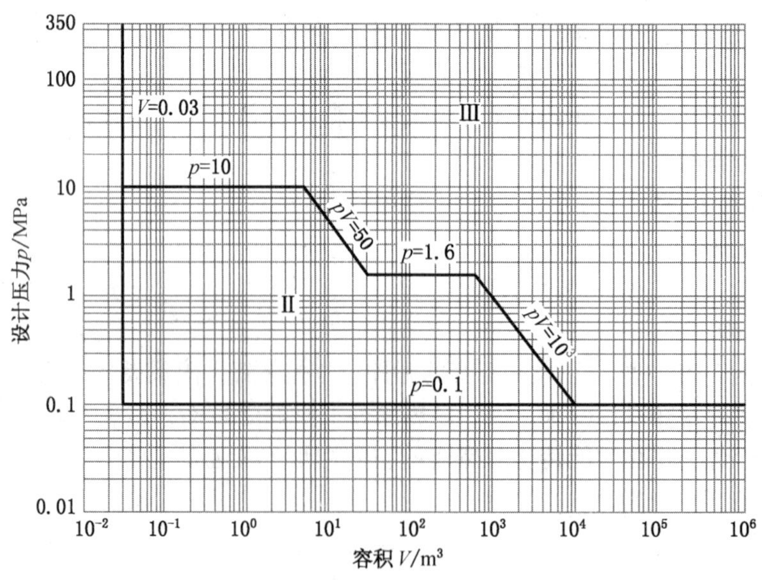


压力容器分类图——第一组介质

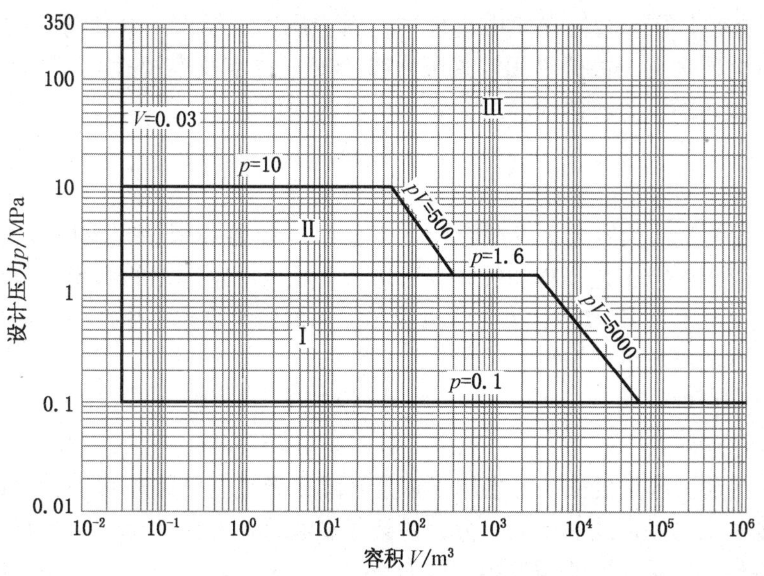


压力容器分类图——第二组介质

A. Ⅰ类　　B. Ⅱ类

C. Ⅲ类　　D. Ⅱ类或Ⅲ类

18. 【2021年真题】按照在生产流程中的作用，压力容器可分为反应压力容器、换热压力容器、分离压力容器和储存压力容器四类。下列容器中，属于反应压力容器的是（　　）。

A. 聚合釜　　B. 洗涤塔

C. 蒸发器　　D. 烘缸

19. 【2020年真题】客运架空索道的定期检验分为全面检验和年度检验，根据《客运索道监督检验和定期检验规则》（TSG S7001），下列检验项目中，属于客运架空索道年度检验项目的是（　　）。

A. 空绳试验　　B. 空载试验

C. 重上空下试验　　D. 重下空上试验

20. 【2020年真题】根据《特种设备安全监察条例》，大型游乐设施是指用于经营目的，承载乘客游乐的设施，其范围规定为运行高度距地面高于或者等于2 m，或者设计最大运行线速度大于或等于（　　）的载人大型游乐设施。

A. 1 m/s　　B. 3 m/s

C. 2 m/s　　D. 4 m/s

21. 【2020年真题】轨道运行的塔式起重机，每个运行方向应设置限位装置，限位装置由限位开关、缓冲器和终端止挡组成。根据《塔式起重机》（GB/T 5031），限位开关动作后，应保证塔式起重机停车时其端部距缓冲器的最小距离为（　　）。

A. 1000 mm　　B. 500 mm

C. 700 mm　　D. 1200 mm

22. 【2020 年真题】压力容器在使用过程中，由于压力、温度、介质等工况条件的影响，可能导致材质劣化。根据《固定式压力容器安全技术监察规程》（TSG 21），当对有材质劣化倾向的压力容器检验时，必须检测的项目是（　　）。
A. 硬度　　B. 强度
C. 刚度　　D. 密度
23. 【2019 年真题】压力容器，一般泛指在工业生产中盛装用于完成反应、传质、传热、分离和储存等生产工艺过程的气体或液体，并承载一定压力的密闭设备。压力容器的种类和型（形）式很多，分类方法也很多。根据压力容器在生产中作用的分类，石油化工装置中的吸收塔属于（　　）。
A. 反应压力容器　　B. 换热压力容器
C. 分离压力容器　　D. 储存压力容器
24. 【2019 年真题】起重机械，是指用于垂直升降或者垂直升降并水平移动重物的机电设备。根据水平运动形式的不同，分为桥架类型起重机和臂架类型起重机两大类别。下列起重机械中，属于臂架类型起重机的是（　　）。
A. 垂直起重机　　B. 流动式起重机
C. 门式起重机　　D. 缆索式起重机

## 二、多项选择题（每题的备选项中有 2 个或 2 个以上符合题意，至少有 1 个错误选项）

25. 根据《特种设备目录》分类，下列设备中属于特种设备的是（　　）。
A. 容积为 20 L，额定蒸汽压力等于 0.1 MPa 的蒸汽锅炉
B. 容积为 10 L，最高工作压力为 0.1 MPa 的液化气体储罐
C. 额定起重量为 0.5 t 的手拉葫芦
D. 公称直径为 50 mm，最高工作压力为 0.2 MPa 的压力管道
E. 设计最大运行线速度等于 3 m/s 的过山车
26. 【2021 年真题】依据《压力管道安全技术监察规程——工业管道》（TSG D0001），压力管道由压力管道元件和附属设施等组成。下列压力管道系统涉及的器件中，属于压力管道元件的有（　　）。
A. 阀门　　B. 过滤器
C. 管道支吊架　　D. 密封件
E. 阴极保护装置

# 第二节　特种设备事故的类型

## 一、单项选择题（每题的备选项中，只有 1 个最符合题意）

1. 机体回转挤伤事故往往是由于起重机回转时配重部分将吊装、指挥和其他作业人员撞伤的事故。机体回转挤伤事故多发生在（　　）类起重机作业中。
A. 塔式起重机　　B. 门式起重机

C. 门座式起重机　　　　　　　　　　　D. 汽车起重机

2. 锅炉在运行中受高温、压力和腐蚀等的影响，容易造成事故，且事故种类呈现出多种多样的形式。锅炉一旦发生故障，将造成停电、停产、设备损坏，其损失非常严重。下列关于锅炉重大事故应急措施的说法中，正确的是（　　）。

A. 要减少供给燃料和送风，立即停止引风

B. 不得使用湿煤灰压灭红火，以免产生有毒的一氧化碳气体，应适当向炉膛内浇水灭火

C. 应关闭锅筒上放空排放或安全阀以及过热器出口集箱和疏水阀，防止蒸汽伤人

D. 锅炉发生严重缺水事故时，严禁向锅炉内进水

3. 锅炉是一种密闭的压力容器，在高温和高压下工作，一旦发生爆炸，将摧毁设备和建筑物，造成人身伤亡。缺水事故是导致锅炉发生爆炸的重要原因之一，下列关于锅炉缺水事故的说法中，正确的是（　　）。

A. 锅炉缺水时，水位表内往往看不到水位，表内发暗

B. 锅炉缺水时，过热蒸汽温度降低，给水流量不正常地小于蒸汽流量

C. 锅炉严重缺水会使锅炉蒸发受热面管子过热变形甚至烧塌

D. 锅炉缺水时，过热蒸汽温度升高，给水流量不正常地大于蒸汽流量

4. 锅炉缺水时，锅筒、封头等主要承压部件得不到正常冷却，温度急剧上升可能导致锅炉爆炸。为预防事故的发生，使用单位必须掌握锅炉缺水的处理措施。下列关于锅炉缺水处理措施的说法中，正确的是（　　）。

A. “叫水”操作后，如果此时水位表中有水位出现时，不宜给锅炉上水

B. “叫水”操作一般只适用于相对容水量较小的小型锅炉

C. 发现锅炉缺水时，应先判断是轻微缺水还是严重缺水，然后酌情处理

D. 对相对容水量小的电站锅炉，一旦发现轻微缺水，应向锅炉上水，使水位恢复正常

5. 锅炉蒸发表面汽水共同升起，产生大量泡沫并上下波动翻腾的现象，叫汽水共腾。发生汽水共腾时，水位表内也出现泡沫，水位急剧波动，汽水界线难以分清。下列关于汽水共腾处理的方法中，正确的是（　　）。

A. 增大燃烧力度，增大负荷，关小主汽阀

B. 关闭连续排污阀，并打开定期排污阀，同时上水，以改善锅水品质

C. 加强蒸汽管道和过热器的疏水

D. 打开连续排污阀，并关闭定期排污阀，同时上水，以改善锅水品质

6. 水在管道中流动时，因速度突然变化导致压力突然变化，形成压力波并在管道中传播，发生水击时管道承受的压力骤然升高，发生猛烈振动并发出巨大声响，常常造成管道、法兰、阀门等的损坏。下列关于锅炉水击发生部位及原因的说法中，错误的是（　　）。

A. 给水管道的水击常常是由于管道阀门关闭或开启过快造成的

B. 蒸汽与省煤器管道内温度较低的水相遇时，可能造成省煤器管道水击

C. 过热器管道的水击常发生在缺水或汽水共腾事故中，在暖管时也可能出现

D. 上锅筒内水位低于给水管出口而给水温度又较低时，可能造成锅筒水击

7. 2019年，某化工厂锅炉正在满负荷运行时，忽然从炉顶传来较大而急促的水击声，经确定，该锅炉给水管道与上锅筒连接处到附近止回阀间发生水击事故。下列关于水击事故的预防及处理的说法中，正确的是（　　）。
   A. 给水管道的阀门启闭不应过于频繁，开闭速度要缓慢
   B. 应控制可分式省煤器的出口水温低于同压力下的饱和温度20 ℃
   C. 上锅筒进水速度应缓慢，下锅筒进汽速度应迅速
   D. 消除水击事故后，为减少损失，锅炉应立即投入运行
8. 锅炉在正常情况下，送入炉膛的燃料立即被点燃，燃烧后生成的烟气随时被排出，炉膛和烟道内没有可燃混合物积存，因而也就不会发生爆炸。但是在运行人员操作失误等情况下，容易发生炉膛爆炸事故。下列关于炉膛爆炸事故的说法中，正确的是（　　）。
   A. 锅炉送风机突然停转时，引风机继续运转，可能造成锅炉炉膛发生正压爆炸
   B. 一般情况下，炉膛爆炸事故只发生在燃油锅炉中
   C. 为预防炉膛爆炸事故，应采用“爆燃法”进行点火
   D. 为预防炉膛爆炸事故，点火失败后先通风吹扫5~10 min后才能重新点火
9. 锅炉烟道尾部二次燃烧是锅炉事故的一种，有的发生在停炉后的几分钟或几小时以后。下列关于锅炉尾部烟道二次燃烧的说法中，正确的是（　　）。
   A. 尾部烟道二次燃烧主要发生在燃煤粉锅炉上
   B. 当引风机将可燃物吸引到尾部烟道上，由于烟气流速极快，容易发生尾部烟道二次燃烧
   C. 为防止产生尾部烟道二次燃烧，要保证烟道各种门孔及烟气挡板通风良好
   D. 尾部烟道二次燃烧有可能造成空气预热器、省煤器损坏
10. 锅炉结渣，指灰渣在高温下黏结于受热面、炉墙、炉排之上并越积越多的现象。下列关于锅炉结渣预防措施的说法中，错误的是（　　）。
   A. 在设计上要控制炉膛出口温度，使之超过灰渣变形温度，增加灰渣流动性
   B. 应控制水冷壁间距不要太大，要把炉膛出口处受热面管间距拉开
   C. 在运行上要避免超负荷运行，控制火焰中心位置，避免火焰偏斜和火焰冲墙
   D. 对沸腾炉和层燃炉，要控制送煤量，均匀送煤，及时调整燃料层和煤层厚度
11. 压力容器在运行中由于超压、过热，而超出受压元件可以承受的压力，或腐蚀、磨损，造成受压元件承受能力下降到不能承受正常压力的程度，发生爆炸、撕裂等事故。下列关于压力容器事故应急措施的说法中，正确的是（　　）。
   A. 压力容器发生超压超温时，对于有毒易燃易爆介质要打开放空管排汽
   B. 如果属超温引起的超压不得使用水喷淋冷却降温，以免造成热胀冷缩，发生爆炸事故
   C. 压力容器本体泄漏时，要根据容器、介质不同使用专用堵漏技术和堵漏工具进行堵漏
   D. 压力容器发生泄漏时，要马上切断进料阀门及泄漏处后端阀门
12. 压力容器事故包括压力容器爆炸事故以及压力容器泄漏事故，事故的后果包括人员伤

亡、设备、厂房破坏等，为预防事故的发生，在压力容器的使用过程中，发生下列异常现象时，应立即采取紧急措施，停止容器的运行。下列属于压力容器应当紧急停止运行情况的是（　　）。

A. 高压容器的信号孔或警报孔泄漏

B. 压力容器的操作压力或壁温超过安全操作规程规定的极限值

C. 操作岗位发生火灾，不至威胁到容器的安全操作

D. 压力容器安全装置部分失效

13. 带压堵漏技术可以在保持生产运行连续进行的情况下，将泄漏部位密封止漏，操作简便、安全迅速、社会和经济效益高，在冶金、化工、电力、石油等行业中已广泛应用。下列情况中，属于能采取带压堵漏技术进行处理的是（　　）。

A. 介质毒性极大，腐蚀、冲刷壁厚状况清楚的管道

B. 管道受压元件因裂纹而产生泄漏的管道

C. 由于介质泄漏使螺栓承受高于设计使用温度的管道

D. 泄漏当量直径小于 5 mm 的氮气管道

14. 锅炉缺水是锅炉运行中的常见事故之一，当锅炉水位低于水位表最低安全水位刻度线时，即形成了锅炉缺水事故。正确识别及处理锅炉缺水事故能够保证人身和设备的安全。下列关于锅炉缺水处理的做法中，正确的是（　　）。

A. 锅炉缺水时，水位表往往看不到水位且表内发暗

B. 发现锅炉缺水时应该立即给锅炉上水

C. 可以通过“叫水”的方法判断缺水程度

D. 发现锅炉严重缺水时，未经技术负责人批准，不得向锅炉上水

15. 锅炉蒸发表面（水面）汽水共同升起，产生大量泡沫并上下波动翻腾的现象，叫汽水共腾。下列关于汽水共腾的说法中，正确的是（　　）。

A. 造成汽水共腾的原因主要是锅水品质太差，负荷增加和压力降低太慢

B. 发生汽水共腾时，水位表内出现泡沫，水位急剧波动，过热蒸气温度急剧升高

C. 发现汽水共腾时，应减弱燃烧力度，降低负荷，关小主汽阀

D. 发现汽水共腾时，应停止向锅炉上水，全开连续排污阀，并打开定期排污阀放水

16. 过热器损坏主要指过热器爆管。当爆管事故发生后，蒸汽流量明显下降，且不正常的小于给水流量。下列关于过热器爆管事故发生原因的说法中，错误的是（　　）。

A. 负荷变化、给水温度变化等使过热蒸汽温度上升，造成金属超温爆管

B. 锅炉严重缺水造成过热器过热，导致过热爆管

C. 启动、停炉时对过热器保护不善而导致过热爆管

D. 制造或安装时的质量问题，特别是焊接缺陷

17. 锅炉缺水是锅炉事故中最多、最普遍、危险性比较大的事故之一。下列关于锅炉缺水事故的处理中，错误的是（　　）。

A. 应首先判断是轻微缺水还是严重缺水，然后酌情予以不同的处理

B. 轻微缺水时，可以立即向锅炉上水，使水位恢复正常

C. 发现缺水后应立即紧急停炉，酌情上水检验锅炉缺水状态

D. 在判定属于严重缺水的情况下，严禁给锅炉上水，以免造成锅炉爆炸事故

18. 当锅炉水位低于水位表最低安全刻度线时，即形成了锅炉缺水事故。下列关于锅炉缺水事故现象的描述中，错误的是（　　）。

A. 低水位警报器动作并发出警报

B. 水位表内看不见水位，水表发黄发暗

C. 过热蒸汽温度升高

D. 给水流量不正常地小于蒸汽流量

19. 压力容器在发生超压超温事故时，应采取正确的应急措施予以处置，最大程度地减轻事故后果。下列关于压力容器发生超压超温事故采取对应措施中，错误的是（　　）。

A. 马上切断进汽阀门

B. 要立即打开放空管将介质排至大气中

C. 对于反应容器应停止进料

D. 若引发易燃易爆介质泄漏，要严禁一切用电设备运行

20. 客运索道一旦出现故障，可能造成人员被困、坠落等事故。为保证安全，客运索道的使用单位应当制定应急措施并配备符合相应规定的救护设备。下列关于使用单位救护设备存放的说法中，正确的是（　　）。

A. 检查所有的救护设备是否选用正确无误并处于最佳状态，特别对绳索、安全带、保护索等

B. 每两年至少要进行一次营救演练，以观察每个部件是否保持其原有性能

C. 凡是营救用品只准在营救时使用，除经本单位安全负责人同意，不得挪作他用

D. 当营救设备每次使用后或者演习之后，应立即收好并放回原处

21. 压力管道带压堵漏是利用合适的密封件，彻底切断介质泄漏的通道，或堵塞，或隔离泄漏介质通道，或增加泄漏介质通道中流体流动阻力，以便形成一个封闭的空间，达到阻止流体外泄的目的。下列情况中可以使用带压堵漏方法进行补救的是（　　）。

A. 输送惰性气体介质的管道

B. 氧气管道受压元件因裂纹而产生泄漏

C. 氮气管道腐蚀、冲刷壁厚状况不清

D. 现场安全措施不符合要求的管道

22. 起重机械常见事故类型很多，包括重物坠落事故、挤伤事故、坠落事故、触电事故和机体毁坏事故等。下列情况中不属于重物坠落事故的是（　　）。

A. 吊装重心选择不当，造成偏载起吊或吊装中心不稳，使重物脱落

B. 吊装方法不当，吊钩钩口变形引起开口过大，造成吊钩断裂

C. 钢丝绳脱槽（脱离卷筒绳槽）或脱轮（脱离滑轮）

D. 检修作业过程中由于钢丝绳破断使得乘客及操作者随着货箱一起坠落

23. 液体速度的变化使液体的动量改变，反映在管道内的压强迅速上升或下降，并伴有液体锤击的声音，这种现象叫液击，也称为水锤或水击。液击对管道的危害是很大的，下列关于预防液击所采取的措施中，正确的是（　　）。

A. 尽量增加管子长度

B. 装置开停和生产调节过程中，尽量快速开闭阀门，防止流体速度突然变化
C. 在管道靠近液击源附近设安全阀、蓄能器等装置，释放或吸收液击的能量
D. 当液击压力波处于上升状态时，装设的电液伺服调节阀迅速关闭，从而控制住液击压力波

24. 金属在大小和方向都随时间发生周期性变化的交变载荷的作用下，尽管载荷所产生的应力不大，而且往往低于材料的屈服极限，但如果长期受这种载荷的作用，也会发生断裂产生疲劳破坏。下列关于疲劳破坏预防措施的说法中，错误的是（　　）。
A. 为预防压力管道的疲劳破坏事故，应选用具有较好的塑性应变能力的高强钢材料
B. 对由温度产生的载荷和变形，应设置补偿器吸收管道因安装或热胀冷缩产生的巨大应力
C. 管道焊接时，应进行焊缝无损检测，防止裂纹等严重缺陷残留，保证焊缝表面质量
D. 按期进行定期检验，并在定期检验中注意应力集中部位的检查和探伤，及时发现消除缺陷

25. 管道腐蚀是指输送液体（如石油及石油产品）的管道因化学反应或其他原因发生腐蚀而导致管道的老化，延缓管道的腐蚀即管道防腐是管道养护的重要环节。下列关于管道腐蚀的说法中，正确的是（　　）。
A. 长输管道按照腐蚀破坏的特征分为单体腐蚀和全面腐蚀
B. 在一般情况下，大气腐蚀多数表现为均匀腐蚀
C. 长输管道一般采用防腐层和阳极保护联合进行保护
D. 管线的腐蚀寿命是不可预测的

26. 吊具或吊装容器损坏、物件捆绑不牢、挂钩不当、电磁吸盘突然失电、起升机构的零件故障等都会引发重物坠落。下列关于重物坠落事故的类型及事故原因的说法中，正确的是（　　）。
A. 吊装重心选择不当，造成偏载起吊或吊装中心不稳是造成断绳事故的重要原因
B. 吊装方法不当，吊钩钩口变形引起开口过大是造成吊钩断裂事故的重要原因
C. 吊装钢丝绳品种规格选择不当是造成断绳事故的重要原因
D. 吊钩因长期磨损，使断面减小却仍然使用或经常超载使用是造成脱钩事故的重要原因

27. 随着土木建筑工程的发展，在室外施工现场从事起重运输作业的自行式起重机，如汽车起重机、轮胎起重机和履带起重机越来越多，虽然这些起重机的动力源非电力，但出现触电事故并不少见。下列关于起重机触电安全防护措施的说法中，正确的是（　　）。
A. 起重机应采用低压安全操作，常采用 42 V 安全低压
B. 对于起重机馈电的裸露滑触线应加装安全可靠的绝缘装置
C. 起重机电气的设计与施工必须规定出保证配电安全的合理距离
D. 司机室采用导电性良好的橡胶地板，保证电流释放

28. 某施工企业租赁多台合格的汽车起重机进行施工现场清理大石块作业。经过勘察，场地中单个石块的重量均小于汽车吊的额定起重量，该企业为保证安全，安排专门的安

全管理人员对作业过程全程监督，并设置完好的缓冲碰撞保护措施。该现场最有可能发生的事故是（　　）。

A. 断臂事故　　B. 倾翻事故

C. 机体摔伤事故　　D. 相互撞毁事故

29. 【2021 年真题】依据《特种设备安全监察条例》，特种设备应进行定期检验，由使用单位向特种设备检验检测机构提出检验申请。压力容器的定期检验应在检验有效期届满前（　　）提出申请。

A. 三个月　　B. 两个月

C. 一个月　　D. 一周

30. 【2021 年真题】室燃锅炉运行时火焰不能直接烧灼水冷壁管，应力求燃烧室内火焰分布均匀，充满整个炉膛。当锅炉要增加负荷时，正确的做法是（　　）。

A. 先加大引风，后加大送风，最后增加燃料

B. 先增加燃料，后加大送风，最后加大引风

C. 先加大引风，后增加燃料，最后加大送风

D. 先加大送风，后加大引风，最后增加燃料

31. 【2020 年真题】一台正在运行的蒸汽锅炉，运行人员发现锅炉水位表内出现泡沫，汽水界限难以区分，过热蒸汽温度下降，过热蒸汽带水。下列针对该故障采取的处理措施中，正确的是（　　）。

A. 减少给水，同时开启排污阀放水，打开过热器、蒸汽管道上的疏水阀，加强疏水

B. 降低负荷，调小主汽阀，开启过热器、蒸汽管道上的疏水阀，开启排污阀放水，同时给水

C. 降低负荷，关闭给水阀，停止给水，打开省煤器疏水阀，启用省煤器再循环管路

D. 减少给水，降低负荷，开启省煤器再循环管路，开启排污阀放水

32. 【2020 年真题】塔式起重机随着作业高度的提升，需要进行顶升作业。顶升作业过程中容易发生塔式起重机倾翻事故，因此，顶升作业需严格遵守安全操作规程。下列塔式起重机顶升作业的操作要求中，正确的是（　　）。

A. 顶升套架应位于新装标准节架外侧

B. 标准节架应安装于过渡节之上

C. 先连接标准节架，再退出引渡小车

D. 先拔出定位销，再连接标准节架

33. 【2019 年真题】锅炉水位高于水位表最高安全水位刻度线的现象，称为锅炉满水。严重满水时，锅水可进入蒸汽管道和过热器，造成水击及过热器结垢，降低蒸汽品质，损害以致破坏过热器。下列针对锅炉满水的处理措施中，正确的是（　　）。

A. 立即关闭给水阀停止向锅炉上水，启用省煤器再循环管路

B. 加强燃烧，开启排污阀及过热器、蒸汽管道上的疏水阀

C. 启动“叫水”程序，判断满水的严重程度

D. 立即停炉，打开主汽阀加强疏水

34. 【2019 年真题】材料在一定的高温环境下长期使用，所受到的拉应力低于该温度下的

屈服强度，会随时间的延长而发生缓慢持续的伸长，即蠕变现象。材料长期发生蠕变，会导致性能下降或产生蠕变裂纹，最终造成破坏失效。下列关于管道材料蠕变失效现象的说法中，错误的是（　　）。

A. 蠕变断口表面被氧化层覆盖

B. 管道在长度方向有明显的变形

C. 管道焊缝熔合线处蠕变开裂

D. 管道在运行中沿轴向开裂

35. 【2019年真题】起重机械作业过程中，由于起升机构取物缠绕系统出现问题而经常发生重物坠落事故，如脱绳、脱钩、断绳和断钩等。下列关于起重机械起升机构安全要求的说法中，错误的是（　　）。

A. 为防止钢丝绳脱槽，卷筒装置上应用压板固定

B. 钢丝绳在卷筒上应有下降限位保护

C. 每根起升钢丝绳两端都应固定

D. 钢丝绳在卷筒上的极限安全圈应保证在1圈以上

## 二、多项选择题（每题的备选项中有2个或2个以上符合题意，至少有1个错误选项）

36. 锅炉常见爆炸事故有（　　）。

A. 水蒸气爆炸　　B. 超压爆炸

C. 缺陷导致爆炸　　D. 电缆头爆炸

E. 严重缺水导致爆炸

37. 锅炉中产生的热水或蒸汽可直接为工业生产和生活提供所需热能，也可通过蒸汽动力装置转换为机械能，或再通过发电机将机械能转换为电能。下列关于锅炉启动、点火及停炉的说法中，错误的是（　　）。

A. 烘炉的目的是清除蒸发受热面中的铁锈、油污和其他污物，提高锅水和蒸汽品质

B. 锅炉并汽前应减弱燃烧，关闭蒸汽管道上的所有疏水阀，以防水击

C. 为防止炉膛爆炸事故的发生，在点火前，应自然通风或开动引风机给锅炉通风5~10 min

D. 对钢管省煤器，上水时应将再循环管上的阀门关闭

E. 锅炉正常停炉的次序应该是先停燃料供应，随之停止引风，减少送风

38. 压力管道本体发生爆炸，不但会造成事故设备毁坏和操作人员伤亡，而且还波及周围的设施和人员。为了防止事故，管道操作人员在运行中发现操作条件异常时应及时进行调整。下列情况中，属于应立即采取紧急措施并及时报告有关部门和人员的是（　　）。

A. 介质压力、温度超过材料允许的使用范围且采取措施后仍不见效

B. 管道及管件发生裂纹、鼓包、变形、泄漏或异常振动、声响

C. 管道用防腐层和阴极保护联合进行保护，两者其中一个或同时出现问题

D. 发生火灾等事故且直接威胁正常安全运行

E. 管道的阀门及监控装置失灵，危及安全运行

39. 脱绳事故是指重物从捆绑的吊装绳索中脱落溃散发生的伤亡毁坏事故，造成起重机脱绳事故的原因主要有（　　）。
A. 吊钩缺少护钩装置
B. 重物的捆绑方法与要领不当
C. 吊装重心选择不当造成偏载起吊
D. 钢丝绳磨损
E. 吊载遭到碰撞、冲击
40. 压力管道系统在运行过程中，经常会由于密封元件损坏、管道元件腐蚀穿孔、焊接或结构缺陷、过量变形等出现泄漏。压力管道发生事故的原因较多，下列关于压力管道事故的说法中，正确的是（　　）。
A. 压力管道可能因腐蚀发生泄漏事故，从腐蚀形态上可以分为均应腐蚀、点腐蚀
B. 压力管道在流动方向改变的区域和管道直径变化的区域冲刷磨损较其他部位更严重
C. 压力管道系统使用中产生或扩展的裂纹包括管材轧制裂纹、焊接裂纹和应力裂纹
D. 常见的腐蚀裂纹有应力腐蚀裂纹和晶间腐蚀裂纹
E. 含氢介质在一定的压力、温度条件下，会使管道材料产生氢脆等造成材料性能下降
41. 锅炉是生产生活必不可少的设备，一旦发生事故会影响一条生产线、一个厂甚至一个地区的生活和生产。下列关于锅炉事故及其现象的说法中，正确的是（　　）。
A. 锅炉发生缺水事故时，过热蒸汽温度升高，给水流量不正常地小于蒸汽流量
B. 锅炉发生满水事故时，过热蒸汽温度降低，给水流量不正常的大于蒸汽流量
C. 锅炉发生爆管事故时，蒸汽及给水压力下降，给水流量明显地小于蒸汽流量
D. 锅炉发生省煤器损坏事故时，给水流量不正常的小于蒸汽流量
E. 锅炉发生过热器损坏事故时，过热蒸汽温度升高，蒸汽流量不正常的大于给水流量
42. 当锅炉水位高于水位表最高安全水位刻度线时，叫锅炉满水。下列关于锅炉满水事故的说法中，正确的是（　　）。
A. 锅炉满水时，水位表内看不到水位，因水位过高会导致表内发白发亮
B. 满水发生后，过热蒸汽温度降低，给水流量不正常的小于蒸汽流量
C. 满水的主要危害是降低蒸汽品质，损害以致破坏过热器
D. 如果满水时出现水击，则在恢复正常水位后，还须检查蒸汽管道、附件、支架等
E. 水位表发生故障造成假水位，而运行人员未及时发现也有可能造成锅炉满水事故
43. 因振动导致管道破坏是压力管道常见事故之一，压力管道的振源多种多样，大致可分为来自系统自身和系统外两大类。下列关于振动破坏事故原因及预防措施的说法中，正确的是（　　）。
A. 管道振动最常见的振源是机器的振动和风载荷、地震载荷引起的振动
B. 为预防振动事故，应使管道内气柱固有频率与压缩机、机泵的激振频率相等而形成共振
C. 管道结构固有频率的改变，可以通过改变管道直径和长度或增设缓冲器等方法实现
D. 采用增加支座的方法改变固有频率时，要注意验证受热膨胀位移的补偿
E. 为预防振动事故，应采用较大弯曲半径的弯头，减小弯头两端的流体质量差值

44. 疲劳破坏是指管道长期受到反复加压和卸压的交变载荷作用，金属材料出现疲劳产生破坏。下列关于疲劳破坏的分类及事故原因的说法中，错误的是（　　）。
   A. 如果材料强度高而韧性差，疲劳裂纹扩展到一定尺寸后，管道只会发生介质泄漏而不会出现爆破现象
   B. 如果材料的强度较低而韧性较好，疲劳裂纹产生并扩展到临界裂纹尺寸时，就会突然以极快的速度扩展而爆破
   C. 管道几何不连续部位的集中应力往往要比设计应力高出几倍，但不会超过材料的屈服极限
   D. 管道上反复作用的载荷主要由周期性的外载荷引起，一般情况，交变的压力载荷对疲劳的影响最小
   E. 管道温度急剧变化或温度分布不均匀而在管壁中产生的温差应力载荷等，都直接影响到管道的抗疲劳性能
45. 在一定的高温环境下，即使钢所受到的拉应力低于该温度下的屈服强度，也会随时间的延长而发生缓慢持续的伸长，即发生钢的蠕变现象。下列关于蠕变失效的特征和预防措施的说法中，正确的是（　　）。
   A. 蠕变断口可能因长期在高温下被氧化或腐蚀，表面被氧化层或其他腐蚀物覆盖
   B. 长期蠕变会导致管道在直径方向有明显的变形，并伴有许多沿径线方向的小蠕变裂纹
   C. 常见的管道蠕变断裂包括管道焊缝熔合线处蠕变开裂，运行中管道沿轴向开裂等
   D. 为预防蠕变，必要时可对管路中不可拆卸管段进行检验分析取样和破坏性检验
   E. 蠕变破坏部位常位于弯头等高拉伸应力区域和承受弯曲应力的管道端部

## 第三节　锅炉安全技术

### 一、单项选择题（每题的备选项中，只有1个最符合题意）

1. 蒸汽锅炉发生的事故有很多种，蒸汽锅炉缺水事故就是其中最重要的一种，它是锅炉事故中最多最普遍、是危险性比较大的事故之一，它常常会造成锅壳、炉膛烧塌，炉管变形过热爆破，甚至引起锅炉爆炸的直接原因。下列情况不属于锅炉缺水事故原因的是（　　）。
   A. 锅炉负荷增加过快
   B. 水冷壁、对流管束或省煤器管子爆破漏水
   C. 低水位报警器失灵
   D. 忘关排污阀或排污阀泄漏
2. 2012年10月，山东省某金属冶炼企业锅炉房内，值班班长巡视时听见高水位报警器发出警报，班长初步判断锅炉发生满水，紧急进行满水处理。值班班长采取的一系列措施中，错误的是（　　）。
   A. 冲洗水位表，检查水位表有无故障

B. 立即打开给水阀，加大锅炉排水
C. 立即关闭给水阀停止向锅炉上水，启用省煤器再循环管路
D. 减弱燃烧，打开排污阀及过热器、蒸汽管道上的疏水阀

3. 李某是企业蒸汽锅炉的司炉工，某日在对运行锅炉进行日常巡查的过程中发现锅炉运行存在异常状况，李某立即记录并汇报值班班长。记录的异常状况中可导致汽水共腾事故的是（　　）。
A. $66\times10^4$ kW 超临界机组 1 号锅炉锅水过满
B. $66\times10^4$ kW 超临界机组 1 号锅炉过热蒸汽温度急剧下降
C. $66\times10^4$ kW 超临界机组 2 号锅炉锅水黏度太低
D. $66\times10^4$ kW 超临界机组 2 号锅炉负荷增加和压力降低过快

4. 锅炉爆管事故指的是锅炉蒸发受热面管子在运行中爆破。锅炉爆管的形成原因不包括（　　）。
A. 水循环故障
B. 严重缺水
C. 制造、运输、安装中管内落入异物
D. 锅水品质太差

5. 省煤器是安装于锅炉尾部烟道下部用于回收所排烟的余热的一种装置，将锅炉给水加热成汽包压力下的饱和水的受热面，由于它吸收高温烟气的热量，降低了烟气的排烟温度，节省了能源，提高了效率，所以称之为省煤器。下列现象属于省煤器损坏事故的是（　　）。
A. 给水流量不正常的小于蒸汽流量
B. 给水流量不正常的大于蒸汽流量
C. 锅炉水位上升，烟道潮湿或漏水
D. 过热蒸汽温度上升，排烟温度上升

6. 省煤器损坏是指由于省煤器管子破裂或其他零件损坏造成的事故。下列关于省煤器损坏原因的说法中，正确的是（　　）。
A. 烟速过低或烟气含灰量过大，飞灰磨损严重
B. 给水品质不符合要求，特别是未进行除氧，管子水侧被严重腐蚀
C. 出口烟气温度高于其酸露点，在省煤器出口段烟气侧产生酸性腐蚀
D. 吹灰不当，损坏管壁

7. 锅炉过热器损坏主要指过热管爆管，易发生伤害事故。下列现象中，不属于造成过热器损坏的原因是（　　）。
A. 给水品质长期不良，过热器管内结垢严重
B. 吹灰不当，磨损管壁
C. 出口烟气温度高于其酸露点，在出口段烟气侧产生酸性腐蚀
D. 工况变动使过热蒸汽温度上升，造成金属爆管

8. 水在管道中流动时，因速度突然变化导致压力突然变化，形成压力波并在管道中传播的现象，叫水击。水击事故的发生对锅炉管道易产生损坏作用，严重时可能造成人员

伤亡。下列现象中，由于锅炉水击事故而造成的是（　　）。

A. 水位表内看不到水位，表面发黄发暗

B. 水位表内出现泡沫，水位急剧波动

C. 听见爆破声，随之水位下降

D. 管道压力骤然升高，发生猛烈震动并发出巨大声响

9. 水在管道中流动时，因速度突然变化导致压力突然变化，形成压力波并在管道中传播的现象，叫水击。下列事故原因中，不会引起水击事故的是（　　）。

A. 蒸汽进汽速度过快，蒸汽迅速冷凝形成低压区造成水击

B. 煤的灰渣熔点低，造成管壁堵塞，形成水击

C. 蒸汽管道中出现了水，水使部分蒸汽冷凝形成压力降低区，形成水击

D. 阀门突然关闭，高速水流突然受阻，形成水击

10. 炉膛爆炸事故是指炉膛内积存的可燃性混合物瞬间同时爆燃，从而使炉膛烟气侧突然升高，超过了设计允许值而产生的正压爆炸。下列关于炉膛爆炸事故预防方法中，不适用的是（　　）。

A. 提高炉膛及刚性梁的抗爆能力

B. 在启动锅炉点火时认真按操作规程进行点火，严禁采用“爆燃法”

C. 在炉膛负压波动大时，应精心控制燃烧，严格控制负压

D. 控制火焰中心位置，避免火焰偏斜和火焰冲墙

11. 为避免锅炉满水和缺水的事故发生，锅炉水位的监督很重要，以保证锅炉水位在正常水位线处，上下浮动范围为（　　）。

A. 50 mm　　B. 100 mm

C. 150 mm　　D. 200 mm

12. 锅炉结渣，指灰渣在高温下黏结于受热面、炉墙、炉排之上并越积越多的现象。结渣使锅炉（　　）。

A. 受热面吸热能力减弱，降低了锅炉的出力和效率

B. 受热面吸热能力增加，降低了锅炉的出力和效率

C. 受热面吸热能力减弱，提高了锅炉的出力和效率

D. 受热面吸热能力增加，提高了锅炉的出力和效率

13. 蒸汽锅炉满水或缺水都可能造成锅炉爆炸。因此安装水位表来显示锅炉内水位的高低。下列关于水位表的说法中，错误的是（　　）。

A. 水位表应当有指示最高、最低安全水位的明显标志

B. 锅炉额定蒸发量为 1 t/h 的最多可以装 1 只水位表

C. 玻璃管式水位表应有防护装置

D. 每台锅炉至少应该装 2 只独立的直读式水位表

14. 安全阀是所有蓄力器都应有的安全装置。下列关于安全阀的说法中，正确的是（　　）。

A. 在用的锅炉安全阀至少每 2 年校验一次

B. 在用的锅炉安全阀至少每周自动排放一次

C. 在用的锅炉安全阀至少每月手动排放一次

D. 新安装的锅炉或者安全阀检修更换后校验项目为整定压力、密封性

15. 锅炉属于承压类特种设备，其常用的安全附件有：安全阀、压力表、水位测量与示控装置、温度测量装置、保护装置、防爆门和锅炉自动控制装置等。下列装置或设施中，属于锅炉安全附件的是（　　）。

A. 引风机　　B. 排污阀或放水装置

C. 单向截止阀　　D. 省煤器

16. 为防止锅炉炉膛爆炸，启动燃气锅炉的顺序为（　　）。

A. 送风→点燃火炬→送燃料　　B. 送风→送燃料→点燃火炬

C. 点燃火炬→送风→送燃料　　D. 点燃火炬→送燃料→送风

17. 锅炉的正常停炉是预先计划内的停炉。停炉操作应按规定的次序进行，以免造成锅炉部件的损坏，甚至引发事故。锅炉正常停炉的操作次序应该是（　　）。

A. 先停止燃料的供应，随之停止送风，再减少引风

B. 先停止送风，随之减少引风，再停止燃料供应

C. 先减少引风，随之停止燃料供应，再停止送风

D. 先停止燃料供应，随之减少引风，再停止送风

18. 停炉操作应按规程规定的次序进行。锅炉正常停炉的次序应该是先停燃料供应，随之停止送风，减少引风。与此同时还应采取必要措施，下列关于停炉措施中，正确的是（　　）。

A. 关闭锅炉负荷，关闭锅炉上水，维持锅炉水位稍低于正常水位

B. 停炉时应打开省煤器旁通烟道，关闭省煤器烟道挡板，但锅炉进水仍需经省煤器

C. 对无旁通烟道的可分式省煤器，应停止省煤器上水，开启锅炉独立给水系统

D. 为防止锅炉内残存易爆气体混合物，在正常停炉的 4~6 h 内，应打开炉门和烟道挡板，保持通风

19. 某单位由于厂区变更规划，将原有锅炉依据规划进行了移装，移装后进行了全面检查，确认锅炉处于完好状态后，启动锅炉的正确步骤是（　　）。

A. 上水→暖管与并汽→点火升压→烘炉→煮炉

B. 烘炉→煮炉→上水→点火升压→暖管与并汽

C. 上水→点火升压→烘炉→煮炉→暖管与并汽

D. 上水→烘炉→煮炉→点火升压→暖管与并汽

20. 锅炉正常停炉时，为避免锅炉部件因高温收缩不均匀产生过大的热应力，必须控制降温速度。下列关于停炉操作的说法中，正确的是（　　）。

A. 对燃油燃气锅炉，炉膛停火后，引风机应停止引风

B. 因缺水停炉时，不得立即上水

C. 在正常停炉的 4~6 h 内，应打开炉门和烟道挡板

D. 当锅炉降到 90 ℃时，方可全部放水

21. 下列关于锅炉水压试验程序的说法中，正确的是（　　）。

A. 缓慢升压至试验压力，至少保持 20 min，检查是否有泄漏和异常现象

B. 缓慢升压至试验压力，至少保持 20 min，再缓慢降压至工作压力进行检查

C. 缓慢升压至工作压力，检查是否有泄漏和异常现象，缓慢升压至试验压力，至少保持 20 min，再缓慢降压至工作压力进行检查

D. 缓慢升压至工作压力，检查是否有泄漏和异常现象，继续升压至试验压力进行检查，至少保持 20 min

22. 锅炉的外部检验一般每年进行一次，内部检验一般每 2 年进行一次，水压试验一般每 6 年进行一次。除进行正常的定期检验外，锅炉还应进行内部检验的情况是（　　）。

A. 新安装的锅炉，运行前

B. 移装的锅炉，运行前

C. 锅炉停止运行一段时间后，恢复运行前

D. 锅炉紧急停炉后，恢复运行前

23. 锅炉是指利用各种燃料、电能或其他能源，将所盛装的液体加热，并对外输出热能的设备。按载热介质分类，将出口介质高于 120 ℃高温水的锅炉称为（　　）。

A. 蒸汽锅炉　　B. 热水锅炉

C. 中温锅炉　　D. 高温锅炉

24. 压力表用于准确地测量锅炉上所需测量部位压力的大小，应安装合理，便于观察，且灵敏可靠。下列关于锅炉压力表安全技术要求的说法中，正确的是（　　）。

A. 压力表应当装设在便于观察和吹洗的位置，并且应当防止受到高温、冰冻和震动的影响

B. 选用压力表的量程范围，一般应在工作压力的 3~5 倍

C. A 级锅炉压力表精确度应当不低于 1.6 级，其他锅炉压力表精确度应当不高于 2.5 级

D. 热水锅炉用的压力表应当有缓冲弯管，弯管内径应当不大于 10 mm

25. 锅炉所需的安全附件除压力表及安全阀外，还包括防爆门、保护装置等。下列关于锅炉安全附件的说法中，正确的是（　　）。

A. 每台锅炉至少应装两个独立的直读式水位表，额定蒸发量小于 0.8 t/h 的锅炉可只装一个

B. 超温报警装置应安装在热水锅炉的入口处，当锅炉的水温超过规定时提醒司炉人员

C. 当锅炉炉膛熄火时，锅炉熄火保护装置应能切断燃料供应，并发出相应信号

D. 为防止炉膛和尾部烟道再次燃烧造成破坏，常在炉膛和烟道易爆处装设爆破片

26. 点火升压过程中，锅炉的蒸汽压力、水位及各部件的工作状况在不断变化，为了防止异常情况及事故的出现，必须严密监视各种指示仪表。下列关于锅炉点火升压阶段安全技术要求的说法中，正确的是（　　）。

A. 一次点火未成功需重新点燃火炬时，在点火前严禁通风以免降低可燃物余温，造成二次点火失败

B. 升压过程发现金属壁面膨胀不均匀时，要降低升压速度，确保各部件压力均匀上升

C. 在点火升压阶段，如锅炉内已有压力而压力表指针不动，证明此时燃烧力度不足，应继续加大火力继续升压

D. 为保护过热器应在升压过程中，开启过热器出口集箱疏水阀、对空排气阀

27. 当锅炉出现水位低于水位表的下部可见边缘，不断加大向锅炉进水及采取其他措施，但水位仍继续下降等情况时，应紧急停炉。下列关于紧急停炉的说法中，正确的是（　　）。

A. 立即停止添加燃料和送风，减弱引风

B. 灭火后应该保持炉门、灰门及烟道挡板密闭良好，以免发生负压爆炸

C. 因缺水紧急停炉时，严禁给锅炉上水，但应开启空气阀及安全阀快速降压

D. 紧急停炉是为防止事故扩大，但是有缺陷的锅炉不得进行紧急停炉操作

28. 一般锅炉上水后即可点火升压，在点火升压阶段应特别注意防止炉膛爆炸。下列关于点火升压阶段的注意事项中，正确的是（　　）。

A. 燃气锅炉点火前先开动引风机给锅炉通风 5～10 min，然后送入燃料，最后投入点燃火炬

B. 燃油锅炉点火前先送入燃料，然后开动引风机通风 5～10 min，最后投入点燃火炬

C. 若一次点火未成功应重新通入燃料投入点燃火炬进行重复点火操作

D. 为防止产生过大的热应力，锅炉的升压过程一定要缓慢

29. 锅炉停炉分为正常停炉和紧急停炉两类，其中紧急停炉是为了防止事故扩大不得不采用的非常停炉方式。下列关于紧急停炉的说法中，正确的是（　　）。

A. 锅炉水位低于水位表的下部可见边缘时应紧急停炉

B. 紧急停炉灭火后应保持炉门、灰门及烟道挡板成关闭状态，防止复燃

C. 锅炉冷却后，锅内可以较快降压并更换锅水，锅水冷却至 80 ℃左右允许排水

D. 因缺水紧急停炉时，应开启空气阀及安全阀快速降压，但严禁给锅炉上水

30. 锅炉在正常运行过程中的监督调节对锅炉的安全运行有重要意义。下列关于锅炉运行中，监督调节的说法错误的是（　　）。

A. 锅炉水位可以在正常水位线上下 50 mm 内波动

B. 人工烧炉在投煤、扒渣时不宜上水，最好在燃烧减弱时上水

C. 对负压燃烧的锅炉，应维持引风和鼓风均衡，保持炉膛负压

D. 锅炉应坚持排污并定期吹灰

31. 【2021 年真题】依据《固定式压力容器安全技术监察规程》（TSG 21），压力容器出厂前以水为介质进行耐压试验时，试验压力应为设计压力的（　　）。

A. 1.25 倍　　B. 1.50 倍

C. 1.75 倍　　D. 2.00 倍

32. 【2020 年真题】锅炉通常装设防爆门防止再次燃烧造成破坏。当作用在防爆门上的总压力超过其本身的质量或强度时，防爆门就会被冲开或冲破，达到泄压的目的。下列锅炉部件中，防爆门通常装设在（　　）易爆处。

A. 过热器和再热器　　B. 高压蒸汽管道

C. 烟道和炉膛　　D. 锅筒或锅壳

33. 【2019 年真题】锅炉定期检验是指在锅炉设计使用期限内，每间隔一定时间对锅炉承压部件和安全装置进行检验，可分为内部检验、外部检验和水（耐）压试验。下列对

某锅炉进行现场水压试验的过程和结果中，不符合《锅炉定期检验规则》（TSG G7002）的是（　　）。

A. 升压至工作压力，升压速率为 0.1 MPa/min

B. 环境温度 10 ℃，未采取防冻措施

C. 受压部件为奥氏体材料，水中氯离子浓度为 25 mg/L

D. 试验压力下，保压时间 10 min，压降为 0

## 二、多项选择题（每题的备选项中有 2 个或 2 个以上符合题意，至少有 1 个错误选项）

34. 锅炉发生重大事故往往能对工作人员造成严重的伤害，知晓并能够实践锅炉事故的应急措施是降低伤害的重要途径。下列关于锅炉重大事故应急措施的说法中，错误的是（　　）。

A. 锅炉发生爆炸和火灾事故，司炉工应迅速找到起火源和爆炸点，进行应急处理

B. 发生锅炉重大事故时，要停止供给燃料和送风，减弱引风

C. 发生锅炉重大事故时，司炉工应及时找到附近水源，取水向炉膛浇水，以熄灭炉膛内的燃料

D. 发生锅炉重大事故时，应打开炉门、灰门，烟风道闸门等，以冷却炉子

E. 发生重大事故和爆炸事故时，应启动应急预案，保护现场，并及时报告有关领导和监察机构

35. 2000 年 11 月 28 日 4 时 30 分，山西省某酒业有限公司一台锅炉发生爆炸，造成 2 人死亡、2 人重伤、2 人轻伤，直接经济损失 30 万元、间接经济损失 20 万元。下列情况有可能造成锅炉发生爆炸的是（　　）。

A. 安全阀损坏或装设错误

B. 主要承压部件出现裂纹、严重变形、腐蚀、组织变化

C. 燃料发热值变低

D. 锅炉严重满水

E. 锅炉严重结垢

36. 锅炉的汽水共腾是锅炉的典型事故，严重的时候会造成损坏过热器或影响用汽设备的安全运行，下列是形成汽水共腾的原因的是（　　）。

A. 锅水含盐量太低　　B. 负荷增加

C. 压力降低过快　　D. 压力提升过慢

E. 缺水

37. 省煤器损坏是指由于省煤器管子破裂或其他零件损坏造成的事故。下列各种现象中属于省煤器损坏引起的是（　　）。

A. 烟速过高或烟气含灰量过大，飞灰磨损严重

B. 负荷增加和压力降低过快

C. 水质不良、管子结垢并超温爆破

D. 材质缺陷或安装缺陷导致破裂

E. 给水品质不符合要求，未进行除氧，管子水侧被严重腐蚀

38. 锅炉遇到严重的情况应及时紧急停炉。下列关于紧急停炉的说法中，正确的是（　　）。

A. 立即停止添加燃料，减弱引风

B. 向炉膛浇水以快速熄灭炉膛内的燃料

C. 灭火后即把炉门、灰门及烟道挡板打开，加强冷却通风

D. 锅内较快降压并更换锅水

E. 开启空气阀及安全阀快速降压

39. 安全阀是锅炉上的重要安全附件之一，为保证锅炉使用过程安全，安全阀应按规定配置，合理安装。下列关于锅炉安全阀安全技术要求的说法中，正确的是（　　）。

A. 在用锅炉的安全阀每年至少校验一次，校验一般在锅炉停运状态下进行

B. 安全阀经校验后，应加锁或铅封

C. 锅炉运行中安全阀应当解列

D. 新安装锅炉的安全阀及检修后的安全阀应检验其整定压力和密封性

E. 控制式安全阀应当分别进行控制回路可靠性试验和开启性能检验

40. 为保证使用安全，应在锅炉正常运行过程中对其进行监督调节。下列关于锅炉监督调节安全技术要求的说法中，正确的是（　　）。

A. 锅炉在高负荷运行时，水位应稍高于正常水位

B. 锅炉燃烧减弱时，人工烧炉在投煤、扒渣时严禁上水

C. 对负压燃烧锅炉，应保持炉膛一定的负压，以保证操作安全和减少排烟损失

D. 当锅炉蒸发量和负荷不相等时，气压就要变动，若负荷小于蒸发量，气压就下降

E. 锅炉水位应经常保持在正常水位线处，并允许在正常水位线上下 50 mm 内波动

41. 正常停炉是预先计划内的停炉。停炉中应注意的主要问题是防止降压降温过快，以避免锅炉部件因降温收缩不均匀而产生过大的热应力。下列关于锅炉正常停炉操作规程的说法中，正确的是（　　）。

A. 锅炉正常停炉时应相应地减少锅炉上水，但应维持锅炉水位稍高于正常水位

B. 为保护过热器，防止其金属超温，可打开过热器出口集箱疏水阀适当放气

C. 对于燃气、燃油锅炉，炉膛停火后，引风机至少要继续引风 3 min 以上

D. 省煤器出口水温应低于锅筒压力下饱和温度 40 ℃

E. 停炉 18~24 h，在锅水温度降至 70 ℃以下时，方可全部放水

42. 锅炉停炉保养主要指锅内保养，即汽水系统内部为避免或减轻腐蚀而进行的防护保养。下列属于锅炉常用的保养方式的是（　　）。

A. 干法保养　　B. 压力保养

C. 湿法保养　　D. 碱液保养

E. 充气保养

43. 锅炉的安全附件对锅炉内部压力极限值的控制及对锅炉的安全运行起着重要的作用。下列关于锅炉安全附件的说法中，正确的是（　　）。

A. 如果现场校验有困难或者对安全阀进行修理后，可以在安全阀校验台上进行，校验后的安全阀在搬运或者安装过程中，不能摔、砸、碰撞

B. 应根据锅炉工作压力选用压力表的量程，压力表的量程范围一般应在工作压力的 3 倍以上

C. 每台蒸气锅炉锅筒（壳）至少应装两个独立的直读式水位表，额定蒸发量小于或等于 0.5 t/h 的锅炉可只装一个

D. 锅炉蒸汽空间设置的压力表应当有存水弯管或者其他冷却蒸汽的措施，热水锅炉用的压力表也应当有缓冲弯管，弯管内径应当不大于 10 mm

E. 为防止炉膛和尾部烟道再次燃烧造成破坏，常采用在炉膛和烟道易爆处装设防爆门

44. 对新装、移装、大修或长期停用的锅炉，启动之前要进行全面检查。下列有关锅炉启动要求的说法中，正确的有（　　）。

A. 启动前要检查安全附件和测量仪表是否齐全

B. 上水温度最高不超过 90 ℃，水温与筒壁温差不超过 60 ℃

C. 长期停用的锅炉在上水后，启动前要进行烘炉

D. 新装锅炉在启动前必须煮炉

E. 对于层燃炉应当用挥发性强，引燃能力强的油类或易燃物引火

45. 【2019 年真题】正确操作对锅炉的安全运行至关重要，尤其是在启动和点火升压阶段，经常由于误操作而发生事故。下列针对锅炉启动和点火升压的安全要求中，正确的有（　　）。

A. 新装锅炉的炉膛和烟道的墙壁非常潮湿，在向锅炉上水前要进行烘炉作业

B. 长期停用的锅炉，在正式启动前必须煮炉，以减少受热面腐蚀，提高锅水和蒸汽品质

C. 新投入运行锅炉在向共用蒸汽母管并汽前应减弱燃烧，打开蒸汽管道上的所有疏水阀

D. 点燃气、油、煤粉炉时，应先送风，之后投入点燃火炬，最后送入燃料

E. 对省煤器，在点火升压期间，应将再循环管上的阀门关闭

## 第四节　气瓶安全技术

### 一、单项选择题（每题的备选项中，只有 1 个最符合题意）

1. 把容积不超过（　　），用于储存和运输压缩气体、液化气体、溶解气体、吸附气体的可重复充装的可移动的容器叫作气瓶。

A. 2000 L　　B. 3000 L

C. 4000 L　　D. 5000 L

2. 气瓶的安全附件包括气瓶专用爆破片、安全阀、瓶阀、瓶帽、液位计、防震圈、紧急切断和充装限位装置等。下列关于气瓶安全附件的说法中，错误的是（　　）。

A. 瓶阀阀体上如装有爆破片，其公称爆破压力应为气瓶的气压试验压力

B. 氧气和强氧化性气体的气瓶瓶阀的非金属密封材料必须具有阻燃性和抗老化性

C. 瓶阀材料既不与瓶内气体发生化学反应，也不影响气体的质量

D. 瓶阀上与气瓶连接的螺纹，必须与瓶体螺纹匹配

3. 运输气瓶应当严格遵守国家有关危险品运输的规定和要求，下列针对气瓶运输安全的要求中，错误的是（　　）。
   A. 严禁用自卸汽车运输气瓶
   B. 不得使用电磁起重机吊运气瓶
   C. 乙炔和液化石油气可以同车运输
   D. 吊运时不得将气瓶瓶帽作为吊点

4. 瓶装气体品种多、性质复杂。在贮存过程中，气瓶的贮存场所应符合设计规范，库房管理人员应熟悉有关安全管理要求。下列对气瓶贮存的要求中，错误的是（　　）。
   A. 气瓶库房出口不得少于两个
   B. 可燃气体的气瓶不得在绝缘体上存放
   C. 可燃、有毒、窒息气瓶库房应有自动报警装置
   D. 应当遵循先入库的气瓶后发出的原则

5. 瓶阀是装在气瓶瓶口上的，用于控制气体进入或排出气瓶的组合装置，气瓶瓶体只有装有瓶阀，才能构成一个完整的密闭容器，才能具有盛装气体的功能，可以说瓶阀是气瓶的主要附件。下列有关瓶阀的说法中，正确的是（　　）。
   A. 盛装助燃和不可燃气体瓶阀的出气口螺纹为左旋，可燃气体瓶阀的出气口螺纹为右旋
   B. 工业用非重复充装焊接气瓶瓶阀与瓶体的连接采用螺栓连接方式
   C. 与乙炔接触的瓶阀材料，选用含铜量小于 80% 的铜合金
   D. 盛装易燃气体的气瓶瓶阀的手轮，选用阻燃材料制造

6. 安全泄压装置是包括气瓶在内的所有承压设备的保护装置。它在设备超压运行时能迅速自动泄放气体，降低压力，以保护设备不因过量超压而发生爆炸。下列有关气瓶安全泄压装置的分类及应用说法中，正确的是（　　）。
   A. 易熔合金塞装置结构简单，既适用于气瓶，也适用于固定式容器
   B. 永久气体气瓶的爆破片一般装配在气瓶封头上
   C. 除剧毒、易燃易爆介质，一般气瓶都安装安全阀
   D. 爆破片-易熔塞复合装置一般不会发生误动作，一般适用于对密封性能要求特别严格的气瓶

7. 易熔合金由熔点很低的金属组成，组成的金属必须与瓶内介质相适应，不与瓶内气体发生化学反应，也不影响气体的质量。下列关于易熔合金塞装置应用的说法中，正确的是（　　）。
   A. 用于溶解乙炔的易熔合金塞装置，其公称动作温度为 100 ℃
   B. 车用压缩天然气气瓶的易熔合金塞装置的动作温度为 102.5 ℃
   C. 公称动作温度为 70 ℃的易熔合金塞装置可用于公称工作压力小于 3.45 MPa 的溶解乙炔气瓶
   D. 公称动作温度为 110 ℃的易熔合金塞装置用于公称工作压力大于 3.45 MPa 且不大于 30 MPa 的气瓶

8. 现代化工工业生产中，经常伴随着高温、高压等危险性的生产条件以及操作。为了避免发生危险，保证生产的安全性，因此普遍需要使用安全泄压装置。下列关于气瓶安全泄压装置装设合理的是（　　）。
   A. 对于无缝气瓶，安全泄压装置应当装设在瓶阀上
   B. 对于焊接气瓶，安全泄压装置应当装设在瓶阀上，不允许单独装设在气瓶的封头部位
   C. 对于工业用非重复充装焊接钢瓶，不得将爆破片直接焊接在气瓶封头部位
   D. 对于溶解乙炔气瓶安全泄压装置，应当将易熔合金塞装设在气瓶上封头上
9. 气瓶应用非常广泛，无论是在生产领域，还是在生活领域，几乎都离不开气瓶。气瓶的充装过程，需要遵守相应的安全要求，以免发生事故。下列关于气瓶充装安全要求的说法中，正确的是（　　）。
   A. 气瓶充装单位应当充装本单位自有并且办理使用登记的气瓶
   B. 气瓶充装单位应当在自有产权或者托管的气瓶上粘贴气瓶警示标签
   C. 超期未检气瓶、改装气瓶、翻新气瓶和报废气瓶未经技术鉴定合格严禁充装
   D. 无标签的气瓶未经批准不准出充装单位
10. 运输气瓶的单位应建立相应的安全管理、应急预案制度，对气瓶的押运员、驾驶人员、装卸人员都应进行相关教育培训，以保证安全。下列关于气瓶装卸运输注意事项的说法中，正确的是（　　）。
   A. 当人工将气瓶向高处举放或气瓶从高处落地时必须四人同时操作
   B. 使用电磁起重机吊运气瓶时，不得使用金属链绳捆绑，应当将散装瓶装入集装箱内并固定好，方可吊运
   C. 运输车辆应具有固定气瓶的相应装置，散装直立气瓶高出栏板部分不应大于气瓶高度的 1/4
   D. 乙炔和液化石油气气瓶同车运输时，应当使用专用车辆并做好安全防护措施
11. 气瓶在贮存过程中，经常发生事故。因此，气瓶的贮存场所应符合建设规范，管理人员应有一定的素质，还应建立健全贮存气瓶的各项规章制度。下列关于气瓶贮存及保管安全要求的说法中，错误的是（　　）。
   A. 气瓶瓶库严禁明火和其他热源，冬季集中供暖库房可采用电热器取暖
   B. 氢气气瓶不准与笑气、氨、氯乙烷、环氧乙烷、乙炔等同库
   C. 气瓶应当遵循先入库先发出的原则
   D. 为了防止气瓶的混放，气瓶充装单位应设置气瓶待检区、不合格区、待充装区、充装合格区
12. 气瓶目前常用的安全泄压装置有 4 种，即易熔合金塞装置、爆破片装置、安全阀和爆破片-易熔塞复合装置。下列关于气瓶设置安全泄压装置的选用原则的说法中，正确的是（　　）。
   A. 盛装有毒气体的气瓶，禁止装设安全泄压装置
   B. 车用压缩天然气气瓶应当装设易熔合金塞装置
   C. 盛装易于分解或者聚合的可燃气体的气瓶，应装设易熔合金塞装置

D. 盛装有毒气体的气瓶不允许装设易熔合金塞装置

13. 瓶装气体品种多、性质复杂。在贮存过程中，气瓶的贮存场所应符合设计规范，库房管理人员应熟悉有关安全管理要求。下列对气瓶贮存的要求中，错误的是（　　）。

A. 严禁明火和其他热源

B. 氢气不准与笑气、氨、乙炔、氯乙烷等同库

C. 应当遵循先入库先发出的原则

D. 同类气瓶空、实瓶应合并放置

14. 安全泄压装置是包括气瓶在内的所有承压设备的保护装置，它在设备超压运行时能迅速自动泄放气体，降低压力，以保护设备安全。下列关于气瓶泄压装置的说法中，错误的是（　　）。

A. 盛装剧毒气体的气瓶，禁止装设安全泄压装置

B. 燃气气瓶和氧气、氮气以及惰性气体气瓶，应装设安全泄压装置

C. 车用液化石油气钢瓶，应当装设带安全阀的组合阀或者分立的安全阀

D. 盛装液化天然气及其他可燃气体的低温绝热气瓶内胆，应当装设 2 只安全阀

15. 【2021 年真题】气瓶压力高、种类多，使用不当极易造成事故。依据《气瓶安全技术规程》（TSG 23），下列特种设备中，不应按照气瓶管理的是（　　）。

A. 消防灭火器用气瓶

B. 家用液化石油气钢瓶

C. 车用压缩天然气气瓶

D. 公交车加气站瓶式压力容器

16. 【2021 年真题】气瓶的爆破片装置由爆破片和夹持器等组成，其安装位置应视气瓶的种类而定。无缝气瓶的爆破片装置一般装设在气瓶的（　　）。

A. 瓶颈上　　B. 瓶帽上

C. 瓶底上　　D. 瓶阀上

17. 【2021 年真题】依据《气瓶安全技术规程》（TSG 23），关于气瓶公称工作压力的说法，错误的是（　　）。

A. 盛装压缩气体气瓶的公称工作压力，是指在基准温度（20 ℃）下，瓶内气体达到完全均匀状态时的限定（充）压力

B. 盛装液化气体气瓶的公称工作压力，是指温度为 60 ℃时瓶内气体压力的下限值

C. 盛装溶解气体气瓶的公称工作压力，是指瓶内气体达到化学、热量以及扩散平衡条件下的静置压力（15 ℃）

D. 焊接绝热气瓶的公称工作压力，是指在气瓶正常工作状态下，内胆顶部气相空间可能达到的最高压力

18. 【2021 年真题】气瓶入库时，应按照气体的性质、公称工作压力及空实瓶等进行分类分库存放，并设置明确标志。下列气瓶中，可与氢气瓶同库存放的是（　　）。

A. 氨气瓶　　B. 氮气瓶

C. 乙炔气瓶　　D. 氧气瓶

19. 【2020 年真题】运输散装直立气瓶时，运输车辆应具有固定气瓶的相应装置并确保气

瓶处于直立状态，气瓶高出车辆栏板部分不应大于气瓶高度的（　　）。

A. 1/2　　B. 1/3

C. 1/5　　D. 1/4

20.【2020年真题】安全泄压装置是在气瓶超压、超温时迅速泄放气体、降低压力的装置。气瓶的安全泄压装置应根据盛装介质、使用条件等进行选择安装。下列安全泄压装置中，车用压缩天然气气瓶应当选装的是（　　）。

A. 易熔合金塞装置　　B. 爆破片装置

C. 爆破片-易熔合金塞复合装置　　D. 爆破片-安全阀复合装置

21.【2020年真题】根据《化学品分类和危险性公示通则》（GB 13690），压力下气体是指高压气体在压力等于或大于（　　）MPa（表压）下装入贮器的气体，或是液化气体或冷冻液化气体。

A. 0.1　　B. 0.2

C. 0.3　　D. 0.4

22.【2019年真题】易熔合金塞装置由钢制塞体及其中心孔中浇铸的易熔合金构成，其工作原理是通过温度控制气瓶内部的温升压力，当气瓶周围发生火灾或遇到其他意外高温达到预定的动作温度时，易熔合金即熔化，易熔合金塞装置动作，瓶内气体由此塞孔排出，气瓶泄压。车用压缩天然气气瓶的易熔合金塞装置的动作温度为（　　）。

A. 80 ℃　　B. 95 ℃

C. 110 ℃　　D. 125 ℃

23.【2019年真题】气瓶充装作业安全是气瓶使用安全的重要环节之一。下列气瓶充装安全要求中，错误的是（　　）。

A. 气瓶充装单位不得对气瓶充装混合气体

B. 气瓶充装单位应当按照规定，取得气瓶充装许可

C. 充装高（低）压液化气体，应当对充装量逐瓶复检

D. 除特殊情况外，应当充装本单位自有并已办理使用登记的气瓶

## 二、多项选择题（每题的备选项中有2个或2个以上符合题意，至少有1个错误选项）

24. 气瓶附件是气瓶的重要组成部分，对气瓶安全使用起着非常重要的作用。安全附件的完好程度决定了气瓶的安全程度。下列关于气瓶安全附件的说法中，正确的是（　　）。

A. 氧气和强氧化性气体的气瓶瓶阀的非金属密封材料必须具有阻燃性

B. 工业用非重复充装焊接气瓶瓶阀必须设计成不可重复充装的结构，瓶阀与瓶体的连接采用螺栓连接

C. 瓶阀出厂时应从同一批次中随机抽取20%检查合格证

D. 液化石油气瓶阀的手轮材料必须有阻燃性能

E. 其公称爆破压力应为气瓶的水压试验压力

25. 气体的存储一般是利用气罐、气瓶，因此气罐、气瓶充装安全成为比较关键的一环。气瓶充装站不仅需要负责气体的安全充装，同时也要加强气体充装的安全管理。下列

关于气瓶充装过程中的说法，错误的是（　　）。

A. 气瓶运送过程中应轻装、轻卸，严禁拖拽气瓶、随地平滚气瓶、顺坡横或竖滑下或用脚踢气瓶

B. 气瓶充装人员严禁肩扛、背驼气瓶，人工运送时只能怀抱、托举气瓶

C. 当人工将气瓶向高处举放或气瓶从高处落地时，必须有人在旁指挥

D. 使用金属链绳捆绑气瓶后吊运，应装设静电消散装置

E. 氧气瓶与乙炔气瓶同车运输时，应做好防火隔离措施

26. 气瓶安全附件是气瓶的重要组成部分，对气瓶安全使用起着至关重要的作用。下列部件中，属于气瓶安全附件的有（　　）。

A. 易熔塞　　B. 瓶阀

C. 瓶帽　　D. 汽化器

E. 防震圈

27. 瓶帽是装在气瓶顶部、阀门之外的帽罩式安全附件，是气瓶保护帽的简称。其功能在于避免气瓶在搬运、运输或者使用过程中，受碰撞或冲击损伤阀门。下列关于气瓶瓶帽安全技术措施的说法中，正确的是（　　）。

A. 为防止气体泄漏或由于超压泄放，造成瓶帽爆炸，在瓶帽上要开有对称的泄气孔

B. 对于固定式瓶帽，其帽体下部有加工螺纹，用于与气瓶颈圈连接

C. 保护罩是保护瓶帽免受撞击而设置的零件，主要起保护作用，不得作为提升零件

D. 公称容积大于 5L 的钢质无缝气瓶，应当配有不可拆卸的保护罩或者固定式瓶帽

E. 无缝气瓶出厂时，应当装配不影响瓶阀手轮正常使用的保护罩，并且不得装配螺纹式瓶帽

28. 气瓶是运输压缩气体和液化气体最常用的容器，常见的气瓶有无缝气瓶、焊接气瓶、缠绕气瓶、低温绝热气瓶、内装填料气瓶等。下列关于气瓶的说法中，正确的是（　　）。

A. 紧急切断装置属于气瓶安全附件

B. 禁止所有气瓶无称重直接充装

C. 易熔塞合金装置只适用于气瓶，不适用于固定式压力容器

D. 工业用非重复充装焊接钢瓶，应当装设爆破片装置

E. 可在充装站外由罐车等移动式压力容器直接对气瓶进行充装

29. 气瓶充装单位应当制定特种设备事故（特别是泄漏事故）应急预案和救援措施并且定期演练。为保证安全，还应当制定相应的安全管理制度和安全技术操作规程，严格按照相应标准充装气瓶。下列关于气瓶充装特殊规定的说法中，错误的是（　　）。

A. 采用电解法制取氢气、氧气的充装单位，当氢气中含氧超过 0.1%（体积比）时，严禁充装

B. 充装高或低压液化气体时，车用气瓶应当采用逐瓶称重的方式进行充装，禁止无称重直接充装

C. 充装低温液化气体及低温液体时，对于车用焊接绝热气瓶应当对采用衡器逐瓶复检充装低温液化气体及低温液体的气瓶，严禁过量充装

D. 充装混合气体前，应当采用加温、抽真空等方式进行预处理，并且按照相应混合气体充装标准的规定，确定各气体组分的充装顺序

E. 溶解乙炔气体充装应当采取多次充装的方式进行，每次充装间隔时间不少于 8 h

30. 【2020 年真题】气瓶入库应按照气体的性质、公称工作压力及空实瓶严格分类存放，并应有明确的标志。盛装下列物质的气瓶中，不能与氢气瓶同库贮存的有（　　）。

A. 氯乙烷　　B. 二氧化碳

C. 氨　　D. 乙炔

E. 环氧乙烷

## 第五节　压力容器安全技术

**一、单项选择题（每题的备选项中，只有 1 个最符合题意）**

1. 压力容器发生爆炸、撕裂等重大事故后，有毒物质或可燃物质的大量外溢会造成火灾或者中毒的二次事故。下列关于压力容器事故应急处置措施中，正确的是（　　）。

A. 打开进汽阀门，加速进料，关闭放空管

B. 打开进汽阀门，停止进料，对无毒非易燃介质，打开放空管，有毒易燃易爆介质，关闭放空管

C. 关闭或切断进汽阀门，加速进料，对无毒非易燃介质，打开放空管，有毒易燃易爆介质，关闭放空管

D. 关闭或切断进汽阀门，停止进料，对无毒非易燃介质，打开放空管，有毒易燃易爆介质，排至安全地点

2. 当压力容器发生超压超温时，下列应急措施中，正确的是（　　）。

A. 停止进料，对有毒易燃易爆介质，应打开放空管，将介质通过接管排至安全地点

B. 停止进料，关闭放空阀门

C. 逐步减少进料，关闭放空阀门

D. 逐步减少进料，对有毒易燃易爆介质，应打开放空管，将介质通过接管排至安全地点

3. 对一台在用压力容器的全面检验中，检验人员发现容器制造时焊缝存在线性缺陷。根据检验报告，未发现缺陷由于使用因素发展或扩大。同时发现主体材料不符合有关规定。根据压力容器安全状况等级划分规则，该压力容器的安全状况等级为（　　）。

A. 2 级　　B. 3 级

C. 4 级　　D. 5 级

4. 压力容器壁内部常常存在着不易发现的各种缺陷。为及时发现这些缺陷并进行相应的处理，需采用无损检测的方法进行检验。无损检测的方法有多种，如超声波检测、射线检测、涡流检测、磁粉检测。其中，对气孔、夹渣等体积性缺陷检出率高，适宜检测厚度较薄工件的检测方法是（　　）。

A. 超声波检测　　B. 射线检测

C. 磁粉检测　　D. 涡流检测

5. 做好压力容器的日常维护保养工作，可以使压力容器保持完好状态，提高工作效率，延长压力容器使用寿命。下列项目中，属于压力容器日常维护保养项目的是（　　）。
   A. 容器及其连接管道的振动检测
   B. 保持完好的防腐层
   C. 进行容器耐压试验
   D. 检查容器受压元件缺陷扩展情况
6. 压力容器的使用寿命主要取决于做好压力容器的维护保养工作。下列关于压力容器的维护保养说法中，错误的是（　　）。
   A. 多孔性介质适用于盛装稀碱液
   B. 常采用防腐层，如涂漆、喷镀或电镀来防止对压力容器器壁的腐蚀
   C. 一氧化碳气体应尽量干燥
   D. 盛装氧气的容器应先经过干燥，并排放积水
7. 下列关于压力容器易发生的事故类型及事故应急措施说法中，错误的是（　　）。
   A. 承装易燃易爆介质的压力容器如发生爆炸事故，爆炸冲击波波及范围有可能达到数十米，同时爆炸碎片可能击穿其他容器引发连锁爆炸
   B. 压力容器如发生泄漏事故，有可能对工作人员造成灼烫伤害
   C. 压力容器泄漏时要马上切断进料阀门及泄漏处前端阀门
   D. 承装有毒介质的压力容器发生超温超压时，要马上将放空管接入附近水源中，防止有毒介质挥发
8. 适用于盛装液化气体的钢瓶和中、低压的小型压力容器的安全泄放装置是（　　）。
   A. 爆破片　　B. 爆破帽
   C. 易熔塞　　D. 紧急切断阀
9. 下列有关压力容器安全附件说法中，不正确的是（　　）。
   A. 安全阀是一种由出口静压开启的自动泄压阀门，它依靠介质自身的压力排出一定数量的流体介质，以防止容器或系统内的压力超过预定的安全值。当容器内的压力恢复正常后，阀门自行关闭，并阻止介质继续排出
   B. 爆破片装置是一种非重闭式泄压装置，由进口静压使爆破片受压爆破而泄放出介质，以防止容器或系统内的压力超过预定的安全值
   C. 安全阀与爆破片装置并联组合时，爆破片的标定爆破压力不得超过容器的设计压力。安全阀的开启压力应略高于爆破片的标定爆破压力
   D. 爆破帽为一端封闭，中间有一薄弱层面的厚壁短管，爆破压力误差较小，泄放面积较小，多用于超高压容器
10. 某餐馆厨房使用瓶装液化石油气，由于管理不善，厨房电器着火。引燃周围可燃物，进而引起气瓶爆炸。根据对爆炸原因的分析，此次爆炸事故属于压力容器的（　　）。
    A. 物理爆炸　　B. 化学爆炸
    C. 先化学后物理爆炸　　D. 先物理后化学爆炸
11. 某采油厂于2013年5月10日购买1台液化石油气（LPG）储罐，2016年5月20日对

该储罐装置进行了首次全面检验，提出了检验结论，并出具了检验报告，该 LPG 储罐的安全状况等级为 3 级，该储罐下次全面检验周期一般为（　　）。

A. 1~2 年　　B. 2~3 年

C. 3~6 年　　D. 6~9 年

12. 压力容器的检验检修具有一定危险性，应该采取安全防护措施确保作业安全。下列关于压力容器检验检修作业安全注意事项的说法中，正确的是（　　）。

A. 检验时不可使用轻便梯

B. 检验照明的电压低于 56 V

C. 禁止带压拆卸连接部件

D. 盛装易燃介质的压力容器应使用空气进行置换

13. 做好压力容器的维护保养工作，可以使容器经常保持完好状态，提高工作效率，延长容器使用寿命。下列关于压力容器维护保养做法的说法中，正确的是（　　）。

A. 如只是局部防腐层损坏，可以继续使用压力容器

B. 防止氧气罐腐蚀，最好使氧气经过干燥，或在使用中经常排放容器中的积水

C. 对于临时停用的压力容器，可不清除内部的存储介质

D. 压力容器上的安全装置和计量仪表，定期进行维护，根据需要进行校正

14. 生产系统内一旦发生爆炸或压力骤增时，可通过防爆泄压设施将超高压力释放出去，以减少巨大压力对设备、系统的破坏或减少事故损失。防爆泄压装置主要有安全阀、爆破片、防爆门等。下列关于防爆泄压装置的说法中，正确的是（　　）。

A. 安全阀按其结构和作用原理可分为杠杆式、弹簧式和敞开式

B. 当安全阀的入口处装有隔断阀时，隔断阀必须保持常闭状态并加铅封

C. 爆破片的防爆效率取决于它的宽度、长度、泄压方向和膜片材料的选择

D. 防爆门（窗）设置时，泄压面积与厂房体积的比值宜采用 0.05~0.22 $m^2/m^3$

15. 腐蚀是造成压力容器失效的一个重要因素，对于有些工作介质来说，只有在特定的条件下才会对压力容器的材料产生腐蚀。因此，要尽力消除这种能够引起腐蚀的条件。下列关于压力容器日常保养的说法中，错误的是（　　）。

A. 盛装一氧化碳的压力容器应采取干燥和过滤的方法

B. 盛装压缩天然气的钢制容器只需采取过滤的方法

C. 盛装氧气的碳钢容器应采取干燥的方法

D. 介质含有稀碱液的容器应消除碱液浓缩的条件

16. 高压氧舱是进行高压氧疗法的专用医疗设备，按加压的介质不同，分为空气加压舱和纯氧加压舱两种。根据《氧舱安全技术监察规程》（TSG 24），下列有关氧舱的说法中，正确的是（　　）。

A. 氧舱舱门门框与筒体、封头，递物筒接管与筒体等焊接的角焊缝需要进行 100% 超声检测

B. 液压试验前，舱内应当充满介质，排净气体，舱外部表面需要保持干燥

C. 设置有 2 个以上（不含 2 个）舱室的，应当分别对各舱室进行耐压试验

D. 气压试验介质应为干燥洁净的氮气，不可使用空气

17. 周期检验是指在规定的时间间隔内，从逐批检验合格的某批或若干批中抽样进行的检验，适用于生产过程稳定的检验。根据《固定式压力容器安全技术监察规程》（TSG 21），下列关于压力容器检验的说法中，正确的是（　　）。
 A. 金属压力容器一般于投用后 3 年内进行首次定期检验，安全状况等级为 5 级应监控使用
 B. 非金属压力容器一般于投用后 2 年内进行首次定期检验
 C. 安全状况等级为 1 级，介质腐蚀速率每年低于 0.1 mm 金属压力容器，其检验周期最长可以延长至 10 年
 D. 超高压水晶釜使用超过 15 年的定期检验周期应当适当缩短
18. 压力容器安全阀分全启式安全阀和微启式安全阀。安全阀如果出现故障，尤其是不能开启时，有可能会造成压力容器失效甚至爆炸的严重后果。下列关于安全阀故障和对应情况的说法中，正确的是（　　）。
 A. 安全阀锈死、阀瓣与阀座黏住或安全阀定压不准，可能会造成安全阀排气效率降低
 B. 阀杆、阀瓣安装位置不正或者被卡住，会造成安全阀到规定压力时不开启
 C. 安全阀弹簧老化，可能会造成安全阀不到规定压力时开启
 D. 选用的安全阀排量太小，会造成安全阀排放泄压后阀瓣不回座
19. 压力容器中最重要的两个安全附件为安全阀和爆破片，二者在安装时为保证齐全、灵敏、可靠，除自身质量要符合要求外，压力设定也是重要因素之一。下列关于压力容器安全阀、爆破片压力设定的说法中，正确的是（　　）。
 A. 安全阀的整定压力一般不小于该压力容器的设计压力
 B. 当压力容器上标注有最高允许工作压力的，可用最高允许工作压力确定安全阀的整定压力
 C. 压力容器上爆破片的最小爆破压力不得大于该容器的工作压力
 D. 当安全阀和爆破片并联使用时，安全阀的开启压力不得低于爆破片爆破压力
20. 压力容器除安全附件外，另一重要安全装置为相应仪表器具，压力容器的仪表包括压力表，液位计，温度计等。下列关于压力容器相关仪表的说法中，错误的是（　　）。
 A. 压力容器的压力表按其结构和作用原理，可分为机械式、数字式等
 B. 对于需要控制壁温的容器，必须装设测试壁温的温度计
 C. 对于盛装液化气体的容器，液位计是一个必不可少的安全装置
 D. 压力容器广泛采用的是各种类型的弹性元件式压力计
21. 在相同的条件下，压力容器的事故率要比其他机械设备高得多。可能像一般转动机械那样容易因过度磨损而失效，也会像高速发动机那样因承受高周期反复载荷而容易发生疲劳失效。为保证使用安全，压力容器使用单位必须制定相关安全操作规程。下列关于压力容器安全操作要求的说法中，错误的是（　　）。
 A. 如果压力容器只存在微小缺陷，过高的加载速度不会使容器发生事故
 B. 高温容器加热和冷却都应缓慢进行，以减小壳壁中的热应力
 C. 对于通过减压阀降低压力后才进气的容器，应装设灵敏可靠的安全泄压装置

D. 除了超压以外，长期的超温运行也可以直接或间接地导致容器的破坏

22. 压力容器安全附件是为了使压力容器安全运行而安装在设备上的一种安全装置，包括安全阀、爆破片、爆破帽、易熔塞等。下列关于压力容器安全附件的说法中，正确的是（　　）。

A. 当安全阀与爆破片装置并联组合时，爆破片的标定爆破压力应略低于安全阀的开启压力

B. 当安全阀进口和容器之间串联安装爆破片装置，爆破片破裂后的泄放面积应小于安全阀进口面积

C. 爆破帽爆破压力误差较小，多用于中低压容器

D. 易熔塞属于“熔化型”安全泄放装置，在盛装液化气体的钢瓶中应用广泛

23. 为保证压力容器安全运行，通常设置安全阀、爆破片等安全附件。其中安全阀经常与爆破片组合使用。下列关于安全阀、爆破片组合设置要求的说法中，正确的是（　　）。

A. 安全阀与爆破片装置并联组合，爆破片的标定爆破压力应略高于安全阀的开启压力

B. 安全阀出口侧串联爆破片时，容器内介质可含有胶着物质

C. 安全阀出口侧串联安装爆破片装置，安全阀与爆破片之间不得存在背压

D. 安全阀出口侧串联安装爆破片装置，爆破片的泄放面积不得大于安全阀的进口面积

24. 压力容器的使用寿命主要取决于做好压力容器的维护保养工作。下列不属于压力容器的维护保养内容的是（　　）。

A. 保持完好的防腐层

B. 消灭容器的“跑、冒、滴、漏”，经常保持容器的完好状态

C. 加强容器在停用期间的维护

D. 定期进行水压气压试验

25. 为保证压力容器使用过程的安全，压力容器使用单位应当对压力容器进行使用有效安全管理。根据《固定式压力容器安全技术监察规程》（TSG 21），下列关于压力容器使用管理的说法中，错误的是（　　）。

A. 压力容器年度检查项目包括压力容器安全管理情况等，当年度检查与月度检查时间重合时，也应当进行月度检查

B. 装卸高（低）压液化气体、冷冻液化气体和液体的装卸用管的公称压力不得小于装卸系统工作压力的 2 倍

C. 充装单位或者使用单位对装卸软管必须每年进行 1 次耐压试验，试验压力为 1.5 倍的公称压力

D. 当真空绝热压力容器外壁局部存在严重结冰、工作压力明显上升的情况时，操作人员应当立即采取应急专项措施

26. 【2020 年真题】压力容器在使用过程中，使用单位应对其进行年度检查。根据《固定式压力容器安全技术监察规程》（TSG 21），下表检查内容中，属于搪玻璃压力容器年度检查的是（　　）。

| 检查序号 | 检　查　内　容 |
|---|---|
| （1） | 内表面的腐蚀开裂情况 |
| （2） | 密封面是否有泄漏 |
| （3） | 夹套底部排净（疏水）口开闭是否灵活 |
| （4） | 夹套顶部放气口开闭是否灵活 |
| （5） | 搪玻璃层直流高电压检测 |

A. （2）、（3）、（4）　　B. （2）、（3）、（5）
C. （3）、（4）、（5）　　D. （1）、（2）、（4）

27. 【2020 年真题】无损检测广泛应用于金属材料表面裂纹、内部裂纹等缺陷的诊断。下列无损检测方法中，能对内部裂纹缺陷进行检测的是（　　）。
A. 涡流检测　　B. 超声检测
C. 渗透检测　　D. 磁粉检测

28. 【2019 年真题】由安全阀和爆破片组合构成的压力容器安全附件，一般采用并联或串联方式组合。当安全阀与爆破片装置并联组合时，爆破片的标定爆破压力不得超过压力容器的（　　）。
A. 工作压力　　B. 最高工作压力
C. 爆破压力　　D. 设计压力

29. 【2019 年真题】金属压力容器一般在投用三年后进行首次定期检验，以后的检验周期由检验机构根据压力容器的安全状况等级确定。依据《固定式压力容器安全技术监察规程》（TSG 21），安全状况等级为 1、2 级的，检验周期一般为（　　）。
A. 2 年　　B. 4 年
C. 6 年　　D. 8 年

30. 【2019 年真题】压力容器专职操作人员在容器运行期间应经常检查容器的工作状况，以便及时发现其不正常状态并进行针对性处置。下列对压力容器的检查项目中，不属于运行期间检查的项目是（　　）。
A. 容器、连接管道的振动情况
B. 容器材质劣化情况
C. 容器工作介质的化学组成
D. 容器安全附件的完好状态

## 二、多项选择题（每题的备选项中有 2 个或 2 个以上符合题意，至少有 1 个错误选项）

31. 压力容器如发生爆炸，不但事故设备被毁，而且还波及周围的设备、建筑和人群，因此在压力容器使用过程中，发生异常情况需要采取紧急措施，停止压力容器的运行。下列情况中需要紧急停止运行的有（　　）。
A. 压力容器承载易燃介质，发生泄漏时

B. 超温、超压、超负荷时，采取措施后仍不能有效控制

C. 高压容器的信号孔或警报孔泄漏

D. 主要受压元件发生裂纹、鼓包、变形

E. 超期服役 2 年零 4 个月

32. 压力容器的安全附件包括安全阀、爆破片、爆破帽、易熔塞等。下列关于压力容器的安全附件说法中，正确的是（　　）。

A. 安全阀是一种由出口静压开启的自动泄压阀门，具有重闭功能，对于有毒物质和含胶着物质安全阀能够起到更有效的泄压作用

B. 爆破片是一种非重闭式泄压装置，由进口静压使爆破片受压爆破而泄放出介质，以防止容器或系统内的压力超过预定的安全值

C. 爆破片与安全阀相比具有结构简单、泄压反应快、密封性能好、适应性强等优点

D. 安全阀与爆破片装置并联组合时，安全阀的开启压力应略低于爆破片的标定爆破压力

E. 当安全阀与爆破片串联组合时，爆破片破裂后的泄放面积应小于安全阀的进口面积

33. 安全附件是为了使压力容器安全运行而安装在设备上的一种安全装置。为保证安全附件稳定可靠，安全附件的安装需要符合相关安全技术措施。下列关于安全附件安装安全技术措施的说法中，正确的是（　　）。

A. 安全泄放装置可装设在与压力容器气相空间相连的管道上

B. 压力容器与安全泄放装置之间的连接管和管件的通孔，其截面积不得大于安全阀的进口截面积

C. 压力容器一个连接口上装设两个安全泄放装置时，该连接口入口的截面积，应当至少等于其中较大的进口截面积

D. 安全泄放装置与压力容器之间不得装设截止阀门

E. 对易爆介质的压力容器，应当在安全阀或者爆破片的排出口装设导管，将排放介质引至安全地点

34. 无损检测能在不损伤被检工件的情况下，利用材料和材料中的缺陷所具有的物理特性探查其内部是否存在缺陷，可用于探测压力容器的构件内部和表面缺陷。下列关于无损检测的说法中，正确的是（　　）。

A. 射线检测对面积性缺陷检出率高

B. 超声波适宜检验厚度较小的工件，材质、晶粒度对检测有影响

C. 渗透检测可用检出表面张口的缺陷和闭口型的表面缺陷

D. 涡流检测不能用于绝缘材料的检测

E. 声发射探伤法能连续监视容器内部缺陷发展的全过程

35. 在承压类特种设备构件的内部，常常存在着不易发现的缺陷，若要知道这些缺陷的位置、大小等性质，对每台设备进行破坏性检查是不可能的，为此出现了无损探伤法。下列关于各类无损检测的特性及应用的说法中，正确的是（　　）。

A. 射线检测适用于检测较厚的工件，不适宜检测角焊缝以及板材、棒材和锻件等

B. 超声波检测对体积性缺陷检出率较高，适用于各种试件，包括对接焊缝、角焊缝等

C. 磁粉检测既可以检测出表面和近表面缺陷也可以用于检测内部缺陷
D. 渗透检测可以用于除了疏松多孔性材料外的任何种类的材料，但对埋藏缺陷或闭口型的表面缺陷无法检出
E. 涡流检测在检测时，不与工件接触，检测速度很快，易于实现自动化检测，不能用于绝缘材料的检测

36. 做好压力容器的维护保养工作，可以使容器经常保持完好状态，提高工作效率，延长容器使用寿命。下列关于压力容器的维护保养安全技术措施的说法中，正确的是（　　）。
A. 对于工作介质对材料有腐蚀作用的容器，如果发现局部腐蚀，应当经检查后继续使用
B. 为防止盛装一氧化碳气体的钢制容器发生腐蚀，应尽量采取干燥、过滤等措施
C. 盛装氧气的容器，最好使氧气经过干燥，或在使用中经常排放容器中的积水
D. 应消灭容器的“跑、冒、滴、漏”，经常保持容器的完好状态
E. 停用的容器，一般介质可存放容器内，腐蚀性介质必须排除干净且要经过排放、置换、清洗等技术处理

37. 无损检测是借助现代化的技术和设备器材，对试件内部及表面的结构及缺陷的类型及其变化进行检查和测试的方法。根据《无损检测 应用导则》（GB/T 5616），下列有关无损检测的说法中，正确的是（　　）。
A. 射线照相检测能确定缺欠的埋藏深度和平行于射线方向的尺寸
B. 超声检测能检测出焊缝中的裂纹、未焊透、未熔合、夹渣、气孔等缺欠
C. 涡流检测适用于检测形状复杂的工件表面或近表面缺欠
D. 磁粉检测适用于检测奥氏体钢、铜、铝等材料制成的工件的缺欠深度
E. 渗透检测能检测出金属材料和致密性非金属材料的表面开口的裂纹、针孔等缺欠

38. 压力容器的安全检查应每月进行一次，检查内容主要有安全附件、安全保护装置以及其他异常情况等。下列关于压力容器安全附件的说法中，正确的是（　　）。
A. 易熔塞主要用于中、低压的小型压力容器，在盛装液化气体的钢瓶中应用更为广泛
B. 安全阀与爆破片相比，它具有结构简单、泄压反应快、密封性能好、适应性强等特点
C. 爆破帽泄放面积较小，多用于超高压容器，其破爆压力与材料强度之比一般为0.4~0.8
D. 气压操纵式和电动操纵式紧急切断阀在液化石油气槽车上应用非常广泛
E. 爆破帽工作时有温度影响，一般均选用热处理性能稳定的材料

39. 某生产经营单位决定对本单位所使用的搪玻璃压力容器进行年度安全检查，下列为专职安全管理人员张某所列举的检查项目。根据《固定式压力容器安全技术监察规程》（TSG 21），下列不属于搪玻璃压力容器年度检查项目的是（　　）。
A. 管口、支撑件等连接部位是否有开裂、拉脱现象
B. 支座、爬梯、平台等是否有松动、破坏等影响安全的因素
C. 压力容器外表面防腐漆是否完好，是否有锈蚀、腐蚀现象
D. 密封面是否有泄漏

E. 夹套顶部放气口开闭是否灵活

40. 压力容器具有危险性，对在用压力容器实行强制性的定期检验是十分必要的。根据《固定式压力容器安全技术监察规程》（TSG 21），下列关于压力容器检验周期的说法中，正确的是（　　）。

A. 金属压力容器一般于投用后1年内进行首次定期检验，检验安全状况等级为3级的，一般每3年至6年检验一次

B. 非金属压力容器一般于投用后3年内进行首次定期检验，检验安全状况等级为1、2级的，一般每6年检验一次

C. 金属压力容器与非金属压力容器检验安全状况等级为5级的，均应当对缺陷进行处理，否则不得继续使用

D. 当压力容器具有环境开裂倾向，或者产生应力腐蚀开裂、氢致开裂、晶间腐蚀开裂等现象时，其定期检验周期应当适当缩短

E. 安全状况等级为2级的金属压力容器，通过1次至2次定期检验，其检验周期即可最长延至12年

41. 【2021年真题】安全阀和爆破片是压力容器最常用的安全泄压装置，可以单独或组合使用。安全阀出口侧串联安装爆破片装置时，应满足的条件有（　　）。

A. 容器和系统内介质洁净，不含胶着物质或阻塞物质

B. 安全阀与爆破片装置之间设置放空管或者排污管

C. 爆破片的泄放面积不大于安全阀的进口面积

D. 爆破片的最小爆破压力不得大于容器的工作压力

E. 当安全阀与爆破片之间产生背压时安全阀仍能准确开启

42. 【2020年真题】快开门式压力容器开关盖操作频繁，在容器泄压未尽前或带压下打开端盖、端盖未完全闭合就进行升压等操作，极易造成事故。因此，在设计快开门式压力容器时，应当设置安全联锁装置。根据《固定式压力容器安全技术监察规程》（TSG 21），在设计快开门式压力容器的安全联锁装置时，应满足的要求有（　　）。

A. 当快开门达到规定关闭部位时，方能升压运行

B. 当压力容器超温超压时，同步报警

C. 当压力容器超温时，紧急切断物料供应

D. 当压力容器超压时，安全泄放容器内介质

E. 当压力容器的压力完全释放后，方能打开快开门

## 第六节　压力管道安全技术

### 一、单项选择题（每题的备选项中，只有1个最符合题意）

1. 在管道发生大量泄漏时紧急止漏，一般还具有过流闭止及超温闭止的性能，并且能在近程和远程独立进行操作的安全附件是（　　）。

A. 安全阀　　　　B. 爆破帽

C. 减压阀　　　　D. 紧急切断阀

2. 2004 年某天，浙江省宁波市某化学公司双氧水车间发生压力管道爆炸事故，造成 1 人死亡，1 人受伤的事故。压力管道泄漏和爆炸易引发大规模的火灾爆炸和中毒事故。因此，要加强对压力管道的监控管理工作。下列关于压力管道的现象中，还不需要立即采取紧急措施的是（　　）。

A. 管道及管件发生裂纹、鼓包、变形

B. 压力管道及管件发生轻微泄漏或异常振动、声响

C. 压力管道超期服役 1 年

D. 发生火灾事故且直接威胁正常安全运行

3. 压力管道输送的是液化气体、蒸气介质或者可燃、易爆、有毒、有腐蚀性、最高工作温度高于或者等于标准沸点的液体介质，管道事故重在预防，下列关于管道事故原因和预防措施的说法中，正确的是（　　）。

A. 冲刷磨损是管道最危险的缺陷

B. 介质流速越大，硬度越小，冲蚀越严重，直管等地方最严重

C. 尽量快速开闭阀门，避免流体快速扩充或收缩，对管体造成冲击

D. 避免与管道结构固有频率形成共振、减轻气液两相流的激振力

4. 压力管道，是指利用一定的压力，用于输送气体或者液体的管状设备，其范围规定为最高工作压力大于或者等于 0.1 MPa（表压）的气体，对于压力管道的安全操作和管理显得尤为重要。下列关于压力管道安全技术的说法中，正确的是（　　）。

A. 处于运行中可能超压的管道系统可以不设置泄压装置

B. 安全阻火速度应不能超过安装位置可能达到的火焰传播速度

C. 管道受压元件因裂纹而产生泄漏时采取带压堵漏

D. 高温管道需对法兰连接螺栓进行热紧，低温管道需进行冷紧

5. 压力管道发生断裂、爆炸事故的原因是多方面的，而且造成同一起压力管道破裂爆炸事故往往不是某一种原因造成的，因此预防事故的发生也不能仅仅依靠单一的方法。下列关于典型压力管道事故预防的说法中，错误的是（　　）。

A. 为避免管系振动破坏，应尽量避免与管道结构固有频率形成共振

B. 内腐蚀是埋地管道缺陷的主要因素

C. 为防止液击破坏，靠近液击源附近设置安全阀蓄能器等装置

D. 为防止液击破坏，应尽量缓慢开闭阀门

6. 阻火器中阻止火焰音速、超音速传播的阻火器称作（　　）。

A. 超速阻火器　　　　B. 限速阻火器

C. 爆燃阻火器　　　　D. 爆轰阻火器

7. 阻火器是压力管道常用的安全附件之一。下列关于阻火器安装及选用的说法中，正确的是（　　）。

A. 安全阻火速度应小于安装位置可能达到的火焰传播速度

B. 爆燃型阻火器能够阻止火焰以音速传播

C. 阻火器应安装在压力管道热源附近，以防止热源发生火灾

D. 单向阻火器安装时，应当将阻火侧朝向潜在点火源

8. 压力管道的安全附件需要定期进行保养，以保证安全附件的可靠性。下列关于压力管道的保养说法中，错误的是（　　）。

A. 静电跨接和接地装置要保持良好完整，及时消除缺陷

B. 及时消除压力管道的“跑、冒、滴、漏”现象

C. 经常对管道底部、弯曲处等薄弱环节进行检查

D. 将管道及支架作为电焊领先或起重工具的锚点和撬抬重物的支撑点

9. 压力管道发生紧急事故时要对压力管道进行必要的故障处理。下列关于压力管道故障处理的说法中，错误的是（　　）。

A. 可拆接头发生泄漏时，采取紧固措施消除泄漏，但不得带压紧固连接件

B. 可拆接头发生泄漏时，应加压堵漏

C. 管道发生异常振动和摩擦，应采取隔断振源等措施

D. 人工燃气中含有一定量的萘蒸汽，温度降低就形成凝固，造成堵塞，定期清洗管道

10. 为保证使用安全，压力管道上要安装安全泄压装置。下列关于压力管道安全泄压装置安全要求的说法中，正确的是（　　）。

A. 输气站应在进站截断阀下游和出站截断阀上游设置泄压放空装置

B. 热力管道的泄压装置多采用安全阀，安全阀开启压力一般为正常最高工作压力的 1.15 倍

C. 处于运行中可能超压的管道系统的泄压装置可采用安全阀、爆破片装置或者两者组合使用

D. 安全阀或爆破片的入口管道和出口管道上不得设置切断阀

11. 可燃液化气或者可燃压缩气贮运和装卸设施中，重要的气相和液相管道应当设置紧急切断装置。下列装置中，不属于紧急切断装置的是（　　）。

A. 紧急切断阀　　B. 远程控制系统

C. 线路截断阀　　D. 易熔塞自动切断装置

12. 阻火器按其结构型式可以分为金属网型、波纹型、泡沫金属型等；按功能可分为爆燃型和轰爆型。下列关于阻火器选用安全技术要求的说法中，正确的是（　　）。

A. 爆燃型阻火器是用于阻止火焰以音速或超音速通过的阻火器

B. 阻火器的填料要有一定强度，且不能与介质起化学反应

C. 选用的阻火器的安全阻火速度应小于安装位置可能达到的火焰传播速度

D. 选用阻火器时，其最大间隙应不小于介质在操作工况下的最大试验安全间隙

13. 阻火器是用来阻止易燃气体、液体的火焰蔓延和防止回火而引起爆炸的安全装置。通常安装在可燃易爆气体、液体的管路上，当某一段管道发生事故时，阻止火焰影响另一段管道和设备。下列关于阻火器的设置符合要求的是（　　）。

A. 当工艺物料含有醋酸蒸汽时，阻火器可不设置防冻或者解冻措施

B. 工艺物料含有颗粒时，应当在阻火器进、出口安装压力表，监控阻火器的压力降

C. 单向阻火器安装时，应当将阻火侧背向潜在点火源

D. 阻火器在任何情况下，均不得靠近炉子和加热设备

14. 管道的运行状况与相关设备及其控制系统的运行状况紧密相关，相互之间会产生直接

影响，所以管道的运行操作过程实际上就是生产装置运行操作过程的有机构成部分。下列关于压力管道安全操作的说法中，正确的是（　　）。

A. 开工升温过程中，高温管道需对管道法兰连接螺栓进行冷紧，低温管道需进行热紧

B. 管道交变载荷的特点是应力较小而交变频率较高

C. 管道内介质的流量及流动情况是影响管道运行的重要指标，操作过程应加以控制

D. 操作人员和维修人员对管线巡回检查的项目中一般不包括地表环境情况

15. 压力管道的日常维护保养是保证和延长使用寿命的重要基础，压力管道的操作人员必须认真做好压力管道的日常维护保养工作。下列关于压力管道维护保养的做法中，错误的是（　　）。

A. 阀门操作机构要经常除锈上油并定期进行活动，保证其开关灵活

B. 定期检查紧固螺栓完好状况，做到数量齐全、不锈蚀、丝扣完整，连接可靠

C. 可将介质为水蒸气的管道及支架作为电焊的零线或起重工具的锚点和撬抬重物的支撑点

D. 管道外表面应涂刷油漆，防止环境因素腐蚀

16. 压力管道日常运行中发生的故障主要有接头和密封填料处泄漏，管道异常振动和摩擦，安全阀动作失灵，管道内部堵塞和仪表失灵等。下列关于压力管道故障处理的说法中，正确的是（　　）。

A. 可拆卸接头和密封填料处发生泄漏后，一般可采取带压紧固连接件的措施消除泄漏

B. 管道发生异常振动和摩擦时，应采取隔断振源、调整支承、使相互摩擦的部位隔离等措施

C. 工业管道内部堵塞往往是由于介质黏度过大而引发的，故冷凝水不会堵塞管道

D. 为避免萘蒸气对管道防腐层的腐蚀破坏，应对管道进行定期清洗

17. 压力管道的安全附件有：压力表、温度计、安全阀、爆破片装置、紧急切断装置、阻火器等自控装置及自控联锁装置等仪表、设备。下列关于压力管道的安全附件说法中，错误的是（　　）。

A. 单向阻火器安装时，应当将阻火侧朝向潜在点火源

B. 输气干线截断阀上下游均应设置放空管

C. 泄压装置多采用安全阀，安全阀开启压力一般为正常最高工作压力的 1.1 倍，最低为 1.05 倍

D. 工业管道中进出装置的可燃、易爆、有毒介质管道应在边界处设置切断阀，并禁止装置盲板

18. 为保证压力管道使用过程的安全，与压力容器一样，压力管道中必须安装压力表、温度计等安全装置。下列关于压力管道安全附件的说法中，错误的是（　　）。

A. 输气站应在进站截断阀上游和出站截断阀下游设置泄压放空装置

B. 在燃气管道的高压储存门站、储配站调压工艺系统的燃气出口处，应当装设止回阀

C. 轰爆型阻火器是用于阻止火焰以音速或超音速通过的阻火器

D. 低压管道使用的压力表精度应当不低于 2.5 级

19. 【2020 年真题】压力管道年度检查是指使用单位在管道运行条件下对管道进行的自行

检查，每年至少进行一次。根据《压力管道定期检验规则——工业管道》（TSG D7005），下列工业管道检查要求中，不属于年度检查的是（ ）。

A. 对管道中的波纹管膨胀节，检查波纹管的波间距

B. 对有蠕胀测量要求的管道，检查蠕胀测点或蠕胀测量带

C. 对管道有明显腐蚀的部位，进行表面磁粉检测

D. 对易燃、易爆介质的管道，测定防静电接地电阻值

## 二、多项选择题（每题的备选项中有2个或2个以上符合题意，至少有1个错误选项）

20. 压力管道在使用的过程中由于介质带压运行，极易造成压力管道腐蚀减薄，以及严重的冲刷磨损，对设备本身起到严重的破坏作用。下列关于压力管道典型事故的特性中，说法错误的是（ ）。

A. 压力管道的腐蚀分为内腐蚀和外腐蚀，内腐蚀由环境腐蚀因素引起，外腐蚀由介质引起

B. 压力管道的冲刷磨损主要由流动介质引起，介质流速越小，冲蚀越严重，硬度越小越严重，弯头、变径管件等地方最严重

C. 管道开裂和产生裂纹是压力管道最危险的缺陷

D. 焊接裂纹和应力裂纹是管道安装过程中产生的裂纹

E. 腐蚀裂纹、疲劳裂纹和蠕变裂纹属于管道使用过程中产生的裂纹

21. 压力管道带压堵漏是利用合适的密封件，彻底切断介质泄漏的通道，或堵塞，或隔离泄漏介质通道，或增加泄漏介质通道中流体流动阻力，以便形成一个封闭的空间，达到阻止流体外泄的目的。下列情况中不能使用带压堵漏方法进行补救的是（ ）。

A. 焊口有砂眼而产生泄漏

B. 压力管道内的介质属于高毒介质

C. 管道受压元件因裂纹而产生泄漏

D. 管道受压元件因未做防腐层而产生泄漏

E. 管道腐蚀、冲刷壁厚状况不清

22. 压力管道的安全附件有：压力表、温度计、安全阀、爆破片装置、紧急切断装置、阻火器等自控装置及自控联锁装置等仪表、设备。下列关于压力管道的安全附件说法中，正确的是（ ）。

A. 处于运行中可能超压的管道系统一般情况均应设置泄压装置

B. 工业管道中进出装置的可燃、易爆、有毒介质管道应在中间部位设置切断阀，并在装置内部设“一”字盲板

C. 安全阻火速度应小于安装位置可能达到的火焰传播速度

D. 单向阻火器安装时，应当将阻火侧朝向潜在点火源

E. 长输管道一般设置安全泄放装置、热力管道设置超压保护装置

23. 根据压力管道安全技术的要求，对压力管道的安全操作和保养都提出了相应的要求。下列说法中，不正确的是（ ）。

A. 低温环境中，为防止冻凝，加载和卸载应快速进行

B. 开工升温过程中，高温管道需对管道法兰连接螺栓进行冷紧，在降温过程中，低温管道需进行热紧

C. 压力管道在运行时应尽量避免压力和温度的大幅波动

D. 为尽快让压力管道管材适应压力变化，开工时应反复进行管道开停工作

E. 在交变载荷作用下，在几何结构不连续和焊缝附近存在应力集中的地方，材料容易发生低周疲劳破坏

24. 压力管道年度检查是指使用单位在管道运行条件下进行的检查，根据《压力管道定期检验规则——工业管道》(TSG D7005)，压力管道年度检查的内容有（　　）。

A. 对有明显腐蚀的弯头进行壁厚测定

B. 对输送可燃易爆介质的管道进行防静电接地电阻测定

C. 对安全阀的校验期进行检查

D. 对焊缝有硬度要求的管道进行硬度检测

E. 对管道焊缝外表面进行无损检测

25. 压力管道常用的安全附件和安全保护装置中的安全阀、爆破片、温度计、压力表等与压力容器基本类似，除此之外，压力管道还有一些根据管道特点所设置的保护装置，如凝水缸、防静电装置、阴极保护装置等。下列关于压力管道保护装置的说法中，正确的是（　　）。

A. 低压管道使用的压力表精度应当不低于 1.5 级

B. 阴极保护装置的阴极保护有牺牲阳极法和强制电流法两种保护形式

C. 凝水缸的间距，视水量和油量多少而定，通常为 50 m 左右

D. 不得利用放散管来排放管道中燃气

E. 可燃介质管道应有静电接地设施，并测量各连接接头间的电阻值和管道系统的对地电阻值

26. 【2021 年真题】压力管道的安全操作、维护保养和故障处理是影响管道安全的重要因素。关于压力管道使用和维护安全技术的说法，正确的有（　　）。

A. 高温管道在开工升温过程中需进行热紧

B. 低温管道在开工降温过程中需进行冷紧

C. 进行焊接时，可将管道或支架作为电焊的地线

D. 管道接头发生泄漏时，不得带压紧固连接件

E. 巡回检查项目应包括静电跨接、静电接地状况

## 第七节　起重机械安全技术

### 一、单项选择题（每题的备选项中，只有 1 个最符合题意）

1. 起重操作要坚持“十不吊”原则，其中有一条原则是斜拉物体不吊，因为斜拉斜吊物体有可能造成重物失落事故中的（　　）事故。

A. 脱绳事故　　　　B. 脱钩事故

C. 断绳事故　　D. 断钩事故

2. 起重机的断绳事故是指起升绳和吊装绳因破断而造成的重物失落事故。下列原因能够造成吊装绳破断的是（　）。

A. 起升限位开关失灵造成过卷拉断钢丝绳

B. 绳与被吊物夹角大于 120°

C. 斜拉、斜吊造成乱绳挤伤切断钢丝绳

D. 吊载遭到撞击而摇摆不定

3. 下列情况中，易造成起重机发生重物失落事故的是（　）。

A. 钢丝绳在卷筒上余绳为一圈

B. 有下降限位保护装置

C. 吊装绳夹角< 120°

D. 钢丝绳在卷筒上用压板固定

4. 目前起重机为防止触电事故的发生，要求采用特低安全电压进行操作，起重机常采用的安全电压是（　）。

A. 50 V 或 36 V　　B. 36 V 或 42 V

C. 24 V 或 12 V　　D. 12 V 或 6 V

5. 下列常见机体毁坏事故的类型中，（　）是自行式起重机的常见事故。

A. 断臂事故　　B. 机体摔伤事故

C. 相互撞毁事故　　D. 倾翻事故

6. 机体摔伤事故是起重机常见事故，能够造成严重的人员伤亡，以下原因中能够造成机体摔伤事故的是（　）。

A. 野外作业场地支承地基松软　　B. 起重机支腿未能全部伸出

C. 悬臂伸长与规定起重量不符　　D. 无防风夹轨装置导致倾倒

7. 起重机械的位置限制与调整装置是用来限制机构在一定空间范围内运行的安全防护装置。下列装置中，属于位置限制与调整装置的是（　）。

A. 起重量限制器　　B. 力矩限制器

C. 偏斜调整和显示装置　　D. 回转锁定装置

8. 某工厂加工车间有一台在用的桥式起重机，2015 年 6 月 15 日，有关部门对该门式起重机进行检验，并且检验合格。下列关于该桥式起重机下一个检验时间点，正确的是（　）。

A. 2017 年 3 月 15 日　　B. 2018 年 5 月 9 日

C. 2019 年 4 月 30 日　　D. 2020 年 5 月 7 日

9. 起重机在工作过程中突然断电，下列操作步骤排序中，正确的是（　）。

A. 撬起机械制动器放下载荷→控制器置零→关闭总电源→拉下刀闸保护开关

B. 控制器置零→撬起机械制动器放下载荷→关闭总电源→拉下刀闸保护开关

C. 控制器置零→拉下刀闸保护开关→关闭总电源→撬起机械制动器放下载荷

D. 控制器置零→拉下刀闸保护开关→撬起机械制动器放下载荷→关闭总电源

10. 下列关于用两台或多台起重机吊运同一重物的说法中，正确的是（　）。

A. 吊运过程中保持两台或多台起重机运行同步

B. 若单台超载10%以内，两台或多台起重机的额定起重载荷需超过起重量的10%以上

C. 吊运过程中应当保持钢丝绳倾斜，减少钢丝绳受力

D. 吊运时，除起重机司机和司索工外，其他人员不得在场

11. 大跨度门式起重机械应安装防偏斜装置或偏斜指示装置。防偏斜装置或偏斜指示装置有多种形式，其中，安装在靠近门式起重机的柔性支腿处的应是（　　）。

A. 凸轮式防偏斜装置

B. 钢丝绳-齿条式偏斜指示装置

C. 数字测距式偏斜指示装置

D. 电动式偏斜指示装置

12. 某电力工程公司实施农村电网改造工程，需要拔出废旧电线杆重新利用。在施工过程中，施工人员为提高工作效率，使用小型汽车起重机吊拔废旧电线杆。吊装作业中最可能发生的起重机械事故是（　　）。

A. 坠落事故　　　　B. 倾翻事故

C. 挤伤事故　　　　D. 断臂事故

13. 起重事故有大型化、群体化的特点，一起事故有时涉及多人，只要是伤及人，往往是恶性事故，一般不是重伤就是死亡，还可能伴随大面积设备设施的损坏。为保证起重机使用安全，使用单位应进行起重机械的自我检查、每日检查、每月检查和年度检查。下列检查项目中属于起重机械每月安全检查的是（　　）。

A. 轨道的安全状况

B. 电气、液压系统及其部件的泄漏情况及工作性能

C. 各类安全装置、制动器、操纵控制装置、紧急报警装置的状况

D. 钢丝绳的安全状况

14. 同层多台起重机同时作业比较普遍，在这种工况环境中，单凭行程开关、安全尺，或者起重机操作员目测等传统方式来防止碰撞，已经不能保证安全。所以在上述环境使用的起重机工作应当安装防撞装置。下列关于起重机防碰撞装置的说法中，正确的是（　　）。

A. 防撞装置不能直接切断运行机构的动力源，是通过警告起重机操作员断电使机构停止运动

B. 防撞装置具有只可设定一个报警距离、精度高、功能全、环境适应能力强的特点

C. 直射型防碰装置的检测波需要经过反射板反射

D. 位置限制装置可通过切断机构的动力电源，使电动机停止运行的方式来保护设备

15. 为保证起重机械运行过程中的安全，起重作业必须严格遵守有关安全操作规程。下列关于起重作业安全要求的说法中，正确的是（　　）。

A. 司机开机作业前，应保证起重机与其他设备或固定建筑物的最小距离在5 m以上

B. 司机开车前，必须鸣铃或示警；操作中接近人时，应给断续铃声或示警

C. 司机在正常操作过程中，不得利用极限位置限制器停车，应当利用打反车进行制动

D. 司机在正常操作过程中，特殊情况可带载调整起升、变幅机构的制动器

16. 起重机械事故后果严重，一起事故有时涉及多人，因此应加强对起重机械操作人员的操作行为的监督管理。下列关于起重机司机安全操作的说法中，正确的是（　　）。

A. 为防止被吊物中途掉落，安全员站在被吊物上看管被吊物

B. 起重机司机必须执行指挥人员发出的紧急停止信号，对其他人员发出的紧急停止信号，应视情况决定是否执行

C. 吊载液态金属时，应采用小高度、短行程试吊

D. 用两台或多台起重机吊运同一重物时，重物不得超过所有起重机的载重量的 1.2 倍

17. 起重机司机作为起重机安全管理的重要环节，其操作必须按照相应的安全操作技术进行，严禁出现违章作业。下列关于起重机司机安全操作技术的说法中，错误的是（　　）。

A. 用两台或多台起重机吊运同一重物时，每台起重机都不得超载，且吊运过程应保持钢丝绳垂直，保持运行同步

B. 工作中突然断电时，应将所有控制器置零，关闭总电源

C. 设计允许同时利用主、副钩工作的专用起重机，可同时利用主、副钩工作

D. 露天作业的轨道起重机，当风力大于 5 级时，应停止作业

18. 起重机械定期检验是指在使用单位进行经常性日常维护保养和自行检查的基础上，由检验机构进行的全面检验。根据《起重机械定期检验规则》（TSG Q7015）规定，下列有关定期检验说法正确的是（　　）。

A. 塔式起重机、升降机、流动式起重机每 2 年检验 1 次

B. 桥式起重机、门式起重机、门座式起重机每年检验 1 次

C. 起重机械首次检验时应当进行的性能试验包括空载试验、额定载荷试验、静载荷试验等

D. 起重机械上所附设的升降装置和用于安装修理等用途的起重设备无须进行定期检验

19. 起重机的安全保护装置包括起重量限制器、起重力矩限制器、极限力矩限制器、起升高度限制器等。下列有关起重机械安全装置的说法中，错误的是（　　）。

A. 起重量限制器也称超载限制器，是自动防止起重机起吊超过规定的额定重量的限制装置

B. 起重力矩限制器主要作用是防止回转驱动装置偶尔过载，保护电动机、金属结构等免遭破坏

C. 凡是动力驱动的起重机，其运动极限位置都应装设运动极限位置限制器

D. 跨度等于或超过 40 m 的装卸桥和门式起重机，应装偏斜调整和显示装置

20. 起重机械检查方面，使用单位还应进行起重机械的自我检查、每日检查、每月检查和年度检查。下列不属于起重机械每日检查的内容的是（　　）。

A. 卷扬机　　B. 钢丝绳的安全状况

C. 操纵控制装置　　D. 紧急报警装置

21. 【2021 年真题】起重机的安全装置包括电气保护装置、防止吊臂后倾装置、回转限位装置、抗风防滑装置、力矩限制器等。夹轨钳、锚定装置和铁鞋属于（　　）。

A. 防止吊臂后倾装置　　B. 回转限位装置

C. 抗风防滑装置　　D. 力矩限制器

22.【2021 年真题】起重机的安全操作是防止起重伤害的重要保证。下列起重机安全操作的要求中，错误的是（　　）。

A. 开机作业前，确认所有控制器置于零位

B. 正常作业时，可利用极限位置限制器停车

C. 吊载接近或达到额定值，要利用小高度、短行程试吊

D. 对于紧急停止信号，无论任何人发出，都必须立即执行

23.【2021 年真题】起重司索工的工作质量与整个起重作业安全关系很大。下列司索工安全作业的要求中，正确的是（　　）。

A. 不允许多人同时吊挂同一重物

B. 不允许司索工用诱导绳控制所吊运的既大又重的物体

C. 吊钩要位于被吊物重心的正上方，不得斜拉吊钩硬挂

D. 重物与吊绳之间必须加衬垫

24.【2020 年真题】起重机司机作业前应检查起重机与其他设备或固定建筑物的距离，以保证起重机与其他设备或固定建筑物的最小距离在（　　）。

A. 1.0 m 以上　　B. 1.5 m 以上

C. 0.5 m 以上　　D. 2.0 m 以上

25.【2020 年真题】某公司清理废旧设备重叠堆放的场地，使用汽车吊进行吊装，场地中单件设备重量均小于汽车吊的额定起重量。当直接起吊一台被其他设备包围的设备时，汽车吊失稳前倾，吊臂折断，造成事故。下列该事故的原因中，最可能的直接原因是（　　）。

A. 吊物被埋置　　B. 吊物质量不清

C. 吊物有浮置物　　D. 吊物捆绑不牢

26.【2020 年真题】起重机司索工在吊装作业前，应估算吊物的质量和重心，以免吊装过程中吊具失效导致事故。根据安全操作要求，如果目测估算，所选吊具的承载能力应为估算吊物质量的（　　）。

A. 1.1 倍以上　　B. 1.3 倍以上

C. 1.5 倍以上　　D. 1.2 倍以上

27.【2020 年真题】使用单位除每年对在用起重机械进行 1 次全面检查外，在某些特殊情况下也应进行全面检查。下列特殊情况中，需要进行全面检查的是（　　）。

A. 遇 4.2 级地震灾害　　B. 起重机械停用半年

C. 发生一般起重机械事故　　D. 露天作业经受 7 级风力后

28.【2019 年真题】起重机械吊运的准备工作和安全检查是保证起重机械安全作业的关键。下列起重机械吊运作业安全要求中，错误的是（　　）。

A. 流动式起重机应将支撑地面垫实垫平，支撑应牢固可靠

B. 开机作业前，应确认所有控制器都置于零位

C. 大型构件吊运前需编制作业方案，必要时报请有关部门审查批准

D. 不允许用两台起重机吊运同一重物

29. 【2019 年真题】起重作业司索工主要从事地面工作，其工作质量与起重作业安全关系极大。下列对司索工操作安全的要求中，正确的是（ ）。
A. 司索工主要承担准备吊具、捆绑挂钩、摘钩卸载等作业，不能承担指挥任务
B. 捆绑吊物时，形状或尺寸不同的物品不经特殊捆绑不得混吊
C. 目测估算吊物的质量和重心，按估算质量增大 5% 选择吊具
D. 摘钩卸载时，应采用抖绳摘索，摘钩时应等所有吊索完全松弛再进行

## 二、多项选择题（每题的备选项中有 2 个或 2 个以上符合题意，至少有 1 个错误选项）

30. 施工升降机是提升建筑材料和升降人员的重要设施，如果安全防护装置缺失或失效，容易导致坠落事故。下列关于施工升降机联锁安全装置的说法中，正确的有（ ）。
A. 只有当安全装置关合时，机器才能运转
B. 联锁安全装置出现故障时，应保证人员处于安全状态
C. 只有当机器的危险部件停止运行时，安全装置才能开启
D. 联锁安全装置不能与机器同时开启但能同时闭合
E. 联锁安全装置可采用机械、电气、液压、气动或组合的形式
31. 桥架类型起重机的特点是以桥形结构作为主要承载构件，取物装置悬挂在可沿主梁运行的起重小车上。下列起重机属于桥架类型起重机的是（ ）。
A. 塔式起重机　　B. 桥式起重机
C. 门座式起重机　　D. 流动式起重机
E. 绳索起重机
32. 起重机典型的事故以重物失落事故为首，指的是起重作业中，吊载、吊具等重物从空中坠落所造成的人身伤亡和设备毁坏的事故。重物失落事故中又以脱绳事故发生的最多，造成起重机脱绳事故的原因有（ ）。
A. 超重　　B. 重物的捆绑方法与要领不当
C. 钢丝绳磨损　　D. 吊装重心选择不当
E. 吊载遭到碰撞、冲击
33. 起重机械重物失落事故是指起重作业中，吊载、吊具等重物从空中坠落所造成的人身伤亡和设备毁坏的事故。下列事故中，属于起重机械重物失落事故的有（ ）。
A. 维修工具坠落事故　　B. 脱绳事故
C. 脱钩事故　　D. 吊钩断裂事故
E. 断绳事故
34. 倾翻事故是自行式起重机的常见事故。下列原因中，能够造成倾翻事故的是（ ）。
A. 野外作业场地支承地基松软
B. 起重机支腿未能全部伸出
C. 悬臂伸长与规定起重量不符
D. 无防风夹轨装置导致倾倒
E. 无固定锚链从栈桥上翻落
35. 起重机常发生机体摔伤事故，机体摔伤事故可能导致机械设备的整体损坏甚至造成严

重的人员伤亡。以下起重机中能够发生机体摔伤事故的是（　　）。

A. 汽车起重机　　B. 门座式起重机

C. 塔式起重机　　D. 履带起重机

E. 门式起重机

36.《起重机械安全规程》规定，露天工作于轨道上运行的起重机，如门式起重机、装卸桥、塔式起重机和门座式起重机，均应装设防风防爬装置。下列属于防风防爬装置的是（　　）。

A. 夹轨器　　B. 锚定装置

C. 铁鞋　　D. 安全钩

E. 防后倾装置

37. 起重机的安全操作与避免事故的发生紧密相关，起重机械操作人员在起吊前应确认各项准备工作和周边环境符合安全要求。下列关于起重机吊运前的准备工作的说法中，错误的是（　　）。

A. 起重前应进行一次性长行程、大高度试吊，以确定起重机的载荷承受能力

B. 主、副两套起升机构不得同时工作

C. 被吊重物与吊绳之间必须加衬垫

D. 司索工一般负责检查起吊前的安全，不担任指挥任务

E. 起吊前确认起重机与其他设备或固定建筑物的距离在 0.5 m 以上

38. 起重机安全操作规程的制定是为了有效防护起重事故的发生。根据起重机械安全规程的要求，下列说法中，正确的是（　　）。

A. 正常操作过程中，不得利用极限位置限制器停车，必要时可以利用打反车进行制动

B. 不得在起重作业过程中进行检查和维修

C. 吊物不得从人头顶上经过，吊物和起重臂下不得站人

D. 起升、变幅机构的制动器可以带载增大作业幅度

E. 如作业场地为斜面，则工作人员应站在斜面下方

39. 施工升降机的每个吊笼都应设置防坠安全器，在吊笼超速或悬挂装置断裂时，能将吊笼制停，防止发生坠落事故。下列对防坠安全器的要求中，正确的有（　　）。

A. 升降机的对重质量小于吊笼质量时，应采用双向防坠安全器

B. 当吊笼装有两套安全器时，都应采用渐进式安全器

C. 钢丝绳式施工升降机可采用瞬时式安全器

D. 齿轮齿条式施工升降机应采用匀速式安全器

E. 作用于两个导向杆的安全器，工作时应同时起作用

40. 起重机械触电事故是指从事起重操作和检修作业的人员，因触电而导致人身伤亡的事故，为防止此类事故，主要应采取的防护措施有（　　）。

A. 照明使用安全电压　　B. 与带电体保持安全距离

C. 保护线可靠连接　　D. 电源滑触线断电

E. 加强屏护

41. 起重机械的安全装置包括制动器、起重量限制器、起重力矩限制器、极限力矩限制器

等，为保证起重机械安全，其安全装置必须符合相应安全技术要求。下列关于起重机械安全装置的说法中，正确的是（　　）。

A. 起重机所用的制动器按结构特性可分为块式、带式和盘式三种，其中带式用得最多

B. 起重量限制器按结构型式可分为自动停止型、报警型、综合型三大类型

C. 起重机械设置力矩限制器后，其综合误差不应大于额定力矩的±5%

D. 使用保险销钉结构的极限力矩限制装置是可恢复和重复作用的一种力矩限制机构

E. 所有动力驱动的起重机的起升机构均应装设上升极限位置限制器

42. 起重机安全装置是指防止起重机在意外情况下损坏的装置。起重机上除常用的电气保护装置、声音信号和色灯外，还有多种其他安全装置。下列关于起重机械安全装置安装的说法中，正确的是（　　）。

A. 轨道式起重机运行机构，应在每个运行方向装设行程限位开关

B. 缓冲器或缓冲装置可以安装在起重机上或轨道端部止挡装置上

C. 可两处操作或采用有线控制的起重机，应保证可以两处同时都能操作

D. 跨度等于或超过 20 m 的装卸桥和门式起重机，应装偏斜调整和显示装置

E. 起重机抗风防滑装置主要有夹轨器、锚定装置两类

43. 由于起重机械种类繁多、应用广泛、结构复杂，因此起重机械运行中的人员伤亡事故屡见不鲜。为保证使用安全，合格的起重机除装设制动器、起重量限制器外，还应当有防止臂架向后倾翻装置、回转限位装置、幅度限位器等。下列关于起重机械安全装置的说法中，正确的是（　　）。

A. 液压变幅的流动式起重机和动臂式塔式起重机上应安装防后倾装置

B. 液压式回转锁定器通常用双作用活塞式液压缸对转台进行锁定

C. 幅度限位器应保证在小车向外运行且当起重力矩达到额定值的 60% 时及时动作

D. 对于动臂式塔吊应设置臂架低位和臂架高位的幅度限位开关及幅度显示器

E. 大、中型起重机的幅度指示器是用来指示起重臂的倾角及该角度下的起重量

44. 现代起重机械结构已向大型化、精密化、高效化、多功能化、机电一体化方向发展，不同类型的起重机械其安全保护装置也不尽相同。下列关于不同起重设备专项安全保护和防护装置应用的说法中，正确的是（　　）。

A. 防倾斜安全钩主要应用在单主梁起重机上，保证在风灾、意外冲击等情况时的安全

B. 强迫换速装置主要应用在最大变幅速度超过 60 m/min 的塔式起重机上

C. 防坠安全器主要应用在塔式起重机上，当司机室坠落时立即动作，安全可靠地制停司机室

D. 支腿锁紧装置主要应用在流动式起重机上，使支腿在缩回后，能可靠地锁定

E. 机械式停车设备应沿车的行进方向，在载车板上设置高度为 15 mm 的阻车装置

45. 2019 年 10 月，司索工靳某参加了公司的安全培训，主要学习司索工挂钩起钩安全技术中的“五不挂”内容。下列属于“五不挂”内容的是（　　）。

A. 起重或吊物质量不明不挂

B. 尖棱利角和易滑工件无衬垫物不挂

C. 吊具及配套工具不合格或报废不挂

D. 包装松散捆绑不良不挂
E. 现场有人作业不挂

46. 为保证起重作业安全，起重操作要坚持“十不吊”原则。下列属于“十不吊”内容的是（　　）。
A. 结构或零部件有影响安全工作的缺陷或损伤时不吊
B. 重物棱角处与吊绳之间未加衬垫不吊
C. 危险物品不吊
D. 遇有拉力不清的埋置物不吊
E. 工作场地昏暗，无法看清场地、被吊物及指挥信号不吊

47. 某公司进行起重伤害事故统计的时候发现，大部分事故的原因是因为未做好吊装前的准备工作。为保证作业安全，起重机械操作人员在起吊前应确认各项准备工作符合安全要求。下列关于吊装前准备工作的说法中，正确的是（　　）。
A. 如果作业场地为斜面，地面人员应站在斜面下方
B. 流动式起重机要将支撑地面垫实垫平
C. 根据有关技术数据，进行最大受力计算，确定吊点位置和捆绑方式
D. 检查清理作业场地，确定搬运路线，清除障碍物
E. 所有吊装作业方案均应由有关部门审查批准后，方可实施

48. 司索工主要从事地面工作，如准备吊具、捆绑挂钩、摘钩卸载等，多数情况还担任指挥任务。司索工的工作质量与整个搬运作业安全关系极大。下列关于司索工安全操作技术的说法中，错误的是（　　）。
A. 司索工对吊物的质量和重心估计要准确，如果是目测估计，应增大10%来选择吊具
B. 形状或尺寸不同的物品不得混吊
C. 吊运大而重的物体应加诱导绳，诱导绳长应能使司索工既可握住绳头，同时又能避开吊物正下方
D. 摘钩时应等所有吊索完全松弛再进行，不允许抖绳摘索，而应利用起重机抽索
E. 重物悬挂在空中时，司索工无特殊情况不得擅离职守

49. 起重机械安全装置是在起重机械作业过程中起到保护作用的装置。下列属于起重机械安全装置的有（　　）。
A. 偏斜调整和显示装置
B. 运行机构行程限位器
C. 护顶架
D. 起重力矩限制器
E. 回转限位装置

50. 【2019年真题】起重机械使用单位应进行起重机械的每日检查、每月检查和年度检查。其中每日检查应在每天作业前进行。检查发现有异常情况时，必须及时处理，严禁带病运行。下列起重机械的检查项目中，每日必须检查的有（　　）。
A. 安全装置
B. 紧急报警装置
C. 电气系统工作性能
D. 动力系统和控制器
E. 轨道的安全状况

# 第八节　场（厂）内专用机动车辆安全技术

## 一、单项选择题（每题的备选项中，只有1个最符合题意）

1. 叉车护顶架是为保护司机免受重物落下造成伤害而设置的安全装置。下列关于叉车护顶架的说法中，错误的是（　　）。
A. 起升高度超过1.8 m，必须设置护顶架
B. 护顶架一般都是由型钢焊接而成
C. 护顶架必须能够遮掩司机的上方
D. 护顶架应进行疲劳载荷试验检测
2. 叉车安全操作规程，是为了保证叉车驾驶员安全、准确、规范、有效地操作叉车，而制定的操作规程。该规程规定了叉车驾驶员在起步、行驶、装卸等各个环节的操作规范。根据叉车安全操作的说法中，错误的是（　　）。
A. 载物高度不得遮挡驾驶员视线，特殊情况物品影响前行视线时，叉车必须倒行
B. 在进行物品的装卸过程中，严禁用制动器制动叉车
C. 禁止用货叉或托盘举升人员从事高处作业，以免发生高空坠落事故
D. 转弯或倒车时，必须先鸣笛
3. 工业企业内，常将叉车用于仓储大型物件的运输，通常使用燃油机或者电池驱动。下列关于叉车安全使用的说法中，正确的是（　　）。
A. 物件提升离地后，应将起落架放下，方可行驶
B. 叉车在下坡时应熄火滑行，在斜坡上转向行驶应鸣笛示警
C. 内燃机为动力的叉车，在易燃易爆仓库作业时应设置消防装置
D. 载物高度不得遮挡驾驶员视线，特殊情况物品影响前行视线时，叉车必须倒行
4. 下列关于场（厂）内专用机动车辆主要安全部件的说法中，错误的是（　　）。
A. 高压油管应通过耐压试验、长度变化试验、爆破试验、脉冲试验、泄漏试验等
B. 货叉应通过重复加载的载荷试验检测
C. 链条应进行静载荷和动载荷试验
D. 护顶架应进行静态和动态两种载荷试验检测
5. 为保证场（厂）内机动车辆的使用安全，使用单位应定期对其进行检查。定期检查包括日检、月检和年检。下列检查中，不属于月检内容的是（　　）。
A. 检查安全装置、制动器、离合器等有无异常
B. 检查重要零部件有无损伤，是否应报废
C. 对护顶架进行静态和动态两种载荷试验
D. 检查电气和液压系统及其部件的泄漏情况及工作性能
6. 场（厂）内机动车辆的液压系统中，如果超载或者油缸到达终点油路仍未切断，以及油路堵塞引起压力突然升高，会造成液压系统损坏。因此，液压系统中必须设置（　　）。

A. 安全阀　　B. 切断阀
C. 止回阀　　D. 调节阀

7. 叉车是指对成件托盘货物进行装卸、堆垛和短距离运输作业的各种轮式搬运车辆。下列有关叉车主要部件试验检测的说法中，正确的是（　　）。
A. 叉车液压系统的高压胶管必须通过耐压试验、爆破试验、泄漏试验以及拉断试验等检测
B. 叉车货叉必须符合相关标准，并通过极限拉伸载荷和检验载荷试验
C. 起升货叉架的链条，需进行重复加载的载荷试验检测
D. 叉车护顶架应进行静态和动态两种载荷试验检测

8. 场（厂）内机动车辆事故类型繁多，不同车辆会造成不同事故。为预防事故的发生，使用单位应进行场（厂）内机动车辆的自我检查、每日检查、每月检查和年度检查。下列项目中属于每日检查的内容是（　　）。
A. 各类安全装置、制动器、操纵控制装置、紧急报警装置的安全状况
B. 电气、液压系统及其部件的泄漏情况及工作性能
C. 安全装置、制动器、离合器等有无异常，可靠性和精度
D. 重要零部件的状态，有无损伤，是否应报废

9. 叉车是指对成件托盘货物进行装卸、堆垛和短距离运输作业的各种轮式搬运车辆。下列关于叉车的说法中，正确的是（　　）。
A. 物件提升离地后，应保持起落架水平稳定不得后仰
B. 叉取易碎物品时，必须有人站在货叉上稳定货物
C. 紧急情况下，可以使用单叉作业，但不得使用货叉顶货
D. 当物件质量不明时，应将该物件叉起离地面 100 mm 后检查机械的稳定性，确认无误后方可运送

10. 【2021 年真题】使用叉车，必须按照出厂使用说明书中的技术性能、承载能力和使用条件进行操作和使用，严禁超载作业或任意扩大使用范围。下列针对叉车安全操作的要求中，正确的是（　　）。
A. 不得使用两辆叉车同时装卸同一辆货车
B. 以内燃机为动力的叉车严禁进入易燃易爆仓库内部作业
C. 叉运物件时，当物件提升离地后，将起落架放平后方可行驶
D. 任何情况下叉车都不得叉装重量不明的物件

11. 【2020 年真题】叉车是常用的场（厂）内专用机动车辆，由于作业环境复杂，容易发生事故，因此，安全操作非常重要。下列叉车安全操作的要求中，错误的是（　　）。
A. 两辆叉车可以同时对一辆货车进行装卸作业
B. 内燃机叉车进入易燃易爆仓库作业应保证通风良好
C. 叉车将物件提升离地后，后仰起落架方可行驶
D. 不得使用叉车的货叉进行顶货、拉货作业

12. 【2019 年真题】叉车在叉装物件时，司机应检查并确认被叉装物件重量在该叉车允许载荷范围内。当物件重量不明时，应将被叉装物件叉起离地一定高度后检查叉车的稳

定性，确认无超载现象后，方可运送。下列给出的离地高度中，正确的是（　　）。

A. 400 mm　　B. 300 mm

C. 200 mm　　D. 100 mm

## 二、多项选择题（每题的备选项中有 2 个或 2 个以上符合题意，至少有 1 个错误选项）

13. 为保证场（厂）内专用机动车辆的安全使用，国家对其生产、使用、检验等均有相应的制度和要求。下列关于场（厂）内专用机动车辆相关要求的说法中，正确的有（　　）。

A. 试制的新部件，必须由认可的型式试验机构进行型式试验，合格后方可使用

B. 从事维修保养的单位必须取得相应资格证书

C. 司机必须经过专门考核并取得交管部门核发的机动车驾驶证

D. 经过大修的场（厂）内机动车辆在正式使用前，必须进行验收检验

E. 在用场（厂）内机动车辆安全定期检验周期为 1 年

14. 叉车常用于仓储大型物件的运输，通常使用燃油机或者电池驱动。下列有关叉车安全操作技术的说法中，正确的是（　　）。

A. 当物件重量不明时，严禁叉运

B. 物件提升离地后，应保持起落架水平，方可行驶

C. 不得单叉作业和使用货叉顶货或拉货

D. 以内燃机为动力的叉车，进入易燃、易爆的仓库内作业时，应加火星熄灭器

E. 叉装时，物件应靠近起落架，其重心应在起落架中间，确认无误，方可提升

15. 为确保叉车在作业过程中安全，针对叉车上主要的安全部件均需要进行试验检测。下列关于叉车主要安全部件的试验检测的说法中，正确的是（　　）。

A. 高压油管应通过耐压试验、长度变化试验、爆破试验、脉冲试验、泄漏试验等

B. 链条应进行拉伸载荷和重复加载的载荷试验

C. 链条应进行拉伸载荷和动载荷试验

D. 护顶架应进行静态和动态两种载荷试验检测

E. 货叉应通过重复加载的载荷试验检测

16. 根据《特种设备目录》，场（厂）内专用机动车辆是指除道路交通、农用车辆以外仅在工厂厂区、旅游景区、游乐场所等特定区域使用的专用机动车辆。根据《场（厂）内专用机动车辆安全技术监察规程》（TSG N0001），下列属于叉车定期（含首次）检验的基本项目的是（　　）。

A. 主要零部件检查、铭牌和安全警示标志检查

B. 额定起重量、起升高度、长度等主要参数测量

C. 装卸性能、转向性能、运行性能、动力性能、制动性能等性能试验

D. 电气安全试验，跟踪能力测定

E. 最大坡度下坡制停试验

17. 【2020 年真题】叉车的液压系统一般都使用中高压供油，高压胶管是液压系统的主要元件之一，其可靠性应既能保证叉车的正常工作，又能保护人身安全。因此，高压胶

管性能和质量必须通过各项试验检测合格后方可用于叉车。下列试验项目中，高压胶管在生产验收时必须通过的试验有（　　）。

A. 脉冲试验　　B. 耐压试验

C. 长度变化试验　　D. 爆破试验

E. 真空试验

18.【2019 年真题】叉车是工厂和物流企业广泛使用的搬运机械，各运行系统和控制系统的正确设置是其安全可靠运行的重要保证。根据《场（厂）内专用机动车辆安全技术监察规程》（TSG N0001），下列针对叉车运行系统和控制系统的安全要求中，正确的有（　　）。

A. 蓄电池叉车的控制系统应当具有过电压、欠电流保护功能

B. 蓄电池叉车的电气系统应当采用单线制，并保证良好绝缘

C. 蓄电池叉车的控制系统应当具有过热保护功能

D. 液压传动叉车，应具有微动功能

E. 静压传动叉车，只有处于制动状态时才能启动发动机

## 第九节　客运索道安全技术

### 一、单项选择题（每题的备选项中，只有 1 个最符合题意）

1. 根据我国索道行业的统计数字，目前全国建有各类客运架空索道（不含拖牵索道）500余条，其中单线循环固定抱索器客运索道所占比重不低于2/3。下列关于单线循环固定抱索器客运索道的安全装置说法中，合理的是（　　）。

A. 吊厢门应安装锁闭系统，但应保证紧急情况下车门可以由车内打开

B. 应设超速保护，在运行速度超过额定速度的 50% 时，能自动停车

C. 驱动迂回轮应有防止钢丝绳滑出轮槽飞出的装置

D. 索道张紧小车的前部或后部应择其一个部分装设缓冲器

2. 客运索道是指用于运送旅客的“索道”。中国黄山的登山索道是亚洲最长的空中客运索道；意大利米兰市的客运索道建在市中心，被誉为“空中公共汽车”。下列关于客运索道安全运行的要求中，正确的是（　　）。

A. 运送乘客之前应进行一次试车，确认无误并经客运索道操作员签字后方可运送乘客

B. 司机应对驱动机、操作台每周至少检查一次，确定本周所发生的故障是否排除

C. 紧急情况下，只有同时有两位操作员同时在场时，才允许在事故状态下再开车以便将乘客运回站房

D. 运营后每 1~2 年应对支架各相关位置进行检测，以防发生重大脱索事故

3. 客运索道一旦出现故障，可能造成人员被困、坠落等事故，因此客运索道的使用单位应当制定应急预案。下列关于客运索道应急救援的说法中，错误的是（　　）。

A. 救援物资只可在救援时使用，不得挪作他用

B. 自身的应急救援体系要与社会应急救援体系相衔接

C. 至少每两年进行一次应急救援演练

D. 救护设备应按要求存放，并进行日常检查

4. 客运索道是指用于运送旅客的“索道”，有往复式索道和循环式索道两类。根据《客运索道监督检验和定期检验规则》（TSG S7001），下列关于客运索道的说法中，正确的是（　　）。

A. 如果索道夜间需要运行时，站内、站口、长度超过 50 m 的隧道内应当设置照明装置

B. 每条循环式架空索道应当配备至少 2 套救护设备，并且当运载工具距地超过 15 m 时，应当采用缓降器进行救护

C. 新建架空索道和高位拖牵索道的运载索以及编成一根连续环线的牵引索最多允许有 3 个编接接头

D. 客运索道司机室在关好门窗和室内人员安静时测量的噪音不大于 85 dB(A) 为合格

5. 单线循环固定抱索器脉动式索道和单线固定抱索器往复式索道工作时的危险性较单线循环固定抱索器客运架空索道更大，故对二者安全要求应更加严格。下列关于单线循环固定抱索器脉动式索道和单线固定抱索器往复式索道安全要求的说法中，正确的是（　　）。

A. 对于单线循环固定抱索器脉动式索道，应配备至少两套相同类型、来源及独立控制的进站减速控制装置

B. 对于单线循环固定抱索器脉动式索道，不应设进站速度检测开关

C. 对于单线固定抱索器往复式索道，应设越位开关，在客车超越停车位置时，应能发出警报，警示操作者紧急停车

D. 对于单线固定抱索器往复式索道，开车时站台间应设有信号联络控制系统，在站台未发开车信号前，索道不能启动

6. 客运拖牵索道是利用雪面、冰面、水面支撑运载工具运送乘客的设备；客运缆车是利用地面轨道支撑运载工具运送乘客的设备。下列关于二者安全装置的说法中，正确的是（　　）。

A. 对于客运拖牵索道，钢丝绳张紧系统应当有二次保护装置

B. 对于客运拖牵索道，支架高度从地面算起超过 2 m 的支架应有固定爬梯，并且装设工作平台

C. 对于客运缆车，在个别有危树的地方应装设检测树倒的装置，一旦树倒立即报警但不得紧急停车，以免对乘客造成伤害

D. 对于客运缆车，应设超速保护，在运行速度超过额定速度 5% 时，能自动停车

7. 客运索道是指动力驱动，利用柔性绳索牵引箱体等运载工具运送人员的机电设备，包括客运架空索道、客运缆车、客运拖牵索道等。下列关于单线循环固定抱索器客运架空索道安全装置的说法中，正确的是（　　）。

A. 客运索道的运行速度超过额定速度 15% 时，能自动停车

B. 索道夜间运行的支架上电力线不应超过 24 V

C. 吊箱门应安装闭锁系统，应由车内外都能打开

D. 当吊具距地大于 10 m 的时候，应有缓降器救护设备

8. 【2019 年真题】抱索器是客运索道的重要安全部件，一旦出现问题，必定会造成人身伤害。因此，应在规定的周期内对抱索器进行无损检测。依据《客运索道监督检验和定期检验规则》（TSG S7001），抱索器的无损检测应当采用（　　）。

A. 超声检测法　　B. 射线检测法

C. 磁粉检测法　　D. 渗透检测法

## 二、多项选择题（每题的备选项中有 2 个或 2 个以上符合题意，至少有 1 个错误选项）

9. 客运索道是景区承载乘客的重要设施。根据《客运索道安全监督管理规定》可知，下列关于客运索道的安全管理中，符合要求的是（　　）。

A. 使用单位应设置兼职的安全管理人员，对客运索道使用情况进行经常性的检查

B. 每天开始运行前，应彻底检查全线设备是否处于完好状态，运送乘客之前应进行一次试车，确认无误并经值班站长签字或授权负责人签字后方可运送乘客

C. 司机除按运转维护规程操作外，对驱动机、操作台每月检查一次，对当月所发生的故障是否排除，应写在运行日记中

D. 值班电工、钳工对专责设备每月至少检查一次，线路润滑巡视工每周至少全线巡视一次

E. 若设备停运期间遇到恶劣天气，应对线路进行彻底的检查，证明一切正常后方可运送乘客

10. 客运索道是由钢索（运载索，或承载索和牵引索）、钢索的驱动装置、迂回装置、张紧装置、支承装置、抱索器、运载工具、电气设备及安全装置组成。下列关于单线循环固定抱索器客运架空索道安全装置的说法中，正确的是（　　）。

A. 行程保护装置应在张紧小车、重锤或油缸行程达到极限之前，发出报警信号或自动停车

B. 有负力的索道应设超速保护，在运行速度超过额定速度 10% 时，能自动停车

C. 张紧小车前后均应装设缓冲器防止意外撞击

D. 如索道夜间运行时，站内及线路上应有针对性照明，支架上电力线不允许超过 42 V

E. 吊具距地大于 15 m 时，应有缓降器救护工具，绳索长度应适应最大高度救护要求

11. 客运索道是指用于运送旅客的“索道”，有往复式索道和循环式索道两类，前者在线路支架两侧的承载索上各挂一个载客车厢，由一条或两条牵引索牵引沿线路往复运行。下列关于双线往复式客运架空索道安全装置的说法中，正确的是（　　）。

A. 对于重锤行程大，牵引索跳动大的索道，应加液压缓冲装置

B. 单承载索道鞍座托索轮组应设牵引索自动复位装置，在牵引索滑出托索轮复位时不会卡住

C. 承载索与张紧索的连接处应采用可测可调的双重锚固装置

D. 承载索两端锚固的索道，应有二次保护装置及防止自行旋转的装置

E. 车厢定员大于 15 人和运行速度大于 2 m/s 的索道客车吊架与运行小车之间应设减摆器

12. 与其他运输工具相比，客运索道低能耗（一般用电力驱动），无污染；投资比其他运输形式相对低，回收快。但因索道距离地面高达十几米、甚至上百米，人体处于高处运动状态，这既是索道吸引人之处，也是危险所在。为保证运营安全，客运索道运行时必须遵守相应安全技术规程。下列关于客运索道使用的安全技术的说法中，正确的是（　　）。
   A. 客运索道每天开始运行之前，应彻底检查全线设备是否处于完好状态，在运送乘客之前至少应进行两次试车
   B. 客运索道的钢丝绳和抱索器应在规定的时期内进行无损探伤
   C. 值班电工、钳工对专责设备每月至少检查一次
   D. 若设备因事故停车，造成运行中断，应对线路进行彻底的检查，证明一切正常后即可运送乘客
   E. 对于单线循环式索道上运载工具间隔相等的固定抱索器，应按规定的时间间隔移位

## 第十节　大型游乐设施安全技术

### 一、单项选择题（每题的备选项中，只有1个最符合题意）

1. 根据 GB 8408《大型游乐设施安全规范》规定，下列关于栅栏门的叙述错误的是（　　）。
   A. 在进口处应有引导栅栏，站台应有防滑措施
   B. 栅栏门应向内外两个方向开
   C. 栅栏门的内侧应设立止推块
   D. 栅栏门开启方向应与乘客行进方向一致
2. 《游乐设施安全技术监察规程（试行）》规定：当液压、气动系统元件损坏会发生危险的设备，必须在系统中设置（　　）的保护装置。
   A. 锁紧　　B. 防止失压或失速
   C. 缓冲　　D. 止逆
3. 沿斜坡牵引的大型游乐设施提升系统，必须设置（　　）。
   A. 限时装置　　B. 缓冲装置
   C. 防碰撞装置　　D. 防逆行装置
4. 大型游乐设施包括观缆车类、转马类、自控飞机类、水上游乐设施类、赛车类、小火车类、碰碰车类等。为保证游客安全，大型游乐设施使用单位应进行大型游乐设施的自我检查、每日检查、每月检查和年度检查。下列属于大型游乐设施月检内容的是（　　）。
   A. 控制装置、限速装置、制动装置和其他安全装置是否有效及可靠
   B. 绳索、链条和乘坐物
   C. 运行是否正常，有无异常的振动或者噪声

D. 门联锁开关及安全带等是否完好

5. 大型游乐设施集知识性、趣味性、刺激性于一体，参与的游客面广、量大，一旦出现故障，可能造成人员被困、坠落、伤害等事故。为保证安全，安全装置是大型游乐设施所必需的。下列关于大型游乐设施的安全装置的说法中，正确的是（　　）。

A. 吊挂座椅除用 4 根钢丝绳吊挂以外，还必须另设 4 根保险钢丝绳

B. 沿斜坡牵引的提升系统，不得设置止逆行装置

C. 在游乐设施中，采用直流电机驱动或者设有速度可调系统时，必须设有止逆行装置

D. 绕水平轴回转并配有平衡重的游乐设施，应设有超速限制装置

6. 大型游乐设施参与者经常是少年儿童，参与过程中不易管理，容易出现意想不到的情况。为保证游客安全及运营单位利益，大型游乐设施运转过程中需遵守相应规定。下列关于大型游乐设施的安全运行说法中，正确的是（　　）。

A. 营业结束后，应关掉总电源，并对设备设施进行安全检查

B. 游乐设备正式运营前，操作员应将空车按实际工况运行一次，确认一切正常再开机

C. 紧急停止的位置，必须每个人都知道，以便需要时操作

D. 设备运行中，在乘客大声叫喊时，操作员不得停机

7. 【2021 年真题】大型游乐设施机械设备的运动部件上设置有行程开关，当行程开关的机械触头碰上挡块时，联锁系统将使机械设备停止运行或改变运行状态。这类安全装置称为（　　）。

A. 锁紧装置　　B. 止逆装置

C. 限速装置　　D. 限位装置

8. 【2020 年真题】当有两组以上（含两组）无人操作的游乐设施在同一轨道、专用车道运行时，应设置防止相互碰撞的自动控制装置和缓冲装置。其中，缓冲装置的核心部分是缓冲器，游乐设施常见的缓冲器分蓄能型缓冲器和耗能型缓冲器。下列缓冲器中，属于耗能型缓冲器的是（　　）。

A. 油压缓冲器　　B. 弹簧缓冲器

C. 聚氨酯缓冲器　　D. 橡胶缓冲器

9. 【2019 年真题】运营单位应对大型游乐设施进行自行检查，包括日检查、月检查和年度检查。下列对大型游乐设施进行检查的项目中，属于日检查时必查的项目是（　　）。

A. 动力装置　　B. 绳索、链条

C. 控制电路与电气元件　　D. 限速装置

## 二、多项选择题（每题的备选项中有 2 个或 2 个以上符合题意，至少有 1 个错误选项）

10. 安全员李某是天津市某游乐场大型游乐设施的安全监管员，对于李某负责的大型游乐设施检查记录中，不符合安全管理要求的是（　　）。

A. 每日正式运营前，操作员将空车按实际工况运行三次

B. 每次开机前，操作员先鸣铃以示警告

C. 设备运行中，乘客产生恐惧而大声叫喊时，操作员判定为正常情况不停车

D. 设备运行中，操作人员选择运营平稳时段回到遮阴篷休息

E. 每日营业结束，操作人员对设备设施进行安全检测

11. 大型游乐设施的安全装置包括乘人安全束缚装置、锁紧装置、吊挂乘坐的保险装置等。下列关于大型游乐设施安全装置的说法中，正确的是（　　）。

A. 游乐设施的耗能型缓冲器主要是以聚氨酯材料为缓冲元件

B. 束缚装置的锁紧装置在游乐设施出现功能性故障下，应仍能保持其闭锁状态

C. 锁紧装置形式有很多种，最常见的有棘轮棘爪、曲柄摇块机构等

D. 沿斜坡牵引的提升系统，必须设有防止载人装置逆行的装置

E. 超速限制装置常用的限速方式有电压比较反馈方式；驱动输入设置方式等

# 第四章　防火防爆安全技术

## 第一节　火灾爆炸事故机理

### 一、单项选择题（每题的备选项中，只有1个最符合题意）

1. 可燃物质燃烧过程如下图所示：下列数字分别代表的是（　　）。

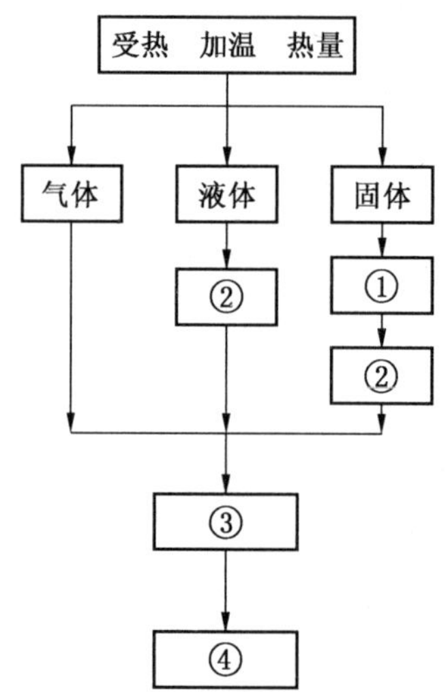


A. 蒸发；熔化；燃烧；氧化分解
B. 熔化；蒸发；燃烧；氧化分解
C. 熔化；蒸发；氧化分解；燃烧
D. 熔化；蒸发；燃烧；氧化分解

2. 可燃气体最易燃烧，其燃烧所需的热量只用于本身的氧化分解，并使其达到自燃点而燃烧，但可燃性固体的燃烧过程相对复杂。下列关于可燃固体燃烧过程正确的是（　　）。
A. 液化→气化→燃烧→氧化分解
B. 气化→液化→燃烧→氧化分解
C. 气化→液化→氧化分解→燃烧
D. 液化→气化→氧化分解→燃烧

3. 古诗“蜡炬成灰泪始干”很好的形容了蜡烛的燃烧过程，蜡烛的燃烧属于（　　）。
A. 扩散燃烧　　B. 预混燃烧
C. 蒸发燃烧　　D. 分解燃烧

4. 下列关于火灾分类的说法中，不正确的是（ ）。
   A. 煤气、天然气、甲烷、乙烷火灾属于 C 类火灾
   B. 发电机、电缆火灾属于 E 类火灾
   C. 汽油、煤油、原油火灾属于 B 类火灾
   D. 家庭的家用电器着火属于 D 类火灾
5. 根据《火灾分类》(GB/T 4968)，下列关于火灾分类的说法中，正确的是（ ）。
   A. B 类火灾是指固体物质火灾和可熔化的固体物质火灾
   B. C 类火灾是指气体火灾
   C. E 类火灾是指烹饪器具内烹饪物火灾
   D. F 类火灾是指带电火灾，是物体带电燃烧火灾
6. 闪点是指在规定条件下，材料或制品加热到释放出的气体瞬间着火并出现火焰的最低温度。对于柴油、煤油、汽油、蜡油来说，其闪点由低到高的排序是（ ）。
   A. 汽油—煤油—蜡油—柴油　　B. 汽油—煤油—柴油—蜡油
   C. 煤油—汽油—柴油—蜡油　　D. 煤油—柴油—汽油—蜡油
7. 扑灭火灾和逃生的最佳阶段是（ ）。
   A. 初起期　　B. 发展期
   C. 最盛期　　D. 熄灭期
8. 人们在山上开采石料时，将火药装入火药管，引爆火药就能将巨大的石头粉碎成小块石子，这主要运用了爆炸的（ ）特征。
   A. 爆炸过程高速进行
   B. 爆炸点附近压力急剧升高，多数爆炸伴有温度升高
   C. 发出或大或小的响声
   D. 周围介质发生震动或邻近物质遭到破坏
9. 典型火灾事故的发展为初起期、发展期、最盛期、减弱期和熄灭期。所谓的“轰燃”发生在（ ）阶段。
   A. 初起期　　B. 发展期
   C. 最盛期　　D. 减弱期
10. 按照爆炸反应相的不同，爆炸可以分为气相爆炸、液相爆炸和固相爆炸。下列爆炸中属于气相爆炸的是（ ）。
    A. 无定形锑转化成结晶锑放热引发的爆炸
    B. 液氧和煤粉混合引发的爆炸
    C. 飞扬悬浮于空气中的可燃粉尘引发的爆炸
    D. 熔融的钢水与水混合产生的蒸气爆炸
11. 液相爆炸包括聚合爆炸、蒸发爆炸及由不同液体混合引起的爆炸。下列爆炸中属于液相爆炸的是（ ）。
    A. 喷漆作业引发的爆炸
    B. 油压机喷出的油雾引发的爆炸
    C. 氯乙烯在分解时引起的爆炸

D. 硝酸和油脂混合时引发的爆炸

12. 爆炸冲击波以超音速传播的爆炸过程称为（　　）。

A. 燃烧　　B. 爆炸

C. 爆燃　　D. 爆轰

13. 某亚麻厂由于生产车间内亚麻粉浓度偏高，车间除尘系统的火花引起了亚麻粉尘的爆炸，造成严重人员伤亡和厂房、设施的破坏。亚麻粉尘爆炸的破坏作用不包括（　　）。

A. 冲击波　　B. 地震波

C. 电磁辐射　　D. 碎片冲击

14. 某市的亚麻厂发生麻尘爆炸时，有连续三次爆炸，结果在该市地震局的地震检测仪上，记录了在 7 s 之内的曲线上出现有三次高峰。这种震荡波是由（　　）引起的。

A. 冲击波　　B. 碎片冲击

C. 震荡作用　　D. 空气压缩作用

15. 爆炸极限是表征可燃气体、蒸气和可燃粉尘危险性的主要指标之一。其基本含义是指这类物质与空气的混合物在遇到火源后就会发生爆炸的（　　）范围。

A. 温度　　B. 浓度

C. 压力　　D. 点火能量

16. 可燃气体的点火能量与其爆炸极限范围的关系是（　　）。

A. 点火能量越大，爆炸极限范围越窄

B. 点火能量越大，爆炸极限范围越宽

C. 爆炸极限范围不随点火能量变化

D. 爆炸极限范围与点火能量无确定关系

17. 在爆炸性混合气体中加入惰性气体，当惰性气体的浓度增加到某一数值时，（　　）。

A. 爆炸上、下限差值为常数，但不为 0

B. 爆炸上、下限趋于一致

C. 爆炸上限不变，下限增加

D. 爆炸下限不变，上限减小

18. 会导致爆炸性气体的爆炸极限范围变大的条件是（　　）。

A. 初始温度降低　　B. 管径减小

C. 点火源能量减小　　D. 初始压力增大

19. 可燃性粉尘与空气混合物的温度降低，其爆炸危险性（　　）。

A. 增大　　B. 减小

C. 不变　　D. 不一定

20. 甲烷气体是矿井瓦斯的主要成分，也是引发煤矿发生瓦斯爆炸的元凶。甲烷气体的爆炸极限相对较宽，因此危险性较大，下图所示是甲烷在压力不断减小的情况下爆炸极限的曲线图，由图可知，甲烷在原始温度 500 ℃ 的温度条件下，爆炸的临界压力大约是（　　）。

A. 13 kPa　　B. 27 kPa

C. 40 kPa　　D. 66 kPa

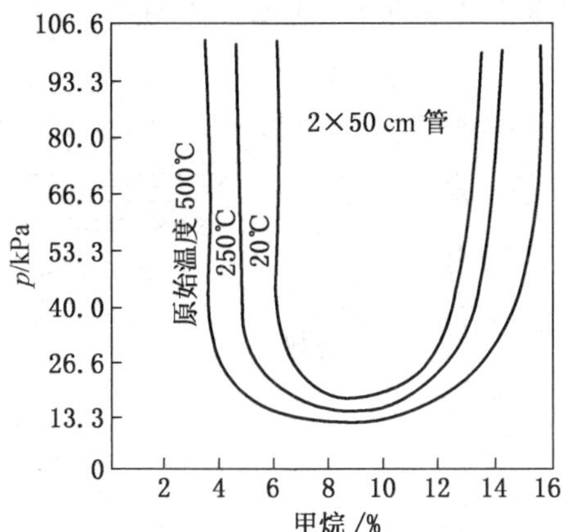


21. 某种天然气的组分如下：甲烷 80%，乙烷 15%，丙烷 4%，丁烷 1%。各组分相应的爆炸下限为 5%、3.22%、2.37%、1.86%，则该种天然气的爆炸下限为（ ）。

A. 3.26%　　B. 4.37%

C. 2.37%　　D. 5.16%

22. 评价粉尘爆炸的危险性有很多技术指标，如爆炸极限、最低着火温度，爆炸压力、爆炸压力上升速率等。除上述指标外，下列指标中，属于评价粉尘爆炸危险性指标的还有（ ）。

A. 最大点火能量　　B. 最小点火能量

C. 最大密闭空间　　D. 最小密闭空间

23. 粉尘爆炸产生的冲击波将堆积的粉尘扬起，在新的空间形成爆炸极限浓度范围内的混合物，遇到新的点火源再次发生爆炸的现象称为（ ）。

A. 二次爆炸　　B. 爆炸感应

C. 气固两相流反应　　D. 爆炸上升

24. 乙烯在储存、运输过程中压力、温度较低，较少出现分解爆炸事故；采用高压法工艺生产聚乙烯时，可能发生分解爆炸事故。下列关于分解爆炸所需能量与压力关系的说法中，正确的是（ ）。

A. 随压力的升高而升高

B. 随压力的降低而降低

C. 随压力的升高而降低

D. 与压力的变化无关

25. 按照爆炸反应相的不同，爆炸可分为气相爆炸、液相爆炸和固相爆炸。下列爆炸情形中，属于液相爆炸的是（ ）。

A. 液体被喷成雾状物在剧烈燃烧时引起的爆炸

B. 飞扬悬浮于空气中的可燃粉尘引起的爆炸

C. 液氧和煤粉混合时引起的爆炸

D. 爆炸性混合物及其他爆炸性物质的爆炸

26. 下页图所示为氢和氧的混合物（2∶1）爆炸区间示意图。其中 $a$ 点和 $b$ 点的压力分别是混合物在 500 ℃时的爆炸下限和爆炸上限。随着温度的增加，爆炸极限的变化趋势是（　　）。

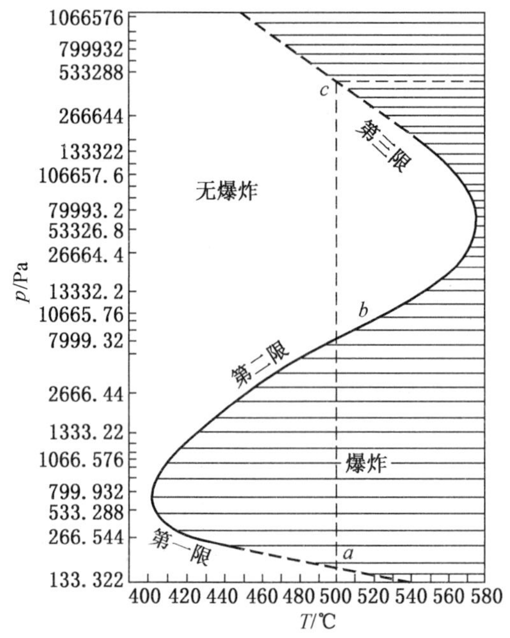


A. 会变宽　　　　B. 会变窄

C. 先变宽后变窄　　　　D. 先变窄后变宽

27. 燃烧是可燃物与氧化剂作用发生的放热反应，通常伴有火焰、发光和发烟现象。下列关于物质燃烧过程的说法中，正确的是（　　）。

A. 除可燃气体外，大多数可燃物质的燃烧并非是物质本身在燃烧，而是物质受热分解出的气体或液体蒸气在气相中的燃烧

B. 乙醇在点火源作用下，首先蒸发成蒸气，其蒸气被氧化、分解后达到燃点或自燃点而燃烧

C. 在固体燃烧中，如果是硫、磷等物质，受热时首先分解为气态产物，其气态产物进行氧化分解着火燃烧

D. 焦炭不能分解为气态物质，在燃烧时则呈炽热状态，产生稳定火焰

28. 可燃物质在空气中燃烧的形式一般有 6 种，即扩散燃烧、预混燃烧、蒸发燃烧、分解燃烧、表面燃烧和阴燃。下列关于燃烧的定义及分类的说法中，正确的是（　　）。

A. 家用燃气设备的燃烧和施工现场气割用火均属于预混燃烧

B. 酒精、汽油、苯的燃烧属于扩散燃烧

C. 木材、纸的固体表面与空气接触的部位上，会被点燃而生成“炭灰”，使燃烧持续下去这就是表面燃烧

D. 煤气、液化石油气泄漏并与空气混合后遇到明火发生的燃烧爆炸即是预混燃烧

29. 《火灾分类》（GB/T 4968）按可燃物的类型和燃烧特性将火灾分为 A—F 六个类别。下列关于火灾分类的说法中，正确的是（　　）。

A. 石蜡、沥青燃烧引起的火灾属于 B 类火灾
B. 仓库中存放的发电机及电缆起火燃烧引起的火灾属于 E 类火灾
C. 固体镁条燃烧引起的火灾属于 A 类火灾
D. 实验室内铝粉尘燃烧引起的火灾属于 C 类火灾

30. 通过对大量的火灾事故的研究分析得出，典型火灾事故的发展分为初起期、发展期、最盛期、减弱至熄灭期。下列关于火灾事故发展的五个时期的说法中，正确的是（　　）。
A. 初起期是火灾开始发生的阶段，这一阶段可燃物的热解过程至关重要，主要特征是闪燃、阴燃
B. 由于建筑物内可燃物、通风等条件的不同，建筑火灾均能达到最盛期，但是达到的时间长短不同
C. 最盛期的火灾燃烧方式是通风控制火灾，火势的大小由可燃物的种类决定，轰燃就发生在这一阶段
D. 减弱至熄灭期是火灾由最盛期开始消减直至熄灭的阶段，熄灭的原因可以是燃料不足、灭火系统的作用等

31. 目前，关于燃烧机理共提出了三种理论，分别为活化能理论、过氧化物理论、链反应理论。下列关于链反应理论的说法中，正确的是（　　）。
A. 直链反应是指在反应中一个游离基能生成一个以上的新的游离基
B. 支链反应的基本特点是，每个自由基与其他分子反应后只生成一个新自由基
C. 在链式反应的发展阶段，自由基很不稳定，易与反应物分子作用生成燃烧产物分子和新的自由基，使链式反应得以持续下去
D. 在压力较高时，因自由基撞击器壁将能量散失或被吸附造成自由基消失；在压力较低时，因自由基相互碰撞生成分子造成自由基消失

32. 人们在生产活动中，由于不认识物质的危险特性或违反了正常生产操作，而意外地发生了突发性大量能量的释放，这种由于人为、环境或管理上的原因而发生的和造成财产损失、物破坏或人身伤亡的事故，并伴有强烈的冲击波、高温高压和地震效应的事故称为爆炸事故。爆炸现象的最主要特征是（　　）。
A. 爆炸过程高速进行
B. 爆炸点及其附近压力急剧升高
C. 爆炸会产生巨大的噪声
D. 爆炸会造成附近建筑物几乎全部摧毁

33. 爆炸按照爆炸速度分类，可分为爆燃、爆炸、爆轰三类。下列关于上述三种爆炸类型的说法中，正确的是（　　）。
A. 爆燃会伴有以超音速传播的燃烧波
B. 发生爆燃时，物质爆炸时的燃烧速度为每秒数十米，并伴随着巨大的声响
C. 发生爆炸时，物质爆炸时的燃烧速度为每秒数米至十几米，有较大破坏力，有震耳的声响
D. 发生爆轰时，物质爆炸时的燃烧速度为 1000~7000 m/s，并产生超音速“冲击波”

34. 分解爆炸性气体在温度和压力的作用下发生分解反应时，可产生相当数量的分解热，这为爆炸提供了能量。某些气体如乙炔、乙烯、环氧乙烷等，即使在没有氧气的条件下，也能被点燃爆炸，其实质是一种分解爆炸。下列关于乙炔性能及其使用的说法中，错误的是（　　）。

A. 当乙炔受热或受压时，容易发生聚合、加成、取代或爆炸性分解等反应

B. 乙炔与铜生产的乙炔盐只需轻微的撞击便能发生爆炸而使乙炔着火

C. 当乙炔压力较高时，应加入氮气等惰性气体加以稀释

D. 在用乙炔焊接时，应使用含银焊条

35. 爆炸极限是表征可燃气体、蒸气和可燃粉尘危险性的主要指标之一。能够爆炸的最低浓度称为爆炸下限；能发生爆炸的最高浓度称为爆炸上限。可燃性气体、蒸气和可燃性粉尘的危险性可用危险度 $H$ 表示（危险度 $H$ 大小与爆炸上限和爆炸下限有关），各个物质在空气中的爆炸上下限见下表，则下列物质中，危险性最小的是（　　）。

| 气体名称 | 在空气中的爆炸极限（体积分数）/% | |
|---|---|---|
| | 爆炸下限 | 爆炸上限 |
| 甲烷 | 4.9 | 15 |
| 乙烯 | 2.8 | 34.0 |
| 氢气 | 4.0 | 75.0 |
| 一氧化碳 | 12.0 | 74.5 |

A. 甲烷　　B. 乙烯

C. 氢气　　D. 一氧化碳

36. 当可燃性固体呈粉体状态，粒度足够细，飞扬悬浮于空气中，并达到一定浓度，在相对密闭的空间内，遇到足够的点火能量，就能发生粉尘爆炸。下列物质中不会发生粉尘爆炸的是（　　）。

A. 活性炭　　B. 麦糠

C. 合成黏结剂　　D. 玻璃粉

37. 可燃物质的聚集状态不同，其受热后所发生的燃烧过程也不同。下列关于燃烧过程及燃烧形式的说法中，错误的是（　　）。

A. 可燃液体燃烧的过程是首先蒸发成蒸气，然后蒸气被氧化、分解后达到燃点或自燃点而燃烧

B. 酒精、汽油等可燃液体在热源的作用下，蒸发出的蒸气发生燃烧属于蒸发燃烧

C. 可燃气体与空气通过旋流器进行充分混合，并形成一定浓度的可燃气体混合物，被点火源点燃所引起的燃烧或爆炸为扩散燃烧

D. 分子结构复杂的固体可燃物，在受热分解出其组成成分及加热温度相应的热分解产物再氧化燃烧称为分解燃烧

38. 火灾的基本参数包括闪点、燃点、自燃点等。下列关于火灾参数的说法中，错误的是（　　）。

A. 一般情况下，闪点越低，火灾危险性越大

B. 液体和固体可燃物受热分解并析出的可燃气体挥发物越多，其自燃点越高

C. 汽油、煤油、轻柴油、重柴油、蜡油、渣油的闪点依次升高

D. 一般情况下，燃点越低，火灾危险性越大

39. 自燃点是指在规定条件下，物质不用任何辅助引燃能源而达到自行燃烧的最低温度。对于柴油、煤油、汽油、蜡油来说，其自燃点由低到高的排序是（　　）。

A. 汽油→煤油→柴油→蜡油

B. 煤油→汽油→柴油→蜡油

C. 蜡油→煤油→汽油→柴油

D. 蜡油→柴油→煤油→汽油

40. 爆炸是物质系统的一种极为迅速的物理的或化学的能量释放或转化过程，在此过程中，系统的能量将转化为机械功、光和热的辐射等。按照爆炸能量来源，爆炸可分为物理爆炸、化学爆炸和核爆炸。下列关于爆炸分类的说法中，正确的是（　　）。

A. 导线因电流过载，金属迅速气化而引起的爆炸是化学爆炸

B. 乙炔在无氧条件下发生的分解爆炸属于物理爆炸

C. 蒸气锅炉因水快速汽化发生爆炸是物理爆炸

D. 熔融的矿渣与水接触而引起的爆炸属于化学爆炸

41. 可燃气体是石油化工等工业场合遇到最多的危险气体，它主要是烷烃等有机气体和某些无机气体，如一氧化碳、甲烷等。下列关于可燃气体爆炸的说法中，正确的是（　　）。

A. 乙炔、乙烯、环氧乙烷等，即使在没有氧气的条件下，也能发生爆炸

B. 在用乙炔焊接时，应当使用含银焊条

C. 爆炸极限是表征可燃气体、蒸气和可燃粉尘危险性的唯一指标

D. 所有的可燃混合气的爆炸都可以用热着火机理解释

42. 井下煤尘不但会导致矿井工人尘肺病，还有爆炸的危险，进而引发更为严重的损伤事故。下列关于煤尘爆炸的说法中，正确的是（　　）。

A. 煤尘爆炸比气体爆炸过程复杂，且所需要的点火能要多

B. 煤尘爆炸压力上升速度比爆炸气体快，产生的能量大，破坏程度大

C. 煤尘爆炸感应期较短

D. 煤尘爆炸一般不会引起二次爆炸

43. 可燃性固体呈粉体状态，粒度足够细，飞扬悬浮于空气中，并达到一定浓度，在相对密闭的空间内，遇到足够的点火能量，就能发生粉尘爆炸，具有粉尘爆炸危险性的物质较多，大体可分为七类。下列物质粉尘中，不会发生爆炸的是（　　）。

A. 活性炭粉尘　　B. 二氧化硅粉尘

C. 鱼骨粉尘　　D. 铝镁合金粉尘

44. 粉尘爆炸极限不是固定不变的，它的影响因素主要有粉尘粒度、分散度、湿度、点火源的性质、可燃气含量、氧含量、温度、惰性粉尘和灰分等。下列关于粉尘爆炸极限的说法中，错误的是（　　）。

A. 一般来说，粉尘粒度越细，分散度越高，爆炸极限范围越大

B. 一般来说，可燃气体和氧的含量越大，火源强度、初始温度越高，爆炸极限范围越大

C. 一般来说，湿度越低，惰性粉尘及灰分越少，爆炸极限范围越大

D. 当粉尘粒度越粗，比表面越大，反应速度越快，爆炸上升速率就越大

45.【2021 年真题】危险物质以气体、蒸气、薄雾、粉尘、纤维等形态出现，在大气条件下能与空气形成爆炸性混合物，如遇电气火花会造成火灾爆炸事故。关于危险物质火灾危险性与其性能参数的说法，正确的是（　　）。

A. 着火点越低的可燃固体物质，其火灾危险性越小

B. 闪点越高的可燃液体物质，其火灾危险性越大

C. 爆炸下限越低的可燃气体物质，其火灾危险性越小

D. 活化能越低的可燃性粉尘物质，其火灾危险性越大

46.【2021 年真题】通过对大量火灾事故的研究，火灾事故的发展阶段一般分为初起期、发展期、最盛期、减弱至熄灭期等，各个阶段具有不同的特征。下列燃烧特征或现象中，属于火灾发展期典型特征的是（　　）。

A. 冒烟　　B. 阴燃

C. 轰燃　　D. 压力逐渐降低

47.【2021 年真题】可燃气体、蒸气和可燃粉尘的危险性用危险度表示，危险度由爆炸极限确定。若某可燃气体在空气中爆炸上限是 44%，爆炸下限是 4%，则该可燃气的危险度是（　　）。

A. 0. 10　　B. 0. 90　　C. 10. 00　　D. 11. 00

48.【2021 年真题】粉尘爆炸过程比气体爆炸过程复杂，爆炸条件有一定差异。下列粉尘爆炸条件中，不是必要条件的是（　　）。

A. 粉尘本身具有可燃性

B. 粉尘处于密闭空间

C. 粉尘悬浮在空气或助燃气体中并达到一定浓度

D. 有足以引起粉尘爆炸的起始能量（点火源）

49.【2020 年真题】可燃气体的爆炸浓度极限范围受温度、压力、点火源能量等因素的影响。当其他因素不变、点火源能量大于某一数值时，点火源能量对爆炸浓度极限范围的影响较小。在测试甲烷与空气混合物的爆炸浓度极限时，点火源能量应选（　　）。

A. 5 J 以上　　B. 15 J 以上

C. 20 J 以上　　D. 10 J 以上

50.【2020 年真题】可燃性粉尘浓度达到爆炸极限，遇到足够能量的点火源会发生粉尘爆炸。粉尘爆炸过程中，热交换的主要方式是（　　）。

A. 热传导　　B. 热对流

C. 热蒸发　　D. 热辐射

51.【2020 年真题】火灾事故的发展过程分为初起期、发展期、最盛期、减弱至熄灭期。其中，发展期是火势由小到大发展的阶段，该阶段火灾热释放速率与时间的（　　）成正比。

A. 平方　　B. 立方
C. 立方根　　D. 平方根

52. 【2019 年真题】某化工技术有限公司污水处理车间发生火灾，经现场勘察，污水处理车间废水罐内主要含有水、甲苯、焦油、少量废催化剂（雷尼镍）等，事故调查分析认为雷尼镍自燃引起甲苯爆燃。根据《火灾分类》（GB/T 4968），该火灾类型属于（　　）。
A. A 类火灾　　B. B 类火灾
C. C 类火灾　　D. D 类火灾

53. 【2019 年真题】可燃物质在规定条件下，不用任何辅助引燃能源而达到自行燃烧的最低温度称为自燃点。下列关于可燃物质自燃点的说法中，正确的是（　　）。
A. 液体可燃物受热分解越快，自身散热越快，其自燃点越高
B. 固体可燃物受热分解的可燃气体挥发物越多，其自燃点越低
C. 固体可燃物粉碎得越细，其自燃点越高
D. 油品密度越小，闪点越高，其自燃点越低

54. 【2019 年真题】爆炸是物质系统的一种极为迅速的物理或化学能量的释放或转化过程，在此过程中，系统的能量将转化为机械功、光和热的辐射等。按照能量来源，爆炸可分为物理爆炸、化学爆炸和核爆炸。下列爆炸现象中，属于物理爆炸的是（　　）。
A. 活泼金属与水接触引起的爆炸
B. 空气中的可燃粉尘云引起的爆炸
C. 液氧和煤粉混合而引起的爆炸
D. 导线因电流过载而引起的爆炸

55. 【2019 年真题】影响可燃气体的火灾爆炸危险性的参数主要有爆炸极限、自燃点、扩散性、压缩性、化学活泼性等。其中，可燃气体的爆炸极限越宽，爆炸下限越低，则气体的火灾爆炸危险性越大。下表列出了 4 种可燃气体在空气中的爆炸极限，其中火灾爆炸危险性最大的气体是（　　）。

| 气体名称 | 在空气中的爆炸极限（体积分数）/% | |
|---|---|---|
| | 爆炸下限 | 爆炸上限 |
| 丁烷 | 1.5 | 8.5 |
| 乙烯 | 2.8 | 34.0 |
| 氢气 | 4.0 | 75.0 |
| 一氧化碳 | 12.0 | 74.5 |

A. 丁烷　　B. 乙烯
C. 氢气　　D. 一氧化碳

56. 【2019 年真题】评价粉尘爆炸危险性的主要特征参数有爆炸极限、最小点火能量、最低爆炸压力及压力上升速率。下列关于粉尘爆炸危险性特征参数的说法中，错误的是

（　　）。

A. 粉尘爆炸极限不是固定不变的

B. 粒度对粉尘爆炸压力的影响比其对粉尘爆炸压力上升速率的影响大

C. 容器尺寸会对粉尘爆炸压力及压力上升速率有很大的影响

D. 粉尘爆炸压力及压力上升速率受湍流度等因素的影响

## 二、多项选择题（每题的备选项中有 2 个或 2 个以上符合题意，至少有 1 个错误选项）

57. 燃烧能够发生需要燃烧三要素同时存在，三要素缺少任何一个，燃烧都不能发生或持续。下列属于火的三要素的是（　　）。

A. 氧化物　　B. 可燃物

C. 热源　　D. 助燃剂

E. 引燃剂

58. 分解爆炸性气体在温度和压力的作用下发生分解反应时，可产生相当数量的分解热，为爆炸继续提供能量，因此即使不需要氧气，分解爆炸也能够发生。下列物质中能够发生分解爆炸的是（　　）。

A. 臭氧　　B. 氰化氢

C. 氧气　　D. 一氧化氮

E. 四氟乙烯

59. 预混燃烧是可燃气体与空气通过旋流器进行充分混合，并形成一定浓度的可燃气体混合物，被点火源点燃所引起的燃烧或爆炸。下列情况属于预混燃烧的是（　　）。

A. 实验用酒精灯点燃后产生的稳定燃烧

B. 动火作业前未进行吹扫，点火后发生的大规模燃烧爆炸

C. 液化石油气储罐受到外力撞击后泄漏引发的燃烧

D. A4 纸被打火机点燃后产生的燃烧

E. 家用燃气灶点燃后产生的稳定燃烧

60. 《火灾分类》(GB/T 4968) 按物质的燃烧特性将火灾分为：A 类火灾、B 类火灾、C 类火灾、D 类火灾、E 类火灾和 F 类火灾。下列关于火灾的分类中，正确的是（　　）。

A. 固体镁储存仓库自燃着火属于 A 类火灾

B. 废品仓库里储存的捆扎废旧电缆着火属于 E 类火灾

C. 厨房烹饪时铁锅内的动物油点燃着火属于 F 类火灾

D. 沥青和石蜡着火属于 B 类火灾

E. 煤气泄漏引发火灾属于 C 类火灾

61. 按照爆炸反应相的不同，爆炸可分为气相爆炸、液相爆炸和固相爆炸。下列爆炸中，属于气相爆炸的是（　　）。

A. 熔融的钢水与水混合产生蒸气爆炸

B. 空气和氢气、丙烷、乙醚等混合气的爆炸

C. 油压机喷出的油雾、喷漆作业引起的爆炸

D. 空气中飞散的铝粉、镁粉、亚麻、玉米淀粉等引起的爆炸

E. 熔融的矿渣与水接触

62. 某钢厂在出钢水过程中，前一夜将空的钢包放至室外备用，由于夜晚下了小雨，钢包内存有雨水，但换钢包的工人并未察觉，熔融的钢水在进入钢包后，发生了剧烈爆炸，钢包爆炸火焰和冲击波又引爆了周围钢包，造成了严重后果，该爆炸事故中，存在的爆炸类型有（　　）。

A. 物理爆炸　　B. 化学爆炸
C. 气相爆炸　　D. 液相爆炸
E. 固相爆炸

63. 混合爆炸气体的爆炸极限值不是一个物理常数，它随条件的变化而变化。通常对其产生影响的因素包括（　　）。

A. 初始温度　　B. 初始压力
C. 点火源活化能量　　D. 照明亮度
E. 爆炸容器材料

64. 可燃性固体呈粉体状态，粒度足够细，飞扬悬浮于空气中，达到一定浓度，在相对密闭的空间内，遇到足够的点火能量，就能发生爆炸。下列粉尘中，具有爆炸危险性的是（　　）。

A. 镁粉　　B. 淀粉
C. 饲料粉尘　　D. 水泥粉
E. 玻璃碎粉尘

65. 衡量物质火灾危险性的参数有：最小点火能、着火延滞期、闪点、着火点、自燃点等。下列关于火灾危险性的说法中，正确的有（　　）。

A. 一般情况下，闪点越低，火灾危险性越大
B. 一般情况下，着火点越高，火灾危险性越小
C. 一般情况下，最小点火能越高，火灾危险性越小
D. 一般情况下，自燃点越低，火灾危险性越小
E. 一般情况下，着火延滞期越长，火灾危险性越大

66. 衡量物质火灾危险性的参数有：最小点火能、着火延滞期、闪点、着火点、自燃点等。下列关于火灾危险性参数的说法中，正确的是（　　）。

A. 固体可燃物粉碎得越细，其自燃点越高
B. 一般情况下，物质的燃点或着火点越低，火灾危险性越小
C. 一般情况下，物质闪点越低，火灾危险性越大
D. 液体和固体可燃物受热分解并析出的可燃气体挥发物越多，其自燃点越低
E. 重柴油的密度小于渣油，故重柴油闪点较渣油高，自燃点较渣油低

67. 粉尘爆炸是一个瞬间的连锁反应，属于不稳定的气固二相流反应。下列关于粉尘爆炸的说法中，正确的是（　　）。

A. 粉尘爆炸点火能比气体爆炸点火能大，粉尘爆炸容易发生二次爆炸
B. 粉尘爆炸感应时间比气体爆炸短
C. 粉尘爆炸压力上升速度比爆炸气体快

D. 粉尘粒度对粉尘爆炸压力上升速度的影响比其对粉尘爆炸压力的影响大很多

E. 粉尘粒度越细，比表面越大，反应速度越快，爆炸上升速率就越大

68. 2014 年 8 月，位于 S 省的某金属制品有限公司抛光二车间发生特别重大铝粉尘爆炸事故，造成了巨大的经济损失。为控制爆炸事故，某科研单位决定对爆炸进行分类研究。下列关于爆炸分类的说法中，正确的是（　　）。

A. 环氧乙烷在压力下发生简单分解爆炸，按爆炸能量来源分类属于物理爆炸，按照爆炸反应相分类属于气相爆炸

B. 空气中飞散的铝粉、镁粉、玉米淀粉等引起的爆炸，按爆炸能量来源分类属于化学爆炸，按照爆炸反应相分类属于气相爆炸

C. 液氧和煤粉等混合时引起的爆炸，按爆炸能量来源分类属于化学爆炸，按照爆炸反应相分类属于固相爆炸

D. 熔融的矿渣与水接触，钢水与水混合产生蒸气爆炸，按爆炸能量来源分类属于物理爆炸，按照爆炸反应相分类属于液相爆炸

E. 三硝基甲苯由于受热发生的爆炸，按爆炸能量来源分类属于化学爆炸，按照爆炸反应相分类属于液相爆炸

69. 爆炸是物质系统的一种极为迅速的物理的或化学的能量释放或转化过程。下列关于爆炸事故危害的说法中，正确的是（　　）。

A. 爆炸产生的冲击波能造成附近建筑物的破坏，其破坏程度与其距产生冲击波的中心距离有关

B. 爆炸的机械破坏效应会使容器、设备、装置以及建筑材料等的碎片，在相当大的范围内飞散而造成伤害

C. 爆炸冲击波会使积存在地面上的粉尘扬起，可能导致污染但不会引起二次爆炸

D. 爆炸可能引起短暂的地震波，造成建筑物的震荡、开裂、松散倒塌等危害

E. 爆炸反应中可能会生成一定量的有毒气体导致人员中毒或死亡

70. 同可燃气体（蒸气）与空气的混合物一样，可燃粉尘与空气混合物遇点火源也可能发生爆炸，同样是一种链式连锁反应，当外界热量足够时，火焰传播速度将越来越快，最后引起爆炸。下列关于二者爆炸过程和爆炸极限的说法中，正确的是（　　）。

A. 粉尘爆炸速度或爆炸压力上升速度比爆炸气体大，且燃烧时间长，破坏程度大

B. 粉尘的爆炸过程比气体的爆炸过程复杂，感应期比气体长得多

C. 可燃气体爆炸中，促使温度上升的传热方式主要是热辐射；粉尘爆炸中，热传导的作用大

D. 粉尘爆炸所需的发火能较气体爆炸要大得多

E. 可燃粉尘的爆炸极限一般以其单位体积混合物中的质量来表示，如铝粉在空气中的爆炸极限约为 15 $g/m^3$

71. 粉尘爆炸极限不是固定不变的，它的影响因素主要有粉尘粒度、分散度、湿度、点火源的性质、可燃气含量、氧含量、温度、惰性粉尘和灰分等。下列关于粉尘爆炸影响因素的说法中，正确的是（　　）。

A. 一般来说，粉尘粒度越细，惰性粉尘及灰分越多，粉尘爆炸危险性也就越大

B. 粒度对粉尘爆炸压力的影响比其对粉尘爆炸压力上升速率的影响大得多
C. 当粉尘粒度越细，比表面越大，反应速度越快，爆炸上升速率就越大
D. 随着初始压力的增大，密闭容器的粉尘爆炸压力及压力上升速率也增大
E. 粉尘爆炸在长度足够长的管道中传播，碰到障碍片时，可能会转化为爆轰

72. 爆炸过程表现为两个阶段，第一阶段中，物质的潜在能以一定的方式转化为强烈的压缩能；第二阶段，压缩物质急剧膨胀，对外做功，从而引起周围介质的变化和破坏。下列关于爆炸破坏作用的说法中，正确的是（　　）。
A. 爆炸形成的高温、高压、低能量密度的气体产物，以极高的速度向周围膨胀
B. 爆炸的机械破坏效应会使容器、设备、装置以及建筑材料等的碎片，在相当大的范围内飞散而造成伤害
C. 较猛烈的爆炸往往会引起长时间震荡的地震波
D. 高空作业人员受冲击波或震荡作用，会造成高处坠落事故
E. 粉尘作业场所轻微的爆炸冲击波会使积存在地面上的粉尘扬起，造成更大范围的二次爆炸

73. 爆炸极限是表征可燃气体、蒸汽和可燃粉尘危险性的主要指标之一。下列关于爆炸极限的说法中，正确的有（　　）。
A. 混合爆炸气体的初始温度越高，爆炸极限范围越宽，其爆炸危险性越大
B. 在混合气体中加入惰性气体，随着惰性气体含量的增加，爆炸极限范围缩小
C. 点火源的活化能量越大、加热面积越大、作用时间越短，爆炸极限范围也越宽
D. 容器材料的传热性好，管径越细，火焰在其中越难传播，爆炸极限范围变小
E. 爆炸的临界压力可将爆炸极限范围缩小为零

74. 【2021 年真题】粉尘爆炸过程与可燃气爆炸过程相似，但爆炸特性和影响因素有区别。关于粉尘爆炸特性的说法，正确的有（　　）。
A. 粉尘爆炸压力上升速率比气体爆炸压力上升速率小
B. 粉尘爆炸感应期比气体爆炸感应期短
C. 粉尘爆炸比气体爆炸产生的破坏程度小
D. 粉尘爆炸存在不完全燃烧现象
E. 粉尘爆炸后有产生二次爆炸的可能性

75. 【2020 年真题】乙炔即使在没有氧气的条件下，也可能发生爆炸，其实质是分解爆炸。下列描述乙炔性能及其使用的安全要求中，正确的有（　　）。
A. 乙炔受热时，容易发生聚合、加成、取代或爆炸性分解等反应
B. 乙炔易与汞等重金属反应生成爆炸性的乙炔盐
C. 乙炔的火灾爆炸危险性极大，但爆炸下限高于天然气
D. 乙炔不能用含铜量超过 70% 的铜合金制造的容器盛装
E. 乙炔作为焊接气体时，选择焊丝时不能选用含银焊丝

76. 【2019 年真题】物质爆炸会产生多种毁伤效应。下列毁伤效应中，属于黑火药在容器内爆炸后可能产生的效应有（　　）。
A. 冲击波毁伤　　　　B. 碎片毁伤

C. 震荡毁伤　　D. 电磁力毁伤

E. 毒气伤害

## 第二节　防火防爆技术

### 一、单项选择题（每题的备选项中，只有1个最符合题意）

1. 生产过程中的加热用火，维修焊接用火及其他用火是导致火灾爆炸最常见的原因。明火加热设备的布置，应远离可能泄漏易燃气体或蒸气的工艺设备和储罐区，并应布置在其上风向或侧风向，对于有飞溅火花的加热装置，应布置在上述设备的（　　）。

A. 上风向　　B. 逆风向

C. 侧风向　　D. 下风向

2. 焊接切割时产生的火花飞溅程度大，温度高，同时因为此类作业多为临时性作业，极易成为火灾的起火原因。下列关于焊割时应注意的问题中，正确的是（　　）。

A. 如焊接系统和其他设备相连，应先进行吹扫置换，然后进行清洗，最后加堵金属盲板隔绝

B. 可利用与可燃易爆生产设备有联系的金属构件作为电焊地线

C. 若气体爆炸下限大于4%，环境中该气体浓度应小于1%

D. 若气体爆炸下限大于4%，环境中该气体浓度应小于0.5%

3. 对于存在火灾和爆炸危险性的场所，不得使用蜡烛、火柴或普通灯具照明。汽车、拖拉机一般不允许进入，如确需进入，其排气管上应安装（　　）。

A. 静电消除器　　B. 火花熄灭器

C. 接地引线　　D. 导电锁链

4. 摩擦和撞击往往是可燃气体、蒸气和粉尘、爆炸物品等燃烧爆炸的根源之一。为防止摩擦和撞击产生，以下情况允许的是（　　）。

A. 工人在易燃易爆场所使用铁器制品

B. 爆炸危险场所中机器运转部分使用铝制材料

C. 工人在易燃易爆场所中穿钉鞋工作

D. 搬运易燃液体金属容器在地面进行拖拉搬运

5. 防爆电气设备分类众多，其中，在正常工作或故障情况下产生电火花，其电流值均小于所在场所爆炸性混合物的最小引爆电流，而不会引起爆炸的电气设备是（　　）。

A. 充油型　　B. 隔爆型

C. 本质安全型　　D. 无火花型

6. 下列防火防爆安全技术措施中，属于从根本上防止火灾与爆炸发生的是（　　）。

A. 惰性气体保护　　B. 系统密闭正压操作

C. 以不燃溶剂代替可燃溶剂　　D. 厂房通风

7. 化工企业火灾爆炸事故不仅能造成设备损毁、建筑物破坏，甚至会致人死亡，预防爆炸是非常重要的工作，防止爆炸的一般方法不包括（　　）。

A. 控制混合气体中的可燃物含量处在爆炸极限以外

B. 使用惰性气体取代空气

C. 使氧气浓度处于极限值以下

D. 设计足够的泄爆面积

8. 生产过程中的加热用火、维修焊接用火及其他火源是导致火灾爆炸最常见的原因。焊割作业时必须注意操作，下列说法中，正确的是（　　）。

A. 在可燃可爆区域内动火时应将系统和环境排查

B. 动火现场应配备必要的防护器材

C. 气焊作业时，应将乙炔发生器放置一旁

D. 不得利用与易燃易爆生产设备有关联的金属挂件作为电焊地线

9. 化学抑制防爆装置常用的抑爆剂有化学粉末、水、卤代烷和混合抑爆剂等，具有很高的抑爆效率。下列关于化学抑制防爆装置的说法中，错误的是（　　）。

A. 化学抑爆是在火焰传播显著加速的后期通过喷洒抑爆剂来抑制爆炸的防爆技术

B. 化学抑爆主要原理是探测器检测到爆炸发生的危险信号，通过控制器启动抑制器

C. 化学抑爆技术对设备的强度要求较低

D. 化学抑爆技术适用于泄爆易产生二次爆炸的设备

10. 防火防爆安全装置可以分为阻火隔爆装置与防爆泄压装置两大类。下列关于阻火隔爆装置性能及使用的说法中。正确的是（　　）。

A. 一些具有复合结构的料封阻火器可阻止爆轰火焰的传播

B. 工业阻火器常用于阻止爆炸初期火焰的蔓延

C. 工业阻火器只有在爆炸发生时才起作用

D. 被动式隔爆装置对于纯气体介质才是有效的

11. 生产系统内一旦发生爆炸或压力骤增时，可通过防爆泄压设施将超高压力释放出去，以减少巨大压力对设备、系统的破坏或者减少事故损失。防爆泄压装置主要有安全阀、爆破片、泄爆设施等。下列关于防爆泄压装置的说法中，正确的是（　　）。

A. 安全阀按其结构可分为全封闭式、半封闭式和敞开式三种

B. 爆破片的防爆效率取决于自身厚度、容器压力和膜片材料的选择

C. 作为泄压设施的轻质屋面板和墙体的质量不宜大于 40 $kg/m^2$

D. 对于工作介质为剧毒气体的压力容器，其泄压装置应采用爆破片而不宜用安全阀

12. 火灾与爆炸这两种常见灾害之间存在着紧密联系，它们经常是相伴发生的。引发火灾、爆炸事故的因素很多，一旦发生事故，后果极其严重。为确保安全生产，必须做好预防工作。下列不属于应用防止火灾爆炸事故发生基本原则的是（　　）。

A. 在满足工艺的条件下，尽量使用无火灾爆炸危险的材料进行生产

B. 为需要进入有火灾和爆炸危险场所工作的汽车，装设火花熄灭器

C. 在汽油等危险物品储罐区设置防火堤

D. 存在火灾爆炸危险的场所设置警示标识，并为劳动者提供劳保用品

13. 在生产过程中，应根据可燃易燃物质的燃烧爆炸特性，以及生产工艺和设备等条件，采取有效措施，预防在设备和系统里或在其周围形成爆炸性混合物。除惰性介质保护

外，这类措施还包括设备密闭、厂房通风、以不燃溶剂代替可燃溶剂、危险物品隔离储存等。下列关于上述安全措施的说法中，正确的是（　　）。

A. 为了检查无味气体如氢、甲烷等是否漏出，可在其中加入芥子气、氨气等显味剂

B. 对爆炸危险度大的可燃气体管道，在连接处应尽量采用法兰连接

C. 厂房可以用通风的方法，控制可燃气体浓度在爆炸下限 1/4 以下

D. 使用汽油等易燃溶剂的生产，可以用四氯化碳等危险性较低的溶剂代替

14. 为防止火灾爆炸的发生，阻止其扩展和减少破坏，已研制出许多防火防爆和防止火焰、爆炸扩展的安全装置，并在实际生产中广泛使用，取得了良好的安全效果。下列关于单向阀、阻火阀门、火星熄灭器性质及应用的说法中，错误的是（　　）。

A. 生产中用的单向阀有弹簧式、杠杆式、脉冲式等几种

B. 阻火阀门的易熔金属元件既可由低熔点金属制成，也可采用塑料等有机材料代替

C. 火星熄灭器熄火的方式之一是设置旋转叶轮等方法改变烟气流动方向，增加烟气所走的路程，以加速火星的熄灭或沉降

D. 当烟气由管径较小的管道进入管径较大的火星熄灭器中时，体积、质量较大的火星就会沉降下来，不会从烟道飞出

15. 某化工厂新建一仓库用来储存乙炔，该厂房的长径比为 2，容积为 1000 $m^3$，为保证安全，该厂房泄压面积至少为（　　）。

厂房内爆炸性危险物质的类别与泄压比规定值（$m^2/m^3$）

| 厂房内爆炸性危险物质的类别 | $C$ 值 |
|---|---|
| 粮食、皮革 | ≥0.030 |
| 木屑、煤粉 | ≥0.055 |
| 汽油、甲烷 | ≥0.110 |
| 乙烯 | ≥0.160 |
| 乙炔 | ≥0.200 |
| 氢 | ≥0.250 |

A. 100 $m^2$　　B. 200 $m^2$

C. 500 $m^2$　　D. 1000 $m^2$

16. 在工业生产中应根据可燃易爆物质特性，采取相应的措施防止形成爆炸性混合物，从而避免爆炸。下列关于防止爆炸的说法中，正确的是（　　）。

A. 氢气管线连接处应尽量采用法兰连接

B. 设备内部充满易爆物质时，采用正压操作

C. 停车检修油气管道时应采用空气吹扫管道内的油气

D. 因四氯化碳具有毒性，应使用丙酮代替四氯化碳溶解沥青

17. 防火防爆安全装置可以分为阻火隔爆装置与防爆泄压装置两大类。下列关于阻火及隔爆技术的说法中，正确的是（　　）。

A. 对于气体中有杂质的输送管道，应当选用工业阻火器

B. 工业阻火器常用于阻止爆炸后期火焰的蔓延

C. 主动式、被动式隔爆装置在不动作时对流体介质的阻力小，甚至不会产生压力损失

D. 在正常情况下，阻火阀门受环状或者条状的易熔金属的控制，处于关闭状态

18. 化工企业火灾爆炸事故不仅能造成设备损毁、建筑物破坏，甚至会致人死亡，因此预防爆炸是非常重要的工作。下列不属于防爆一般原则的是（　　）。

A. 控制混合气体中的可燃物含量处在爆炸极限以外

B. 使用惰性气体取代空气

C. 使氧气浓度处于爆炸极限值以下

D. 设计足够的泄爆面积

19. 为防止火灾爆炸的发生，阻止其扩展和减少破坏，防火防爆安全装置及技术在实际生产中广泛使用。下列关于防火防爆安全装置及技术的说法中，正确的是（　　）。

A. 室内的设备，如蒸馏塔、可燃气体压缩机的安全阀、放空口宜引出房顶，并高于房顶 2 m 以上

B. 当安全阀的入口处装有隔断阀时，隔断阀应保持常闭状态并加铅封

C. 压力容器的介质不洁净，易于结晶或聚合应选用爆破片作为泄压介质，爆破片一般 12~24 个月更换一次

D. 工作介质为剧毒的压力容器应选安全阀作为防爆泄压装置，安全阀最好直接装设在容器本体上

20. 【2021 年真题】工业生产过程中，存在多种引起火灾和爆炸的点火源，如明火、化学反应热、静电放电火花等。控制点火源对防止火灾和爆炸事故的发生具有极其重要的意义。下列控制点火源措施的要求中，错误的是（　　）。

A. 有飞溅火花的加热装置，应远离可能泄漏易燃气体或蒸气的工艺设备和储罐区，并布置在其侧风向

B. 有飞溅火花的加热装置，应远离可能泄漏易燃气体或蒸气的工艺设备和储罐区，并布置在其上风向

C. 明火加热设备的布置，应远离可能泄漏易燃气体或蒸气的工艺设备和储罐区，并布置在其上风向

D. 明火加热设备的布置，应远离可能泄漏易燃气体或蒸气的工艺设备和储罐区，并布置在其侧风向

21. 【2021 年真题】为防止不同性质危险化学品在贮存过程中相互接触而引起火灾爆炸事故，性质相互抵触的危险化学品不能一起贮存。下列各组物质中，不能一起贮存的是（　　）。

A. 氨气和氧气　　B. 硫化氢和氦气

C. 氯酸钾和氮气　　D. 氢气和二氧化碳

22. 【2021 年真题】化学爆炸的形成需要有可燃物质、助燃气体以及一定能量的点火源，如果用惰性气体或阻燃性气体取代助燃气体，就消除了引发爆炸的一个因素，从而使爆炸过程不能形成，工程上称之为惰性气体保护。下列惰性气体保护措施中，错误的是（　　）。

A. 易燃易爆系统检修动火前，使用蒸汽进行吹扫置换

B. 输送天然气的管道在投入使用前用氮气进行吹扫置换

C. 发生液化烃类物质泄漏时，采用蒸汽冲淡

D. 对有可能引起火灾危险的电器采用充蒸汽正压保护

23. 【2021 年真题】阻火隔爆按其作用原理可分为机械隔爆和化学抑爆两类。化学抑爆是在火焰传播显著加速的初期，通过喷洒抑爆剂来抑制爆炸的作用范围及猛烈程度的一种防爆技术。关于化学抑爆技术的说法，错误的是（　　）。

A. 化学抑爆技术不适用于无法开设泄爆口的设备

B. 化学抑爆技术可以避免有毒物料、明火等窜出设备

C. 常用的抑爆剂有化学粉末、水、卤代烷和混合抑爆剂等

D. 化学抑爆系统主要由爆炸探测器、爆炸抑制器和控制器组成

24. 【2021 年真题】安全阀在设备或容器内的压力超过设定值时自动开启，泄出部分介质降低压力，从而防止设备或容器破裂爆炸。下列针对安全阀设置的要求中，错误的是（　　）。

A. 安全阀用于泄放可燃液体时，宜将排泄管接入事故储槽、污油罐或其他容器

B. 当安全阀的入口处装有隔断阀时，隔断阀必须保持常开状态并加铅封

C. 液化气体容器上的安全阀应安装于液相部分，防止排出气体物料，发生事故

D. 室内可燃气体压缩机安全阀的放空口宜引出房顶，并高于房顶 2 m 以上

25. 【2020 年真题】某企业拟在输送甲烷（爆炸下限 5%）的管道上进行动焊作业，作业前需用惰性气体进行吹扫置换，确保管道中甲烷气体浓度小于（　　）。

A. 0. 2%　　　　B. 0. 5%

C. 0. 8%　　　　D. 1. 0%

26. 【2020 年真题】某压力容器内的介质不洁净、易于结晶或聚合，为预防该容器内压力过高导致爆炸，拟安装安全泄压装置。下列安全泄压装置中，该容器应安装的是（　　）。

A. 安全阀　　　　B. 易熔塞

C. 爆破片　　　　D. 防爆门

27. 【2020 年真题】机械阻火隔爆装置主要有工业阻火器、主动式隔爆装置和被动式隔爆装置等。下列关于机械阻火隔爆装置的作用过程的说法中，错误的是（　　）。

A. 工业阻火器在工业生产过程中时刻都在起作用，主、被动式隔爆装置只是在爆炸发生时才起作用

B. 主动式隔爆装置是在探测到爆炸信号后，由执行机构喷洒抑爆剂或关闭闸门来阻隔爆炸火焰

C. 工业阻火器靠本身的物理特性来阻火，可用于输送气体中含有杂质（如粉尘等）的管道中

D. 被动式隔爆装置是由爆炸引起的爆炸波推动隔爆装置的阀门或闸门，阻隔爆炸火焰

28. 【2020 年真题】化工厂污水罐主要用于收集厂内工艺污水，通过污水处理单元处理达

标后排入公用排水设施。事故统计表明，污水罐发生闪爆事故的直接原因多是内部的硫化氢气体积聚、上游工艺单元可燃介质窜入污水罐等。为预防此类爆炸事故，下列安全措施中，最有效的是（　　）。

A. 惰性气体保护　　B. 划分防爆区域

C. 静电防护装置　　D. 可燃气体检测

29. 【2019 年真题】预防火灾爆炸事故的基本原则是：防止和限制燃烧爆炸的危险因素；当燃烧爆炸物不可避免时，要尽可能消除或隔离各类点火源；阻止和限制火灾爆炸的蔓延扩展，尽量降低火灾爆炸事故造成的损失。下列预防火灾爆炸事故的措施中，属于阻止和限制火灾爆炸蔓延扩展原则的是（　　）。

A. 严格控制环境温度　　B. 安装火灾报警系统

C. 安装避雷装置　　D. 使用防爆电气

30. 【2019 年真题】对盛装可燃易爆介质的设备和管路应保证其密闭性，但很难实现绝对密封（闭），总会有一些可燃气体、蒸气或粉尘从设备系统中泄漏出来。因此，必须采用通风的方法使可燃气体、蒸气或粉尘的浓度不会达到危险的程度，一般应控制在其爆炸下限的（　　）。

A. 1/2 以下　　B. 1/3 以下

C. 1/4 以下　　D. 1/5 以下

31. 【2019 年真题】由烟道或车辆尾气排放管飞出的火星也可能引起火灾。因此，通常在可能产生火星设备的排放系统安装火星熄灭器，以防止飞出的火星引燃可燃物料。下列关于火星熄灭器工作机理的说法中，错误的是（　　）。

A. 火星由粗管进细管，加快流速，火星就会熄灭，不会飞出

B. 在火星熄灭器中设置网格等障碍物，将较大、较重的火星挡住

C. 设置旋转叶轮改变火星流向，增加路程，加速火星的熄灭或沉降

D. 在火星熄灭器中采用喷水或通水蒸气的方法熄灭火星

32. 【2019 年真题】安全阀按其结构和作用原理可分为杠杆式、弹簧式和脉冲式等，按气体排放方式可分为全封闭式、半封闭式和敞开式三种。下列关于不同类型安全阀适用系统的说法中，正确的是（　　）。

A. 杠杆式安全阀适用持续运行的系统

B. 杠杆式安全阀适用高压系统

C. 弹簧式安全阀适用高温系统

D. 弹簧式安全阀适用移动式压力容器

## 二、多项选择题（每题的备选项中有 2 个或 2 个以上符合题意，至少有 1 个错误选项）

33. 火灾、爆炸两种危害往往是相伴而生，有爆炸一般必有火灾，有火灾也极有可能发展成为爆炸。但火灾和爆炸防护措施不尽相同。下列属于防控火灾的基本技术措施有（　　）。

A. 严格控制火源　　B. 采用耐火建筑材料

C. 通风除尘　　D. 及时泄出爆燃开始时的压力

E. 检测报警

34. 火灾发展过程和爆炸过程各有特点，故防火、防爆措施不尽相同。下列防火、防爆措施中，属于防止爆炸的基本措施是（　　）。

A. 密闭和负压操作

B. 通风除尘

C. 严格控制火源

D. 检测报警

E. 组织训练消防队伍和配备相应消防器材

35. 在工业生产中应根据可燃易爆物质的燃爆特性，采取相应措施，防止形成爆炸性混合物，从而避免爆炸事故。下列关于爆炸控制的说法中，错误的是（　　）。

A. 乙炔管线连接处尽量采用焊接，不得采用螺纹连接

B. 用四氯化碳代替溶解沥青所用的丙酮溶剂

C. 天然气系统投用前，采用一氧化碳吹扫系统中的残余杂物

D. 汽油储罐内的气相空间充入氮气保护

E. 必须使用通风的方法使可燃气体、蒸气或粉尘的浓度控制在爆炸下限的1/2以下

36. 防火防爆安全装置分为阻火隔爆装置和防爆泄压装置两大类。下列关于阻火器类型的说法中，正确的是（　　）。

A. 工业阻火器常用于阻止爆炸初期火焰的蔓延

B. 主动式阻火器是靠本身的物理特性来阻火

C. 主动式阻火器只在爆炸发生时才起作用

D. 工业阻火器对含有粉尘的输送管道效率更高

E. 工业阻火器在生产过程中时刻都在起作用，对流体介质的阻力较大

37. 为防止火灾爆炸的发生，阻止其扩展和减少破坏，防火防爆安全装置及技术在实际生产中广泛使用。下列关于防火防爆安全装置及技术的说法中，错误的是（　　）。

A. 化学抑爆技术可用于装有气相氧化剂的可能发生爆燃的粉尘密闭装置

B. 工作介质为剧毒气体的压力容器应采用安全阀作为防爆泄压装置

C. 当安全阀的入口处装有隔断阀时，隔断阀必须保持常闭状态并加铅封

D. 新装安全阀安装前应由使用单位继续复校后加铅封

E. 有爆燃性气体的系统可以选择钢制爆破片

38. 明火是指敞开的火焰、火星和火花等，如生产过程中的加热用火、维修焊接用火及其他火源是导致火灾爆炸最常见的原因。下列关于明火控制措施的说法中，正确的是（　　）。

A. 明火加热设备的布置，应远离可能泄漏易燃气体的设备，并应布置在其下风向或侧风向

B. 汽车的排气管上安装好火花熄灭器后，方可进入存在火灾和爆炸危险的仓库

C. 可以利用与易燃易爆生产设备有联系的金属构件作为电焊地线

D. 在可燃可爆区域内动火时，应将系统和环境进行彻底的清洗或清理

E. 输送易燃物料的管道，应进行吹扫置换，使爆炸下限小于4%的可燃气体浓度小

于 1%

39. 由于爆炸的形成需要有可燃物质、氧气以及一定的点火能量，用惰性气体取代空气，避免空气中的氧气进入系统，就消除了引发爆炸的一大因素，从而使爆炸过程不能形成。下列关于惰性气体的应用的说法中，正确的是（　　）。

A. 可燃固体物质的粉碎、筛选处理及其粉末输送时，可采用惰性气体进行覆盖保护

B. 处理可燃易爆的物料系统，在进料前可用惰性气体进行置换，防止形成爆炸性混合物

C. 在有爆炸性危险的生产场所，对有可能引起火灾危险的电器、仪表等采用充氮负压保护

D. 发现易燃易爆气体泄漏时，可采用惰性气体冲淡；发生火灾时，可采用惰性气体进行灭火

E. 氮气等惰性气体在使用前应经过气体分析，其中含氧最不得超过 3%

40. 性质相互抵触的危险化学物品如果储存不当，往往会酿成严重的事故。由于各种危险化学品的性质不同，因此，储存条件也不相同。为防止不同性质物品在储存中相互接触而引起火灾和爆炸事故，危险化学品的储存必须遵守相应安全技术要求。下列关于危险物品储存的说法中，正确的是（　　）。

A. 起爆药、炸药不准与任何其他类的物品共储，必须与雷管一起单独隔离储存

B. 汽油、酒精、煤油等易燃液体不准与其他种类物品共同储存或隔开存放

C. 钾、钠须浸入水中储存，黄磷须浸入石油中储存

D. 硝酸钾、硝酸钠、过氧化钠除惰性气体外，不准与其他种类的物品共储

E. 硝酸、高锰酸钾等能引起燃烧的物品不准与其他种类的物品共储，与氧化剂亦应隔离

41. 阻火及隔爆按照作用机理，可分为机械隔爆和化学抑爆两类。机械阻火隔爆装置主要有工业阻火器、主动式隔爆装置和被动式隔爆装置等。下列关于上述三类阻火隔爆装置的说法中，正确的是（　　）。

A. 工业阻火器分为机械阻火器、液封和料封阻火器，常用于阻止爆轰时期的火焰蔓延

B. 工业阻火器是靠装置某一元件的动作来阻隔火焰

C. 主动式、被动式隔爆装置在工业生产过程中时刻都在起作用，对流体介质的阻力较大

D. 对气体中含有粉尘的输送管道，应当选用主动式、被动式隔爆装置为宜

E. 主动式隔爆装置可通过控制隔爆装置喷洒抑爆剂的方式阻隔爆炸火焰的传播

42. 安全阀按其结构和作用原理可分为杠杆式、弹簧式和脉冲式等，按气体排放方式分为全封闭式、半封闭式和敞开式三种。下列关于安全阀的分类、作用原理、结构特点及适用范围的说法中，正确的是（　　）。

A. 杠杆式安全阀结构简单但笨重，限于中、低压系统，既不适于温度较高的系统，也不适于持续运行的系统

B. 弹簧式安全阀结构紧凑，灵敏度较高，因其对振动的敏感性小，可用于移动式的压力容器

C. 脉冲式安全阀结构复杂，通常只使用于安全泄放量很大的系统或者用于高压系统

D. 全封闭式安全阀排出的气体全部通过排放管排放，介质不外泄，多用于存有对环境无害气体的系统

E. 敞开式安全阀没有安装排气管的连接结构，排出的气体从安全阀出口直接排到大气中，多用于存有压缩空气、水蒸气的系统

43. 爆破片是一种断裂型的安全泄压装置，当设备、容器及系统因某种原因压力超标时，爆破片即被破坏，使过高的压力泄放出来，以防止设备、容器及系统受到破坏。下列关于爆破片性质及使用安全技术的说法中，正确的是（　　）。.

A. 爆破片应当有良好的耐热、耐腐蚀性以及较好的塑性

B. 操作压力较高的系统可选用石棉、塑料、橡胶或玻璃等材质的爆破片

C. 乙炔的设备安装的爆破片应按 1 $m^3$ 大于 0.4 $m^2$ 的泄压面积的要求选取爆破片

D. 爆破片爆破压力的选定，一般为设备、容器及系统最高工作压力的 1.15~1.3 倍

E. 系统超压后未破裂的爆破片，应当经检验合格后方可继续使用

44. 火灾爆炸事故不仅能造成设备损毁、建筑物破坏，甚至会致人死亡。下列措施中，属于防止爆炸措施的是（　　）。

A. 控制混合气体中的可燃物含量处在爆炸极限以外

B. 设计足够的泄爆面积

C. 使用惰性气体取代空气

D. 密闭和正压操作

E. 使氧气浓度处于极限值以下

45. 焊接切割时，飞散的火花及金属熔融碎粒滴的温度高达 1500~2000 ℃，高空作业时飞散距离可达 20 m，这是导致火灾的重要因素之一。为保证安全，必须按照相关要求进行作业。下列焊接切割作业安全要求的说法中，正确的有（　　）。

A. 在输送、盛装易燃物料的设备、管道上动火，将系统或环境进行彻底清洗或清理

B. 利用易燃易爆设备管道的支架作为电焊地线

C. 气焊作业时，将乙炔发生器放置在作业场所附近

D. 在易燃易爆区动火时应保证，爆炸下限大于 4% 的可燃气体或蒸气，浓度应小于 0.8%

E. 动火现场应配备必要的消防器材

46. 在生产过程中，应根据可燃易燃物质的燃烧爆炸特性，以及生产工艺和设备等条件，采取有效措施，预防在设备和系统里或在其周围形成爆炸性混合物。下列关于防爆安全技术措施的说法中，正确的是（　　）。

A. 处理可燃易爆的物料系统，应在进料前用含氧量不得超过 3% 氮气等惰性气体进行置换

B. 为了检查氢、甲烷等无味气体是否漏出，可在其中加入 $NH_3$ 或者 $COCl_2$ 等

C. 用通风的方法使可燃气体、蒸气或粉尘的浓度不致达到危险的程度，一般应控制在爆炸下限 1/4 以下

D. 使用汽油、丙酮、乙醇等易燃溶剂的生产，可以用四氯化碳、三氯乙烷或丁醇、氯

苯等不燃溶剂或危险性较低的溶剂代替

E. 无机酸本身不可燃，但与可燃物质相遇能引起着火及爆炸，两类物质不能同时储存

47. 【2021 年真题】爆破片也称防爆膜或防爆片，是一种断裂型的安全泄压装置，当设备、容器及系统因某种原因压力超标时，爆破片即被破坏进而泄压，以防止设备、容器及系统受到破坏。决定爆破片防爆效率的因素有（　　）。

A. 环境湿度　　B. 系统压力

C. 膜片厚度　　D. 泄压面积

E. 膜片材质

48. 【2020 年真题】在生产过程中，为预防在设备和系统里或在其周围形成爆炸性混合物，常采用惰性气体保护措施。下列采用惰性气体保护的措施中，正确的有（　　）。

A. 惰性气体通过管线与有火灾爆炸危险的设备进行连接供危险时使用

B. 易燃易爆系统检修动火前，使用惰性气体进行吹扫置换

C. 可燃固体粉末输送时，采用惰性气体进行保护

D. 易燃液体输送时，采用惰性气体作为输送动力

E. 有可能引起火灾危险的电器、仪表等采用充氮负压保护

49. 【2020 年真题】为防止火灾爆炸事故的发生，阻止其扩展和减少破坏，在实际生产经营活动中广泛使用多种防火防爆安全装置及技术。下列关于防火防爆安全装置及技术的说法中，正确的是（　　）。

A. 化学抑爆技术可用于空气输送可燃性粉尘的管道

B. 当安全阀的入口处装有隔断阀时，隔断阀必须保持常开状态并加铅封

C. 工作介质含剧毒气体时应采用安全阀作为防爆泄压装置

D. 主动式、被动式隔爆装置是靠装置某一元件的动作阻隔火焰

E. 防爆门应设置在人不常到的地方，高度宜不低于 2 m

50. 【2019 年真题】某企业维修人员进入储油罐内检修前，不仅要确保放空油罐油料，还要用惰性气体吹扫油罐。维修人员去库房提取氮气瓶时，发现仅有的 5 个氮气瓶标签上的含氧量有差异。下列标出含氧量的氮气瓶中，维修人员可以提取的氮气瓶有（　　）。

A. 含氧量小于 3.5%的气瓶　　B. 含氧量小于 3.0%的气瓶

C. 含氧量小于 2.5%的气瓶　　D. 含氧量小于 2.0%的气瓶

E. 含氧量小于 1.5%的气瓶

## 第三节　烟花爆竹安全技术

### 一、单项选择题（每题的备选项中，只有 1 个最符合题意）

1. 烟花爆竹的组成决定了它具有燃烧和爆炸的特性。燃烧是可燃物质发生强烈的氧化还原反应，同时发出光和热的现象。其主要特性有：能量特征、燃烧特性、力学特性、安定性和安全性。能量特征一般是指（　　）。

A. 1 kg 火药燃烧时发出的爆破力

B. 1 kg 火药燃烧时发出的光能量

C. 1 kg 火药燃烧时放出的热量

D. 1 kg 火药燃烧时气体产物所做的功

2.《烟花爆竹工程设计安全规范》(GB 50161）规定，$1.1^{-1}$级建筑物为建筑物内的危险品发生爆炸事故时，其破坏能力相当于 TNT 的厂房和仓库。$1.1^{-2}$级建筑物为建筑物内的危险品发生爆炸事故时，其破坏能力相当于黑火药的厂房和仓库。进行（　　）工序的厂房属于$1.1^{-1}$级。

A. 爆竹类装药　　　　B. 吐珠类装（筑）药

C. 礼花弹类包装　　　　D. 黑火药造粒

3. 烟火药最基本的组成是氧化剂和还原剂。但仅有单一的氧化剂和还原剂组成的二元混合物，很难获得理想的烟火效应。因此，实际应用的烟火药除氧化剂和还原剂外，还包括黏合剂、添加剂等。下列关于烟火药原料的说法中，正确的是（　　）。

A. 烟火药常用的还原剂包括高氯酸钾、硝酸钾、四氧化三铅等

B. 烟火药常用的氧化剂包括镁铝合金粉、铝粉、木炭、硫黄等

C. 烟火药常用的黏合剂包括淀粉、虫胶、聚乙烯醇

D. 木炭、纸屑、稻壳等不得作为烟火药添加剂

4. 烟花爆竹的组成决定了它具有燃烧和爆炸的特性。其主要特性包括：能量特征、燃烧特性、力学特性、安全性等。下列关于上述特性的说法中，正确的是（　　）。

A. 能量特征标志火药能量释放的能力，主要取决于火药的燃烧速率和燃烧表面积

B. 燃烧特性标志火药做功能力的参量，一般是指 1 kg 火药燃烧时气体产物所做的功

C. 燃烧表面积主要取决于火药的物理结构、几何形状、尺寸和对表面积的处理情况

D. 力学特征是指火药要具有相应的强度，满足在高温下保持不变形、低温下不变脆

5.《烟花爆竹　安全与质量》(GB 10631）规定了烟花爆竹产品的级别和燃放类产品最大允许药量。按照药量及所能构成的危险性大小，烟花爆竹产品分为 A、B、C、D 四级。下列有关不同等级的烟花爆竹燃放要求的说法中，正确的是（　　）。

A. 由专业燃放人员在特定的室外空旷地点燃放、危险性较大的产品属于 D 级

B. 由专业燃放人员在特定的室外空旷地点燃放、危险性很大的产品属于 B 级

C. 适于室内较大空间燃放、危险性较小的产品属于 C 级

D. 适于近距离燃放、危险性很小的产品属于 D 级

6. 烟花爆竹既是娱乐消费品，也是危险易爆品；烟花爆竹的生产经营不但关系到社会需求、产业发展，更关系到群众安全和社会稳定，历来被国家列为重点管理的对象。下列关于烟火药制造过程中的防火防爆安全技术措施的说法中，正确的是（　　）。

A. 使用电动机械造粒和制开包药，在机械运转时，人与机械间应有防护设施隔离

B. 使用粉碎氧化剂的设备粉碎还原剂前应对设备和工具进行清扫，筛选除去杂质后方可使用

C. 原材料称量，每栋工房应定员 1 人，定量 200 kg

D. 进行烟火药混合的设备不应使用易产生火花的铁制材质，而应使用绝缘良好的塑料

材料

7.《烟花爆竹工程设计安全规范》（GB 50161）明确了危险性建筑物的危险等级，可划分为 1.1 级、1.3 级，其中 1.1 级根据破坏能力划分为 $1.1^{-1}$、$1.1^{-2}$级。下列关于建筑物危险等级的说法中，正确的是（　　）。

A. 厂房的危险等级应由其中危险最小的生产工序确定，仓库的危险等级应由其中所储存最危险的物品确定

B. 1.3 级建筑物，是指建筑物内的危险品在制造、储存、运输中具有整体爆炸危险或有迸射危险，其破坏效应将波及周围的建筑物

C. 进行烟火药造粒工序的车间内的危险品发生爆炸事故时，其破坏能力相当于 TNT 的厂房和仓库，故其属于 $1.1^{-1}$级建筑物

D. 进行引火线干燥工序的车间无整体爆炸危险，对周围建筑物影响较小，故其属于 1.3 级建筑物

8. 生产烟花爆竹的各级危险性建筑物的耐火等级和化学原料仓库的耐火等级除相应规定外，均不应低于现行国家标准《建筑设计防火规范》（GB 50016）中二级耐火等级的规定。下列关于生产烟花爆竹的建筑物安全要求的说法中，正确的是（　　）。

A. 危险品生产区内宜设有供 1.1 级、1.3 级建筑物内操作人员使用的更衣、卫生间等辅助用室和办公用室

B. 1.1 级厂房附设更衣室和车间办公用室时，应布置在厂房较安全的一端，并采用防火墙与生产工作间隔开

C. 车间办公用室和生活辅助用室应为单层建筑，其门窗严禁面向相邻厂房危险性工作间的泄爆面

D. 距离本厂围墙小于 14 m 的危险性建筑物，危险性建筑物面向围墙方向的外墙宜为实体墙

9. 由于烟花爆竹生产的危险性，烟花爆竹生产企业的安全是大家关注的问题，也是烟花爆竹生产企业最重要的一项任务。下列关于烟花爆竹生产建筑物安全要求的说法中，正确的是（　　）。

A. 1.3 级危险性建筑物采用空斗墙和毛石墙作为砌体时，厚度不应小于 240 mm

B. 当建筑面积小于 9 $m^2$，且同一时间内的作业人员不超过 2 人时，可设 1 个安全出口

C. 1.1 级、1.3 级厂房外墙上宜设置安全窗，可作为安全出口，且可以计入安全出口的数目

D. 有易燃易爆粉尘的工作间设置吊顶时，吊顶上应当有孔洞，满足通风及泄压的要求

10. 抗爆间是指具有承受本室内因发生爆炸而产生破坏作用的间室，对间室外的人员、设备以及危险品起到保护作用。可根据间室内生产或储存的危险品性质、恢复生产的要求，可承受一次或多次爆炸破坏作用的间室。下列关于抗爆间室和抗爆屏院安全技术要求的说法中，正确的是（　　）。

A. 当设计药量不大于 1 kg 时，抗爆间室的墙及屋盖宜采用现浇钢筋混凝土结构

B. 抗爆间室无轻型窗的墙和屋盖在设计药量爆炸空气冲击波的整体作用下，不允许产生变形

C. 抗爆间室朝室外的一面应设置轻型窗，窗台的高度不应高于室内地面 0.5 m

D. 当危险品仓库均采用抗爆间室时，结构不得按殉爆设计

11. 在烟花爆竹生产建筑物内使用的电气设备，应当符合相关安全技术要求。下列关于烟花爆竹工厂电气安全要求的说法中，正确的是（　　）。

A. 危险场所设置接插装置时，应满足通电后插销才能插入，断电后插销才能拔出的要求

B. 门灯及安装在外墙外侧的开关、控制按钮、控制箱等，选型要高于防爆级别

C. 危险场所电气设备允许最高表面温度为 135 ℃

D. 安装电气设备工作间的门应设在外墙上或通向非危险场所，且门应向室内或非危险场所开启

12. 危险性建筑物应采取防雷措施，防雷设计应符合现行国家标准《建筑物防雷设计规范》（GB 50057）的有关规定。下列关于防雷与接地安全防护措施的说法中，正确的是（　　）。

A. 从建筑物内总配电箱开始引出的配电线路和分支线路应当采用 TN-C 系统

B. 危险性建筑物内电气设备的工作接地、保护接地等应共用接地装置，接地电阻值应取其中最大值

C. 危险性建筑物内穿电线的钢管、建筑物钢筋等设施均应等电位联结

D. 接地体宜沿建筑物墙内埋地敷设，并应构成闭合回路

13. 烟花爆炸生产过程中，所用的易燃易爆品非常多。为防止静电引起火灾爆炸事故，危险场所中可导电的金属设备、金属管道、金属支架及金属导体均应进行直接静电接地。下列关于危险场所静电防护安全技术措施的说法中，错误的是（　　）。

A. 静电接地系统应与电气设备的保护接地共用同一接地装置

B. 危险场所中不能或不宜直接接地的金属设备、装置等，应通过防静电材料间接接地

C. 黑火药生产的危险场所需要采用空气增湿方法泄漏静电时，其室内空气相对湿度宜为 60%

D. 黑火药等生产危险场所入口处的外墙外侧应设置人体综合电阻监测仪

14. 在烟花爆竹的生产过程中，应特别注意防火防爆，严禁使用不合格的工具。在装、筑药过程中不能使用的工具是（　　）。

A. 铜质工具　　　　B. 普通塑料工具

C. 木质工具　　　　D. 铝质工具

15. 烟花爆竹、原材料和半成品的主要安全性能检测项目有摩擦感度、撞击感度、静电感度、爆发点等。下列关于烟花爆竹、原材料和半成品的安全性能的说法中，正确的是（　　）。

A. 烟花爆竹药剂的内相容性是指药剂与其接触物质之间的相容性

B. 炸药的爆发点越高，表示炸药对热的敏感度越高

C. 静电感度包括炸药摩擦时产生静电的难易程度和对静电放电火花的感度

D. 摩擦感度是指药剂在冲击和摩擦作用下发生燃烧或爆炸的难易程度

16. 用于烟花爆竹企业中的抗爆间室可将厂房分隔为多个相对独立的区域，一旦某个区域

爆炸且不能有效控制时，该空间要能防止爆炸蔓延至其他区域。下列关于抗爆间室安全要求的说法中，正确的是（ ）。

A. 抗爆间室的墙应高出厂房相邻屋面不少于0.3 m

B. 抗爆间室门的开启应与室内设备动力系统的启停进行联锁

C. 为提高抗爆性能，抗爆间室之间或抗爆间室与相邻工作间之间应设地沟相通

D. 抗爆间室的门、操作口、观察孔和传递窗的结构能满足抗爆的要求即可

17. 《烟花爆竹工程设计安全规范》（GB 50161）将危险场所划分为F0、F1、F2三类。下列关于上述三类区域电器设备选用的说法中，正确的是（ ）。

A. 对于F0区场所，即炸药、起爆药、火工品的储存场所，制造加工、储存场所，应选用密封型、防水防尘型电气设备

B. 对于F2区场所，即起爆药、火工品制造的场所，当生产设备采用电力传动时，电动机应安装在无危险场所，采取隔墙传动

C. 对于F1区场所，即理化分析成品试验站，电气设备表面温度不得超过允许表面温度，且符合防爆电气设备的有关规定

D. 对于F0区场所，即炸药、起爆药、火工品的储存场所，制造加工、储存场所，电气照明应采用安装在建筑外墙的壁龛灯或装在室外的投光灯

18. 【2021年真题】烟花爆竹产品生产过程中应采取防火防爆措施。手工进行盛装、掏挖、装筑（压）烟火药作业，使用的工具材质应是（ ）。

A. 瓷质　　B. 铁质　　C. 铜质　　D. 塑料

19. 【2021年真题】依据《烟花爆竹工程设计安全规范》（GB 50161），危险性建筑物与村庄、铁路、电力设施等外部的最小允许距离，应分别按建筑物的危险等级和计算药量计算后取其最大值。关于计算药量的说法，正确的是（ ）。

A. 防护屏障内的危险品药量，应计入该屏障内的危险性建筑物的计算药量

B. 抗爆间室的危险品药量，应计入危险性建筑物的计算药量

C. 厂房内采取了分隔防护措施，各分隔区不会同时爆炸或燃烧的药量可分别计算后取和

D. 烟花爆竹生产建筑中短期存放的药量不计入计算药量

20. 【2020年真题】为保证烟花爆竹安全生产，生产过程中常采取增加湿度的措施或者湿法操作，然后再进行干燥处理。下列干燥工艺的安全要求中，错误的是（ ）。

A. 产品干燥不应与药物干燥在同一晒场（烘房）进行

B. 摩擦类产品不应与其他类产品在同一晒场（烘房）干燥

C. 循环风干燥应有除尘设备并定期清扫

D. 蒸汽干燥的烘房应采用肋形散热器

21. 【2020年真题】烟花爆竹产品中的烟火药原料包括氧化剂、还原剂、黏合剂、添加剂等，原料的组成不仅决定其燃烧爆炸特性，还影响其安全稳定性。根据《烟花爆竹安全与质量》（GB 10631），下列物质中，烟火药原料禁止使用的是（ ）。

A. 氯酸钾　　B. 高氯酸钾

C. 硝酸钾　　D. 苯甲酸钾

22. 【2020 年真题】烟花爆竹工厂的安全距离指危险性建筑物与周围建筑物之间的最小允许距离，包括外部距离和内部距离。下列关于外部距离和内部距离的说法中，错误的是（　　）。

A. 工厂危险品生产区内的危险性建筑物与周围村庄的距离为外部距离

B. 工厂危险品生产区内危险性建筑物与厂部办公楼的距离为内部距离

C. 工厂危险品生产区内的危险性建筑物与本厂生活区的距离为外部距离

D. 工厂危险品生产区内危险性建筑物之间的距离为内部距离

23. 【2019 年真题】根据《烟花爆竹安全与质量》（GB 10631），烟花爆竹、原材料和半成品的主要安全性能检测项目有摩擦感度、撞击感度、静电感度、爆发点、相容性、吸湿性、水分、pH 值等。下列关于烟花爆竹、原材料和半成品的安全性能的说法中，错误的是（　　）。

A. 静电感度包括药剂摩擦时产生静电的难易程度和对静电放电火花的敏感度

B. 摩擦感度是指在摩擦作用下，药剂发生燃烧或爆炸的难易程度

C. 撞击感度是指药剂在冲击和摩擦作用下发生燃烧或爆炸的难易程度

D. 烟花爆竹药剂的外相容性是指药剂中组分与组分之间的相容性

24. 【2019 年真题】静电感度是《烟花爆竹安全与质量》（GB 10631）规定的主要安全性能检测项目之一。考虑使用工具与烟火药发生爆炸的概率之间的关系，在手工直接接触烟火药的工序中，对使用的工具材质有严格要求。下列材质工具中，不应使用的工具是（　　）。

A. 铝质工具　　　　B. 瓷质工具

C. 木质工具　　　　D. 竹质工具

25. 【2019 年真题】烟花爆竹生产企业生产设施及管理应当符合《烟花爆竹工程设计安全规范》（GB 50161）。下列对烟花爆竹生产企业不同级别建筑物的安全管理要求中，符合该标准的是（　　）。

A. $A_1$ 级建筑物应确保作业者单人单间使用

B. $A_2$ 级建筑物应确保作业者单人单栋使用

C. $A_3$ 级建筑物每栋同时作业应不超过 5 人

D. C 级建筑物内的人均面积不得少于 2.0 $m^2$

## 二、多项选择题（每题的备选项中有 2 个或 2 个以上符合题意，至少有 1 个错误选项）

26. 燃烧速率标志火药能量释放的能力，火药的燃烧特性主要取决于火药的（　　）。

A. 能量特征　　　　B. 力学特性

C. 安定性　　　　D. 燃烧速率

E. 燃烧表面积

27. 烟火药制作过程中，容易发生爆炸。在粉碎和筛选原料环节，应坚持做到“三固定”，即（　　）。

A. 固定安装　　　　B. 固定最大粉碎药量

C. 固定操作人员　　　　D. 固定工房

E. 固定设备

28. 近年来，我国烟花爆竹生产企业屡屡发生火灾和爆炸事故，给人民生命财产安全造成损失的同时，严重影响了社会稳定。下列关于烟花爆竹的说法中，错误的是（ ）。

A. 烟花爆竹的能量特征是指 1 kg 火药燃烧时气体产物所产生的热量

B. 烟花爆竹的燃烧特性取决于火药的燃烧类型和燃烧表面积

C. 爆发点是使火药开始爆炸变化，介质所需加热到的最高温度

D. 最小引燃能是引起爆炸性混合物发生爆炸的最小电火花所具有的能量

E. 炸药热敏感度越高，临界温度越高

29. 烟花爆竹生产过程中的防火防爆安全措施包括（ ）。

A. 粉碎药原料应在单独工房内进行

B. 黑火药粉碎，应将硫黄和木炭两种原料分开粉碎

C. 领药时，要少量、多次、勤运走

D. 干燥烟花爆竹，应采用日光、热风散热器、蒸气干燥，或用红外烘烤

E. 应用钢制工具装、筑药

30. 在烟花爆竹生产过程中，为实现安全生产，必须采取安全措施。下列安全措施中，正确的有（ ）。

A. 按“少量、多次、勤运走”的原则限量领药

B. 一次领走当班工作使用药量

C. 装、筑药需在单独工房操作

D. 钻孔与切割有药半成品应在专用工房内进行

E. 干燥烟火爆竹尽量应在专用工房内进行

31. 烟花爆竹安全生产措施主要包括制造过程措施和生产过程措施两类。下列防止烟花爆竹火灾爆炸的安全措施中，属于生产过程措施的有（ ）。

A. 所选烟火原材料符合质量要求

B. 领药时，要少量、多次、勤运走

C. 工作台等受冲击的部位设接地导电橡胶板

D. 黑火药粉碎，应将硫黄和木炭两种原料分开粉碎

E. 干燥烟花爆竹，应采用日光、热风散热器、蒸气干燥，可用红外线烘烤

32. 在烟花爆竹的生产中，制药、装药、筑药等工序所使用的工具应采用不产生火花和静电的材质制品。下列材质制品中，可以使用的有（ ）。

A. 铁质　　B. 铝质

C. 普通塑料　　D. 木质

E. 铜质

33. 在烟花爆竹厂的设计过程中，危险性建筑物、场所与周围建筑物之间应保持一定的安全距离，该距离是分别按建筑物的危险等级和计算药量计算后取其最大值。下列对安全距离的要求中，正确的有（ ）。

A. 围墙与危险性建筑物、构筑物之间的距离宜设为 12 m，且不应小于 5 m

B. 距离危险性建筑物、构筑物外墙四周 5 m 内宜设置防火隔离带

C. 危险品生产区内的危险性建筑物与本企业总仓库区的最小允许距离，应分别按建筑物的危险等级和计算药量计算后取其最大值

D. 烟花爆竹企业的危险品销毁场边缘距场外建筑物外部的最小允许距离不应小于 65 m，一次销毁药量不应超过 20 kg

E. 危险性建筑物中抗爆间室的危险品药量必须计入危险性建筑物的计算药量

34. 为保证生产及使用的安全，烟花爆竹、原材料和半成品应进行安全性能检测，主要安全性能检测项目包括摩擦感度、撞击感度、相容性等。下列关于上述检测项目的说法中，正确的是（　　）。

A. 一般来说，热点的半径越小，临界温度越高，炸药的敏感度越高，临界温度越高

B. 内相容性是指将药剂作为一个体系，它与另一种药剂或结构材料之间的相容性

C. 笛音药、粉状黑火药、含单基火药的烟火药吸湿率应小于或等于 4.0%

D. 炸药对静电放电火花的感度，是测量在一定电压和电容放电火花作用下发生爆炸的概率

E. 笛音药、粉状黑火药、含单基火药的烟火药的水分应小于或等于 3%

35. 自 2004 年实施安全生产经营许可制度以来，烟花爆竹的生产、经营、运输、燃放和储存的准入标准进一步提高，烟花爆竹行业的安全状况有了明显改善。为保证制造安全，在烟花爆竹烟火药制造过程中应遵循相应的安全技术。下列措施中，符合防火防爆安全技术措施的是（　　）。

A. 摩擦药的混合，应将氧化剂、还原剂分别用水润湿后方可混合，混合后的烟火药应保持干燥

B. 当制成的效果件直径大于 0.75 cm 时，其摊开厚度应小于或等于效果件直径的 2 倍

C. 不得使用含铝、铝镁合金等活性金属的粉末制造烟火药

D. 药物在干燥散热时，不应翻动和收取，应冷却至室温时收取

E. 黑火药应及时用于制作产品或效果件，湿药应即混即用，保持湿度，防止发热

36. 烟花爆竹具有易燃易爆性质，稍有不慎，就会引起燃烧爆炸，甚至造成重大伤亡事故。为保证安全、减少损失，在烟花爆竹产品生产过程中必须要采取相应的防火防爆措施。下列关于烟花爆竹安全技术措施的说法中，正确的是（　　）。

A. 手工直接接触烟火药的工序应使用铜、铝、木、竹、不导静电的塑料等材质的工具

B. 蒸汽干燥的烘房温度应小于或等于 75 ℃，不宜采用肋形散热器

C. 除筒体内壁不洁净外，当筒体变形、或效果件变形时，按废弃物处理，不应将药物强行装入

D. 产品干燥不应与药物干燥在同一烘房进行，摩擦类产品不应与其他类产品在同一烘房干燥

E. 含有较大颗粒的铝、钛、铁粉的烟火药，应采用筑压的方式

37. 烟花爆炸的生产过程中，既有可能产生粉尘污染，也有可能产生爆炸危险，生产、储存爆炸物品的工厂、仓库应建在远离城市的独立地带，禁止设立在城市市区和其他居民聚集的地方及风景名胜区。下列关于烟花爆竹生产厂房平面布置的说法中，正确的

是（　　）。

A. 围墙与危险性建筑物、构筑物之间的距离宜设为 10 m，且不应小于 5 m

B. 距离危险性建筑物、构筑物外墙四周 5 m 内宜设置防火隔离带

C. 危险品生产厂房靠山布置时，距山脚不宜太远

D. 危险品生产厂房宜小型、分散，但同一危险等级的厂房和库房宜集中布置

E. 不同类别仓库应考虑分区布置，计算药量大或危险性大的仓库宜布置在总仓库区的边缘

38. 烟花爆竹易引起燃烧和爆炸，甚至造成重大伤亡事故。因此，保证烟花爆竹企业生产和经营过程中的安全，应当建立完善的烟花爆竹生产经营企业安全标准化规范。下列关于烟花爆竹生产厂房工艺布置不符合安全要求的是（　　）。

A. 引火线制造厂房应单间单机布置，每栋厂房连建间数不超过 6 间

B. 1.1 级厂房的人均使用面积不宜少于 12 $m^2$，1.3 级厂房的人均使用面积不宜少于 6 $m^2$

C. 产品陈列室陈列危险品时，应单独建设陈列场所，并应满足相应的安全技术要求

D. 1.1 级厂房内不应设置任何辅助用室，1.3 级厂房内可设置如工器具室等生产辅助用室

E. 有固定作业人员的非危险品生产厂房不得和危险品厂房联建

39. 由于烟花爆竹其中的火药成分，使其运输或者储存中，如果不按照有关规定进行存放或者运输，就会有可能导致安全事故的发生。下列关于烟花爆竹运输及存储安全技术措施的说法中，正确的是（　　）。

A. 危险品总仓库区内，烟火药、黑火药、引火线仓库单库存药量不宜超过 500 kg

B. 危险品堆垛间应留有检查、清点、装运的通道，堆垛之间的距离不宜小于 0.7 m

C. 烟火药、黑火药堆垛的高度不应超过 1.0 m，成箱成品堆垛的高度不应超过 2 m

D. 严禁用畜力车、三轮车、翻斗车和各种挂车运输危险品

E. 危险品生产区和危险品总仓库区内汽车运输危险品的主干道纵坡不宜大于 6%

40. 根据《烟花爆竹　安全与质量》（GB 10631）规定，烟花爆竹、原材料和半成品主要安全性能检测项目包括（　　）。

A. 摩擦感度　　B. 撞击感度

C. 静电感度　　D. 吸热性

E. pH

41. 为保证安全，烟花爆竹建筑物必须符合相应安全技术要求。下列有关生产烟花爆竹建筑物的安全要求说法中，正确的是（　　）。

A. 当设计药量大于 1 kg 时，抗爆间室的墙及屋盖应采用现浇钢筋混凝土结构，墙厚不宜小于 200 mm

B. 当设计药量不大于 1 kg 时，抗爆间室的墙及屋盖宜采用现浇钢筋混凝土结构，墙厚不应小于 200 mm

C. 1.1 级、1.3 级厂房每一危险性工作间的建筑面积大于 18 $m^2$ 时，安全出口数量不少于 2 个

D. 1.1 级、1.3 级厂房每一危险性工作间的建筑面积小于 9 $m^2$ 时，且同一时间内的作业人员不超过 2 人时，也可设 1 个安全出口

E. 厂房内主要通道宽度不应小于 1.1 m，每排操作岗位间的通道宽度和工作间内的通道宽度不应小于 0.9 m

42. 由于烟花爆竹生产过程中，所用的原材料及制造出来的成品均有爆炸性，所以烟花爆竹工厂的布局和建筑必须符合相应的安全要求。下列关于烟花爆竹工厂的布局和建筑安全要求的说法中，正确的是（　　）。

A. 黑火药造粒车间，引火线捆扎车间均属于 1.1 级建筑

B. 生产、储存爆炸物品的工厂、仓库未经省级安全监管部门批准，不得设立在城市市区或风景名胜区

C. 围墙应为密砌墙，特殊地形设置密砌围墙有困难时，局部地段可设置刺丝围墙

D. 厂房内采取了分隔防护措施，相互间不会引起同时爆炸或燃烧的药量可分别计算，取其中的最大值

E. 危险品生产区内危险性建筑物之间以及危险建筑物与周围其他建（构）筑物之间的距离称为外部距离

43. 【2021 年真题】烟火药的制造工艺包括：粉碎、研磨、过筛、称量、混合、造粒、干燥等。关于烟火药制造过程中防火防爆措施的说法，正确的有（　　）。

A. 粉碎氧化剂、还原剂应分别在单独专用工房内进行

B. 进行烟火药各成分混合宜采用转鼓式机械设备

C. 进行三元黑火药混合的球磨机与药物接触的部分不应使用黄铜部件

D. 进行烟火药混合的设备不应使用易产生静电积累的塑料材质

E. 可使用球磨机混合氯酸盐烟火药等高感度药物

## 第四节　民用爆炸物品安全技术

### 一、单项选择题（每题的备选项中，只有 1 个最符合题意）

1. 民用爆破器材主要包括工业炸药、工业雷管、工业索类火工品等。下列不属于工业雷管的是（　　）。

A. 导爆管雷管

B. 继爆管

C. 引火线

D. 电子雷管

2. 乳化炸药的火灾爆炸危险因素主要来自物质危险性。下列关于乳化炸药火灾爆炸危险因素的说法中，错误的是（　　）。

A. 运输过程中的摩擦撞击具有起火、爆炸危险

B. 摩擦撞击产生的静电火花可能引起爆炸事故

C. 生产和存储过程中的高温可能会引发火灾

D. 包装后的粉状乳化炸药应立即密闭保存

3. 下列关于民用爆破器材安全管理的说法中，正确的是（　　）。

A. 民用爆破器材制备原料可以放在同一仓库

B. 性质相抵触的民用爆破物品要分开存储

C. 民用爆炸物品储存量不应超过设计容量

D. 民用爆破物品库房内可以放置维修工具等其他物品

4. 为加强民用爆破器材企业安全生产工作，国家有关部门相继颁布《民用爆破器材安全生产许可证实施细则》等管理规定，提出民用爆破器材应符合安全生产要求。下列措施中，属于职业危害预防要求的是（　　）。

A. 设置安全管理机构，配备专职安全生产管理人员

B. 在火炸药的生产过程中，避免空气受到绝热压缩

C. 及时预防机械和设备故障

D. 在安全区内设立独立的操作人员更衣室

5. 已知凝聚相炸药在空气中爆炸产生的冲击波超压峰值可根据经验公式（Mills 公式）估算，即 $\Delta P=\frac{0.108}{R}-\frac{0.114}{R^2}+\frac{1.772}{R^3}$。其中，$\Delta P$ 为冲击波超压峰值（MPa）；$R$ 为无量纲比距离，$R=\frac{d}{W_{TNT}^{\frac{1}{3}}}$；$d$ 为观测点到爆心的距离（m）；$W_{TNT}$ 为药量（kg）。冲击波超压导致玻璃破坏的准则见下表。若给定 $W_{TNT}$ 为8.0 kg，$d$ 为 10.0 m 处的玻璃门窗。在炸药爆炸后，玻璃损坏程度为（　　）。

| 超压/MPa | <0.002 | 0.002~0.009 | 0.009~0.025 | 0.025~0.040 |
|---|---|---|---|---|
| 玻璃损坏程度 | 偶然破坏 | 大、小块 | 小块到粉碎 | 粉碎 |

A. 偶然破坏　　B. 小块到粉碎

C. 大、小块　　D. 粉碎

6. 乳化炸药是将水相材料和油相材料在高速运转和强剪切力作用下，借助乳化剂的乳化作用而形成乳化基质，再经过敏化剂敏化作用得到的一种油包水型爆炸性物质。乳化炸药生产过程中的火灾爆炸危险因素主要来自（　　）。

A. 物质的危险性　　B. 生产设备的高速运转

C. 环境条件　　D. 水相材料和油相材料间的强剪切力

7. 民用爆炸物品是广泛用于矿山、开山辟路、水利工程、地质探矿和爆炸加工等许多工业领域的重要消耗物品。下列民用爆破物品中，属于专用民爆物品的是（　　）。

A. 铵梯类炸药　　B. 导爆管雷管

C. 工业导火索　　D. 膨化硝铵炸药

8. 乳化炸药是将水相和油相在高速的运转和强剪切力作用下，借助乳化剂的乳化作用而形成乳化基质，再经过敏化剂敏化得到的一种油包水型的爆炸性物质。下列关于乳化炸药危险性的说法中，错误的是（　　）。

A. 乳化炸药生产的火灾爆炸危险因素主要来自物质危险性，如生产过程中的高温和静电火花引起的危险性

B. 油相材料都是易燃危险品，储存时遇到高温、氧化剂等，易发生燃烧而引起燃烧事故

C. 乳化炸药生产所用的硝酸铵储存过程中会发生自然分解，可能会引起硝酸铵燃烧或爆炸

D. 乳化炸药性质较普通炸药更加稳定，在运输中发生碰撞及摩擦等，一般不会引起乳化炸药的燃烧或爆炸

9. 炸药的爆炸是一种化学过程，但与一般的化学反应过程相比，具有三大特征。下列关于炸药爆炸特征的说法中，正确的是（　　）。

A. 在炸药的爆炸变化过程中，热的释放不属于爆炸变化过程的发生和自行传播的必要条件

B. 爆炸变化过程所放出的热量称为爆炸热，常用炸药的爆热在 3000~7500 kJ/kg

C. 炸药爆炸过程以极快的速度进行，通常为每秒几米或几十米

D. 反应生成物必定含有大量的气态物质

10. 【2021 年真题】民用爆炸物品种类繁多，不同类别和品种的爆炸物品在生产、储存、运输和使用过程中的危险因素不尽相同，因而要采用不同的安全措施。为了保证炸药在长期储存中的安全，一般会加入少量的二苯胺等化学药剂，此技术措施主要改善了炸药的（　　）。

A. 能量特征　　B. 可靠性

C. 安定性　　D. 燃烧特征

11. 【2020 年真题】乳化炸药在生产、储存、运输和使用过程中存在诸多引发燃烧爆炸事故的危险因素，包括高温、撞击摩擦、电气、静电火花、雷电等。下列关于引发乳化炸药原料或成品燃烧爆炸事故的说法中，错误的是（　　）。

A. 硝酸铵储存过程中会发生自然分解，放出的热量聚集，温度达到其爆发点，会引发燃烧爆炸事故

B. 乳化炸药在储存、运输过程中，静电放电的火花温度达到其着火点，会引发燃烧爆炸事故

C. 油相材料都是易燃危险品，储存时遇到高温、氧化剂等，易引发燃烧爆炸事故

D. 乳化炸药运输时发生翻车、撞车、坠落、碰撞及摩擦等险情，易引发燃烧爆炸事故

12. 【2020 年真题】灭火剂是能够有效地破坏燃烧条件、中止燃烧的物质，不同种类灭火剂的灭火机理不同。干粉灭火剂的灭火机理是（　　）。

A. 使链式燃烧反应中断　　B. 使燃烧物冷却、降温

C. 使燃烧物与氧气隔绝　　D. 使燃烧区内氧气浓度降低

13. 【2019 年真题】工业炸药在生产、储存、运输和使用过程中存在的火灾爆炸危险因素包括高温、撞击摩擦、静电火花、雷电等。下列关于因静电积累放电而导致工业炸药发生火灾爆炸事故的说法中，正确的是（　　）。

A. 静电放电的火花能量达到工业炸药的引燃能
B. 静电放电的火花温度达到工业炸药的着火点
C. 静电放电的火花温度达到工业炸药的自燃点
D. 静电放电的火花温度达到工业炸药的闪点

**二、多项选择题（每题的备选项中有 2 个或 2 个以上符合题意，至少有 1 个错误选项）**

14. 炸药敏感度的高低对炸药的安全使用具有重要意义。敏感度过高的炸药，加工和使用极不安全。相反，敏感度过低的炸药，需要很大的起爆能力才能起爆，给爆破施工带来很大麻烦。下列关于民用爆炸品的燃烧爆炸敏感度及其影响因素的说法中，正确的是（　　）。
A. 民用爆炸品的机械感度包括：撞击感度、摩擦感度、针刺感度、冲击波感度
B. 起爆药最容易受外界能量激发而发生爆炸，并能极迅速地形成爆轰
C. 工业炸药属猛炸药，这类炸药在一定的外界激发冲量作用下能引起爆轰
D. 热、电、光、冲击波、机械摩擦和撞击等外界作用可激发民用爆炸品发生爆炸
E. 影响民用爆炸品爆炸的因素主要有炸药的性质、起爆方式、环境温度和湿度等

## 第五节 消防设施与器材

**一、单项选择题（每题的备选项中，只有 1 个最符合题意）**

1. 火灾报警控制器是火灾自动报警系统中的主要设备，其主要功能包括多方面。下列关于火灾报警控制器功能的说法中，正确的是（　　）。
A. 具有记忆和识别功能
B. 具有火灾应急照明功能
C. 具有防排烟、通风空调功能
D. 具有自动监测和灭火功能
2. 灭火器结构简单，操作方便轻便灵活，使用面广，是扑救初期火灾的重要消防器材。但不同的火灾种类，应选择不同的灭火器进行灭火，若灭火器选择不当，有可能造成更严重的人身伤亡和财产损失。下列灭火器中适用于扑灭贵重设备和图书档案珍贵资料的是（　　）。
A. 二氧化碳灭火器　　B. 泡沫灭火器
C. 酸碱灭火器　　D. 干粉灭火器
3. 2015 年 6 月 10 日，某市一化工企业配电室发生火灾，经值班安全员确认是一台 400 V 开关箱产生火源并引发火灾。但由于发现时间较晚，着火时间已较长，此时，值班安全员应选用的灭火器是（　　）。
A. 泡沫灭火器　　B. 干粉灭火器
C. 1211 灭火器　　D. 二氧化碳灭火器
4. 下列关于消防器材的说法中，正确的是（　　）。

A. 汽油储罐着火可以用临近的水泵进行灭火
B. 二氧化碳灭火剂的原理是窒息灭火
C. 氧气浓度降低至15%或二氧化碳浓度达到30%~35%，燃烧终止
D. 为防止瓦斯爆炸实验室意外爆炸，应配备相应数量的泡沫灭火器

5. 干粉灭火剂的主要成分是具有灭火能力的细微无机粉末，其中，起主要灭火作用的基本原理是（　　）。
A. 窒息作用　　B. 冷却作用
C. 辐射作用　　D. 化学抑制作用

6. 感温火灾探测器是对警戒范围中的温度进行检测的一种探测器，其中，火灾现场环境温度达到预计值以上，即能响应的感温探测器是（　　）。
A. 定温火灾探测器　　B. 变温火灾探测器
C. 差温火灾探测器　　D. 差定温火灾探测器

7. 火灾探测器的基本功能是对烟雾、温度、火焰和燃烧气体等火灾参量做出反应的火灾报警控制器。下列关于火灾探测器适宜使用的情况中，正确的是（　　）。
A. 感烟式火灾探测器适用于A类火灾中后期报警
B. 感烟式火灾探测器能够早期发现火灾，灵敏度高，响应快
C. 感光式火灾探测器适用于阴燃阶段的醇类火灾
D. 感温式火灾探测器不适用于有明显温度变化的室内火灾报警

8. 根据《消防法》关于消防设施的定义，下列不属于消防设施的是（　　）。
A. 消防车　　B. 防烟排烟系统
C. 消火栓系统　　D. 应急广播

9. 消防系统一般指消防联动控制系统，原理为火灾探测器探测到火灾信号后，能自动切除报警区域内有关的空调器，关闭管道上的防火阀等一系列灭火动作。下列不属于消防系统控制方式的是（　　）。
A. 自动控制　　B. 联锁控制
C. 手动控制　　D. 联动控制

10. 火灾报警控制器是火灾自动报警系统中的主要设备，它除了具有控制、记忆、识别和报警功能外，还具有自动检测、联动控制、打印输出、图形显示、通信广播等功能。按照用途不同将火灾报警控制器分为三类。下列内容中不属于这三类的是（　　）。
A. 控制中心火灾报警控制器
B. 区域火灾报警控制器
C. 集中火灾报警控制器
D. 通用火灾报警控制器

11. 水是最常用的灭火剂，它既可以单独用来灭火，也可以在其中添加化学物质配制成混合液使用，从而提高灭火效率，减少用水量。下列火灾中可直接使用水灭火的是（　　）。
A. 仓库存放的电缆自燃
B. 实验室内硫酸引发的火灾

C. 高温状态下反应釜的火灾

D. 加油站汽油自燃引起的火灾

12. 灭火剂是能够有效地破坏燃烧条件，中止燃烧的物质，一切灭火措施都是为了破坏已经产生的燃烧条件，并使燃烧的连锁反应中止。下列关于灭火剂的灭火原理及应用范围的说法中，正确的是（　　）。

A. 二氧化碳气体灭火剂不宜用来扑灭金属钾、钠等金属的火灾

B. 卤代烷 1211 灭火剂有对大气无污染，对人体基本无害等优点，是应用广泛的气体灭火剂

C. 发泡倍数在 21～1000 倍的高倍数泡沫灭火剂能在扑救失控性大火中起到重要作用

D. 干粉灭火剂的灭火原理是通过降低空间氧含量从而使火焰熄灭

13. 灭火器由筒体、器头、喷嘴等部件组成，借助驱动压力可将所充装的灭火剂喷出，达到灭火目的。下列关于灭火器的分类及原理的说法中，正确的是（　　）。

A. 灭火器按其移动方式可分为手提式、舟车式、推车式

B. 泡沫灭火器按使用操作可分为储气瓶式、储压式、化学反应式

C. 二氧化碳灭火器是利用降低氧气含量而灭火，当二氧化碳浓度达 10%～15%时，燃烧中止

D. 二氧化碳灭火器内的 1 kg 的二氧化碳液体，在常温常压下，可以使1 $m^3$空间范围内的火焰熄灭

14. 二氧化碳灭火器是利用其内部充装的液态二氧化碳的蒸气压将二氧化碳喷出灭火的一种灭火器具。下列关于二氧化碳灭火器的说法中，正确的是（　　）。

A. 1 kg 的二氧化碳液体在常温常压下能生产 500 L 左右的气体，能使 1 $m^3$ 空间范围内的火焰熄灭

B. 二氧化碳灭火器适宜扑救 1000 V 左右高压带电电器的火灾

C. 二氧化碳灭火器适宜扑救精密仪器仪表的最盛期火灾

D. 二氧化碳灭火器不适宜扑救一般可燃液体的火灾

15. 根据工程建设的规模、保护对象的性质、火灾报警区域的划分和消防管理机构的组织形式，将火灾自动报警系统划分为三种基本形式。下列项目中，（　　）不属于火灾自动报警系统的类型。

A. 区域报警系统　　B. 集中报警系统

C. 控制中心报警系统　　D. 组合集中报警系统

16. 【2021 年真题】造成机房电气火灾的主要因素有超负荷、静电、雷击、线路老化、接地故障、人为操作失误等。遇到机房电气火灾，应优先选用（　　）。

A. 水基灭火器　　B. 二氧化碳灭火器

C. 泡沫灭火器　　D. 酸碱灭火器

17. 【2021 年真题】干粉灭火器以液态二氧化碳或氮气作动力，将灭火器内干粉灭火剂喷出进行灭火。干粉灭火器按使用范围可分为普通干粉（BC 干粉）灭火器和多用干粉（ABC 干粉）灭火器两大类。其中，ABC 干粉灭火器不能扑救（　　）。

A. 柴油火灾　　B. 甲烷火灾

C. 镁粉火灾　　　　D. 电缆火灾

18. 【2020 年真题】火灾探测器的工作原理是将烟雾、温度、火焰和燃烧气体等参量的变化通过敏感元件转化为电信号，传输到火灾报警控制器。不同种类的火灾探测器适用不同的场合。下列关于火灾探测器适用场合的说法中，正确的是（　　）。
A. 感光探测器适用于有阴燃阶段的燃料火灾的场合
B. 紫外火焰探测器特别适用于无机化合物燃烧的场合
C. 光电式感烟火灾探测器适用于发出黑烟的场合
D. 红外火焰探测器适用于有大量烟雾存在的场合

19. 【2019 年真题】火灾自动报警系统应具有探测、报警、联动、灭火、减灾等功能，国内外有关标准规范都对建筑中安装的火灾自动报警系统作了规定。根据《火灾自动报警系统设计规范》(GB 50116)，该标准不适用于（　　）。
A. 工矿企业的要害部门
B. 高层宾馆、饭店、商场等场所
C. 生产和储存火药、炸药的场所
D. 行政事业单位、大型综合楼等场所

20. 【2019 年真题】火灾探测器的基本功能就是对表征烟雾、温度、火焰（光）和燃烧气体等的火灾参量做出有效反应，通过敏感元件，将表征火灾参量的物理量转化为电信号，传送到火灾报警控制器。下列关于火灾探测器适用场合的说法中，正确的是（　　）。
A. 感光探测器特别适用于阴燃阶段的燃料火灾
B. 红外火焰探测器不适合有大量烟雾存在的场合
C. 紫外火焰探测器特别适用于无机化合物燃烧的场合
D. 感光探测器适用于监视有易燃物质区域的火灾

## 二、多项选择题（每题的备选项中有 2 个或 2 个以上符合题意，至少有 1 个错误选项）

21. 不同火灾场景应使用相应的灭火剂，选择正确的灭火剂是灭火的关键。下列火灾中，不能用水灭火的是（　　）。
A. 普通木材家具引发的火灾
B. 切断电源的电气火灾
C. 硫酸、盐酸和硝酸引发的火灾
D. 废弃状态下的化工设备火灾
E. 锅炉因严重缺水事故发生的火灾爆炸

22. 灭火器种类的正确选择对于初起火灾的扑灭以及火灾的前期自救有着重要的意义。下列关于灭火器的选择，说法正确的是（　　）。
A. 轻金属如钾、钠等火灾不能用水流冲击灭火，只能用干粉灭火器或砂土掩埋
B. 高倍数泡沫灭火剂适用于油罐区失控性火灾的扑灭
C. 泡沫灭火器可用于甲烷气体火灾的扑灭
D. 清水灭火器适用于扑救可燃固体物质火灾

E. 二氧化碳灭火器适用于贵重设备火灾的扑灭

23. 灭火器结构简单、操作方便，是扑救初期火灾的重要消防器材。按所充装的灭火剂可分为清水、泡沫、二氧化碳、干粉等。下列有关灭火剂的说法中，正确的是（　　）。

A. 干粉灭火剂的灭火机理主要是化学抑制

B. 普通干粉可以适用于固体火灾、液体火灾和气体火灾

C. 多用干粉不仅适用于气体火灾、液体火灾和带电设备的火灾，还适用于扑救金属火灾

D. 二氧化碳灭火剂的灭火机理是窒息

E. 二氧化碳灭火器可以扑救 600 V 以下带电火灾、贵重设备火灾和精密仪器火灾

24. 火灾探测器的基本功能就是对表征烟雾、温度、火焰（光）和参量做出有效反应，通过敏感元件，将表征火灾参量的物理量送到火灾报警控制器。下列关于火灾探测器适用场合的说法中，正确的是（　　）。

A. 感光探测器特别适用于探测有阴燃阶段的燃料火灾

B. 感温火灾探测器特别适用于火灾初期不产生烟雾的场所，如酒精库

C. 紫外火焰探测器适用于有机化合物燃烧的场所

D. 可燃气体探测器探测煤气、天然气时，应安装在可能泄漏处的下部

E. 光电式感烟火灾探测器对黑烟灵敏度低，对白烟灵敏度高

25. 灭火器由于结构简单，操作方便，轻便灵活，是扑救初起火灾的重要消防器材，按其充装的灭火剂种类可分为清水、泡沫、酸碱、二氧化碳、卤代烃、干粉等。下列关于各类灭火器应用的说法中，正确的是（　　）。

A. 清水灭火器内充装的是清洁的水，并加入适量的添加剂，适用于扑救 A 类火灾

B. 泡沫灭火器不能扑救 B 类水溶性火灾，也不能扑救带电设备及 C 类和 D 类火灾

C. 酸碱灭火器适用于扑救 A 类物质的初起火灾或 E 类火灾，但不能用于扑救 B 类物质燃烧的火灾

D. 二氧化碳灭火器适宜于扑救 6000 V 以下带电电器、精密仪器仪表的初起火灾

E. 普通干粉灭火器适用于扑灭可燃液体火灾，多用干粉灭火器适用于扑救轻金属火灾

26. 根据对不同的火灾参量响应和不同的响应方法，分为若干种不同类型的火灾探测器。主要包括感光式火灾探测器、感烟式火灾探测器、感温式火灾探测器、复合式火灾探测器等类型。下列关于火灾探测器的分类及应用的说法中，正确的是（　　）。

A. 离子感烟火灾探测器最显著的优点是对黑烟的灵敏度非常高

B. 光电式感烟火灾探测器对黑烟灵敏度很高，对白烟灵敏度较低

C. 根据工作原理的不同，差温火灾探测器可分为双金属片差温探测器、热敏电阻差温探测器等

D. 复合式火灾探测器包括复合式感温感烟火灾探测器，分离式紫外光束感温感光火灾探测器等

E. 有铅离子存在的场所，不能使用可燃气体探测器，否则会出现气敏元件中毒而失效

27. 多用干粉也称 ABC 干粉，是指磷酸铵盐干粉、聚磷酸铵干粉等，其适宜于扑救的火灾种类包括（　　）。

A. 钠、钾火灾
B. 可燃液体火灾
C. 带电设备火灾
D. 一般固体火灾
E. 可燃气体火灾

28. 火灾自动报警系统是由触发装置、火灾报警装置、火灾警报装置和电源等部分组成的通报火灾发生的全套设备，复杂系统还包括消防控制设备。下列关于火灾自动报警系统的分类及应用的说法中，正确的是（　　）。

A. 火灾自动报警系统不适用于生产和储存火药、炸药、弹药、火工品等场所
B. 区域报警系统比较复杂，但使用很广泛，如行政事业单位，工矿企业的要害部门和娱乐场所均可使用
C. 高层宾馆、饭店、大型建筑群一般使用的都是集中报警系统
D. 控制中心报警系统用于大型宾馆、饭店、商场、办公室、大型建筑群和大型综合楼工程等
E. 区域报警系统和控制中心报警系统均适用于一级保护对象

# 第五章　危险化学品安全基础知识

## 第一节　危险化学品安全的基础知识

### 一、单项选择题（每题的备选项中，只有1个最符合题意）

1. 根据国家标准《常用化学危险品贮存通则》(GB 15603）的规定，贮存的危险化学品应有明显的标志。在同一区域储存两种或两种以上不同危险级别的危险化学品，应（　　）。
   A. 按中等危险等级化学品的性能标志
   B. 按最低等级危险化学品的性能标志
   C. 按最高等级的危险化学品标志
   D. 按同类危险化学品的性能标志
2. 有毒物质进入人体内并累积到一定量时，便会扰乱或破坏机体的正常生理功能。引起暂时性或持久性的病理改变，甚至危及生命。这种危险特性属于（　　）。
   A. 化学性　　B. 腐蚀性
   C. 毒害性　　D. 放射性
3. 危险化学品是指具有爆炸、易燃、毒害、腐蚀、放射性等性质，在生产、经营、储存、运输、使用和废弃物处置过程中，容易造成人员伤亡和财产损毁而需要特殊防护的化学品。根据《化学品分类和危险性公示　通则》(GB 13690)，危险化学品的危险种类分为（　　）。
   A. 理化危险、健康危险、环境危险
   B. 爆炸危险、中毒危险、污染危险
   C. 理化危险、中毒危险、环境危险
   D. 爆炸危险、中毒危险、环境危险
4. 人体吸入或经皮肤吸收苯、甲苯等苯系物质可引起刺激或灼伤。甲苯的这种特性称为危险化学品的（　　）。
   A. 腐蚀性　　B. 燃烧性
   C. 毒害性　　D. 放射性
5. 工业生产中，有毒危险化学品进入人体的最重要途径是呼吸道，与呼吸道吸收程度密切相关的是有毒危险化学品（　　）。
   A. 与空气的相对密度
   B. 在空气中的浓度

C. 在空气中的粒度

D. 在空气中的分布形态

6. 毒性危险化学品可通过呼吸道、消化道和皮肤进入人体，并对人体产生危害。危害的表现形式有刺激、过敏、致癌、致畸、尘肺等。下列危险化学品中，能引起再生障碍性贫血的是（　　）。

A. 苯　　B. 滑石粉

C. 氯仿　　D. 水银

7. 工业毒性危险化学品可造成人体血液窒息，影响机体传送氧的能力。典型的血液窒息性物质是（　　）。

A. 氰化氢

B. 甲苯

C. 一氧化碳

D. 二氧化碳

8. 在生产过程中，生产性毒物主要来源于原料、辅助材料、中间产品、夹杂物、半成品、成品、废气、废液及废渣，有时也可能来自加热分解的产物。下列生产性毒物中，由烟尘产生的是（　　）。

A. 氯、溴、氨

B. 一氧化碳、甲烷

C. 水银、苯

D. 氧化锌、氧化镉

9. 危险化学品是指对人体、设施、环境具有危害的剧毒化学品和其他化学品。下列危害特性描述中，不属于危险化学品主要危害特性的是（　　）。

A. 腐蚀性　　B. 毒害性

C. 感染性　　D. 放射性

10. 按照《化学品安全标签编写规定》（GB 15258），下列要求描述中正确的是（　　）。

A. 信号词位于化学品名称的下方；根据化学品的危险程度和类别，用“危险”“易爆”两个词分别进行危害程度的警示

B. 安全标签应由生产企业在货物出厂前粘贴、挂拴或喷印。若要改换包装，则由改换包装单位重新粘贴、挂拴或喷印标签

C. 对于小于或等于 150 mL 的化学品小包装，为方便标签使用，安全标签要素可以简化

D. 国外进口化学品安全标签上可以只留有国外的 24 h 化学事故应急咨询电话

11. 按照危险化学品的相关管理要求，下列不属于安全技术说明书（SDS）中必须包括的安全信息是（　　）。

A. 化学品的推荐用途和限制用途

B. 物理和化学危险性信息

C. 联合国危险货物编号（UN 号）

D. 混合物的所有组分构成

12. 危险化学品安全标签是用文字、图形符号和编码的组合形式表示化学品所具有的危险性和安全注意事项，它可粘贴、挂拴或喷印在化学品的外包装或容器上。如下图所示，箭头所指位置的内容是（　　）。

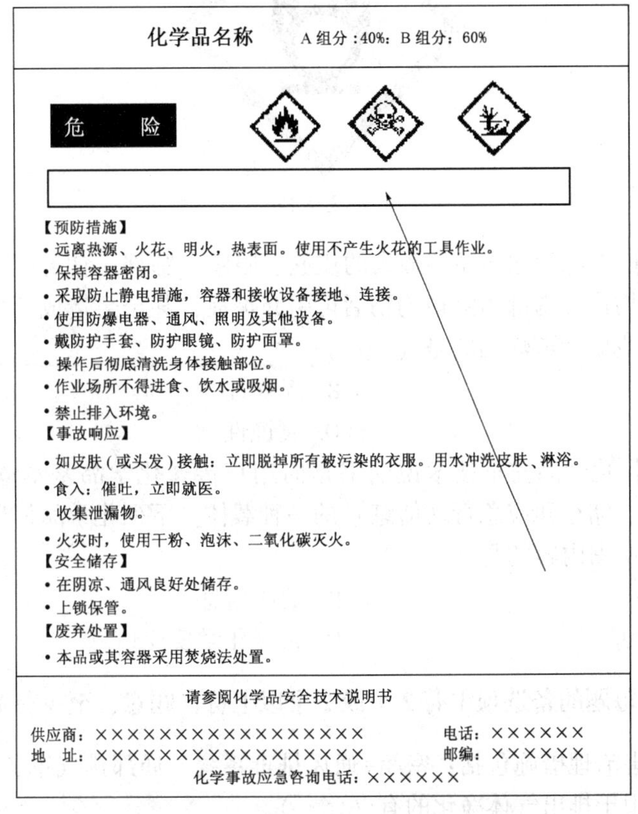


A. 信号词　　B. 危险性说明

C. 资料参考提示语　　D. 防范说明

13. 【2021 年真题】危险化学品是指具有毒害、腐蚀、爆炸、燃烧、助燃等性质，对人体、设施、环境具有危害的剧毒化学品和其他化学品。有的危险化学品同时具有多种危险特性。下列危险化学品中，同时具有燃烧、爆炸和毒害危险特性的是（　　）。

A. 氢气　　B. 硫化氢

C. 光气　　D. 硝酸

14. 【2020 年真题】《全球化学品统一分类和标签制度》（也称为 GHS）是由联合国出版的指导各国控制化学品危害和保护人类健康与环境的规范性文件。为实施 GHS 规则，我国发布了《化学品分类和标签规范》（GB 30000）。根据该规范，在外包装或容器上应当用下图作为标签的化学品类别是（　　）。

A. 氧化性气体

B. 易燃气体

C. 易燃气溶胶

D. 爆炸性气体

危险类别标签

15. 【2019 年真题】当危险化学品接触人的皮肤、眼睛、肺部、食道等时，会引起表皮组织坏死而造成灼伤，内部器官被灼伤后可引起炎症，甚至会造成死亡。下列危险化学品特性中，能造成食道灼伤的是（　　）。

A. 燃烧性　　B. 爆炸性

C. 毒害性　　D. 腐蚀性

16. 【2019 年真题】化学品安全技术说明书是向用户传递化学品基本危害信息（包括运输、操作处置、储存和应急行动信息）的一种载体。下列化学品信息中，不属于化学品安全技术说明书内容的是（　　）。

A. 安全信息　　B. 健康信息

C. 环境保护信息　　D. 常规化学反应信息

## 二、多项选择题（每题的备选项中有 2 个或 2 个以上符合题意，至少有 1 个错误选项）

17. 生产性毒物危害治理措施包括：密闭-通风排毒系统、局部排气罩、排出气体的净化。下列方法中，用于排出气体净化的有（　　）。

A. 洗涤法　　B. 吸附法

C. 袋滤法　　D. 辐射法

E. 静电法

18. 某发电厂因生产需要购入一批危险化学品，主要包括：氢气、液氨、盐酸、氢氧化钠溶液等，上述危险化学品的危害特性有（　　）。

A. 爆炸性　　B. 易燃性

C. 毒害性　　D. 放射性

E. 腐蚀性

19. 《常用化学危险品贮存通则》(GB 15603) 对危险化学品的储存做了明确的规定。下列储存方式中，符合危险化学品储存规定的是（　　）。

A. 隔离储存　　B. 隔开储存

C. 分离储存　　D. 混合储存

E. 分库储存

20. 根据《化学品安全标签编写规定》(GB 15258)，危险化学品运用警示词来表现化学品的危险程度。下列属于规范中规定使用的警示词有（　　）。

A. “剧毒”　　B. “危险”

C. “警告”　　D. “注意”

E. “安全”

21. 根据国家标准《化学品安全技术说明书　内容和项目顺序》（GB/T 16483）的要求，化学品安全技术说明书包括16大项的安全信息内容。下列关于16大项安全信息内容的说法中，正确的是（　　）。

A. 如果已经根据GHS对化学品进行了危险性分类，危险性概述还应标明GHS未包括的危险性信息

B. 如果化学品是混合物，成分/组成信息应当列明所有组分

C. 消防措施说明合适的灭火方法和灭火剂，如果有不合适的灭火剂也应标明

D. 稳定性和反应性主要描述化学品的稳定性和在特定条件下可能发生的危险反应

E. 供应商应向下游用户提供完整的SDS，以提供与安全、健康和环境有关的信息

22. 《化学品安全标签编写规定》（GB 15258）规定了化学品安全标签的术语和定义、标签内容、制作和使用要求。下列关于化学品安全标签要素及使用的说法中，正确的是（　　）。

A. 对于小于或等于200 mL的化学品小包装，为方便标签使用，安全标签要素可以简化

B. 当需要标出的组分较多时，组分个数不超过5个为宜

C. 根据化学品的危险程度和类别，用“危险”“警告”“注意”三个词分别进行危害程度的警示

D. 国外进口化学品安全标签上应至少有一家中国境内的24 h化学事故应急咨询电话

E. 盛装危险化学品的容器或包装，盛装物使用完毕并确认处理完毕后，方可撕下安全标签，否则不能撕下相应的标签

## 第二节　危险化学品的燃烧爆炸类型和过程

### 一、单项选择题（每题的备选项中，只有1个最符合题意）

1. 某化工企业装置检修过程中，因设备内残存可燃气体，在动火时发生爆炸。按照爆炸反应物质的类型，该爆炸最有可能属于（　　）。

A. 简单分解爆炸　　B. 闪燃

C. 爆炸性混合物爆炸　　D. 复杂分解爆炸

2. 在卫生学上，常用的粉尘理化性质包括粉尘的化学成分、分散度、溶解度、密度、形状、硬度、荷电性和爆炸性等。下列对粉尘理化性质的说法中，不正确的是（　　）。

A. 在通风除尘设计中，应该考虑密度因素

B. 选择除尘设备应该考虑粉尘的荷电性

C. 粉尘具有爆炸性的主要理化特点是其高分散度

D. 溶解度是导致粉尘爆炸的主要因素

3. 蒸气云爆炸是指由于气体或易挥发的液体燃料的大量泄漏，与周围空气混合，形成覆盖很大范围的可燃气体混合物，在点火能量作用下而产生的爆炸。下列关于蒸气云爆炸的特性及条件的说法中，错误的是（　　）。
   A. 一般情况，紊流燃烧不会导致爆炸超压，而层流燃烧可能会产生显著的爆炸超压
   B. 产生的足够数量的云团处于该物质的爆炸极限范围内才能产生显著的爆炸超压
   C. 一般情况下，要发生带破坏性超压的蒸气云爆炸，泄漏物必须可燃且具备适当的温度和压力
   D. 如果在一个工艺区域内发生泄漏，经过一段延迟时间形成云团后再点燃，则往往会产生剧烈的爆炸
4. 危险化学品的爆炸可按爆炸反应物质分为简单分解爆炸、复杂分解爆炸和爆炸性混合物爆炸。下列关于上述三类爆炸的说法中，正确的是（　　）。
   A. 所有可燃性气体、蒸气、液体雾滴及粉尘与空气的混合物发生的爆炸均属于爆炸性混合物爆炸
   B. 引起简单分解的爆炸物，在爆炸时并不一定发生燃烧反应，其爆炸所需要的热量是由爆炸物本身分解产生的，如叠氮铅、环氧乙烷、梯恩梯等在压力下的分解爆炸
   C. 复杂分解爆炸在爆炸时伴有燃烧现象，燃烧所需的氧由本身分解产生，这类可爆炸物的危险性较简单分解爆炸物稍高
   D. 甲烷和乙炔混合气体在压力下发生的爆炸属于爆炸性混合物爆炸
5. 【2021 年真题】危险化学品的爆炸可按爆炸反应物质分为简单分解爆炸、复杂分解爆炸和爆炸性混合物爆炸。下列危险化学品中，可发生复杂分解爆炸的是（　　）。
   A. 乙炔银　　B. 黑索金
   C. 叠氮化铅　　D. 环氧乙烷
6. 【2020 年真题】危险化学品爆炸按照爆炸反应物质分为简单分解爆炸、复杂分解爆炸和爆炸性混合物爆炸。下列关于危险化学品分解爆炸的说法中，正确的是（　　）。
   A. 简单分解爆炸一定发生燃烧反应
   B. 简单分解爆炸需要外部环境提供一定的热量
   C. 复杂分解爆炸物的危险性较简单分解爆炸物高
   D. 简单分解爆炸或者复杂分解爆炸不需要助燃性气体

## 二、多项选择题（每题的备选项中有 2 个或 2 个以上符合题意，至少有 1 个错误选项）

7. 粉尘爆炸是悬浮在空气中的可燃性固体微粒接触点火源时发生的爆炸现象。下列关于粉尘爆炸特点的说法中，错误的是（　　）。
   A. 粉尘爆炸的燃烧速度、爆炸压力均比混合气体爆炸大
   B. 粉尘爆炸多数为不完全燃烧，产生的一氧化碳等有毒物质较多
   C. 堆积的可燃性粉尘通常不会爆炸，但若受到扰动，形成粉尘雾可能爆炸
   D. 可产生爆炸的粉尘颗粒非常小，可分散悬浮在空气中，不产生下沉
   E. 金属粉尘、塑料粉尘、玻璃粉尘都可能发生爆炸
8. 工业生产过程中，存在着多种引起火灾和爆炸的着火源。化工企业中常见的着火源有

(  )。

A. 化学反应热、原料分解自燃、热辐射

B. 高温表面、摩擦和撞击、绝热压缩

C. 电气设备及线路的过热和火花、静电放电

D. 明火、雷击和日光照射

E. 粉尘自燃、电磁感应放电

9. 【2019年真题】危险化学品的爆炸按照爆炸反应物质分类分为简单分解爆炸、复杂分解爆炸和爆炸性混合物爆炸。下列物质爆炸中，属于简单分解爆炸的有（  ）。

A. 乙炔银　　B. 环氧乙烷

C. 叠氮化铅　　D. 甲烷

E. 梯恩梯

## 第三节 危险化学品燃烧爆炸事故的危害

### 一、单项选择题（每题的备选项中，只有1个最符合题意）

1. 对环境空气中可燃气的监测，常常用可燃气环境危险度表示。如监测结果为20% LEL，则表明环境空气中可燃气体含量为（  ）。

A. 20%（V）　　B. 20%（m）

C. 爆炸下限的20%　　D. 爆炸上限的20%

2. 化工企业火灾爆炸事故不仅能造成设备损毁、建筑物破坏，甚至会致人死亡，预防爆炸是非常重要的工作，防止爆炸的一般方法不包括（  ）。

A. 控制混合气体中的可燃物含量处在爆炸极限以外

B. 使用惰性气体取代空气

C. 使氧气浓度处于极限值以下

D. 设计足够的泄爆面积

3. 爆炸过程表现为两个阶段：在第一阶段，物质的（或系统的）潜在能以一定的方式转化为强烈的压缩能；第二阶段，压缩物质急剧膨胀，对外做功，从而引起周围介质的变化和破坏。下列关于爆炸破坏作用的说法中，正确的是（  ）。

A. 爆炸形成的高温、高压、低能量密度的气体产物，以极高的速度向周围膨胀，强烈压缩周围的静止空气，使其压力、密度和温度突跃升高

B. 爆炸的机械破坏效应会使容器、设备、装置以及建筑材料等的碎片，在相当大的范围内飞散而造成伤害

C. 爆炸发生时，特别是较猛烈的爆炸往往会引起反复较长时间的地震波

D. 粉尘作业场所轻微的爆炸冲击波导致地面上的粉尘扬起，引起火灾

4. 为防止火灾爆炸的发生，阻止其扩展和减少破坏，防火防爆安全装置及技术在实际生产中广泛使用。下列关于防火防爆安全装置及技术的说法中，错误的是（  ）。

A. 化学抑爆技术可用于装有气相氧化剂的可能发生爆燃的粉尘密闭装置

B. 工作介质为剧毒气体的压力容器应采用安全阀作为防爆泄压装置

C. 当安全阀的入口处装有隔断阀时，隔断阀必须保持常开状态并加铅封

D. 主动式、被动式隔爆装置依靠自身某一元件的动作阻隔火焰传播

5. 危险化学品的燃烧爆炸事故通常伴随发热、发光、高压、真空和电离等现象，具有很强的破坏作用。下列关于不同物质爆炸，产生的破坏作用的说法中，错误的是（　　）。

A. 面粉的燃烧爆炸不会直接造成人员中毒

B. 油罐车引起的爆炸，产生的高温辐射会使附近的人员受到严重灼伤

C. 爆炸引起的冲击波作用于建筑物，在超压 100 kPa 以上时，除坚固的钢筋混凝土外，建筑的其余部分将全部破坏

D. 有些物质毒性不强但在燃烧过程可能释放出大量的有毒气体和烟雾造成人员中毒

6. 【2021 年真题】许多危险化学品具有爆炸危险特性，爆炸的破坏作用包括碎片作用、爆炸冲击波作用、热辐射作用、中毒以及环境污染。爆炸冲击波的破坏作用主要是由于（　　）。

A. 波阵面上的超压　　B. 爆炸产生的超温

C. 冲击波传播的高速　　D. 爆炸产物的高密度

7. 【2020 年真题】危险化学品燃烧爆炸事故具有严重的破坏效应，其破坏程度与危险化学品的数量和性质、燃烧爆炸时的条件以及位置等因素有关。下列关于燃烧爆炸过程和效应的说法中，正确的是（　　）。

A. 火灾损失随着时间的延续迅速增加，大约与时间的平方成比例

B. 爆炸过程时间很短，往往是瞬间完成，因此爆炸毁伤的范围相对较小

C. 爆炸会产生冲击波，冲击波造成的破坏主要由高温气体快速升温引起

D. 爆炸事故产生的有毒气体，因为爆炸伴随燃烧，会使气体毒性降低

8. 【2019 年真题】危险化学品的燃烧爆炸事故通常伴随发热、发光、高压、真空和电离等现象，具有很强的破坏效应，该效应与危险化学品的数量和性质、燃烧爆炸时的条件以及位置等因素均有关系。下列关于危险化学品破坏效应的说法中，正确的是（　　）。

A. 爆炸的破坏作用主要包括高温的破坏作用和爆炸冲击波的破坏作用

B. 当冲击波大面积作用于建筑物时，所有建筑物将全部被破坏

C. 机械设备、装置、容器等爆炸后产生许多碎片，碎片破坏范围一般在 0.5~1.0 km

D. 在爆炸中心附近，空气冲击波波阵面上的超压可达几个甚至十几个大气压

## 二、多项选择题（每题的备选项中有 2 个或 2 个以上符合题意，至少有 1 个错误选项）

9. 化工企业所用化工容器极易发生爆炸，因此对密闭的化工容器需要采取防爆安全措施。爆炸控制的措施分为若干种，用于防止容器或室内爆炸的安全措施有（　　）。

A. 采用爆炸抑制系统　　B. 设计和使用抗爆容器

C. 采用爆炸卸压措施　　D. 采用房间泄压措施

E. 进行设备密闭

10. 在生产过程中，应根据可燃易燃物质的爆炸特性，以及生产工艺和设备等条件，采取有效措施，预防在设备和系统里或在其周围形成爆炸性混合物。这些措施主要有（ ）。

A. 设备密闭　　B. 厂房通风

C. 惰性介质保护　　D. 危险物品隔离储存

E. 预设报警装置

11. 防爆的基本原则是根据对爆炸过程特点的分析采取相应的控制措施。下列关于爆炸预防的措施中，正确的有（ ）。

A. 防止爆炸性混合物的形成　　B. 严格控制火源

C. 密闭和负压操作　　D. 及时泄出燃爆开始时的压力

E. 检测报警

12. 生产系统内一旦发生爆炸或压力骤增时，可能通过防爆泄压装置将超高压力释放出去，以减少巨大压力对设备、系统的破坏或者减少事故损失。防爆泄压装置主要有（ ）。

A. 单向阀　　B. 安全阀

C. 防爆门　　D. 爆破片

E. 防爆窗

13. 危险化学品的燃烧爆炸事故通常伴随发热、发光、高压、真空和电离等现象，具有很强的破坏作用，其与危险化学品的数量和性质、燃烧爆炸时的条件以及位置等因素有关。下列关于事故主要破坏作用的说法中，正确的是（ ）。

A. 危险化学品的燃烧爆炸事故通常伴随发热、发光、高压、真空和电离等现象，具有很强的破坏作用

B. 正在运行的燃烧设备或高温的化工设备被破坏时，其灼热的碎片可能飞出，点燃附近储存的燃料或其他可燃物，引起火灾

C. 机械设备、装置、容器等爆炸后产生许多碎片，飞出后会在相当大的范围内造成危害，一般碎片飞散范围在500~1000 m

D. 在爆炸中心附近，空气冲击波波阵面上的超压可达几个甚至十几个大气压，当波阵面超压在20~30 kPa时，除坚固的钢筋混凝土建筑外，其余部分将全部破坏

E. 有些物质本身毒性不强，但燃烧过程中可能释放出大量有毒气体和烟雾，造成人员中毒和环境污染

## 第四节 危险化学品事故的控制和防护措施

### 一、单项选择题（每题的备选项中，只有1个最符合题意）

1. 危险化学品中毒、污染事故预防控制措施主要有替代、变更工艺、隔离、通风等。下列危险化学品危害预防控制措施中，正确的是（ ）。

A. 用苯来替代涂漆中用的甲苯

B. 对于面式扩散源采用局部通风

C. 将经常需操作的阀门移至操作室外

D. 用脂肪烃替代胶水中芳烃

2. 甲化工厂设有3座循环水池，采用液氯杀菌。该工厂决定用二氧化氯泡腾片杀菌，消除了液氯的安全隐患。这种控制危险化学品危害的措施属于（　　）。

A. 替换　　B. 变更工艺

C. 改善操作条件　　D. 保持卫生

3. 目前采取的用乙烯为原料，通过氧化或氧氯化制乙醛，不需用汞作催化剂，彻底消除了汞害。这类预防危险化学品中毒、污染事故的控制措施属于（　　）。

A. 替代　　B. 变更工艺

C. 隔离　　D. 个体防护

4. 在化工厂内，可能散发有毒气体的设备应布置在（　　）。

A. 全年主导风向的下风向　　B. 全年主导风向的上风向

C. 无通风的厂房内　　D. 厂区中心位置

5. 石油天然气场站总平面布置，应充分考虑生产工艺特点、火灾危险性等级、地形、风向等因素。下列关于石油天然气场站布置的叙述中，正确的是（　　）。

A. 锅炉房、加热炉等有明火或散发火花的设备，宜布置在场站或油气生产区边缘

B. 可能散发可燃气体的场所和设施，宜布置在人员集中场所及明火或可能散发火花地点的全年最小频率风向的下风侧

C. 甲、乙类液体储罐，宜布置在站场地势较高处

D. 在山区设输油站时，为防止可燃物扩散，宜选择窝风地段

6. 某化工工程设计公司为电厂化学水车间设计管道布置图，当输送水和盐酸的管道需并列敷设时，盐酸的管道应敷设在水管道的（　　）。

A. 内侧或下方　　B. 外侧或上方

C. 外侧或下方　　D. 内侧或上方

7. 化工厂布局对工厂安全运行至关重要。下列关于化工厂布局的说法中，正确的是（　　）。

A. 易燃物质生产装置应在主要人口居住区的下风侧

B. 罐区应设在地势比工艺装置略高的区域

C. 锅炉应设置在易燃液体设备的下风区域

D. 工厂占地紧张的情况下管路可以穿过围堰区

8. 泵是化工厂主要流体输送机械。泵的选型通常要依据流体的物理化学特性进行。下列关于泵的选型要求的说法中，正确的是（　　）。

A. 毒性或腐蚀性较强的介质可选用屏蔽泵

B. 悬浮液优先选用齿轮泵

C. 黏度大的液体优先选用离心泵

D. 膏状物优先选用屏蔽泵

9. 具有爆炸危险性的生产区域，通常禁止车辆驶入。但是，在人力难以完成而必须机动

车辆进入的情况下，允许进入该区域的车辆是（　　）。

A. 装有灭火器或水的汽车

B. 两轮摩托车

C. 装有生产物料的手扶拖拉机

D. 尾气排放管装有防火罩的汽车

10. 建筑物防雷分类是指按建筑物的重要性、生产性质、遭受雷击的可能性和后果的严重性所进行的分类。下列建筑物防雷分类中，正确的是（　　）。

A. 电石库属于第三类防雷建筑物

B. 乙炔站属于第二类防雷建筑物

C. 露天钢质封闭气罐属于第一类防雷建筑物

D. 省级档案馆属于第三类防雷建筑物

11. 目前针对危险化学品中毒、污染事故的预防控制措施主要有替代、变更工艺、隔离、通风、个体防护和保持卫生。其中通风是控制作业场所中有害气体、蒸气或粉尘最有效的措施之一。下列关于通风的说法中，正确的是（　　）。

A. 对于点式扩散源，应使用全面通风

B. 全面通风所需风量小，不可净化回收

C. 局部排风亦称稀释通风

D. 全面通风仅适用于低毒性、低污染物量的作业场所

12. 为防止危险化学品中毒、污染事故，目前采取的主要措施是替代、变更工艺、隔离等安全技术措施。下列关于上述三种安全技术措施的说法中，错误的是（　　）。

A. 用苯替代喷漆和涂漆中用的甲苯，用脂肪烃替代胶水或黏合剂中的芳烃

B. 用乙烯为原料，通过氧化或氧氯化制乙醛，不需用汞作催化剂

C. 最常用的隔离方法是将生产或使用的设备完全封闭起来，使工人在操作中不接触化学品

D. 最简单的隔离操作形式就是把生产设备的管线阀门、电控开关放在与生产地点完全隔离的操作室内

13. 通风是控制作业场所中有害气体、蒸气或粉尘最有效的措施之一。借助于有效的通风，使作业场所空气中有害气体低于规定浓度，保证工人的身体健康，防止火灾、爆炸事故的发生。下列关于通风安全技术措施的说法中，正确的是（　　）。

A. 局部排风是用新鲜空气将作业场所中的污染物稀释到安全浓度以下，所需风最大，不能净化回收

B. 全面通风的目的不是消除污染物，而是将污染物分散稀释，所以全面通风仅适合于高毒性作业场所，不适合于污染区量小的作业场所

C. 对于面式扩散源，要使用全面通风

D. 实验室中的通风橱，焊接室或喷漆室可移动的通风管和导管都是全面通风设备

14. 从理论上讲，防止火灾、爆炸事故发生的基本原则主要有三点，防止燃烧、爆炸系统的形成；消除点火源；限制火灾、爆炸蔓延扩散。某公司在可能发生燃烧爆炸的系统中采取了下列措施，其中属于消除点火源的是（　　）。

A. 通入惰性气体

B. 增加了安全监测人员，并设置了安全联锁装置

C. 设置了阻火装置、防爆泄压装置

D. 采用防爆电气设备

15. 【2019 年真题】预防控制危险化学品事故的主要措施是替代、变更工艺、隔离、通风、个体防护和保持卫生等。下列关于危险化学品中毒、污染事故预防控制措施的说法中，错误的是（　　）。

A. 个体防护应作为预防中毒、控制污染等危害的主要手段

B. 生产中可以通过变更工艺消除或者降低危险化学品的危害

C. 隔离是通过封闭、设置屏障等措施，避免作业人员直接暴露于有害环境中

D. 通风是控制作业场所中有害气体、蒸气或者粉尘最有效的措施之一

16. 【2019 年真题】防止火灾、爆炸事故发生的基本原则主要有：防止燃烧、爆炸系统的形成，消除点火源，限制火灾、爆炸蔓延扩散。下列预防火灾爆炸事故的措施中，属于防止燃烧、爆炸系统形成的措施是（　　）。

A. 控制明火和高温表面　　B. 防爆泄压装置

C. 惰性气体保护　　D. 安装阻火装置

## 二、多项选择题（每题的备选项中有 2 个或 2 个以上符合题意，至少有 1 个错误选项）

17. 石油天然气开发中，输油气站场选址不正确的是（　　）。

A. 离居民生活区近一些

B. 应避开低洼易积水地段

C. 在山区应避开山洪及泥石流地段

D. 应避开人工填土、地震断裂带的地方

E. 应离城市交通枢纽近一些

18. 下列关于化工管道布置的说法中，错误的是（　　）。

A. 管道应尽量埋地敷设，以减少对空间的占用

B. 对于温度较高的管道要采取热补偿措施

C. 有凝液的管道要安排凝液排除装置

D. 从主管上引出支管时，气体管从下方引出，液体管从上方引出

E. 管道敷设应按水平线敷设，不得有坡度

19. 化工厂厂区一般可划分为 6 个区块：工艺装置区、罐区、公共设施区、运输装卸区、辅助生产区和管理区。下列关于各区块布局安全的说法中，不正确的是（　　）。

A. 为方便事故应急救援，工艺装置区应靠近工厂边界

B. 装卸台上可能发生毒性或易燃物溅洒，运输装卸区应设置在工厂的下风区或边缘地区

C. 为防止储罐在洪水中受损，将罐区设置在高坡上

D. 公用设施区的锅炉、配电设备应设置在罐区的下风区

E. 主要办事机构应设置在工厂的边缘区域

20. 不同爆炸危险环境应选用相应等级的防爆设备，爆炸危险场所分级主要依据有（　　）。
A. 爆炸危险物出现的频繁程度
B. 爆炸危险物出现的持续时间
C. 爆炸危险物释放源的等级
D. 电气设备的防爆等级
E. 现场通风等级

21. 【2021年真题】危险化学品火灾、爆炸事故可以从防止燃烧爆炸系统形成、消除点火源、限制蔓延扩散等方面控制。下列控制措施中，不属于限制火灾、爆炸蔓延扩散措施的有（　　）。
A. 设置惰性气体保护、设置安全监测及报警等设施
B. 防止摩擦和撞击产生火花，控制明火和高温表面等措施
C. 设置阻火装置、防爆泄压装置及防火防爆分隔等设施
D. 在火灾爆炸危险场所采用本质安全型防爆电气设备
E. 有爆炸危险的生产中，机件运转部分用两种材料制成，其一是有色金属材料

## 第五节 危险化学品储存、运输与包装安全技术

### 一、单项选择题（每题的备选项中，只有1个最符合题意）

1. 装运爆炸、剧毒、放射性、易燃液体、可燃气体等物品，必须使用符合安全要求的运输工具。下列关于危险化学品运输的做法中，正确的是（　　）。
A. 运输爆炸性物品应使用电瓶车，禁止使用翻斗车
B. 运输强氧化剂、爆炸品时，应使用铁底板车及汽车挂车
C. 搬运易燃、易爆液化气体等危险物品时，禁止用叉车、铲车、翻斗车
D. 运输遇水燃烧物品及有毒物品，应使用小型机帆船或水泥船承运

2. 油品罐区火灾爆炸风险非常高，进入油品罐区的车辆尾气排放管必须装设的安全装置是（　　）。
A. 阻火装置　　B. 防爆装置
C. 泄压装置　　D. 隔离装置

3. 由低分子单体合成聚合物的反应称为聚合反应。聚合反应合成聚合物分子量高、黏度大，聚合反应热容易挂壁和堵塞，从而造成局部过热或反应釜升温、反应釜的搅拌和温度应有检测和联锁装置，发现异常能够自动（　　）。
A. 停止进料　　B. 停止反应
C. 停止搅拌　　D. 停止降温

4. 裂化是指有机化合物在高温下分子发生分解的反应过程，分为热裂化、催化裂化、加氢裂化。热裂化存在的主要危险性是（　　）。
A. 裂化过程产生大量的裂化气，遇明火会发生爆炸

B. 裂化过程中，活化催化剂不正常时，可能出现可燃的一氧化碳气体
C. 裂化过程中，若温度过高或落入少量水，容易引起突沸冲料或爆炸
D. 裂化过程中，生成过氧化物副产物，它们的稳定性差，遇高温或受撞击、易分解，造成燃烧或爆炸

5. 有机化合物分子中加入硝基取代氢原子而生成硝基化合物的反应，称为硝化。用硝酸根取代有机化合物中的羟基的化学反应，是另一种类型的硝化反应。下列关于硝基反应及其产物的说法中，错误的是（　　）。
A. 硝酸酯具有火灾、爆炸危险性
B. 硝酸盐和氧化氮可以作为硝化剂
C. 硝化反应是吸热反应
D. 多硝基化合物具有火灾、爆炸危险性

6. 常见的化工过程包括加热、传热、蒸发、蒸馏、结晶、干燥以及气体吸收与解析等。下列关于化工过程安全性的说法中，正确的是（　　）。
A. 为提高电感加热设备的安全可靠程度应采用较小截面的导线
B. 装有先进的点火联锁保护系统的加热炉，点火前可以不用吹扫炉膛
C. 干燥物料中有害杂质挥发性较强时不需事先清除
D. 采用真空蒸馏方法可以降低流体沸点

7. 为确保氧化反应过程安全，阻止火焰蔓延、防止回火，在反应器和管道上应安装（　　）。
A. 泄压装置　　B. 自动控制
C. 报警联锁　　D. 阻火器

8. 泵是化工装置的主要流体机械。泵的选型主要考虑流体的物理化学特性。下列关于泵选型的说法中，错误的是（　　）。
A. 采用屏蔽泵输送苯类物质
B. 采用防爆电机驱动的离心泵输送易燃液体
C. 采用隔膜式往复泵输送悬浮液
D. 采用普通离心泵输送胶状溶液

9. 某化工企业为了生产需要，储备了汽油、硝化甘油、乙醚、乙炔、磷化钙、二氧化硫、氰化钠、氰化钾等生产原料。下列关于化学物品存储方式的说法中，正确的是（　　）。
A. 仓库 A 存放氰化钠、二氧化硫
B. 仓库 B 存放硝化甘油、乙炔
C. 仓库 C 存放乙醚、磷化钙
D. 仓库 D 存放汽油、氰化钾

10. 化学品在运输中发生事故的情况比较常见，全面了解并掌握有关化学品的安全运输规定，对降低运输事故具有重要意义。下列关于危险化学品运输要求的说法中，错误的是（　　）。
A. 放射性物品应用专用运输搬运车和抬架搬运，装卸机械应按规定负荷降低 15% 的装

卸量

B. 道路危险货物运输过程中，驾驶人员不得随意停车

C. 通过道路运输剧毒化学品的，托运人应当向运输始发地或者目的地的县级人民政府公安机关申请剧毒化学品道路运输通行证

D. 危险化学品运输企业的申报人员、装卸管理人员应当经交通运输主管部门考核合格，取得从业资格

11. 危险化学品除贮存、运输需要满足相应的安全技术要求外，包装也是保护使用者或运输者重要的手段之一。下表为某危险化学品运输企业承运的物品及对应危险性大小的分类表，则关于危险化学品包装安全要求的说法中，正确的是（　　）。

| 物　品 | 危险性 |
|---|---|
| 甲磺酰氯 | 大 |
| 偶氮甲酰胺 | 中等 |
| 2-溴-2-硝基丙烷-1，3 二醇 | 小 |

A. 危险货物包装分为Ⅰ、Ⅱ、Ⅲ、Ⅳ类

B. 2-溴-2-硝基丙烷-1，3 二醇应当采用Ⅰ、Ⅱ类包装

C. 偶氮甲酰胺应当采用Ⅱ类包装

D. 甲磺酰氯应当采用Ⅰ、Ⅲ类包装

12. 【2021 年真题】依据《常用危险化学品贮存通则》（GB 15603），企业在贮存危险化学品时要严格遵守相关要求。下列危险化学品的贮存行为中，正确的是（　　）。

A. 某工厂经厂领导批准后设置危险化学品贮存仓库

B. 某工厂露天堆放易燃物品、剧毒物品时，按最高等级标志

C. 某工厂对可以同贮的危化品，同贮时区域按最高等级标志

D. 某工厂将甲、乙类化学品同库贮存时，按最高等级标志

13. 【2020 年真题】危险化学品贮存应采取合理措施预防事故发生。根据《常用危险化学品贮存通则》（GB 15603），下列危险化学品贮存的措施中，正确的是（　　）。

A. 某工厂因危险化学品库房维护，将爆炸物品临时露天堆放

B. 高、低等级危险化学品一起贮存的区域，按低等级危险化学品管理

C. 某生产岗位员工未经培训，将其调整到危险化学品库房管理岗位

D. 某工厂按照危险化学品类别，采取隔离贮存、隔开贮存和分离贮存

14. 【2020 年真题】危险化学品的运输事故时有发生，全面了解和掌握危险化学品的安全运输规定，对预防危险化学品事故具有重要意义。下列运输危险化学品的行为中，符合运输安全要求的是（　　）。

A. 在运输危险化学品氯酸钾时，司机临时将车辆停在马路边买水

B. 某工厂计划通过省内人工河道运输少量危险化学品环氧乙烷

C. 某工厂安排押运员与专职司机一起运输危险化学品二氯乙烷

D. 某工厂采用特制叉车将液化石油气钢瓶从库房甲转移到库房乙

15. 【2020年真题】《危险货物运输包装通用技术条件》（GB 12463）要求危险货物按照货物的危险性进行分类包装。其中，危险性较小的货物应采用（　　）包装。

A. Ⅰ类　　B. Ⅱ类

C. Ⅳ类　　D. Ⅲ类

16. 【2019年真题】《危险货物运输包装通用技术条件》（GB 12463）规定了危险货物包装分类、包装的基本要求、性能试验和检验方法；《危险货物运输包装类别划分方法》（GB/T 15098）规定了划分各类危险化学品运输包装类别的基本原则。根据上述两个标准，下列关于危险货物包装的说法中，错误的是（　　）。

A. 危险货物具有两种以上的危险性时，其包装类别需按级别高的确定

B. 毒性物质根据口服、皮肤接触以及吸入粉尘和烟雾的方式来确定其包装类别

C. 包装类别中Ⅰ类包装适用危险性较小的货物，Ⅲ类包装适用危险性较大的货物

D. 易燃液体根据其闭杯闪点和初沸点的大小来确定其包装类别

## 二、多项选择题（每题的备选项中有2个或2个以上符合题意，至少有1个错误选项）

17. 在工业生产过程中，存在着多种引起火灾和爆炸的因素。因此，在易发生火灾和爆炸的危险区域进行动火作业前，必须采取的安全措施有（　　）。

A. 严格执行动火工作票制度

B. 动火现场配备必要的消防器材

C. 将现场可燃物品清理干净

D. 对附近可能积存可燃气的管沟进行妥善处理

E. 利用与生产设备相连的金属构件作为电焊地线

18. 危险化学物品如果储存不当，往往会酿成严重的事故，因此要防止不同性质物品在储存中相互接触而引起火灾和爆炸。下列物品中，必须单独隔离储存，不准与任何其他类物品共存的有（　　）。

A. 梯恩梯　　B. 硝化甘油

C. 乙炔　　D. 氮气

E. 雷汞

19. 爆炸造成的后果大多非常严重，在化工生产作业中，爆炸不仅会使生产设备遭受损失，而且使建筑物破坏，甚至致人死亡。因此，科学防爆是非常重要的一项工作。防止可燃气体爆炸的一般原则有（　　）。

A. 防止可燃气向空气中泄漏

B. 控制混合气体中的可燃物含量处在爆炸极限以外

C. 减弱爆炸压力和冲击波对人员、设备和建筑的损坏

D. 使用惰性气体取代空气

E. 用惰性气体冲淡泄漏的可燃气体

20. 化学品在运输中发生事故的情况比较常见，全面了解并掌握有关化学品的安全运输规定，对降低运输事故具有重要意义。下列关于危险化学品运输安全技术措施的说法中，错误的是（　　）。

A. 危险化学品运输企业应当配备专职安全管理人员、驾驶人员、装卸管理人员和押运人员

B. 不得用铁底板车及汽车挂车运输强氧化剂、爆炸品及用铁桶包装的一级易燃液体

C. 放射性物品应用专用运输搬运车和抬架搬运，装卸机械应按规定负荷降低 30% 的装卸量

D. 没有采取可靠的安全措施时，禁止用电瓶车、翻斗车、铲车、自行车等运输爆炸物品

E. 通过内河封闭水域运输液氯时，必须使用符合安全要求的运输工具，禁止用小型机帆船、小木船和水泥船承运

## 第六节　危险化学品经营的安全要求

### 一、单项选择题（每题的备选项中，只有 1 个最符合题意）

1. 某化工公司粗苯产品装车采用压缩气体压送。压缩气源应选用（　　）。

A. 氮气　　B. 氧气

C. 氢气　　D. 空气

2. 气体物料的输送采用压缩机。下列关于气体输送的说法中，错误的是（　　）。

A. 输送液化可燃气体宜采用液环泵

B. 压缩机在运行中不能中断润滑油和冷却水

C. 可燃气体的管道应经常保持正压并有良好的接地装置

D. 当输送可燃气体管道着火时，应直接关闭闸阀熄火

3. 化工装置停车过程复杂、危险较大、应认真制定停车方案并严格执行。下列关于停车过程注意事项的说法中，正确的是（　　）。

A. 系统泄压要缓慢进行直至压力降至零

B. 高温设备快速降温

C. 装置内残存物料不能随意放空

D. 采用关闭阀门来实现系统隔绝

4. 《危险化学品安全管理条例》第三十三条规定：国家对危险化学品经营（包括仓储经营）实行许可制度。未经许可，任何单位和个人都不得经营危险化学品。下列关于危险化学品经营企业的条件和要求的说法中，正确的是（　　）。

A. 危险化学品商店不含备货库房的营业场所面积应不小于于 60 $m^2$，危险化学品商店内应设有生活设施

B. 营业场所只允许存放单件质量小于 50 kg 或容积小于 50 L 的民用小包装危险化学品，其存放总质量不得超过 2 t

C. 备货库房只允许存放单件质量小于 50 kg 或容积小于 50 L 的民用小包装危险化学品，其存放总质量不得超过 1 t

D. 应建立危险化学品经营档案，档案内容至少应包括危险化学品品种、数量、出入记

录等，数据保存期限应不少于1年

5. 【2021年真题】依据《危险化学品安全管理条例》，下列剧毒化学品经营企业的行为中，正确的是（　　）。

A. 规定经营剧毒化学品人员经过国家授权部门的专业培训合格后即可上岗

B. 规定经营剧毒化学品人员经过县级公安部门的专门培训合格后即可上岗

C. 规定经营剧毒化学品销售记录的保存期限为1年

D. 向当地县级人民政府公安机关口头汇报购买的剧毒化学品数量和品种

6. 【2020年真题】危险化学品在生产、运输、贮存、使用等经营活动中容易发生事故。根据《危险化学品安全管理条例》和《危险化学品经营企业安全技术基本要求》（GB 18265），下列危险化学品企业的经营行为中，正确的是（　　）。

A. 某企业将其危险化学品的经营场所设置在交通便利的城市边缘

B. 某企业安排未经过专业技术培训的人员从事危险化学品经营业务

C. 某企业将危险化学品存放在其批发大厅中的化学品周转库房中

D. 某企业为节省空间在其备货库房内将不同化学品整齐的堆放在一起

7. 【2020年真题】危险化学品经营实行许可制度，任何单位和个人均需要获得许可，方可经营危险化学品。根据《危险化学品安全管理条例》，下列行政管理程序中，办理危险化学品经营许可证不需要的是（　　）。

A. 申请　　B. 行政备案

C. 审查　　D. 发证

## 二、多项选择题（每题的备选项中有2个或2个以上符合题意，至少有1个错误选项）

8. 危险化学品运输企业，应对（　　）类人员进行有关安全知识培训。

A. 船员　　B. 装卸人员

C. 装卸管理人员　　D. 押运人员

E. 指挥人员

9. 化学品在运输中发生事故情况常见，全面了解并掌握有关化学品的安全运输规定，对降低运输事故具有重要意义。下列关于危险化学品的运输安全技术与要求的说法中，正确的是（　　）。

A. 危险物品装卸前，应对车（船）搬运工具进行必要的通风和清扫

B. 运输强氧化剂应用汽车挂车运输，不得用铁底板车运输

C. 运输爆炸、剧毒和放射性物品，应派不少于1人进行押运

D. 禁止利用内河及其他封闭水域运输剧毒化学品

E. 运输危险物品的行车路线，不可在繁华街道行驶和停留

10. 氧化反应中的强氧化剂具有很大的危险性，在受到高温、撞击、摩擦或与有机物、酸类接触，易引起燃烧或者爆炸。下列物质中，属于氧化反应中的强氧化剂的是（　　）。

A. 甲苯　　B. 氯酸钾

C. 乙烯　　D. 甲烷

E. 过氧化氢

11. 化工管路的管子与管子、管子与管件、管子与阀件、管子与设备之间连接的方式包括（　　）。

A. 螺纹连接　　B. 对接

C. 法兰连接　　D. 焊接

E. 绑扎连接

12. 下列关于液态物料输送的说法中，正确的是（　　）。

A. 对于易燃液体，不可采用压缩空气压送

B. 输送易燃液体宜采用蒸气往复泵

C. 临时输送可燃液体的泵和管道（胶管）连接处必须紧密、牢固

D. 对于闪点很低的可燃液体，应用空气压送

E. 液态物料可借其位能沿管道向低处输送

## 第七节　泄漏控制与销毁处置技术

### 一、单项选择题（每题的备选项中，只有1个最符合题意）

1. 为防止危险废弃物对人类健康或者环境造成重大危害，需要对其进行无害化处理。下列废弃物处理方式中，不属于危险废弃物无害化处理方式的是（　　）。

A. 塑性材料固化法　　B. 有机聚合物固化法

C. 填埋法　　D. 熔融固化或陶瓷固化法

2. 在处理废弃物时，应根据废弃物种类采取不同的处理方式。下列关于废弃物销毁的说法中，正确的是（　　）。

A. 一般的工业废弃物为防止污染，不得直接进入填埋场进行填埋

B. 确认不能使用的爆炸性物品如需储存，应向当地公安部门报告

C. 爆炸性物品的处理方法主要有爆炸法、烧毁法、分解法、掩埋法

D. 有机过氧化物废弃物的处理方法主要有分解、烧毁、填埋

3. 化学品火灾扑救应当根据化学品的性质，有针对性地选择灭火的方法，否则不仅不能灭火反而会造成更大事故。下列关于扑救火灾措施的说法中，正确的是（　　）。

A. 扑救遇湿易燃物品火灾时，绝对禁止用水来灭火，可使用泡沫灭火剂

B. 扑救遇湿易燃物品火灾时，可使用干粉灭火器

C. 钾、钠、铝、镁等易燃物品严禁使用水泥、干砂、干粉、硅藻土等覆盖，以免增加爆炸危险性

D. 扑救水溶性易燃液体火灾时，用直流水、雾状水灭火往往无效，应用普通蛋白泡沫或轻泡沫扑救

4. 废弃物是指在化学实验中产生的，在一定时间和空间范围内基本或者完全失去使用价值，无法回收和利用的排放物。为保证安全及环保，应采取相应安全技术措施对废弃物进行处理。下列关于废弃物销毁安全技术措施的说法中，错误的是（　　）。

A. 危险废弃物可通过水泥固化、石灰固化、塑性材料固化、有机聚合物固化、自凝胶固化、熔融固化和陶瓷固化等方法，使它们变成高度不溶性的物质

B. 一般的粒度很小的工业固体废弃物应当在固化后方可进入填埋场进行填埋

C. 凡确认不能使用的爆炸性物品，一般可采用爆炸法、烧毁法、溶解法、化学分解法予以销毁，在销毁以前应报告当地公安部门，选择适当的地点、时间及销毁方法

D. 有机过氧化物废弃物要根据其特性选择合适的方法处理，处理方法主要有分解、烧毁、填埋

5. 【2021 年真题】危险化学品性质不同，对其引起火灾的扑救方法及灭火剂的选用亦不相同。下列危险化学品火灾扑救行为中，正确的是（　　）。

A. 使用雾状水扑救电石火灾

B. 使用泡沫灭火器扑救铝粉火灾

C. 使用普通蛋白泡沫扑救汽油火灾

D. 使用沙土盖压扑救爆炸物品火灾

6. 【2020 年真题】针对危险化学品泄漏及其火灾爆炸事故，应根据危险化学品的特性采用正确的处理措施和火灾控制措施。下列处理和控制措施中，正确的是（　　）。

A. 某工厂存放的遇湿易燃的碳化钙着火，库管员使用二氧化碳灭火器灭火

B. 某工厂甲烷管道泄漏着火，现场人员第一时间用二氧化碳灭火器灭火

C. 某工厂爆炸物堆垛发生火灾，巡检人员使用高压水枪喷射灭火

D. 某工厂贮存的铝产品着火，现场人员使用二氧化碳灭火器灭火

7. 【2019 年真题】危险化学品废弃物的销毁处置包括固体危险废弃物无害化的处置、爆炸物品的销毁、有机过氧化物废弃物的处理等。下列关于危险废弃物销毁处置的说法中，正确的是（　　）。

A. 确认不能使用的爆炸性物品必须予以销毁，企业选择适当的地点、时间和销毁方法后直接销毁

B. 应根据有机过氧化物特性选择合适的方法进行处理，处理方法主要包括溶解、烧毁、填埋等

C. 固体危险废弃物的固化/稳定化方法有水泥固化、石灰固化、塑性材料固化、有机聚合物固化等

D. 一般危险废弃物可以直接进入填埋场进行填埋，粒度很小的废弃物可装入编织袋后填埋

## 二、多项选择题（每题的备选项中有 2 个或 2 个以上符合题意，至少有 1 个错误选项）

8. 凡确认不能使用的爆炸性物品，必须予以销毁，在销毁以前应报告当地公安部门，选择适当的地点、时间及销毁方法。一般可采用（　　）。

A. 爆炸法　　B. 烧毁法

C. 溶解法　　D. 固化法

E. 化学分解法

9. 危险化学品本身就对人体有一定的危害作用，当特殊危险化学品发生火灾时，如果扑

救方式方法错误，会酿成更大的事故。为保证安全，特殊危险化学品发生火灾时，应当遵循一定的安全要求。下列有关特殊危险化学品火灾扑救措施的说法中，正确的是（　　）。

A. 扑救气体类火灾时，切忌盲目扑灭火焰，在没有采取堵漏措施的情况下，必须保持稳定燃烧

B. 扑救爆炸物品堆垛火灾时，应用沙土盖压，避免强力水流直接冲击堆垛

C. 扑救遇湿易燃物品，例如钾、钠、铝、镁等物品的火灾时，一般可使用干粉、二氧化碳、卤代烷扑救

D. 2，4-二硝基苯甲醚、二硝基萘、萘等是易升华的易燃固体，在扑救过程中应不时向燃烧区域上空及周围喷射雾状水，并消除周围一切点火源

E. 扑救易燃液体火灾时，比水轻又不溶于水的液体用普通蛋白泡沫或轻泡沫灭火往往无效，可用直流水、雾状水扑救

10. 【2019 年真题】危险化学品容易引发火灾爆炸事故，一旦泄漏应针对其特性采用合适方法处置。下列危险化学品泄漏事故的处置措施中，正确的有（　　）。

A. 某区域有易燃易爆化学品泄漏，应作为重点保护对象，及时用沙土覆盖

B. 扑灭气体类火灾时，要立即扑灭火焰，再采取堵漏措施，避免二次火灾

C. 扑救遇湿易燃物品火灾时，绝对禁止用泡沫、酸碱等灭火剂扑救

D. 对镁粉、铝粉等粉尘，切忌喷射有压力的灭火剂，防止引起粉尘爆炸

E. 扑救爆炸物品堆垛火灾时，应避免强力水流直接冲击堆垛

## 第八节　危险化学品的危害及防护

### 一、单项选择题（每题的备选项中，只有 1 个最符合题意）

1. 2012 年 4 月 23 日，某发电公司脱硝系统液氨储罐发生泄漏，现场操作工人立即向公司汇报，并启动液氨泄漏现场处置方案。现场处置的正确步骤是（　　）。

A. 佩戴空气呼吸器→关闭相关阀门→打开消防水枪

B. 打开消防水枪→观察现场风向标→佩戴空气呼吸器

C. 观察现场风向标→打开消防水枪→关闭相关阀门

D. 关闭相关阀门→佩戴空气呼吸器→打开消防水枪

2. 某石油化工厂气体分离装置丙烷管线泄漏发生火灾，消防人员接警后迅速赶赴现场扑救。下列关于该火灾扑救措施的说法中，正确的是（　　）。

A. 切断泄漏源之前要保持稳定燃烧

B. 为防止更大损失迅速扑灭火焰

C. 扑救过程尽量使用低压水流

D. 扑救前应首先采用沙土覆盖

3. 某化工厂一条液氨管道腐蚀泄漏，当班操作工人甲及时关闭截止阀，切断泄漏源，对现场泄漏残留液氨采用的处理方法是（　　）。

A. 喷水吸附稀释　　B. 砂子覆盖
C. 氢氧化钠溶液中和　　D. 氢氧化钾溶液中和

4. 正确佩戴个人劳动防护用品是保护人身安全的重要手段。在毒性气体浓度高、缺氧的环境中进行固定作业，应优先选择的防毒面具是（　　）。
A. 导管式面罩　　B. 氧气呼吸器
C. 送风长管式呼吸器　　D. 双罐式防毒口罩

5. 某煤化公司脱硫液循环内的加热盘管泄漏，决定更换，在对循环槽倒空、吹扫后准备进入槽内作业。其中氧含量指标应为（　　）。
A. 10%~12%　　B. 13%~14%
C. 16%~17%　　D. 18%~22%

6. 下列关于化学品火灾扑救的表述中，正确的是（　　）。
A. 扑救爆炸物品火灾时，应立即采用沙土盖压，以减小爆炸物品的爆炸威力
B. 扑救遇湿易燃物品火灾时，应采用泡沫、酸碱灭火剂扑救
C. 扑救易燃液体火灾时，往往采用比水轻又不溶于水的液体用直流水、雾状水灭火
D. 易燃固体、自燃物品火灾一般可用水和泡沫扑救，控制住燃烧范围，逐步扑灭即可

7. 化工装置检修涉及大量动火作业，为确保动火作业安全，需落实有关安全措施。下列关于动火作业安全措施的说法中，错误的是（　　）。
A. 动火地点变更时应重新办理审批手续
B. 高处动火要落实防止火花飞溅的措施
C. 停止动火不超过 1 h 不需要重新取样分析
D. 特殊动火分析的样品要保留到动火作业结束

8. 凡进入石油、化工生产区域的罐、塔、釜、槽、容器、炉膛等以及地坑、下水道或其他封闭场所内进行的作业称为设备内作业。下列关于设备内作业的安全要求中，错误的是（　　）。
A. 进设备内作业前，可以采取关闭阀门的措施进行安全隔离
B. 设备内作业必须设有专人监护，并与设备内作业人员保持有效的联系
C. 采取适当的通风措施，确保设备内空气良好流通
D. 设备内作业必须办理设备内作业许可证，将严格履行审批手续

9. 某容器中的混合气体含有甲烷、乙烷。甲烷的爆炸下限为 5.0%，上限为 15.0%；乙烷的爆炸下限为 2.9%，上限为 13.0%。动火环境中可燃气体的浓度不得超过（　　）。
A. 2%　　B. 1%
C. 0.5%　　D. 0.2%

10. 燃烧是可燃物质与氧或氧化剂化合时发生的一种伴有放热和发光的激烈氧化反应，由于可燃物质可以是气体、液体或固体，所以它们的燃烧形式是多种多样的。天然气在空气中的燃烧属于（　　）。
A. 均相燃烧　　B. 非均相燃烧
C. 蒸发燃烧　　D. 表面燃烧

11. 含硫油气井作业相关人员应进行专门的硫化氢防护培训，首次培训时间不得少于

(　　)。

A. 6 h　　B. 9 h

C. 12 h　　D. 15 h

12. 含硫油气井作业应配备正压式空气呼吸器，并将呼吸器放在作业人员能迅速取用的方便位置。下列关于含硫油气井作业呼吸保护设备的配备说法中，错误的是（　　）。

A. 陆上钻井队当班生产班组应每班组配备一套呼吸保护设备，海上钻井作业人员应每班配备两套以上

B. 对所有正压式空气呼吸器应每月至少检查1次，并且在每次使用前后都进行检查

C. 当环境空气中硫化氢浓度超过30 $mg/m^3$ 时，应佩戴正压式空气呼吸器

D. 正压式空气呼吸器的有效供气时间应大于30 min

13. 井喷事故是油井开采过程中最严重的事故，当施工中出现各种井喷异常状况时，当班人员的处理方法中，不正确的是（　　）。

A. 在井喷发生初始，停止一切施工，抢装井口或关闭防喷井控装置

B. 井喷发生后，应迅速用铁杆将危险区电源接地

C. 在人口稠密区或生活区要迅速通知熄灭火种

D. 当井喷失控，短时间内又无有效的抢救措施时，要迅速向罐壁附近同层位注水，注蒸汽井

14. 危险化学品会通过几种渠道进入人体，引起人体中毒。下列关于急性中毒现场抢救的说法中，错误的是（　　）。

A. 救护人员在救护前应做好自身呼吸系统、皮肤的防护

B. 应迅速切断毒性危险化学品的来源

C. 对于腐蚀性毒性危险化学品经口引起急性中毒，一般不宜洗胃

D. 对于敌百虫导致的皮肤污染，应使用碱性溶液冲洗

15. 冶金、机械、电子、化工、矿业、交通运输、建筑以及军事工业等，在生产过程中往往使用或产生一些有毒物质，称为生产性毒物或工业毒物，其种类很多，且经常几种毒物同时存在。下列关于生产性毒性或工业毒性危险化学品对人体的危害的说法中，正确的是（　　）。

A. 空气中一氧化碳含量达到0.5%时才会导致血液携氧能力严重下降

B. 不少生产性毒性危险化学品对肾有毒性，尤以重金属和卤代烃最为突出

C. 苯急性中毒主要表现为对造血系统的损害，而慢性中毒主要为对中枢神经系统产生麻醉作用

D. 三硝基甲苯中毒不会出现白内障

16. 清除有毒化学品污染的措施，主要是用有一定压力的水进行喷射冲洗，或用热水冲洗，也可用蒸气熏蒸，或用药物进行中和、氧化或还原，以破坏或减弱其危害性。下列关于毒性物质污染的处理的方式中，正确的是（　　）。

A. 对氰化钠、氰化钾及其他氰化物的污染，可用硫代硫酸钠、硫酸亚铁、次氯酸钠水溶液浇在污染处，不得使用高锰酸钾

B. 硫酸二甲酯和甲醛泄漏后，均可用漂白粉加5倍水浸湿污染处

C. 苯胺泄漏后，可用稀释的氢氧化钠溶液浸湿污染处，再用水冲洗

D. 被黄磷污染的用具，可用 10% 硫酸铜溶液冲洗

17. 一般来讲，在安全技术措施中，改善劳动条件，排除危害因素是根本性的措施，但在一定条件下，如事故救援和抢修过程中，个人劳动防护用品就成为人身安全的主要手段。下列关于呼吸道防毒面具选用原则的说法中，正确的是（　　）。

A. 双罐式防毒口罩适用于毒性气体的体积浓度低，一般不高于 2% 的场所

B. 氧气呼吸器适用于毒性气体浓度高，毒性不明或缺氧的可移动性作业的场所

C. 送风长管式呼吸器适用于毒性气体浓度低，缺氧的固定作业的场所

D. 自吸长管式呼吸器适用于毒性气体浓度高，缺氧的固定作业的场所，且导管长度不得超过 10 m，管内径不得超过 18 mm

18. 【2021 年真题】有些危险化学品具有放射性，如果人体直接暴露在存在此类危险化学品的环境中，就会产生不同程度的损伤。高强度的放射线对人体造血系统造成伤害后，人体表现的主要症状为（　　）。

A. 嗜睡、昏迷、震颤等　　B. 震颤、呕吐、腹泻等

C. 恶心、腹泻、流鼻血等　　D. 恶心、脱发、痉挛等

19. 【2021 年真题】在工业生产中，为防止毒性危险化学品对人体造成伤害，须佩戴防护用具。呼吸道防毒面具包括过滤式和隔离式两类。下列呼吸道防毒面具中，属于隔离式的是（　　）。

A. 单罐式防毒口罩　　B. 空气呼吸器

C. 头罩式防毒面具　　D. 双罐式防毒口罩

20. 【2020 年真题】毒性危险化学品通过人体某些器官或系统进入人体，在体内积蓄到一定剂量后，就会表现出中毒症状。下列人体器官或系统中，毒性危险化学品不能直接侵入的是（　　）。

A. 呼吸系统　　B. 神经系统

C. 消化系统　　D. 人体表皮

21. 【2020 年真题】腐蚀性危险化学品及其相关废弃物应严格按照相关规定进行存放、使用、处理。下列针对腐蚀性危险化学品所采取的安全措施中，正确的是（　　）。

A. 某工厂采取填埋方法有效处理废弃的腐蚀性危险化学品

B. 某工厂要求存放腐蚀性危险化学品应注意容器的密封性，并保持室内通风

C. 某试验室要求将液态腐蚀性危险化学品存放在试剂柜的上层

D. 某工厂将腐蚀性危险化学品的废液经稀释后排入下水道

22. 【2020 年真题】某化工厂对储罐进行清洗作业时，罐内作业人员突然晕倒，原因不明，现场人员需要佩戴呼吸道防毒劳动防护用品进行及时营救。下列呼吸道防毒劳动防护用品中，营救人员应该选择佩戴的是（　　）。

A. 头罩式面具　　B. 双罐式防毒口罩

C. 长管式送风呼吸器　　D. 自给式氧气呼吸器

23. 【2019 年真题】毒性危险化学品通过一定途径进入人体，在体内积蓄到一定剂量后，就会表现出中毒症状。毒性危险化学品通常进入人体的途径是（　　）。

A. 呼吸道、皮肤、消化道
B. 呼吸道、口腔、消化道
C. 皮肤、口腔、消化道
D. 口腔、鼻腔、呼吸道

## 二、多项选择题（每题的备选项中有 2 个或 2 个以上符合题意，至少有 1 个错误选项）

24. 工业生产中有毒危险化学品会通过呼吸道等途径进入人体对人造成伤害。进入现场的人员应佩戴防护用具。按作用机理，呼吸道防毒面具可分为（　　）。

A. 全面罩式
B. 半面罩式
C. 过滤式
D. 隔离式
E. 生氧式

25. 对于毒性气体浓度高，毒性不明或缺氧的可移动性作业环境中，可选用的防毒面具有（　　）。

A. 全面罩式防毒口罩
B. 半面罩式防毒口罩
C. 自给式生氧面具
D. 自给式氧气呼吸器
E. 送风长管式防毒面具

26. 石油化工装置检修工作具有频繁、复杂、危险性大的特点。下列关于石油化工装置停车检修期间安全处理措施的说法中，正确的是（　　）。

A. 为确保物料充分清空，系统卸压应缓慢由高压降至低压，最后将压力降为零
B. 为缩短停工时间，装置降温速度越快越好
C. 在未做好卸压前，不得拆动设备
D. 高温设备不能急骤降温，一般要求设备内介质温度低于 60 ℃
E. 停车操作期间装置周围要杜绝一切火源

27. 在化工装置停工检修工程中，将检修设备与其他设备有效隔离是保证检修安全的重要措施。通常是在检修设备与其他设备之间的管道法兰连接处插入盲板以实现隔离的目的。下列有关盲板的说法中，错误的是（　　）。

A. 盲板的尺寸应符合阀门或是管道的口径
B. 盲板垫片的材质应根据介质的特征、温度、压力选定
C. 盲板的厚度应略小于管壁厚度
D. 盲板应该是一块椭圆形的金属板，以方便安装
E. 加入盲板的位置无须有明显标志

28. 为保证检修动火作业和进设备内作业安全，在检修范围内的所有设备和管线中的易燃、易爆、有毒有害气体应进行置换。下列关于置换作业安全注意事项中，正确的是（　　）。

A. 被置换的设备、管道等必须与系统进行可靠隔绝
B. 若置换介质的密度大于被置换介质的密度，应由设备或管道最高点送入置换介质
C. 若置换介质的密度小于被置换介质的密度，应由设备或管道最低点送入置换介质
D. 用水作为置换介质时，一定要保证设备顶部最高处溢流口有水溢出并持续
E. 如需检修动火，置换用惰性气体中氧含量一般小于 1%～2%

29. 根据《常用化学危险品贮存通则》（GB 15603），危险化学品露天堆放，应符合防火、

防爆的安全要求。下列各组危险化学品中，禁止露天堆放的是（　　）。

A. 爆炸物品　　B. 剧毒物品

C. 遇湿燃烧物品　　D. 一级易燃物品

E. 氧化剂

30. 化工装置检修过程中要加强动火作业管理。下列作业中，属于动火作业的是（　　）。

A. 使用喷灯作业　　B. 使用电钻作业

C. 使用砂轮打磨　　D. 操作电动阀门

E. 使用电焊机作业

31. 石油和天然气的危险性与石油和天然气的燃烧速度有关。下列关于石油和天然气燃烧速度的说法中，正确的是（　　）。

A. 石油须先蒸发后燃烧，故燃烧速度取决于液体的蒸发速度

B. 石油的初温越高，燃烧速度越快

C. 储罐中低液位燃烧比高液位燃烧速度更慢

D. 天然气火焰传播速度随着管道直径的增加而降低

E. 油品燃烧火焰高度取决于燃烧液面直径和燃烧速度

32. 石油钻井是利用钻机设备及破岩工具破碎地层形成井筒的工艺过程。石油钻井过程蕴藏多种风险，其中最大的风险是（　　）。

A. 井喷　　B. 硫化氢中毒

C. 火灾爆炸　　D. 物体打击

E. 触电

33. 输油管线的布置，应结合沿线城市、村镇、工矿企业、交通、电力、水利等建设的现状与规划。下列关于埋地输油气管道敷设的说法中，不正确的是（　　）。

A. 埋地输油气管道与高压输电线平行或交叉敷设时，与高压输电线路铁塔避雷接地体安全距离不小于 20 m

B. 埋地输油气管道与通信电缆平行敷设时，安全间距不小于 10 m，交叉敷设时，净空距离不应小于 0.5 m

C. 后建工程应从先建工程上方穿过

D. 输油气管道穿越公路、铁路应尽量保持小角度交叉

E. 输油气管道应设置线路截断阀

34. 【2021 年真题】毒性危险化学品通过一定的途径进入人体，在体内积蓄到一定剂量后，就会表现出中毒症状。毒性危险化学品侵入人体通常是通过（　　）。

A. 呼吸系统　　B. 皮肤组织

C. 消化系统　　D. 神经系统

E. 骨骼

35. 【2021 年真题】接触腐蚀性危险化学品会对人体造成伤害。关于腐蚀性危险化学品对人体危害的说法，正确的有（　　）。

A. 人体组织接触腐蚀性危险化学品可能造成电离伤

B. 被腐蚀性物品灼伤的伤口不易愈合

C. 内部器官被腐蚀性物品严重灼伤会引起炎症

D. 接触氢氟酸时会引起剧痛，使组织坏死

E. 腐蚀性危险化学品会引起表皮细胞组织破坏造成灼伤

36. 【2020 年真题】2019 年 3 月 21 日，某化工有限公司发生特别重大爆炸事故，事故原因是该公司固废库内长期违法贮存硝化废料，由于持续积热升温导致库存废料自燃，进而引发爆炸。为了预防此类事故，应对爆炸性废弃物采取有效方法进行处理。下列对爆炸性废弃物的处理方法中，正确的有（　　）。

A. 填埋法

B. 爆炸法

C. 烧毁法

D. 溶解法

E. 化学分解法

# 参考答案与解析

## 第一章 机械安全技术

### 第一节 机械安全基础知识

#### 一、单项选择题

1. B

【解析】机械使用过程中的危险有害因素分为机械性有害因素和非机械性有害因素。机械性有害因素包括：①形状，如尖锐和锋利的边缘；②相对位置危险，如挤压、缠绕；③物体动能造成的危险；④高处物体势能造成的危险；⑤质量及稳定性丧失造成的危险；⑥机械强度不够导致的断裂、堆垛坍塌等危险。

事故中，王某由于从 5 m 高的料斗口掉落后又被土块砸中，是动能和势能及挤压三者共同造成的严重后果。

2. B

【解析】机械旋转部件危险部位说明：

（1）啮合齿轮部件必须有全封闭的防护装置，且装置必须坚固可靠，可用钢板或铸造箱体，同时防护装置应方便开启，内壁应涂成红色、安装电气联锁装置，保证防护罩开启时，机械设备能够停止运行。

（2）当有辐轮附属于一个转动轴时，用手动有辐轮驱动是危险的，可以利用一个金属盘片填充有辐轮来保护，也可以在手轮上安装一个弹簧离合器，使轴能自由转动。

（3）砂轮机的防护罩除磨削区附近，其余部分均应封闭，以保障人身安全，同时在防护罩上应标出砂轮的旋转方向及最高线速度。

3. D

【解析】直线和传动机构危险部位：

（1）齿轮和齿条。固定式防护罩全部封闭起来，防护罩要方便开启，内壁涂成红色，须安装电气联锁装置保障安全。

（2）皮带传动的危险来自皮带接头及进入皮带轮的部分，防护装置要保证通风，可以使用金属骨架的防护网作为防护装置。

（3）输送链和链轮的危险来自输送链进入到链轮处以及链齿。

4. A

【解析】齿轮传动的安全防护：齿轮传动机构必须装设全封闭型的防护装置。机器外部绝不允许有裸露的啮合齿轮。防护装置的材料可用钢板或铸造箱体，必须坚固牢靠，保证在机器运行过程中不发生振动。要求装置合理，防护罩壳体不应有尖角和锐利部分，外壳与传动机构的外形相符，同时应便于开启，便于机器的维护保养，能方便地打开和关闭。为了引起人们的注意，防护罩内壁应涂成红色，最好装电气联锁装置，使防护装置在开启的情况下机器停止运转。

5. D

【解析】实现机械安全的途径与对策分为本质安全措施、安全防护、安全信息的使用三步法。本质安全措施是直接安全技术措施，是最重要的步骤；安全防护是间接安全技术措施；安全信息的使用是提示性安全技术措施。

6. D

【解析】实现本质安全的措施包括：

（1）合理的结构设计。①形状避免尖锐、运动部件避免伤害，即通过加大运动部件的最小间距，使人体相应部位可以安全进入，或通过减少安全间距，使人体任何部位不能进入；②足够的稳定性；③足够的抗破坏能力，即良好的平衡和稳定性。

（2）使用本质安全工艺过程和动力源。①爆炸环境中采用“本质安全”电气装置；②危险的环境中采用安全的电源；③改革工艺，减少噪声、振动，控制有害物质的排放。

（3）系统的安全设计符合人机工程学原则。

（4）保证材料和物质的安全性。①力学特性，即抗拉抗剪强度；②环境适应性，即耐老化、抗腐蚀；③避免材料毒性；④防止火灾爆炸危险。

（5）机械的可靠性设计。

7. A

【解析】安全防护装置的选用原则：

（1）机械正常运行期间操作者不需要进入危险区域的场合，优先选用固定式防护装置，适当高度的栅栏、通道防护装置。

（2）正常运行时需要进入危险区的场合，可采用联锁装置、自动停机装置、双手操纵装置等。

（3）对非运行状态（维修、清理）需要移开或拆除防护装置，可采用手动控制模式、止-动操纵装置或双手操纵装置等。

补充保护措施：

（1）急停装置（一般为红色，衬托色为黄色）：应易识别，不产生附加风险，不应削弱安全装置或与安全功能有关装置的效能，同时可防止意外操作。急停装置启动后应保持接合状态，在手动重调之前不可能恢复电路。

（2）被困人员逃生和救援措施。

（3）隔离和能量耗散措施。

（4）安全搬运机器及其重型零部件的装置。

（5）安全进入机器的措施：步行区采用防滑材料，大型自动化设备中提供通道或楼梯等。

8. C

【解析】安全标志分为四类。

禁止：圆形、黑色，白色衬底，红色边框和斜杠。安全色为红色。

警告：三角形、黑色，黄色衬底，黑色边框。安全色为黄色。

指令：圆形、白色，蓝色衬底。安全色为蓝色。

提示：正方形、白色，绿色衬底。安全色为绿色。

金属切削机床操作车间存在大量金属粉尘，必须佩戴防护眼镜、防尘口罩保证人体不受到粉尘危害，同时金属粉尘极易发生粉尘爆炸，要严格控制明火。

9. C

【解析】机械制造场所通道要求：

主要生产区的道路应环形布置，尽端式道路应有便捷的消防车回转场地，道路上部管架和栈桥等，在干道上净高不得小于 5 m。

车间通道：分为纵向主要通道、横向主要通道和机床之间的次要通道。车间横向主要通道宽度不小于 2000 mm，机床之间次要通道宽度不小于 1000 mm。主要人流与货流通道出入口分开设置，不少于 2 个，厂房大门净宽度应比最大运输件宽度大 600 mm，比净高度大 300 mm。工厂铁路不宜与人行主干道交叉。

10. A

【解析】操作的机械化或自动化设计指可通过机器人、搬运装置、传送机构、鼓风设备实现自动化，可通过进料滑道、推杆和手动分度工作台等实现机械化。减少人员在操作点暴露于危险，限制操作产生的风险。

11. C

【解析】A 选项中，甲统计表错误，蒸汽机属于动力机械。

B 选项中，丙统计表错误，印刷机械属于轻工机械。

D 选项中，乙统计表错误，减速机属于通用机械。

12. C

【解析】A 选项错误。砂带机的砂带应该向远离操作者的方向运动，并且具有止逆装置，仅将工作区域暴露出来，靠近操作人员的端部应进行防护。

B 选项错误。使用配重块时，应对其全部行程加以封闭，直到地面或者机械的固定配件处。

D 选项错误。具有滑枕的机械设备当滑枕达到极限位置时，滑枕的端面应和固定结构的间距不能小于 500 mm。

13. A

【解析】一般传动机构离地面 2 m 以下，应设防护罩。下列 3 种情况下，在离地面 2 m以上也应加以防护：①皮带轮中心距之间的距离在 3 m 以上；②皮带宽度在 15cm 以上；③皮带回转的速度在 9 m/min 以上。

14. A

【解析】机械设备的维修性设计应将维护、润滑和维修设定点放在危险区之外。

15. B

【解析】保护装置应能在危险事件即将发生时，停止危险过程，即发生前停止。

16. D

【解析】A 选项错误。安全信息的使用强度顺序由弱到强分别是：安全色、安全标志、警告信号、警报器。

B 选项错误。标志、符号和文字信息应准确无误，文字信息应采用使用机器的国家语言。安全标志和图形符号应优先于文字信息。

C 选项错误。信号必须清晰可鉴，听觉信号应明显超过有效掩蔽阈值，在接收区内的任何位置都不应低于 65 dB（A）。紧急视觉信号应使用闪烁信号灯，以吸引注意并产生紧迫感，警告视觉信号的亮度应至少是背景亮度的 5 倍，紧急视觉信号亮度应至少是背景亮度的 10 倍。

17. A

【解析】B 选项错误。红色表示禁止、停止、危险或提示消防设备、设施的信息。仪表刻度盘上极限位置的刻度、危险信号旗用红色。

C 选项错误。红色与白色相间隔的条纹，比单独使用红色更加醒目，表示禁止通行、禁止跨越的信息。液化石油气汽车槽车的条纹用红色与白色相间隔的条纹。

D 选项错误。黄色表示注意、警告的信息，用于如警告标志、皮带轮及其防护罩的内壁、砂轮机罩的内壁、防护栏杆、警告信号旗等。

18. B

【解析】A 选项错误。道路上部管架和栈桥等，在干道上的净高不得小于 5 m。

C 选项错误。厂房大门净宽度应比最大运输件宽度大 600 mm，比净高度大 300 mm。

D 选项错误。工厂铁路专用线设计，不宜与人行主干道交叉。

19. A

【解析】加工车间通道尺寸见下表：

| 运输方式 | 通道宽度/m | | | | |
|---|---|---|---|---|---|
| | 冷加工 | 铸造 | 锻造 | 热处理 | 焊接 |
| 人工运输 | ≥1 | 1.5 | 2~3 | 1.5~2.5 | 2~3 |
| 电瓶车单向运输 | 1.8 | 2 | | | |
| 电瓶车对开 | 3 | | 3~5 | 3~4 | 3~5 |
| 叉车或汽车行驶 | 3.5 | 3.5 | | | |
| 手工造型人行道 | — | 0.8~1.5 | — | — | — |
| 机器造型人行道 | — | 1.5~2 | — | — | — |

20. C

【解析】根据《机械工业职业安全卫生设计规范》（JBJ 18），机床按重量和尺寸分为小型机床（最大外形尺寸<6 m）、中型机床（最大外形尺寸 6~12 m）、大型机床（最大外形尺寸>12 m 或质量>10 t）、特大型机床（质量在 30 t 以上）。

| 项　　目 | 小型机床 | 中型机床 | 大型机床 | 特大型机床 |
|---|---|---|---|---|
| 机床操作面间距 | 1.1 | 1.3 | 1.5 | 1.8 |
| 机床后面、侧面离墙柱间距 | 0.8 | 1.0 | 1.0 | 1.0 |
| 机床操作面离墙柱间距 | 1.3 | 1.5 | 1.8 | 2.0 |

21. C

【解析】A 选项错误。重型机床高于 500 mm 的操作平台周围应设高度不低于 1050 mm 的防护栏杆。

B 选项错误。需登高检查和维修的设备处宜设钢梯，当采用钢直梯时，钢直梯 3 m 以上部分应设安全护笼。

D 选项错误。消防器材前方不准堆放物品和杂物，用过的灭火器不应放回原处。

22. B

【解析】A 选项错误。加工中心属于实现完整功能的机组或大型成套设备的一种，属于机械。

C 选项错误。机械安全是指在机械生命周期所有阶段，按规定的预定使用条件执行其功能的安全，不单单是使用阶段。

D 选项错误。机械安全由组成机械的各部分及整机的安全状态来保证，由使用机械的人的安全行为来保证，由人-机的和谐关系来保证。

23. D

【解析】A 选项错误。电动机属于动力机械。

B 选项错误。拖拉机属于农业机械。

C 选项错误。压实机属于工程机械。

24. C

【解析】产生机械性危险的条件因素主要有：

（1）形状或表面特性。

（2）相对位置。

（3）动能。

（4）势能。

（5）质量和稳定性。

（6）机械强度不够导致的断裂或破裂。

（7）料堆（垛）坍塌、土岩滑动造成掩埋所致的窒息危险等。

非机械性危险主要包括：电气危险（如电击、电伤）、温度危险（如灼烫、冷冻）、噪声危险、振动危险、辐射危险（如电离辐射、非电离辐射）、材料和物质产生的危险、未履行安全人机工程学原则而产生的危险等。

25. D

【解析】A 选项错误。即使相邻轧辊的间距很大，但是操作人员的手、臂以及身体都有可能被卷入，一般采用钳型防护罩进行防护。

B 选项错误。当操作人员向牵引辊送入材料时，人们需要靠近这些转辊，其风险较大。可以安装一个钳型条，通过减少间隙来提供保护，通过钳型条上的开口，便于材料的输送。

C 选项错误。如果所有的辊轴都被驱动，将不存在卷入的危险，故无须安装防护装置。

26. D

【解析】A 选项错误。对于无凸起部分的转动轴一般是在光轴的暴露部分安装一个松散的、与轴具有 12 mm 净距的护套来对其进行防护，护套和轴可以相互滑动。

B 选项错误。对于辊轴交替驱动的辊式输送机应该在驱动轴的下游安装防护罩。

C 选项错误。具有运动平板的机械设备当其运动平板达到极限位置时，平板的端面应和固定结构的间距不能小于 500 mm。

27. D

【解析】A 选项错误。齿轮传动机构必须装置全封闭型的防护装置。

B 选项错误。机器外部绝不允许有裸露的啮合齿轮。

C 选项错误。防护装置材料可用钢板或铸造箱体，必须坚固牢靠，保证在机器运行过程中不发生振动。

28. A

【解析】B 选项错误。皮带传动的危险出现在皮带接头及皮带进入到皮带轮的部位。

C 选项错误。皮带传动装置防护罩可采用金属骨架的防护网，与皮带的距离不应小于50 mm。

D 选项错误。0. 2 m/s 等于 12 m/min，皮带回转的速度在 9 m/min 以上，即使传动机构在离地面 2 m 以上也应加以防护。

29. C

【解析】A 选项错误。采用螺栓连接、焊接、铆接或粘接等连接方式，保证结合部的连接强度符合相关要求属于本质安全设计措施中的限制机械应力以保证足够的抗破坏能力。

B 选项错误。使用本质安全的工艺过程和动力源应当是用液压成形代替锤击成形工艺。

D 选项错误。材料的抗拉强度、抗剪强度、冲击韧性、屈服极限等，满足执行预定功能的载荷作用的要求属于本质安全设计措施中的材料和物质的安全性。

30. C

【解析】A 选项错误。使用可靠性已知的安全相关组件是指在固定的使用期限或操作次数内，能够经受住所有有关的干扰和应力，而且产生失效概率小的组件。

B 选项错误。关键组件或子系统加倍（或冗余）和多样性设计是机械可靠性设计的重要环节。

D 选项错误。维修性设计应考虑将维护、润滑和维修设定点放在危险区之外；检修人员接近故障部位进行检查、修理、更换零件等维修作业的可达性；零部件的标准化与互换性，同时，必须考虑维修人员的安全。

31. A

【解析】手动控制操纵装置的选用、配置和标记应满足以下要求：必须清晰可见、可识别，且作用明确，必要处适当加标志；其布局、行程和操作阻力与所要执行的操作相匹配，能安全地即时操作；按钮的位置、手柄和手轮运动与它们作用应是恒定的；操作时不会引起附加风险。

32. D

【解析】(1) 隔离作用，防止人体任何部位进入机械的危险区触及各种运动零部件。

(2) 阻挡作用，防止飞出物打击，高压液体意外喷射或防止人体灼烫、腐蚀伤害等。

(3) 容纳作用，接受可能由机械抛出、掉落、射出的零件及其破坏后的碎片等。

(4) 其他作用，在有特殊要求的场合，还应对电、高温、火、爆炸物、振动、辐射、粉尘、烟雾、噪声等具有特别阻挡、隔绝、密封、吸收或屏蔽作用。

33. A

【解析】B 选项错误。联锁式防护装置的开闭状态应直接与防护的危险状态相联锁，只有当防护装置关闭时，被其“抑制”的危险机器功能才有可能执行。

C 选项错误。用金属铸造或金属板焊接的防护箱罩一般用于齿轮传动或传输距离不大的传动装置的防护。

D 选项错误。用金属骨架和金属网制成的防护网常用于皮带传动装置的防护。

34. B

【解析】A、D 选项错误。开口尺寸 $e$ 表示方形开口的边长、圆形开口的直径和槽形开口的最窄处尺寸。

C 选项错误。边长为 50 mm 的方形开口，当安全距离为 850 mm 以上时，可防护臂至肩关节位置。

35. D

【解析】A 选项错误。急停装置的急停器件应为红色掌揿或蘑菇式开关、拉杆操作开关等，附近衬托色为黄色。

B 选项错误。急停装置应能迅速停止危险运动或危险过程而不产生附加风险，急停功能不应削弱安全装置或与安全功能有关装置的效能。

C 选项错误。急停装置可设置在操作者无危险随手可及之处，也可以设置在可碎玻璃壳内。

36. B

【解析】A 选项错误。红色表示禁止、停止、危险或提示消防设备、设施的信息，可用于机械设备的裸露部位（飞轮、齿轮、皮带轮的轮辐、轮毂等）。

C 选项错误。蓝色表示必须遵守规定的指令性信息，用于道路交通标志和标线中警告标志等。用于指示安全通道、紧急出口等方向标志的为绿色。

D 选项错误。黄色与黑色相间隔的条纹，比单独使用黄色更醒目，表示特别注意的信息。应用于各种机械在工作或移动时容易碰撞的部位（如移动式起重机的外伸腿、起重臂端部、起重吊钩和配重等）。

37. C

【解析】A 选项错误。安全标志不宜设在门、窗、架或可移动的物体上，且标志牌前不得放置妨碍认读的障碍物。

B 选项错误。多个安全标志在一起设置应按警告、禁止、指令、提示类型的顺序，先左后右、先上后下排列。

D 选项错误。安全标志至少每半年检查一次，发现变形、破损、褪色不符合要求时，应及时修整或更换。

38. D

【解析】A 选项错误。警告视觉信号是指明危险情形即将发生，要求采取适当措施消除或控制险情的视觉信号。

B 选项错误。听觉信号应明显超过有效掩蔽阈值，在接收区内的任何位置都不应低于 65 dB（A）。

C 选项错误。紧急视觉信号应使用闪烁信号灯，以吸引注意并产生紧迫感，警告视觉信号的亮度应至少是背景亮度的 5 倍，紧急视觉信号亮度应至少是背景亮度的 10 倍。

39. A

【解析】采用安全电源属于本质安全设计措施中的使用本质安全的工艺过程和动力源。设置防护装置和设置保护装置属于安全防护措施。设置安全标志属于安全信息的使用。

40. C

【解析】机床间的最小距离及机床至墙壁和柱之间的最小距满足下表要求：

机床布置的最小安全距离 m

| 项　　目 | 小型机床 | 中型机床 | 大型机床 | 特大型机床 |
|---|---|---|---|---|
| 机床操作面间距 | 1.1 | 1.3 | 1.5 | 1.8 |
| 机床后面、侧面离墙柱间距 | 0.8 | 1.0 | 1.0 | 1.0 |
| 机床操作面离墙柱间距 | 1.3 | 1.5 | 1.8 | 2.0 |

注：根据《机械工业职业安全卫生设计规范》（JBJ 18）整理。机床按重量和尺寸，可分为小型机床（最大外形尺寸＜6 m）、中型机床（最大外形尺寸 6~12 m）、大型机床（最大外形尺寸＞12 m 或质量＞10 t）、特大型机床（质量在 30 t 以上）。

41. A

【解析】维修性设计应考虑以下要求：将维护、润滑和维修设定点放在危险区之外；检修人员接近故障部位进行检查、修理、更换零件等维修作业的可达性，即安装场所可达性（有足够的检修活动空间）、设备外部的可达性（考虑封闭设备用于人员进行检修的开口部分的结构及其固定方式）、设备内部的可达性（设备内部各零、组部件之间的合理布局和安装空间）；零、组部件的标准化与互换性，同时，必须考虑维修人员的安全。（2022 版教材已调整）

42. D

【解析】非机械性危险主要包括电气危险（如电击、电伤）、温度危险（如灼烫、冷冻）、噪声危险、振动危险、辐射危险（如电离辐射、非电离辐射）、材料和物质产生的危险、未履行安全人机工程学原则而产生的危险等。

43. B

【解析】A 选项错误。联锁装置是用于防止危险机器功能在特定条件下运行的装置。

C 选项错误。能动装置是一种附加手动操纵装置，与启动控制一起使用，并且只有连续操作时，才能使机器执行预定功能。

D 选项错误。敏感保护装置是用于探测人体或人体局部，并向控制系统发出正确信号以降低被探测人员风险的装置。

44. B

【解析】机床间的最小距离及机床至墙壁和柱之间的最小距离满足下表要求：

机床布置的最小安全距离 m

| 项　目 | 小型机床 | 中型机床 | 大型机床 | 超大型机床 |
|---|---|---|---|---|
| 机床操作面间距 | 1.1 | 1.3 | 1.5 | 1.8 |
| 机床后面、侧面离墙柱间距 | 0.8 | 1.0 | 1.0 | 1.0 |
| 机床操作面离墙柱间距 | 1.3 | 1.5 | 1.8 | 2.0 |

注：根据《机械工业职业安全卫生设计规范》（JBJ 18）整理。机床按重量和尺寸，可分为小型机床（最大外形尺寸<6 m）、中型机床（最大外形尺寸6~12 m）、大型机床（最大外形尺寸>12 m或质量>10 t）、特大型机床（质量在30 t以上）。

45. D

【解析】按功能不同，保护装置可大致分为以下几类：联锁装置、能动装置、保持—运行控制装置、双手操纵装置、敏感保护装置、有源光电保护装置、机械抑制装置、限制装置、有限运动控制装置（也称行程限制装置）。固定装置不属于保护装置。

46. B

【解析】A选项属于本质安全技术。B选项属于安全防护措置。C选项属于安全信息。D选项属于本质安全技术。

## 二、多项选择题

47. ABCD

【解析】机械安全防护装置的要求：

（1）一般要求：防护装置要满足机械设备的功能需要，同时具有抗破坏性，不得有锐利的边缘和凸缘，不成为新的危险源，不出现漏保护区，防护装置应满足安全距离要求，同时防护装置应遵循人机工程原则。

（2）特殊要求：安全防护装置应设置在进入危险区的唯一通道上，使人不能绕过防护装置接触危险。固定式防护装置要用专用工具打开或拆除，活动式防护装置打开时尽量铰链相连，防止防护装置丢失。联锁式防护装置失效时不得导致机械意外启动，同时要求留有观察孔。

48. BDE

【解析】皮带传动机构的危险部位主要有：皮带接头处、皮带进入皮带轮的地方。

49. ABCE

【解析】A、B、C、E选项的说法正确。对于D选项，当物资直接存放在地面上时，堆垛高度不应超过1.4 m，且高与底边长之比不应大于3。

50. ACE

【解析】B选项错误。警告超载的信息应在负载接近额定值时，提前发出警告信息。D选项错误。需强调的是，安全色的使用不能取代防范事故的其他安全措施。

51. CE

【解析】A 选项错误。备用照明的照度值除另有规定外，不低于该场所一般照明照度值的 10%。

B 选项错误。安全照明的照度标准值除另有规定外，不低于该场所一般照明照度标准值的 10%。

D 选项错误。原材料、辅助材料白班存放为每班加工量的 1.5 倍，夜班存放为加工量的 2.5 倍。

52. CE

【解析】产生机械性危险的条件因素主要有：

（1）形状或表面特性。

（2）相对位置。

（3）动能。

（4）势能。

（5）质量和稳定性。

（6）机械强度不够导致的断裂或破裂。

（7）料堆（垛）坍塌、土岩滑动造成掩埋所致的窒息危险等。

非机械性危险：电气危险、温度危险、噪声危险、振动危险、辐射危险、材料和物质产生的危险、未履行安全人机工程学原则而产生的危险等。

53. BE

【解析】A 选项错误。运动机械部件相对位置设计——合理的结构型式。

C 选项错误。防止超载应力——限制机械应力以保证足够的抗破坏能力。

D 选项错误。手动控制器的设计和配置应符合安全人机学原则——控制系统的安全设计。

54. ADE

【解析】B 选项错误。不因采用安全防护装置增加操作强度或难度。

C 选项错误。固定式防护装置不用工具不能将其打开或拆除；活动式防护装置不用工具就可打开。

55. AE

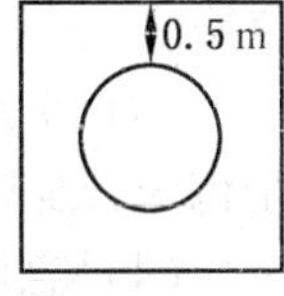


【解析】如图为作业现场俯视图，安全防护罩 4 m×4 m，焊接机器人作业半径为1.5 m，所以最小安全距离为 500 mm，槽形开口最短边长度为 30 mm，此时脚趾、手指尖、指至指关节、手均可以伸进去；臂至肩关节不可伸进去。(不可伸进去的部位是可以防护的，伸进去的部位满足安全距离可以防护，根据防护装置的开口要求，脚趾满足安全距离）因手部不满足安全距离，故手部前方的指尖及指至指关节均无法防护。

56. ABCD

【解析】A 选项错误。保持—运行控制装置是一种手动控制装置，只有当手对操纵器作用时，机器才能启动并保持机器功能。

B 选项错误。能动装置是一种附加手动操纵装置，与启动控制一起使用，并且只有连续操作时，才能使机器执行预定功能。

C 选项错误。限制装置是防止机器或危险机器状态超过设计空间限度、压力限度、载荷限度等的装置。

D 选项错误。机械抑制装置是在机构中引入的能靠其自身强度，防止危险运动的机械障碍（如楔、轴、撑杆、销）的装置。

57. ABE

【解析】维修性设计应考虑以下要求：将维护、润滑和维修设定点放在危险区之外；检修人员接近故障部位进行检查、修理、更换零件等维修作业的可达性，即安装场所可达性（有足够的检修活动空间）、设备外部的可达性（考虑封闭设备用于人员进行检修的开口部分的结构及其固定方式）、设备内部的可达性（设备内部各零、组部件之间的合理布局和安装空间）；零、组部件的标准化与互换性，同时，必须考虑维修人员的安全。(2022版教材已调整)

## 第二节　金属切削机床及砂轮机安全技术

### 一、单项选择题

1. D

【解析】故障、能量供应中断、机械零件破损及其他功能紊乱造成的危险有：

(1) 动力中断或波动造成机床误动。

(2) 工具意外甩出、液体意外喷出、控制系统失灵。

(3) 机床主轴过载和进给机构超负荷工作。

(4) 装配错误或导线、电缆等连接错误导致的危险。

(5) 机床稳定性意外丧失。

(6) 配重系统故障引起倾覆等。

安全措施错误、安全装置缺陷或定位不当造成的危险有：

(1) 防护装置性能不可靠，存在漏防保护区，使人员有可能在机床运转过程中进入危险区产生的危险。

(2) 保护装置。互锁装置、限位装置、压敏防护装置性能不可靠或失灵引起的危险。

(3) 信息和报警装置。能量供应切断装置和机床危险部位未提供必要安全信息（安全色和安全标志）或信息损污不清，报警装置未设或失灵。

(4) 急停装置性能不可靠，安装位置不合适。

(5) 安全调整和维修用的主要设备和附件未提供或提供不全。

(6) 气动排气装置安装、使用不当，气流将切屑和灰尘吹向操作者。

(7) 进入机床（操作、调整、维修等）措施没有提供或措施不到位。

(8) 机床液压系统、气动系统、润滑系统、冷却系统压力过大、压力损失、泄漏或喷射等引起危险。

2. B

【解析】工作托架与砂轮片之间的距离不得超过 3 mm。

3. C

【解析】金属切削机床的机械危险包括以下内容。

（1）卷绕和绞缠危险。①做回转运动的机械部件（主轴、丝杠等）；②回转件上的突出形状（突出键、螺栓等）；③旋转运动机械的开口部分（齿轮皮带等）。

（2）挤压、冲击、剪切危险。①接近型的挤压危险（刀具与刀座之间，刀具与夹紧装置之间）；②通过型的剪切危险（工作台与滑鞍之间）；③冲击危险。

（3）引入或卷入、碾轧的危险。①啮合的夹紧点（蜗轮与蜗杆、齿轮与齿条）；②回转夹紧区（两个做相对回转运动的辊子）；③接触的滚动面（轮子与轨道）。

（4）飞出物打击的危险。①失控的动能；②弹性元件的位能；③液体或气体位能。

（5）物体坠落打击危险。高处悬挂的零件和工件等。

（6）形状或表面特征的危险。锋利割伤，刀具的锋刃，零件的毛刺，表面擦伤。

（7）滑倒、绊倒和跌落危险。

4. A

【解析】见下表，$e$ 表示方形开口的边长，圆形开口的直径，槽型开口的最窄处。

越过规则开口触及的安全距离（14 岁及以上人员） mm

| 身体部位 | 图示 | 开口 | 安全距离 $S_r$ | | |
|---|---|---|---|---|---|
| | | | 槽形 | 方形 | 圆形 |
| 指尖 | 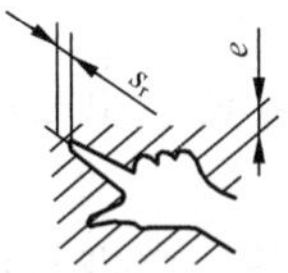 | $e \leqslant 4$ | ≥2 | ≥2 | ≥2 |
| | | $4 < e \leqslant 6$ | ≥10 | ≥5 | ≥5 |
| 指至指关节 | 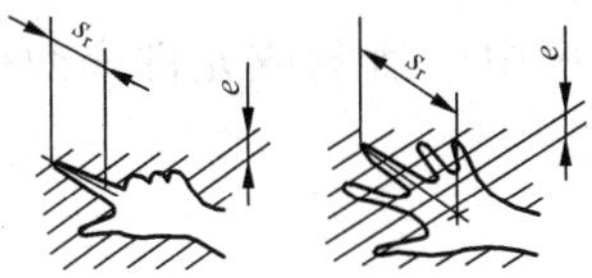 | $6 < e \leqslant 8$ | ≥20 | ≥15 | ≥5 |
| | | $8 < e \leqslant 10$ | ≥80 | ≥25 | ≥20 |
| 手 | | $10 < e \leqslant 12$ | ≥100 | ≥80 | ≥80 |
| | | $12 < e \leqslant 20$ | ≥120 | ≥120 | ≥120 |
| | | $20 < e > 30$ | ≥850 | ≥120 | ≥120 |

5. A

【解析】机床的互锁装置与限位装置属于机械设备的安全装置，因此属于第二类危险中的安全装置缺陷或定位不当。

6. A

【解析】金属切削机床存在的主要危险：

（1）机械危险。

（2）电气危险。

（3）热危险。

（4）噪声危险。

（5）振动危险。

（6）辐射危险。

（7）物质和材料产生的危险。

（8）设计时忽视人机工程学产生的危险。

（9）故障、能量供应中断、机械零件破损及其他功能紊乱造成的危险。

（10）安全措施错误、安全装置缺陷或定位不当产生的危险。

7. C

【解析】A 选项错误。有可能造成缠绕、吸入或卷入等危险的运动部件和传动装置应予以封闭，并设置防护装置或使用信息提示。

B 选项错误。机动夹持装置夹紧过程的结束应与机床运转的开始相联锁；夹持装置的放松应与机床运转的结束相联锁。机床运转时，工件夹紧装置不应动作。

D 选项错误。当经常通过或有多人同时交叉通过的通道宽度应为 1000 mm。

8. B

【解析】A 选项错误。使用砂轮安装轴水平面以下砂轮部分加工时，防护罩开口角度可以增大到 125°；而在砂轮安装轴水平面的上方，在任何情况下防护罩开口角度都应不大于 65°。

C 选项错误。防护罩上方可调护板与砂轮圆周表面间隙应可调整至 6 mm 以下。

D 选项错误。当砂轮磨损时，砂轮的圆周表面与防护罩可调护板之间的距离应不大于 1.6 mm。

9. C

【解析】A 选项错误。由于质量分布不均、外形布局不合适、重心不稳，或有外力作用，丧失稳定性，发生倾翻、滚落——物体坠落打击的危险。

B 选项错误。蜗轮与蜗杆、啮合的齿轮之间、齿轮与齿条、皮带与皮带轮、链与链轮进入啮合部位——引入或卷入、碾轧的危险。

D 选项错误。机床冷却系统、液压系统、气动系统由于泄漏或元件失效引起流体喷射，负压和真空导致吸入的危险——飞出物打击的危险。

10. D

【解析】在任何情况下都不允许超过砂轮的最高工作速度。

11. D

【解析】控制装置设置在危险区以外是对电气系统中控制系统的要求。友好的人机界面设计和工作位置设计考虑操作者体位是为了满足安全人机学要求。

12. C

【解析】砂轮机的操作要求无论是正常磨削作业、空转试验还是修整砂轮，操作者都应站在砂轮的斜前方位置，不得站在砂轮正面。

13. C

【解析】A 选项错误。砂轮主轴端部螺纹应满足防松脱的紧固要求，其旋向须与砂轮工作时旋转方向相反，砂轮机应标明砂轮的旋转方向。

B 选项错误。一般用途的砂轮卡盘直径不得小于砂轮直径的 1/3，切断用砂轮的卡盘直径不得小于砂轮直径的 1/4；卡盘结构应均匀平衡，各表面平滑无锐棱，夹紧装配后，与砂轮接触的环形压紧面应平整、不得翘曲；卡盘与砂轮侧面的非接触部分应有不小于1.5 mm的足够间隙。

D选项错误。砂轮防护罩的总开口角度应不大于90°，如果使用砂轮安装轴水平面以下砂轮部分加工时，防护罩开口角度可以增大到125°。而在砂轮安装轴水平面的上方，在任何情况下防护罩开 口角度都应不大于65°。

14. A

【解析】金属切削机床运动部件在有限滑轨运动或有行程距离要求的，应设置可靠的限位装置。

## 二、多项选择题

15. ABCD

【解析】金属切削机床的机械危险包括以下内容。

（1）卷绕和绞缠危险。①做回转运动的机械部件（主轴、丝杠等）；②回转件上的突出形状（突出键、螺栓等）；③旋转运动机械的开口部分（齿轮皮带等）。

（2）挤压、冲击、剪切危险。①接近型的挤压危险（刀具与刀座之间，刀具与夹紧装置之间）；②通过型的剪切危险（工作台与滑鞍之间）；③冲击危险。

（3）引入或卷入、碾轧的危险。①啮合的夹紧点（蜗轮与蜗杆、齿轮与齿条）；②回转夹紧区（两个做相对回转运动的辊子）；③接触的滚动面（轮子与轨道）。

（4）飞出物打击的危险。①失控的动能；②弹性元件的位能；③液体或气体位能。

（5）物体坠落打击危险。高处悬挂的零件和工件等。

（6）形状或表面特征的危险。锋利割伤，刀具的锋刃，零件的毛刺，表面擦伤。

（7）滑倒、绊倒和跌落危险。

E选项不属于机床的机械危险因素。

16. BC

【解析】B选项错误。对于单向转动的部件应在明显位置标出转动方向，防止反向转动导致危险。

C选项错误。手工清除废屑，应用专用工具，严禁手抠嘴吹。

17. BCE

【解析】A选项错误。任何情况下都不允许超过砂轮的最高工作速度。

D选项错误。禁止多人共用一台砂轮机同时操作。

18. ABCD

【解析】（1）设备接地不良、漏电，照明没有采用安全电压，导致触电。

（2）旋转部位楔子、销子突出，无防护罩，易绞缠人体。

（3）清除铁屑无专用工具，操作者未戴护目镜，导致刺割、崩眼。

（4）加工细长干轴料，尾部无防弯装置或托架，导致长料甩击伤人。

（5）零部件装卡不牢，飞出击伤人体。

（6）防护保险装置、防护栏、保护盖不全或维修不及时，造成绞伤、碾伤。

（7）砂轮有裂纹或装卡不合规定，造成砂轮碎片伤人。

（8）操作旋转机床戴手套，易发生绞手事故。

19. CD

【解析】A 选项错误。控制系统应确保控制系统功能安全可靠，能经受预期的工作负荷、外来影响和逻辑的错误（不包括操作程序）。

B 选项错误。控制装置应设置在危险区以外（紧急停止装置、移动控制装置等除外）。

E 选项错误。使用激光的作业环境，禁止使用镜面反射的材料，且光通路应设置密封式防护罩。

20. BD

【解析】A 选项错误。有裂纹或损伤等缺陷的砂轮绝对不准安装使用。

C 选项错误。新砂轮，经第一次修整的砂轮以及发现运转不平衡的砂轮，都应做平衡试验。

E 选项错误。禁止多人共用一台砂轮机同时操作。

21. BC

【解析】A 选项错误。运动部件与运动部件之间、运动部件与静止部件（包括墙体等构筑物）之间，不应存在挤压危险和剪切危险，否则应限定避免人体各部位受到伤害的最小安全距离（身体为 500 mm）。

D 选项错误。一般情况下，工作平台和通道上的最小净高度应为 2100 mm，通道的最小净宽度应为 600 mm，最佳为 800 mm。当经常通过或有多人同时交叉通过的通道宽度应为 1000 mm。

E 选项错误。相邻地板构件之间的最大高度差应不超过 4 mm，工作平台或通道地板的最大开口应使直径 35 mm 的球不能通过该开口。对下面有人工作的非临时通道，其地板最大开口不应让直径 20 mm 的球体穿过。

22. ABCD

【解析】E 选项错误。飞出物打击的危险是指由于动能或弹性位能的意外释放，使失控物件飞甩或反弹造成的伤害。

危险产生原因和部位包括：

（1）失控的动能，如机床零件或被加工材料/工件、运动的机床零件或工件掉下或甩出；切屑（最易伤人是带状屑、崩碎屑）飞溅引起的烫伤、划伤，以及砂轮的磨料和细切屑使眼睛受伤。

（2）弹性元件的位能，如弹簧、皮带等的断裂引起的弹射。

（3）液体或气体位能，如机床冷却系统、液压系统、气动系统由于泄漏或元件失效引起流体喷射，负压和真空导致吸入的危险。

23. ABCE

【解析】有可能造成缠绕、吸入或卷入等危险的运动部件和传动装置（如链传动、齿轮齿条传动、带传动、蜗轮传动、轴、丝杠、排屑装置等）应予以封闭、设置防护装置或使用信息提示。运动部件在有限滑轨运行或有行程距离要求的，应设置可靠的限位装置。对于有惯性冲击的机动往复运动部件，应设置缓冲装置。运动部件不允许同时运动时，其控制机构应联锁，不能实现联锁的，应在控制机构附近设置警告标志，并在说明书中加以说明。运动中可能松脱的零部件必须采取有效措施加以紧固，防止由于启动、制动、冲击、振动而引起松动、脱离、甩出。

## 第三节　冲压剪切机械安全技术

### 一、单项选择题

1. D

【解析】冲压机安全防护装置分类：

（1）安全保护装置。包括活动式、固定栅栏式、推手式、拉手式等。

（2）安全保护控制。包括双手操作式、光电感应保护装置。

2. B

【解析】冲压机安全设计环节和安全保护装置的要求包括以下几个方面。

（1）操作控制系统。包括离合器（刚性离合，只能使滑块停止在死点；摩擦离合器，可使滑块停留在任意位置）、制动器、手操作装置。设计时应保证：①离合器及其控制系统应保证在气动、液压和电气失灵的情况下，离合立即脱开，制动器立即制动；②禁止在机械压力机上使用带式制动器来停止滑块；③脚踏操作与双手操作应具有联锁控制；④在离合器、制动控制系统中须有急停按钮，急停按钮停止动作优先于其他控制装置。

（2）安全防护装置。如果压力机工作过程中要从多个侧面接触危险区域，应为各侧面安装提供相同等级的安全防护装置。危险开口小于 6 mm 的压力机可不配置安全防护装置。

3. C

【解析】双手操作式安全保护控制装置要求：

（1）必须双手同时推按操纵器，离合器才能接合滑块下行程；在滑块下行过程中，松开任一按钮，滑块立即停止下行程或超过下死点。

（2）对于被中断的操作控制需要恢复以前，应松开全部按钮，然后再次双手按压后才能恢复运行。

（3）两个操纵器内缘装配距离至少相隔 260 mm，防止意外触动，按钮不得凸出台面或加以遮盖。

（4）多人配合的压力机，应为每位操作者配置双手操纵装置，并且只有全部人员双手控制，滑块才能启动。

（5）双手操作式安全装置只能保护使用该装置操作者，不能保护其他人员安全。

4. A

【解析】光电保护装置要求：

（1）保护高度不低于滑块最大行程与装模高度调节量之和，保护长度能覆盖危险区。

（2）具备自保功能：保护幕被遮挡，滑块停止运行后，即使恢复通光，装置仍保持遮光状态，滑块不能恢复运行，必须按动“复位”按钮。

（3）具备回程不保护功能：滑块回程时装置不起作用，在此期间即使保护幕被破坏，滑块也不停止运行。

（4）具备自检功能：可对自身发生的故障进行检查和控制。

（5）装置响应时间不得超过 20 ms，且具备抗干扰性。

5. B

【解析】双手控制安全装置迫使操纵者用自己的两只手来操纵控制器。所以仅能对操作者提供保护。联锁安全装置、自动安全装置、隔离安全装置等不仅可以保护操作者，也可以保护其他人员免受伤害。

6. C

【解析】机床布置最小安全距离见下表：

m

| 机床类型 | 小型机床 | 中型机床 | 大型机床 | 特大型机床 |
|---|---|---|---|---|
| 机床操作面间距 | 1.1 | 1.3 | 1.5 | 1.8 |
| 机床后面、侧面离墙柱距离 | 0.8 | 1.0 | 1.0 | 1.0 |
| 机床操作面离墙柱距离 | 1.3 | 1.5 | 1.8 | 2.0 |

注：根据《机械工业职业安全卫生设计规范》（JBJ 18）整理。机床按重量和尺寸，可分为小型机床（最大外形尺寸<6 m）、中型机床（最大外形尺寸6~12 m）、大型机床（最大外形尺寸>12 m或质量>10 t）、特大型机床（质量在30 t以上）。

7. B

【解析】剪板机的安全技术要求包括以下几个方面。

（1）应有单次循环模式，即使控制装置持续有效，刀架和压料脚也只能工作一个行程。

（2）压料装置应确保剪切前将剪切料压紧；刀片应固定可靠。

（3）剪板机后部落料危险区域应设置阻挡装置，防止人员发生危险，如设置了前托料和后挡料都不能将其调整到刀口下方或刀口之间。

（4）必须设置紧急停止按钮，并且在前面和后面分别设置。

（5）剪板机可采用的安全防护装置：①固定式防护装置，即装置不应阻挡看清剪切线；②联锁式防护装置；③光电保护装置。

8. D

【解析】A 选项错误。不准同时剪切两种不同规格、不同材质的板料，不得叠料剪切。

B 选项错误。应根据规定的剪板厚度调整剪刀间隙。

C 选项错误。不应独自 1 人操作剪板机，应有 2~3 人协调进行送料、控制尺寸精度及取料等，并确定 1 人统一指挥。

9. A

【解析】压力加工的危险因素中，机械伤害的危险性最大。

10. A

【解析】安全保护装置包括活动式、固定栅栏式、推手式、拉手式等。安全保护控制装置包括双手操作式、光电感应保护装置等。

11. B

【解析】A 选项错误。如果人体任一部分引起光电保护装置动作，任何危险动作应停止，亦不可能启动。

C 选项错误。如果联锁式防护装置处于打开位置，任何危险运动都应停止；只有防护装置关闭后才能启动剪切行程，电动后挡料和辅助装置才能开始运动。

D 选项错误。每一个检测区域严禁安装多个复位装置；如果后面由光电保护装置防护，每个检测区域应安装一个复位装置。

12. C

【解析】A 选项错误。刚性离合器构造简单，不需要额外动力源，但不能使滑块停止在行程的任意位置，只能使滑块停止在上死点。

B 选项错误。离合器及其控制系统应保证在失灵的情况下，离合器立即脱开，制动器立即制动。

D 选项错误。禁止在机械压力机上使用带式制动器来停止滑块（防止发生机械断裂）。

13. D

【解析】A 选项错误。安全距离是指操纵器的按钮或手柄到压力机危险线的最短直线距离。

B 选项错误。对于被中断的操作控制需要恢复以前，应先松开全部按钮然后再次双手按压后才能恢复运行。

C 选项错误。为防止意外触动，按钮不得凸出台面或加以遮盖。

14. B

【解析】A 选项错误。光电保护装置的响应时间不得超过 20 ms。

C 选项错误。回程不保护功能，滑块回程时装置不起作用（有利于人手出入）。

D 选项错误。光电保护装置保护高度不低于滑块最大行程与装模高度调节量之和，保护长度应能覆盖操作危险区。

15. B

【解析】A 选项错误。安装在刀架上的刀片应固定可靠，不能仅靠摩擦安装固定。

C 选项错误。每一个检测区域严禁安装多个复位装置（防止其他人操作使剪板机重新启动，伤害人员）。

D 选项错误。剪板机上必须设置紧急停止按钮，一般应在剪板机的前面和后面分别设置。

16. A

【解析】剪板机安全要求：

（1）剪板机应有单次循环模式。

（2）压料装置（压料脚）应确保剪切前将剪切材料压紧，压紧后的板料在剪切时不能移动。

（3）安装在刀架上的刀片应固定可靠，不能仅靠摩擦安装固定。

（4）剪板机上的所有紧固件应紧固，并应采取防松措施以免引起伤害。

（5）在使用剪板机时，剪板机后部落料危险区域一般应设置阻挡装置，以防止人员发生危险。

（6）应根据剪板机自身的结构性能特点，设置合适的安全监督控制装置，对机器的安全运行状况进行监控。

(7) 剪板机上必须设置紧急停止按钮，一般应在剪板机的前面和后面分别设置。

(8) 如果剪板机配有激光器（指示剪切线），应符合安全标准的规定，以保证其不致对人身产生伤害。

17. A

【解析】剪板机上必须设置紧急停止按钮，一般应在剪板机的前面和后面分别设置。

18. C

【解析】压力机（包括剪切机）是危险性较大的机械，从劳动安全卫生角度看，压力加工的危险因素有机械危险、电气危险、热危险、噪声振动危险（对作业环境的影响很大）、材料和物质危险以及违反安全人机学原则导致危险等，其中以机械伤害的危险性最大。

19. C

【解析】压力机安全防护装置分为安全保护装置与安全保护控制装置。安全保护装置包括栅栏式、推手式、拉手式等。安全保护控制装置包括双手操作式、光电感应式等。

## 二、多项选择题

20. ABC

【解析】D 选项错误。如果压力机工作过程中要从多个侧面接触危险区域，应为各侧面安装提供相同等级的安全防护装置。危险开口小于 6 mm 的压力机可不配置安全防护装置。

E 选项错误。多人配合的压力机，应为每位操作者配置双手操纵装置，并且只有全部人员双手控制，滑块才能启动。

21. CD

【解析】A 选项错误。刚性离合器以刚性金属键作为接合零件，构造简单，不需要额外动力源，只能使滑块停止在上死点。

B 选项错误。离合器与制动器的联锁控制动作应灵活、可靠，减少二者同时结合的可能性。

E 选项错误。禁止在机械压力机上使用带式制动器来停止滑块。

22. BC

【解析】A 选项错误。安全保护装置包括活动式、固定栅栏式、推手式、拉手式等。

D 选项错误。安全保护控制装置包括双手操作式、光电感应保护装置等。

E 选项错误。危险区开口小于 6 mm 的压力机可不配置安全防护装置。

# 第四节　木工机械安全技术

## 一、单项选择题

1. B

【解析】存在工件抛射风险的机床，应设有相应的安全防护装置：圆锯机采用止逆器，圆锯机采用分离刀、防反弹安全屏护等。使用吸音材料，在木工平刨床的唇板上打孔或开梳状槽，吸尘罩采用气动设计是防噪声设计，不属于防止抛射风险。

2. C

【解析】加工区安全防护装置不得涂耀眼颜色，不得反射光泽。

3. A

【解析】圆锯机的安全装置为装设分离刀（松口刀）和活动防护罩，主要目的就是防止物料反弹。因此圆锯机最主要的安全风险是木材的反弹抛射打击。

4. C

【解析】木工机械加工过程中的主要危险因素：

（1）机械危险。

（2）木材的生物效应危险。

（3）化学危害。

（4）木粉尘伤害。

（5）火灾和爆炸的危险。

（6）噪声和振动危害。

5. B

【解析】A 选项错误。安装后的工作台面离地面高度应为 750～800 mm；机身外形应避免利棱锐角。

C 选项错误。在木工平刨床的唇板上打孔或开梳状槽，既能降噪又可减振但是不可以防止刨刀切割手事故。

D 选项错误。在零切削位置时的工作台唇板与切削圆之间的径向距离应保持为（3±2）mm。

6. C

【解析】A 选项错误。刀轴必须是装配式圆柱形结构，严禁使用方形刀轴，组装后的刀槽应为封闭型或半封闭型。

B 选项错误。组装后的刨刀片径向伸出量不得大于 1. 1 mm。

D 选项错误。组装后的刀轴须经强度试验和离心试验，试验后的刀片不得有卷刃、崩刃或显著磨钝现象。

7. A

【解析】上锯轮机动升降机构应与锯机启动操纵机构联锁；下锯轮应装有能对运转进行有效制动的装置（带锯机下锯轮为主动轮）。

8. C

【解析】A 选项错误。带锯条的锯齿应锋利，齿深不得超过锯宽的 1/4，锯条厚度应与匹配的带锯轮相适应。

B 选项错误。锯条焊接应牢固平整，接头不得超过 3 个，且两接头之间长度应为总长的 1/5 以上，接头厚度应与锯条厚度基本一致。

D 选项错误。上锯轮处于最高位置时，其上端与防护罩内衬表面应有不小于 100 mm 的足够间隔。

9. A

【解析】B 选项错误。圆锯片有裂纹不允许修复使用，圆锯片连续断裂 2 齿或出现裂纹时应停止使用。

C 选项错误。分料刀应有足够的宽度以保证其强度和刚度，受力后不会被压弯或偏离正常的工作位置。其宽度应介于锯身厚度与锯料宽度之间，在全长上厚度要一致。

D 选项错误。锯轴的额定转速不得超过圆锯片的最大允许转速，任何情况下均不得超过。

10. C

【解析】A 选项错误。带锯条的锯齿应锋利，齿深不得超过锯宽的 1/4，锯条厚度应与匹配的带锯轮相适应。

B 选项错误。锯条焊接应牢固平整，接头不得超过 3 个，两接头之间长度应为总长的 1/5 以上，接头厚度应与锯条厚度基本一致。

D 选项错误。应采取降噪、减振措施，在空运转条件下，机床噪声最大声压级不得超过 90dB。

11. A

【解析】B 选项错误。分料刀的引导边应是楔形的，以便于导入，其圆弧半径不应小于圆锯片半径。

C 选项错误。圆锯片连续断裂 2 齿或出现裂纹时应停止使用，圆锯片有裂纹不允许修复使用。

D 选项错误。分料刀顶部应不低于锯片圆周上的最高点；与锯片最靠近点与锯片的距离不超过 3 mm，其他各点与锯片的距离不得超过 8 mm。

12. C

【解析】木材加工的危险因素包括机械危险（包括刀具的切割伤害、木料的反弹冲击伤害、锯条断裂或刨刀片飞出以及木屑碎片抛射飞出伤人等）、木材的生物效应危险（可引起皮肤症状、视力失调、对呼吸道黏膜的刺激和病变、过敏病状等）、化学危害（引起中毒、皮炎或损害呼吸道黏膜）、木粉尘伤害（可导致呼吸道疾病，严重的可表现为肺叶纤维化症状）、火灾和爆炸的危险、噪声和振动危害。诸多危险有害因素中，刀具切割的发生概率高，危险性大，木材的天然缺陷、刀具高速运动和手工送料的作业方式是直接原因。

13. B

【解析】分料刀的安全要求如下：

（1）应采用优质碳素钢 45 或同等机械性能的其他钢材制造。

（2）应有足够的宽度以保证其强度和刚度，受力后不会被压弯或偏离正常的工作位置。其宽度应介于锯身厚度与锯料宽度之间，在全长上厚度要一致。

（3）分料刀的引导边应是楔形的，以便于导入。其圆弧半径不应小于圆锯片半径。

（4）应能在锯片平面上作上下和前后方向的调整，分料刀顶部应不低于锯片圆周上的最高点；与锯片最靠近点与锯片的距离不超过 3 mm，其他各点与锯片的距离不得超过 8 mm。

14. B

【解析】木材的生物效应危险取决于木材种类、接触时间或操作者自身的体质条件。可引起皮肤症状、视力失调、对呼吸道黏膜的刺激和病变、过敏病状等。

15. B

【解析】锯片的切割伤害、木材的反弹抛射打击伤害是主要危险，手动进料圆锯机必须装有分料刀。

16. D

【解析】上锯轮机动升降机构应与锯机启动操纵机构联锁；下锯轮应装有能对运转进行有效制动的装置。

## 二、多项选择题

17. CE

【解析】木工机械的安全防护要求：

（1）机床的结构应将其固定在地面、台面或其他稳定结构上。

（2）每一操作位置上应装有使机床相应的危险运动部件停止的操纵装置。

（3）对于手推工件进给的机床，工件的加工必须通过工作台、导向板来支撑和定位。

（4）功能安全可靠，不应成为新的危险源。

（5）使用吸音材料，在木工平刨床的唇板上打孔或开梳状槽，吸尘罩采用气动设计。

（6）有害物质排放：粉尘的时间加权平均容许浓度不超过 3 $mg/m^3$。

18. ACE

【解析】B 选项错误。组装后的刨刀片径向伸出量不得大于 1.1 mm。

D 选项错误。木工平刨床刀轴必须使用装配式圆柱形刀轴，绝对禁止使用方刀轴。

19. ABC

【解析】木工机械加工过程中的主要危险因素有：

（1）机械伤害：锋利的刀刃等。

（2）火灾和爆炸：木材本身和木材加工过程中的粉尘爆炸。

（3）木材的生物、化学危害：粉尘对呼吸道的刺激，引发中毒、皮炎甚至癌症。

（4）木粉尘危害：引发木肺尘埃沉着病。

（5）噪声和振动危害。

20. AB

【解析】C 选项错误。整体护罩或全部护指键应承受 1 kN 径向压力，发生径向位移时，位移后与刀刃的剩余间隙要大于 0.5 mm。

D 选项错误。爪形护指键式的相邻键间距应小于 8 mm。

E 选项错误。安全防护装置不得涂耀眼颜色，不得反射光泽。

21. CE

【解析】A 选项错误。木材加工过程中的危险因素：机械危险、木材的生物效应危险、化学危害、木粉尘伤害、火灾和爆炸的危险、噪声和振动危害（并无热辐射危险）。

B 选项错误。在木工平刨床的唇板上打孔或开梳状槽，既能降噪又可减振，不能防止割伤事故。

D 选项错误。加工区安全防护装置不得涂耀眼颜色，不得反射光泽；且闭合要灵敏，从接到闭合指令开始到护指键或防护罩关闭为止，闭合时间不得大于 80 ms。

22. ABD

【解析】根据平刨床遮盖式安全装置的技术要求：安全装置不得涂耀眼颜色，不得反射光泽。安全装置闭合灵敏，从接到闭合指令开始到护指键或防护罩关闭为止，闭合时间不得大于 80 ms。C、E 选项错误。

## 第五节　铸造及锻造安全技术

### 一、单项选择题

1. C

【解析】在锻造生产中易发生的伤害事故主要有：机械伤害、火灾爆炸、灼烫。主要的职业危害是：噪声和振动、尘毒危害、热辐射。

2. A

【解析】铸造车间应安排在高温车间、动力车间的建筑群内，建在厂区其他不释放有害物质的生产建筑的下风侧。厂房平面布置应在满足产量和工艺流程的前提下同建筑、结构和防尘等要求综合考虑。铸造车间四周应有一定的绿化带。铸造车间除设计有局部通风装置外，还应利用天窗排风或设置屋顶通风器。熔化、浇铸区和落砂、清理区应设避风天窗。有桥式起重设备的边跨，宜在适当高度位置设置能启闭的窗扇。

3. C

【解析】浇铸工序中含有的职业危害主要有噪声振动、尘毒危害、高温和热辐射。

4. D

【解析】较大型的空气锤或蒸汽-空气自由锤一般是用手柄操纵的，应该设置简易的操作室或屏蔽装置。

5. B

【解析】铸造设备分类：

（1）砂处理设备。如碾轮式混砂机、逆流式混砂机、叶片沟槽式混砂机、多边筛。

（2）造型造芯设备。如高、中、低压造型机、抛砂机、无箱射压造型机、射芯机、冷和热芯盒机。

（3）金属冶炼设备。如冲天炉、电弧炉、感应炉、电阻炉、反射炉。

（4）铸件清理设备。如落砂机、抛丸机、清理滚筒机。

6. C

【解析】A 选项错误。利用焦炭熔化金属，以及铸型、浇包、砂芯干燥和浇铸过程中都会产生二氧化硫气体，如处理不当，将引起呼吸道疾病。

B 选项错误。在铸造车间使用的振实造型机、铸件打箱时使用的振动器，以及利用滚筒清理铸件等都容易造成噪声振动危害。

D 选项错误。由于工作环境恶劣、照明不良，加上车间设备立体交叉，维护、检修和使用时，易发生高处坠落。

7. B

【解析】A 选项错误。造型、制芯工段在集中采暖地区应布置在非采暖季节最小频率风向的下风侧，在非集中采暖地区应位于全年最小频率风向的下风侧。

C 选项错误。混砂不宜采用扬尘大的爬式翻斗加料机和外置式定量器，宜采用带称量装置的密闭混砂机。

D 选项错误。冲天炉熔炼不宜加入萤石。

8. A

【解析】B 选项错误。用于机器制造工厂的熔化设备主要是冲天炉和电弧炉；其中冲天炉用于化铁，电弧炉用于炼钢。

C 选项错误。浇包盛铁水不得太满，不得超过容积的 80%。

D 选项错误。浇注时，所有与金属溶液接触的工具，如扒渣棒、火钳等均需预热，防止与冷工具接触产生飞溅。

9. A

【解析】铸造车间应安排在高温车间、动力车间的建筑群内，建在厂区其他不释放有害物质的生产建筑的下风侧。

10. D

【解析】A 选项错误。电弧炉的烟气净化设备宜采用干式高效除尘器。

B 选项错误。冲天炉宜采用机械排烟净化设备，包括高效旋风除尘器、颗粒层除尘器、电除尘器。

C 选项错误。当粉尘的排放浓度在 400~600 $mg/m^3$ 时，最好利用自然通风和喷淋装置进行排烟净化。

11. B

【解析】A 选项错误。铸造作业的危险有害因素包括：火灾及爆炸、灼烫、机械伤害、高处坠落、尘毒危害、噪声振动、高温和热辐射。

C 选项错误。锻锤属于锻造设备。

D 选项错误。在烘烤砂型或砂芯时也有二氧化碳气体排出，利用焦炭熔化金属，以及铸型、浇包、砂芯干燥和浇铸过程中都会产生二氧化硫气体。

12. D

【解析】A 选项错误。冲天炉熔炼不宜加萤石属于工艺方法，而在工艺可能的条件下，宜采用湿法作业属于工艺操作。

B 选项错误。很多造型机、制芯机都是以压缩空气为动力源，为保证安全，防止设备发生事故或造成人身伤害，在结构、气路系统和操作中，应设有相应的安全装置属于工艺操作。

C 选项错误。混砂不宜采用扬尘大的爬式翻斗加料机和外置式定量器，宜采用带称量装置的密闭混砂机属于工艺设备。

13. A

【解析】较大型的空气锤或蒸汽-空气自由锤一般是用手柄操纵的，应该设置简易的操作室或屏蔽装置。

14. B

【解析】压力机（如水压机、曲柄热模锻压力机、平锻机、精压机）、剪床等在工作时，冲击性虽然较小，但设备的突然损坏等情况也时有发生，操作者往往猝不及防，也有可能导致工伤事故。

15. B

【解析】铸造作业危险有害因素包括：

（1）火灾及爆炸。

（2）灼烫。

（3）机械伤害。

（4）高处坠落。

（5）尘毒危害。

（6）噪声振动。

（7）高温和热辐射。

16. B

【解析】锻造的危险有害因素包括机械伤害、火灾爆炸和灼烫，其中最常见的是机械伤害。

17. C

【解析】浇包盛铁水不得太满，不得超过容积的 80%，以免洒出伤人。

18. B

【解析】冲天炉、电炉产生的烟气中含有大量对人体有害的一氧化碳。

19. B

【解析】A 选项为工艺操作，B 选项为工艺方法，C 选项为工艺设备，D 选项为工艺布置。

20. D

【解析】锻造作业安全措施包括：

（1）锻压机械的机架和突出部分不得有棱角或毛刺。

（2）外露的传动装置（齿轮传动、摩擦传动、曲柄传动或皮带传动等）必须有防护罩。防护罩需用铰链安装在锻压设备的不动部件上。

（3）锻压机械的启动装置必须能保证对设备进行迅速开关，并保证设备运行和停车状态的连续可靠。

（4）启动装置的结构应能防止锻压机械意外地开动或自动开动。

（5）电动启动装置的按钮盒，其按钮上需标有“启动”“停车”等字样。停车按钮为红色，其位置比启动按钮高 10~12 mm。

（6）高压蒸汽管道上必须装有安全阀和凝结罐，以消除水击现象，降低突然升高的压力。

（7）蓄力器通往水压机的主管上必须装有当水耗量突然增高时能自动关闭水管的装置。

(8) 任何类型的蓄力器都应有安全阀。安全阀必须由技术检查员加铅封，并定期进行检查。

(9) 安全阀的重锤必须封在带锁的锤盒内。

(10) 安设在独立室内的重力式蓄力器必须装有荷重位置指示器，使操作人员能在水压机的工作地点上观察到荷重的位置。

(11) 新安装和经过大修理的锻压设备应该根据设备图样和技术说明书进行验收和试验。

(12) 操作人员应认真学习锻压设备安全技术操作规程，加强设备的维护、保养，保证设备的正常运行。

## 二、多项选择题

21. CD

**【解析】** A 选项错误。浇包盛铁水不得太满，不得超过容积的 80%。

B 选项错误。砂处理、清理等工段宜用轻质材料或实体墙等设施与其他部分隔开；大型铸造车间的砂处理、清理工段可布置在单独的厂房内。造型、落砂、清砂、打磨、切割、焊补等工序宜固定作业工位或场地，以方便采取防尘措施。

C 选项正确。如冲天炉排烟净化在允许的条件下可以采用喷淋装置进行排烟净化。

D 选项正确。浇注时，所有与金属溶液接触的工具，如扒渣棒、火钳等均需预热，防止与冷工具接触产生飞溅。

E 选项错误。铸件浇注完毕后冷却到一定温度，再将其从砂型中取出，若过早取出铸件，因其尚未完全凝固而易导致烫伤事故。

22. ADE

**【解析】** 锻造的安全技术措施有：

(1) 锻压机械的机架和突出部分不得有棱角或毛刺。

(2) 外露的传动装置（齿轮传动、摩擦传动、曲柄传动或皮带传动等）必须有防护罩。

(3) 锻压机械的启动装置必须能保证对设备进行迅速开关，并保证设备运行和停车状态的连续可靠。

(4) 启动装置的结构应能防止锻压机械意外地开动或自动开动。

(5) 电动启动装置的按钮盒，其按钮上需标有“启动”“停车”等字样。停车按钮为红色，其位置比启动按钮高 10~12 mm。

(6) 高压蒸汽管道上必须装有安全阀和凝结罐，以消除水击现象，降低突然升高的压力。

(7) 蓄力器通往水压机的主管上必须装有当水耗量突然增高时能自动关闭水管的装置。

(8) 任何类型的蓄力器都应有安全阀。

(9) 安全阀的重锤必须封在带锁的锤盒内。

(10) 安设在独立室内的重力式蓄力器必须装有荷重位置指示器，使操作人员能在水压机的工作地点上观察到荷重的位置。

（11）新安装和经过大修理的锻压设备应该根据设备图样和技术说明书进行验收和试验。

（12）操作人员应认真学习锻压设备安全技术操作规程，加强设备的维护、保养，保证设备的正常运行。

23. ADE

【解析】B 选项错误。铸造车间应安排在高温车间、动力车间的建筑群内，建在厂区其他不释放有害物质的生产建筑的下风侧。

C 选项错误。电弧炉的烟气净化设备宜采用干式高效除尘器。

24. DE

【解析】A 选项错误。造型、制芯工段在非集中采暖地区应位于全年最小频率风向的下风侧。

B 选项错误。浇注作业一般包括烘包、浇注和冷却三个工序，与高温金属溶液接触的火钳接触溶液前应进行预热（预热和干燥是不一样的工序）。

C 选项错误。落砂清理作业中，若过早取出铸件，因其尚未完全凝固而易导致烫伤事故。

25. BD

【解析】A 选项错误。外露的传动装置必须有防护罩。防护罩需用铰链安装在锻压设备的不动部件上。

C 选项错误。安全阀的重锤必须封在带锁的锤盒内。

E 选项错误。较大型的空气锤或蒸汽-空气自由锤一般是用手柄操纵的，应该设置简易的操作室或屏蔽装置。

26. ABD

【解析】C 选项错误。冲天炉熔炼不宜加萤石。应改进各种加热炉窑的结构、燃料和燃烧方法，以减少烟尘污染。

E 选项错误。造型、落砂、清砂、打磨、切割、焊补等工序宜固定作业工位或场地，以方便采取防尘措施。

27. ABCD

【解析】锻造加工过程中存在的危险有害因素有机械伤害、火灾爆炸、灼烫。

28. ABC

【解析】根据锻造机械安全技术措施要求：新安装和大修理的锻压设备应根据设备图样和技术说明书进行验收和试验。模锻锤的脚踏板应置于某种挡板之下，操作者脚伸入挡板内操作才能保证安全。

## 第六节 安全人机工程

### 一、单项选择题

1. C

【解析】冬季工作地点采暖温度见下表：

冬季工作地点采暖温度（干球）

| 体力劳动强度分级 | 采暖温度/℃ |
| --- | --- |
| Ⅰ（轻劳动） | ≥18 |
| Ⅱ（中等劳动） | ≥16 |
| Ⅲ（重劳动） | ≥14 |
| Ⅳ（极重劳动） | ≥12 |

2. D

**【解析】**作业场所存在高温作业的企业应优先采用先进的生产工艺、技术和原材料，工艺流程的设计宜使操作人员远离热源，同时根据其具体条件采取必要的隔热、通风、降温等措施，消除高温职业危害。对于工艺、技术和原材料达不到要求的，应根据生产工艺、技术、原材料特性以及自然条件，通过采取工程控制措施和必要的组织措施，如减少生产过程中的热和水蒸气释放、屏蔽热辐射源、加强通风、减少劳动时间、改善作业方式等，使室内和露天作业地点 WBGT 指数符合相关标准的要求。对于劳动者室内和露天作业 WBGT 指数不符合标准要求的，应根据实际接触情况采取有效的个人防护措施。

3. C

**【解析】**造成心理疲劳的诱因主要有：

（1）劳动效果不佳。在相当长时期内没有取得满意的成果。

（2）劳动内容单调。作业动作单一、乏味，不能引起作业者的兴趣。本题中翻洗啤酒瓶工作即为作业动作单一、乏味，从而造成工人的心理疲劳。

4. D

**【解析】**在全自动化控制的人机系统中，以机为主体，机器的正常运转完全依赖于闭环系统的机器自身的控制，人只是一个监视者和管理者，监视自动化机器的工作。

5. C

**【解析】**人机功能合理分配的原则应该是：笨重的、快速的、持久的、可靠性高的、精度高的、规律性的、单调的、高价运算的、操作复杂的、环境条件差的工作，适合于机器来做；而研究、创造、决策、指令和程序的编排、检查、维修、故障处理及应付不测等工作，适合于人来承担。

6. D

**【解析】**体力劳动强度分级表（GBZ 2.2）见下表：

| 体力劳动强度级别 | 体力劳动强度指数 | 类别 |
| --- | --- | --- |
| Ⅰ | $I \leq 15$ | 轻劳动 |
| Ⅱ | $15 < I \leq 20$ | 中劳动 |
| Ⅲ | $20 < I \leq 25$ | 重劳动 |
| Ⅳ | $I > 25$ | 极重劳动 |

7. D

**【解析】**为改进单调作业，可改善工作环境，即利用照明、颜色、音乐等条件，调节工作环境尽可能适宜于人。

8. B

【解析】A 选项错误。设计合理的机器对设定的作业有很高的可靠性，但对意外事件无能为力。

C 选项错误。在学习与归纳能力方面，机器的学习能力较差，灵活性也较差，只能理解特定的事物。

D 选项错误。机器可快速、准确地进行工作；对处理液体、气体和粉状体等比人优越，但处理柔软物体不如人。

9. A

【解析】在人工操作系统、半自动化系统中，其系统的安全性主要取决于人机功能分配的合理性、机器的本质安全性及人为失误状况。在自动化系统中，其系统的安全性主要取决于机器的本质安全性、机器的冗余系统是否失灵以及人处于低负荷时的应急反应变差等情形。

10. A

【解析】$R=[1-(1-0.8)\times(1-0.9)]\times0.95=0.931$。

11. C

【解析】A 选项错误。适当的照明条件能提高近视力和远视力，因为在亮光下，瞳孔缩小，视网膜上成像更为清晰，视物清楚。

B 选项错误。对象目标与背景亮度的对比过大，或者物体周围背景发出刺目耀眼的光线时，人们会因瞳孔缩小而影响视网膜的视物，导致视物模糊。

D 选项错误。使用的各种视觉显示器之间的亮度差应避免大于 10∶1，确保显示器使用时无闪烁。

12. B

【解析】A 选项错误。红色色调会使人的各种器官机能兴奋和不稳定，有促使血压升高及脉搏加快的作用。

C 选项错误。蓝色、绿色等色调会抑制各种器官的兴奋并使机能稳定，可起到一定的降低血压及减缓脉搏的作用。

D 选项错误。对引起眼睛疲劳而言，蓝、紫色最甚，红、橙色次之，黄绿、绿、绿蓝等色调不易引起视觉疲劳且认读速度快、准确度高。

13. A

【解析】常见职业体力劳动强度分级见下表：

| 体力劳动强度分级 | 职业描述 |
|---|---|
| Ⅰ（轻劳动） | 坐姿：手工作业或腿的轻度活动（正常情况下，如打字、缝纫、脚踏开关等）<br>立姿：操作仪器，控制、查看设备，上臂用力为主的装配工作 |
| Ⅱ（中等劳动） | 手和臂持续动作（如锯木头等）；臂和腿的工作（如卡车、拖拉机或建筑设备等运输操作）；臂和躯干的工作（如锻造、风动工具操作、粉刷、间断搬运中等重物、除草、锄田、摘水果和蔬菜等） |
| Ⅲ（重劳动） | 臂和躯干负荷工作（如搬重物、铲、锤锻、锯刨或凿硬木、割草、挖掘等） |
| Ⅳ（极重劳动） | 大强度的挖掘、搬运，快到极限节律的极强活动 |

B 选项错误。王某从事的体力劳动强度为Ⅲ级。

C 选项错误。董某从事的体力劳动强度为Ⅱ级。

D 选项错误。靳某从事的体力劳动强度为Ⅱ级。

14. D

**【解析】** A 选项错误。肌肉疲劳是指过度紧张的肌肉局部出现酸痛现象，一般只涉及大脑皮层的局部区域。

B 选项错误。大多数影响因素都会带来生理疲劳，但是肌体疲劳与主观疲劳感未必同时发生，有时肌体尚未进入疲劳状态，却出现了心理疲劳。

C 选项错误。张贴警示标志不断提醒危险不属于消除疲劳的方法措施。

15. D

**【解析】** 疲劳有两个方面的主要原因：

（1）工作条件因素：泛指一切对劳动者的劳动过程产生影响的工作环境，包括劳动制度和生产组织不合理。如作业时间过久、强度过大、速度过快、体位欠佳等；机器设备和工具条件差，设计不良。如控制器、显示器不适合于人的心理及生理要求；工作环境很差。如照明欠佳，噪声太强，振动、高温、高湿以及空气污染等。

（2）作业者本身的因素：作业者因素包括作业者的熟练程度、操作技巧、身体素质及对工作的适应性，营养、年龄、休息、生活条件以及劳动情绪等。

16. B

**【解析】** 人具有高度的灵活性和可塑性，能随机应变，采取灵活的程序和策略处理问题。人能根据情境改变工作方法，能学习和适应环境，能应付意外事件和排除故障，有良好的优化决策能力。而机器应付偶然事件的程序则非常复杂，均需要预先设定，任何高度复杂的自动系统都离不开人的参与。

17. A

**【解析】** 常见职业体力劳动强度分级的描述见下表：

常见职业体力劳动强度分级的描述

| 体力劳动强度分级 | 职业描述 |
|---|---|
| Ⅰ（轻劳动） | 坐姿：手工作业或腿的轻度活动（正常情况下，如打字、缝纫、脚踏开关等）<br>立姿：操作仪器，控制、查看设备，上臂用力为主的装配工作 |
| Ⅱ（中等劳动） | 手和臂持续动作（如锯木头等）；臂和腿的工作（如卡车、拖拉机或建筑设备等运输操作）；臂和躯干的工作（如锻造、风动工具操作、粉刷、间断搬运中等重物、除草、锄田、摘水果和蔬菜等） |
| Ⅲ（重劳动） | 臂和躯干负荷工作（如搬重物、铲、锤锻、锯刨或凿硬木、割草、挖掘等） |
| Ⅳ（极重劳动） | 大强度的挖掘、搬运，快到极限节律的极强活动 |

18. B

**【解析】** 体力劳动强度指数 I 是区分体力劳动强度等级的指标，指数大反映劳动强度大，指数小反映劳动强度小。体力劳动强度按大小分为 4 级，见下表：

体力劳动强度分级表（GBZ 2.2）

| 体力劳动强度级别 | 体力劳动强度指数 | 劳动强度 |
|---|---|---|
| Ⅰ | $I\leqslant 15$ | 轻 |
| Ⅱ | $15<I\leqslant 20$ | 中 |
| Ⅲ | $20<I\leqslant 25$ | 重 |
| Ⅳ | $I>25$ | 过重 |

注：2022 版教材此表已调整。

19. B

【解析】在自动化系统中，以机为主体，机器的正常运转完全依赖于闭环系统的机器自身的控制，人只是一个监视者和管理者，监视自动化机器的工作。

20. D

【解析】作业场所的照明方案应既能满足工作照明，又避免不良的眩光；注意颜色的利用、表面特性的显示、各种照明方式的运用、灯光与昼光的合理结合，以及无强烈对比和眩光等。面对作业人员的墙壁，避免采用强烈的颜色对比；避免有光泽的或反射性的涂料等。

21. D

【解析】肌肉疲劳一般只涉及大脑皮层的局部区域；而精神疲劳则与中枢神经活动有关，是一种弥散的、不愿意再做任何活动的懒惰感觉，意味着肌体迫切需要得到休息。

22. D

【解析】人具有高度的灵活性和可塑性，能随机应变，采取灵活的程序和策略处理问题。人能根据情境改变工作方法，能学习和适应环境，能应付意外事件和排除故障，有良好的优化决策能力。而机器应付偶然事件的程序则非常复杂，均需要预先设定，任何高度复杂的自动系统都离不开人的参与。

23. C

【解析】照明条件与作业疲劳有一定的联系。适当的照明条件能提高近视力和远近力。环境照明强度越大，若超过一定限度（如直视汽车的远光灯），会造成眩光，该种情况下观察的物体不清楚。视觉疲劳可通过闪光融合频率和反应时间等方法进行测定。眩光条件下，人们会因瞳孔缩小而影响视网膜的视物，导致视物模糊。

24. D

【解析】人机功能分配的合理性、机器的本质安全性及人为失误状况决定的是人工操作系统、半自动化系统的安全性。

25. B

【解析】人的心理特性包括：能力、性格、需要与动机、情绪与情感、意志。心率不属于心理特性。（2022 版教材已调整）

26. C

【解析】A 选项错误。机器处理液体、气体和粉状体等比人优越，但处理柔软物体不如人。

B 选项错误。机器能够正确地进行计算，但难以修正错误。

C 选项正确。机器的稳定性好，做重复性工作不存在疲劳和单调等问题。人的工作易受身心因素和环境条件等的影响。

D 选项错误。机器图形识别能力弱。

27. C

【解析】C 选项属于机器的特性中的“信息的交流与输出”。

28. B

【解析】对于引起眼睛疲劳而言，蓝、紫色最甚，红、橙色次之，黄绿、绿、绿蓝等色调不易引起视觉疲劳且认读速度快、准确度高。

29. D

【解析】异常状况时，相当于两人并联，可靠度比一人控制的系统增大了，这时操作者的可靠度为 $R_{Hb}$（正确操作的概率）：$R_{Hb}=1-(1-R_1)(1-R_2)=1-(1-0.9)\times(1-0.9)=0.99$。

人机系统的可靠度：$R=R_{Hb}\cdot R_M=0.99\times0.98=0.9702$。

## 二、多项选择题

30. AD

【解析】疲劳来自工作条件因素的主要原因是：

(1) 劳动制度和生产组织不合理。如作业时间过久、强度过大、速度过快、体位欠佳等。

(2) 机器设备和工具条件差，设计不良。如控制器、显示器不适合于人的心理及生理要求。

(3) 工作环境很差。如照明欠佳，噪声太强，振动、高温、高湿以及空气污染等。

B 选项“劳动内容单调”、C 选项“劳动者的心理压力过大”、E 选项“劳动环境缺少安全感”是作业者本身的因素。

31. CE

【解析】A 选项中“首饰暗纹修复”工作属于做精细调整的工作，作精细的调整方面，多数情况下机器不如人手。

B 选项中“柔软物体的制作”方面机器不如人。机器不能随机应变，因此无法应对突发事件。但机器在恶劣环境下的工作能力强于人类，同时能够正确检测电磁波等人无法检测的物理量。

32. AD

【解析】常见职业体力劳动强度分级的描述见下表：

| 体力劳动强度分级 | 职业描述 |
| --- | --- |
| Ⅰ（轻劳动） | 坐姿：手工作业或腿的轻度活动（正常情况下，如打字、缝纫、脚踏开关等）<br>立姿：操作仪器，控制、查看设备，上臂用力为主的装配工作 |
| Ⅱ（中等劳动） | 手和臂持续动作（如锯木头等）；臂和腿的工作（如卡车、拖拉机或建筑设备等运输操作）；臂和躯干的工作（如锻造、风动工具操作、粉刷、间断搬运中等重物、除草、锄田、摘水果和蔬菜等） |
| Ⅲ（重劳动） | 臂和躯干负荷工作（如搬重物、铲、锤锻、锯刨或凿硬木、割草、挖掘等） |
| Ⅳ（极重劳动） | 大强度的挖掘、搬运，快到极限节律的极强活动 |

33. AE

【解析】B 选项错误。机器能在恶劣的环境条件下工作，如高压、低压、高温、低温、振动等条件下都可以很好地工作。

C 选项错误。人能长期大量储存信息并能综合利用记忆的信息进行分析和判断。

D 选项错误。机器能同时完成多种操作，且可保持较高的效率和准确度。人一般只能同时完成 1~2 项操作，而且两项操作容易相互干扰，而难以持久地进行。

34. BCDE

【解析】B 选项错误。人工操作系统、半自动化系统，人机共体，或机为主体，人在系统中主要充当生产过程的操作者与控制者；系统的安全性主要取决于人机功能分配的合理性、机器的本质安全性及人为失误状况。

C 选项错误。自动化系统以机为主体，机器的正常运转完全依赖于闭环系统的机器自身的控制，人只是一个监视者和管理者；系统的安全性主要取决于机器的本质安全性、机器的冗余系统是否失灵以及人处于低负荷时的应急反应变差等情形。

D 选项错误。人机系统按有无反馈控制可分为闭环人机系统和开环人机系统两类，其中闭环人机系统也叫反馈控制人机系统。

E 选项错误。闭环人机系统其特点是系统中有反馈回路，系统的输出直接作用于系统的控制。

35. BDE

【解析】A 选项错误。人能够运用多种通道接收信息，当一种信息通道发生障碍时可运用其他的通道进行补偿，而机器只能按设计的固定结构和方法输入信息。

C 选项错误。机器处理液体、气体和粉状体等比人优越，但处理柔软物体不如人；能够正确进行计算，但难以修正错误；图形识别能力弱；能进行多通道的复杂动作。

36. ABCE

【解析】安全人机工程的主要研究内容包括：

（1）分析机械设备及设施在生产过程中存在的不安全因素，并有针对性地进行可靠性设计、维修性设计、安全装置设计、安全启动和安全操作设计及安全维修设计等。

（2）研究人的生理和心理特性，分析研究人和机器各自的功能特点，进行合理的功能分配，以建构不同类型的最佳人机系统。

（3）研究人与机器相互接触、相互联系的人机界面中信息传递的安全问题。

（4）分析人机系统的可靠性，建立人机系统可靠性设计原则，据此设计出经济、合理以及可靠性高的人机系统。

37. ACE

【解析】属于Ⅱ级劳动强度有手和臂持续动作（如锯木头等）；臂和腿的工作（如卡车、拖拉机或建筑设备等运输操作）；臂和躯干的工作（如锻造、风动工具操作、粉刷、间断搬运中等重物、除草、锄田、摘水果和蔬菜等）。搬重物属于Ⅲ级劳动强度。操作仪器属于Ⅰ级劳动强度。

38. BCE

【解析】机器的稳定性好，做重复性工作而不存在疲劳和单调等问题。长期连续不停地工作、操作复杂的重复工作更适合机器来承担。人能根据情境改变工作方法，能学习和适应环境，能应付意外事件和排除故障，有良好的优化决策能力。系统运行的监督控制、机器设备的维修与保养、意外事件的应急处理均适合人来承担。

# 第二章 电气安全技术

## 第一节 电气事故及危害

### 一、单项选择题

1. B

【解析】电伤包括电弧烧伤、电流灼伤、电烙印、皮肤金属化、电气机械性损伤、电光眼等多种伤害。电流灼伤是电流通过人体由电能转换成的热能造成的伤害。

2. B

【解析】触电事故分为电击和电伤。电击是电流直接通过人体造成的伤害。电伤是电流转换成热能、机械能等其他形态的能量作用于人体造成的伤害。在触电伤亡事故中，尽管85%以上的死亡事故是电击造成的，但其中大约70%含有电伤的因素。

3. D

【解析】直接接触电击是指在电气设备或线路正常运行条件下，人体直接触及了设备或线路的带电部分所形成的电击。间接接触电击是指在设备或线路故障状态下，原本正常情况下不带电的设备外露可导电部分或设备以外的可导电部分变成了带电状态，人体与上述故障状态下带电的可导电部分触及而形成的电击。

4. C

【解析】当架空线路的一根带电导线断落在地上时，落地点与带电导线的电势相同，电流就会从导线的落地点向大地流散，于是地面上以导线落地点为中心，形成了一个电势分布区域，离落地点越远，电流越分散，地面电势也越低。如果人或牲畜站在距离电线落地点8~10 m以内，就可能发生触电事故，这种触电叫作跨步电压触电。

5. B

【解析】对于高压与低压电的界定额度为1000 V。本题中电压超过1 kV，为高压电触电。工人通过瞭望塔与高压电线触碰，高压电线属于正常带电体，故为直接接触触电。直接接触触电与间接接触触电的区分在于接触到物体的状态，此物体是否正常带电，与是否有工具无关。

6. A

【解析】摆脱电流是人触电后能自行摆脱带电体的最大电流。人的工频摆脱电流为5~10 mA。如果长时间不能摆脱带电体，摆脱电流能导致严重后果。

7. B

【解析】当电流持续时间超过心脏跳动周期时，室颤电流仅为50 mA左右；当持续时间短于心脏跳动周期时，室颤电流约为500 mA。

8. B

【解析】电路中，人体与接地电阻并联，并联电路中各支路电压相等。因此先根据欧姆定律计算出施加在人体的电压 $U=5\ A\times2\ \Omega=10\ V$，再根据电压和电阻计算出通过人体的电流 $I=10\ V\div1000\ \Omega=0.01\ A=10\ mA$。正常男子摆脱电流是 9 mA，女子摆脱电流是 6 mA，所以选择 B 选项。摆脱电流指能自主摆脱带电体的最大电流。就平均值而言，男性约为 16 mA；女性约为 10.5 mA。

9. A

【解析】a 区域为 AC-1 所在的区域，该区域电流较小，通过人体几乎无生理效应。b 区域为 AC-2 所在的区域，该区域电流较小，通过人体能产生感觉但基本没有损害。AC-3 所在的区域，该区域电流较大，通过人体可能导致肌肉收缩但不致命。AC-4 所在的区域，该区域电流较大，通过人体可能造成室颤并导致死亡。

10. D

【解析】电动机导线受到损伤导致截面积变小，导致电流通过时产生电流聚集现象而易使导线过热，产生高温，严重时有可能发生导线自燃现象。

11. C

【解析】A 选项错误。电击是电流直接通过人体造成的伤害。

B 选项错误。电伤是电流转换成热能、机械能等其他形态的能量作用于人体造成的伤害。

D 选项错误。在触电伤亡事故中，尽管 85% 以上的死亡事故是电击造成的，但其中大约 70% 含有电伤因素。

12. A

【解析】单线电击是人体站在导电性地面或接地导体上，人体某一部位触及带电导体由接触电压造成的电击。单线电击是发生最多的触电事故。

13. D

【解析】A 选项错误。高压电弧和低压电弧都能造成严重烧伤，高压电弧的烧伤更为严重一些。

B 选项错误。电流灼伤并不是最危险的电伤，电弧烧伤是由弧光放电造成的烧伤，是最危险的电伤。

C 选项错误。电流灼伤是电流通过人体由电能转换成热能造成的伤害。电流越大、通电时间越长、电流途径上的电阻越大，电流灼伤越严重。

14. B

【解析】A 选项错误。人体的最小感知电流约为 0.5 mA，且与时间无关。

C 选项错误。感知电流一般不会对人体构成生理伤害，但当电流增大时，感觉会增强，反应加剧，可能导致摔倒、坠落等二次事故。

D 选项错误。通过人体引起心室发生纤维性颤动的最小电流称为室颤电流。

15. D

【解析】A 选项错误。室颤电流除决定于电流持续时间、电流途径、电流种类等电气参数外，还与机体组织、心脏功能等个体特征有关。

B 选项错误。当电流持续时间短于心脏跳动周期时，人的室颤电流约为 500 mA。

C 选项错误。当电流持续时间超过心脏跳动周期时，人的室颤电流约为 50 mA。

16. D

【解析】金属粉、煤粉等导电性物质污染皮肤，乃至渗入汗腺也会大大降低人体阻抗。

17. B

【解析】直接接触电击是指触及正常状态下带电的带电体时（如误触接线端子）发生的电击，也称为正常状态下的电击。间接接触电击是指触及正常状态下不带电，而在故障状态下意外带电的带电体时（如触及漏电设备的外壳）发生的电击，也称为故障状态下的电击。

正常情况下，喷泉中虽有导线通过，但是在不漏电的情况下，水中是不会带电的。本次造成游客死亡是因为带电体发生故障，导致漏电发生电击，故本次属于间接接触电击。

18. B

【解析】跨步电压电击是人体进入地面带电的区域时，两腿之间承受的跨步电压造成的电击。除 B 选项外，其他方法均会造成人的身体部分之间产生电位差，从而导致发生跨步电压电击。

19. A

【解析】接触电压升高，人体阻抗急剧降低。

20. D

【解析】本题考查触电事故的规律。

A 选项错误。触电事故中，中、青年工人、非专业电工、合同工和临时工触电事故多。

B 选项错误。低压设备远远多于高压设备，且与之接触的多数为缺乏电气安全知识的非电专业人员，故低压设备触电事故多。在专业电工中，高压触电事故多于低压触电事故。

C 选项错误。移动设备和临时性设备触电事故多。

21. C

【解析】按照人体触及带电体的方式和电流流过人体的途径，电击可分为单线电击、两线电击和跨步电压电击。按照电流转换成作用于人体的能量的不同形式，电伤分为电弧烧伤、电流灼伤、皮肤金属化、电烙印、电气机械性伤害、电光眼等伤害。

22. C

【解析】人体在电流的作用下，没有绝对安全的途径。电流通过心脏会引起心室纤维性颤动乃至心脏停止跳动而导致死亡；电流通过中枢神经，会引起中枢神经强烈失调而导致死亡；电流通过头部，会使人昏迷，严重损伤大脑，使人不醒而死亡；电流通过脊髓会使人截瘫；电流通过人的局部肢体也可能引起中枢神经强烈反射导致严重后果。心脏是最薄弱的环节。流过心脏的电流越多，且电流路线越短的途径是电击危险性越大的途径。心脏电流系数可用于判断不同电流途径下心室纤维性颤动的危险性，心脏电流系数见下表：

心脏电流系数

| 电流途径 | 心脏电流因数 | 电流途径 | 心脏电流因数 |
|---|---|---|---|
| 左手至脚 | 1.0 | 右手至背部 | 0.3 |
| 右手至脚 | 0.8 | 左手至胸部 | 1.5 |
| 左手至右手 | 0.4 | 右手至胸部 | 1.3 |
| 左手至背部 | 0.7 | 手至臀部 | 0.7 |

23. C

【解析】在电流途径左手到右手、大接触面积（50~100 $cm^2$）的条件下，人体总阻抗见下表。下表表明，在干燥条件下，当接触电压在100~220 V范围内时，人体阻抗大致上在2000~3000 Ω之间。

人体总阻抗 Ω

| 接触电压/V | 最低百分数 | | | | | |
|---|---|---|---|---|---|---|
| | 5% | | 50% | | 95% | |
| | 干燥条件 | 湿润条件 | 干燥条件 | 湿润条件 | 干燥条件 | 湿润条件 |
| 25 | 1750 | 1175 | 3250 | 2175 | 6100 | 4100 |
| 50 | 1375 | 1100 | 2500 | 2000 | 4600 | 3675 |
| 75 | 1125 | 1025 | 2000 | 1825 | 3600 | 3275 |
| 100 | 990 | 975 | 1725 | 1675 | 3125 | 2950 |
| 125 | 900 | 900 | 1550 | 1550 | 2675 | 2675 |
| 150 | 850 | 850 | 1400 | 1400 | 2350 | 2350 |
| 175 | 825 | 825 | 1325 | 1325 | 2175 | 2175 |
| 200 | 800 | 800 | 1275 | 1275 | 2050 | 2050 |
| 225 | 775 | 775 | 1225 | 1225 | 1900 | 1900 |
| 400 | 700 | 700 | 950 | 950 | 1275 | 1275 |
| 500 | 625 | 625 | 850 | 850 | 1150 | 1150 |
| 700 | 575 | 575 | 775 | 775 | 1050 | 1050 |
| 1000 | 575 | 575 | 775 | 775 | 1050 | 1050 |
| 渐近值 | 575 | 575 | 775 | 775 | 1050 | 1050 |

24. C

【解析】随着接触电压升高，人体阻抗急剧降低。电流持续时间延长，人体阻抗由于出汗等原因而下降。接触面积增大、接触压力增大、温度升高时，人体阻抗也会降低。皮肤状态对人体阻抗的影响很大。人体阻抗还与个体特征有关。

25. A

【解析】间接接触电击是触及正常状态下不带电，而在故障状态下意外带电的带电体时（如触及漏电设备的外壳）发生的电击，也称为故障状态下的电击。直接接触电击是触及正常状态下带电的带电体时（如误触接线端子）发生的电击，也称为正常状态下的电击。描述中“带电更换”“清扫配电柜”“导线的裸露部分”属于原本状态下就带电，此时发生电击属于直接接触电击。

26. A

【解析】根据定义，间接接触电击是触及正常状态下不带电，而在故障状态下意外带电的带电体时（如触及漏电设备的外壳）发生的电击，也称为故障状态下的电击。B、C、D 选项均为直接接触电击。

A 选项为间接接触电击。

27. B

【解析】A 选项错误。小电流对人体的作用主要表现为生物学效应，给人以不同程度的刺激，使人体组织发生变异。

C 选项错误。数十至数百毫安的小电流通过人体短时间使人致命的最危险的原因是引起心室纤维性颤动。呼吸麻痹和终止、电休克虽然也可能导致死亡，但其危险性比引起心室纤维性颤动的危险性小得多。

D 选项错误。发生心室纤维性颤动时，心脏每分钟颤动 1000 次以上。

## 二、多项选择题

28. ADE

【解析】电击是电流通过人体，刺激机体组织，使肌体产生针刺感、压迫感、打击感、痉挛、疼痛、血压异常、昏迷、心律不齐、心室颤动等造成伤害的形式。当电流作用于心脏或管理心脏和呼吸机能的脑神经中枢时，能破坏心脏等重要器官的正常工作。电流对人体的伤害程度是与通过人体电流的大小、种类、持续时间、通过途径及人体状况等多种因素有关。电伤是电流的热效应、化学效应、机械效应等对人体所造成的伤害。伤害多见于机体的外部，往往在机体表面留下伤痕。能够形成电伤的电流通常比较大。电伤的危险程度决定于受伤面积、受伤深度、受伤部位等。B 选项和 C 选项是电伤的特征。

29. ACE

【解析】高压电线断裂、电风扇漏电，都是处于故障导致的漏电状态，不是正常带电体，故为间接接触电击，排除 B、D 选项。

电动机电机、工人割带电导线，导线为正常通电状态，是正常带电体，故为直接接触电击；碰到接线端子，相当于触碰导线后遭受电击，相当于接触正常带电体触电，故选择 A、C、E 选项。

30. ADE

【解析】电流流过人体的路径，从左脚至右脚的电流路径危险性小，但人体可能因痉挛而摔倒，导致人体通过全身或发生二次事故而产生严重的后果，故 B 选项错误。女性的感知电流和摆脱电流约为男性的 2/3，儿童对电流的感知更为敏感，因此电流对儿童的伤害最大。

触电事故规律：错误操作、违章作业触电事故多；中青年员工、非专业电工、合同工事故多；低压设备事故多；移动式设备、临时性设备事故多；电气连接部位触电事故多；6—9 月触电事故多；潮湿环境多；农村事故多。

31. BCD

【解析】刀开关、断路器、接触器、控制器接通和断开线路时会产生电火花；插销拔出或插入时会产生电火花；直流电动机的电刷与换向器的滑动接触处、绕线式异步电动机的电刷与滑环的滑动接触处也会产生电火花等。

32. CDE

【解析】A 选项错误。吴某在检修时发生了相间短路，产生的弧光放电时，熔化了的炽热金属飞溅出来造成的烫伤属于电弧烧伤。

B 选项错误。赵某在检修时手部误触裸导线，手部与导线接触的部位留下的永久性瘢痕属于电烙印。

33. BD

【解析】A 选项错误。小电流对人体的作用主要表现为生物学效应，给人以不同程度的刺激，会使人体组织发生变异。

C 选项错误。当人体触及带电体时，一些没有电流通过的部位也会发生强烈反应，甚至重要器官的正常工作会受到影响。

E 选项错误。发生心室纤维性颤动时，心脏每分钟颤动 1000 次以上，幅值很小，而且没有规则。

34. BC

【解析】A 选项错误。电流持续时间越长，积累局外电能越多，室颤电流明显减小。

D 选项错误。电流从左手至胸部的途径心脏电流因数最大，所以该途径是最危险的途径。

E 选项错误。心脏是最薄弱的环节，流过心脏的电流越多，且电流路线越短的途径是电击危险性越大的途径。

35. ACDE

【解析】电流灼伤是电流通过人体由电能转换成热能造成的伤害。电流越大、通电时间越长、电流途径上的电阻越大，电流灼伤越严重。B 选项是导线熔化烫伤手臂，而非电流通过人体造成，不属于电流灼伤。

## 第二节　触电防护技术

### 一、单项选择题

1. B

【解析】气体、液体、固体绝缘击穿特性：

（1）气体击穿是碰撞电离导致的电击穿后绝缘性能会很快恢复。

（2）液体绝缘的击穿特性与其纯净度有关，纯净的液体击穿也是电击穿，密度越大越难击穿，液体绝缘击穿后，绝缘性能只能在一定程度上得到恢复。

（3）固体击穿有电击穿、热击穿、电化学击穿等，电击穿作用时间短、击穿电压高，热击穿电压作用时间长，电压较低。固体绝缘击穿后将失去原有性能。

2. A

【解析】从防止电击的角度而言，屏护和间距属于防止直接接触的安全措施。

3. B

【解析】导线与建筑物的最小距离见下表：

| 电压/kV | ≤1 | ≤10 | ≤35 |
|---|---|---|---|
| 垂直距离/m | 2.5 | 3.0 | 4.0 |
| 水平距离/m | 1.0 | 1.5 | 3.0 |

B 选项中架空线路与有爆炸火灾危险的厂房之间应保持必要的防火间距，且不应跨越具有可燃材料屋顶的建筑物。

4. A

【解析】IT 系统就是保护接地系统。其安全原理是通过低电阻接地，把故障电压限制在安全范围以内。但应注意漏电状态并未因保护接地而消失。保护接地适用于各种不接地配电网，如某些 1~10 kV 配电网，煤矿井下低压配电网等。

5. A

【解析】在低压操作中，人体及其所携带工具与带电体的距离不应小于 0.1 m；在高压作业中，人体及其所携带工具与带电体的距离应满足下表要求：

高压作业的最小距离　　m

| 类　　别 | 电压等级 | |
|---|---|---|
| | 10 kV | 35 kV |
| 无遮栏作业，人体及其所携带工具与带电体之间的最小距离 | 0.7 | 1.0 |
| 无遮栏作业，人体及其所携带工具与带电体之间的最小距离（用绝缘杠操作） | 0.4 | 0.6 |
| 线路作业，人体及其所携带工具与带电体之间最小距离 | 1.0 | 2.5 |
| 带电水冲洗，小型喷嘴与带电体之间最小距离 | 0.4 | 0.6 |
| 喷灯或气焊火焰与带电体之间最小距离 | 1.5 | 3.0 |

6. D

【解析】图中中性点接地，设备外壳接零保护，是典型的接零保护系统，也就是 TN 系统，同时工作零线 N 与保护零线 PE 始终是分开的，所以是 TN-S 系统。

7. B

【解析】TN-C-S 系统表示工作零线 N 和保护零线 PE 在干线部分前一段是共用的，后一段 PE 线与 N 线分开。

8. A

【解析】各种保护系统特性如下：

（1）IT（接地保护系统）：只有在不接地配电网中，由于单相接地电流较小，才有可能通过保护接地把漏电设备故障电压限制在安全范围内。但漏电状态并未消失。

（2）TT 系统：防护性能较好、一相故障接地时单相电击的危险性较小，故障接地点比较容易检测。由于 $R_E$ 和 $R_N$ 同在一个数量级，漏电设备对地电压不能降低到安全范围以内。只有在采用其他间接接触电击的措施有困难的条件下才考虑采用 TT 系统。必须安装电流保护装置，优先选择剩余电流动作保护装置。

（3）TN 系统：TN 系统的安全原理是当某相带电部分碰连设备外壳时，形成该相对零线的单相短路，短路电流很大，促使线路上的短路保护元件迅速动作，从而把故障设备电源断开，消除电击危险。虽然保护接零也能降低漏电设备上的故障电压，但一般不能降低到安全范围以内。其第一位的安全作用是迅速切断电源。

9. C

**【解析】** 工作接地电阻一般不超过 4 Ω，在高土壤电阻率地区允许放宽至不超过 10 Ω。

10. D

**【解析】** 对于相线对地电压 220 V 的 TN 系统，手持式电气设备的短路保护元件应保证故障持续时间不超过 0.4 s。

11. B

**【解析】** 当用电设备发生金属性漏电时，即计算设备对大地的电压差，也就是将施加在人体上的电压。设备外壳接地与配电变压器线路形成回路，总电阻为中性点接地电阻和设备外壳接地电阻之和，通过已知计算漏电流后，算出对地电压，即为该设备的对地电压。本题计算方法为：①漏电流 220 V÷(2 Ω+3 Ω)= 44 A；②对地电压 44 A×3 Ω=132 V。

12. A

**【解析】** Ⅰ类设备必须装接地保护，Ⅱ类设备不能装接地保护，Ⅲ类设备也无须装接地保护。

13. C

**【解析】** 绝缘、屏护和间距是直接接触电击的基本防护措施；保护接地和保护接零是间接接触电击的基本防护措施；双重绝缘、安全电压、剩余电流保护是兼防直接接触和间接接触电击的措施。

14. B

**【解析】** 由于具有双重绝缘或加强绝缘，Ⅱ类设备无须再次采用接地、接零等安全措施。

15. A

**【解析】** B、C、D 选项首先带有金属外壳，一般带有接地口，属于Ⅰ类设备。

A 选项设备冲击电钻为手持电动工具，安全等级要提高，应该设计给Ⅱ类设备。

16. C

**【解析】** Ⅰ类设备必须进行接地或接零保护；手持电动工具在设计及使用上以Ⅱ类设备标准参考；在潮湿、导电性良好的环境下，Ⅱ类和Ⅲ类设备能够保证人的安全。Ⅱ类设备带电部分与其他及导体之间的绝缘电阻不低于 7 MΩ，Ⅰ类设备不低于 2 MΩ。

17. A

**【解析】** 主等电位联结是指在建筑物的进线处将 PE 干线、设备 PE 干线、进水管、采暖和空调竖管、建筑物构筑物金属构件和其他金属管道、装置外露可导电部分等相联结。

18. A

【解析】A 选项中人触及火线和零线，电流直接过人体，塑料凳是绝缘体，人体不与大地连接，两线之间没有电流差，不能触发漏电保护。

B、C、D 选项中火线经过人体导入大地，火线与零线有电流差，产生剩余电流，漏电保护器发挥作用。

19. B

【解析】剩余电流动作保护装置的工作原理：剩余电流动作保护装置由检测元件、中间环节、执行机构三个基本环节及辅助电源和试验装置构成。检测元件的作用是将漏电电流信号转换为电压或功率信号输出给中间环节。中间环节通常设有放大器、比较器等，对来自零序电流互感器的漏电信号进行处理。

20. C

【解析】如电气设备发生火灾，拉闸采用绝缘工具操作，应先断开断路器，后断隔离开关。

21. D

【解析】当 PE 线与相线材料相同，相线截面小于或等于 16 $mm^2$ 时，PE 线应和相线截面积相同。

22. D

【解析】保护接零的安全原理是当某相带电部分碰连设备外壳时，形成该相对零线的单相短路，短路电流促使线路上的短路保护元件迅速动作，从而把故障设备电源断开，消除电击危险。虽然保护接零也能降低漏电设备上的故障电压，但一般不能降低到安全范围以内。其第一位的安全作用是迅速切断电源。

23. B

【解析】绝缘、屏护和间距是直接接触电击的基本防护措施。其主要作用是防止人体触及或过分接近带电体造成触电事故以及防止短路、故障接地等电气事故。

24. C

【解析】剩余电流动作保护装置动作原理即是产生的故障电流未经检测元件，导致检测元件内电流向量和不再等于零，而产生感应电流促使保护装置动作，起到保护的作用。

25. D

【解析】对于低压设备，遮栏与裸导体的距离不应小于 0. 8 m，栏条间距离不应大于 0. 2 m；网眼遮栏与裸导体之间的距离不宜小于 0. 15 m。

26. D

【解析】A 选项错误。使用 IT 系统，在 380 V 不接地低压配电网中，为限制设备漏电时外壳对地电压不超过安全范围，一般要求保护接地电阻 $R_E \leqslant 4\ \Omega$。

B 选项错误。使用 IT 系统，当配电变压器或发电机的容量不超过 100 kV · A 时，可以放宽到 $R_E \leqslant 10\ \Omega$。

C 选项错误。只有在不接地配电网中，由于单相接地电流较小，才有可能通过保护接地把漏电设备故障对地电压限制在安全范围之内（即中性点不接地的 IT 系统）。

27. C

【解析】A 选项错误。只有在不接地配电网中，由于单相接地电流较小，才有可能通过保护接地把漏电设备故障对地电压限制在安全范围之内（注意是在“不接地配电网中”）。

B 选项错误。在 TT 系统中应装设能自动切断漏电故障的漏电保护装置（剩余电流保护装置）。

D 选项错误。TN 系统在一般情况下，欲将漏电设备对地电压限制在某一安全范围内是困难的。只有在不接地配电网中，由于单相接地电流较小才有可能通过保护接地把漏电设备故障对地电压限制在安全范围之内。

28. C

【解析】在接零系统中，对于配电线路或仅供给固定式电气设备的线路，故障持续时间不宜超过 5 s；对于供给手持式电动工具、移动式电气设备的线路或插座回路，电压 220 V者故障持续时间不应超过 0.4 s，380 V 者不应超过 0.2 s。

29. A

【解析】接零系统中，当 PE 线或 PEN 线断开（含接触不良）时，在断开点后方有设备漏电或者没有设备漏电但接有不平衡负荷的情况下，重复接地虽然不一定能消除人身伤亡及设备损坏的危险性，但危险程度必然降低。

30. C

【解析】A 选项错误。在配电系统发生一相故障接地的情况下，如有工作接地 $R_N \leqslant 4\ \Omega$，一般可限制中性线对地电压一般不超过 50 V、非接地相对地电压不超过 250 V。

B 选项错误。在不接地的 10 kV 系统中，工作接地与变压器外壳的接地、避雷器的接地是共用的，其接地电阻应根据三者中要求最高的确定。

D 选项错误。在直接接地的 10 kV 系统中，工作接地应与变压器外壳的接地、避雷器的接地分开。

31. C

【解析】当保护零线与相线材料相同且相线截面积等于 35 $mm^2$时，保护零线最小截面积为 16 $mm^2$。

32. D

【解析】A 选项错误。采用单芯绝缘导线作保护零线时，没有机械防护的截面积不得小于 4 $mm^2$。

B 选项错误。采用单芯绝缘导线作保护零线时，有机械防护的截面积不得小于 2.5 $mm^2$。

C 选项错误。铜质 PEN 线截面积不得小于 10 $mm^2$。

33. D

【解析】A 选项错误。非经允许，接地线不得作其他电气回路使用。

B 选项错误。在非爆炸危险环境，如自然接地线有足够的截面，可不再另行敷设人工接地线。

C 选项错误。不得利用蛇皮管、管道保温层的金属外皮或金属网以及电缆的金属护层作接地线（经过允许也不可以）。

34. C

【解析】A 选项错误。接地装置地下部分的连接应采用焊接，并应采用搭焊，不得有虚焊。

B 选项错误。利用建筑物的钢结构、起重机轨道、工业管道等自然导体作接地线时，其伸缩缝或接头处应另加跨接线，以保证连续可靠。

D 选项错误。接地线与管道的连接可采用螺纹连接或抱箍螺纹连接，但必须采用镀锌件，以防止锈蚀。

35. C

【解析】A 选项错误。Ⅱ类设备的绝缘电阻用 500 V 直流电压测试。

B 选项错误。凡属双重绝缘的设备，不得再行接地或接零。

D 选项错误。具有双重绝缘的电气设备属于Ⅱ类设备。

36. D

【解析】A 选项错误。电气隔离安全原理是在隔离变压器的二次边构成了一个不接地的电网，阻断在二次边工作的人员单相电击电流的通路。

B 选项错误。为保证安全，被隔离回路不得与其他回路及大地有任何连接。

C 选项错误。电气隔离回路二次边线路电压过高或者二次边线路过长，都会降低这种措施的可靠性。

37. D

【解析】A 选项错误。绝缘材料的电性能主要性能是绝缘电阻、耐压强度、泄漏电流和介质损耗。

B 选项错误。介电常数表明绝缘极化特征的性能参数，介电常数越大极化过程越慢。

C 选项错误。耐弧性能指接触电弧时表面抗炭化的能力，无机绝缘材料的耐弧性能优于有机绝缘材料。

38. D

【解析】A 选项错误。一般用途的单相安全隔离变压器的额定容量不应超过 10 kV·A，三相的不应超过 16 kV·A。

B 选项错误。安全电压设备的插销座不得带有接零或接地插头或插孔。

C 选项错误。如果变压器不具备双重绝缘的结构，为了减轻变压器一次线圈与二次线圈短接的危险，二次线圈应接地或接零。

39. D

【解析】不导电环境必须符合以下安全要求：

（1）电压 500 V 及以下者，地板和墙每一点的电阻不应低于 50 kΩ；电压500 V以上者不应低于 100 kΩ。

（2）保持间距或设置屏障，防止人体在工作绝缘损坏后同时触及不同电位的导体。

（3）具有永久性特征。为此，场所不会因受潮而失去不导电性能，不会因引进其他设备而降低安全水平。

（4）为了保持不导电特征，场所内不得有保护零线或保护地线。

（5）有防止场所内高电位引出场所范围外和场所外低电位引入场所范围内的措施。

40. A

【解析】B 选项错误。防止触电的漏电保护装置宜采用高灵敏度、快速型装置。

C 选项错误。对于公共场所的通道照明电源和应急照明电源、消防用电梯及确保公共场所安全的电气设备应装设不切断电源的报警式漏电保护装置。

D 选项错误。一般环境条件下使用的具有双重绝缘或加强绝缘结构的电气设备、使用隔离变压器且二次侧为不接地系统供电的电气设备，可以不安装漏电保护装置。

41. A

【解析】属于Ⅰ类的移动式电气设备及手持式电动工具必须安装漏电保护装置。

42. D

【解析】安全电压是在一定条件下、一定时间内不危及生命安全的电压。根据欧姆定律，可以把加在人身上的电压限制在某一范围之内，使得在这种电压下，通过人体的电流不超过特定的允许范围。这一电压就叫作安全电压，也称为特低电压。安全电压属既能防止间接接触电击也能防止直接接触电击的安全技术措施。具有依靠安全电压供电的设备属于Ⅲ类设备。

43. D

【解析】TN-S 系统可用于有爆炸危险，或火灾危险性较大，或安全要求较高的场所，宜用于有独立附设变电站的车间。TN-C-S 系统宜用于厂内设有总变电站，厂内低压配电的场所及非生产性楼房。TN-C 系统可用于无爆炸危险、火灾危险性不大、用电设备较少、用电线路简单且安全条件较好的场所。

44. B

【解析】电击穿也是碰撞电离导致的击穿。电击穿的特点是作用时间短、击穿电压高。

45. B

【解析】TT 系统为三相星形连接的低压中性点直接接地的三相四线配电网。

46. A

【解析】交流电气设备应优先利用建筑物的金属结构、生产用的起重机的轨道、配线的钢管等自然导体作保护导体。在低压系统，允许利用不流经可燃液体或气体的金属管道作保护导体。

47. B

【解析】A 选项错误。埋设在地下的金属管道 ，除有可燃或爆炸性介质的管道除外，均可用作自然接地体。

C 选项错误。不得利用蛇皮管、管道保温层的金属外皮或金属网以及电缆的金属护层作接地线。

D 选项错误。为了减小自然因素对接地电阻的影响，接地体上端离地面深度不应小于 0.6 m（农田地带不应小于 1 m），并应在冰冻层以下。

48. B

【解析】安全电压回路的带电部分必须与较高的回路保持电气隔离，并不得与大地、保护接零（地）线或其他电气回路连接。安全电压设备的插销座不得带有接零或接地插头或插孔。安全隔离变压器的一次边和二次边均应装设短路保护元件。通常采用安全隔离变压器作为特低电压的电源。

49. D

【解析】重复接地的作用：

（1）减轻零线断开或接触不良时电击的危险性。接零系统中，当PE线或PEN线断开（含接触不良）时，在断开点后方有设备漏电或者没有设备漏电但接有不平衡负荷的情况下，重复接地虽然不一定能消除人身伤亡及设备损坏的危险性，但危险程度必然降低。

（2）降低漏电设备的对地电压。前面说过，接零也有降低故障对地电压的作用。如果接零设备有重复接地，则故障电压进一步降低。

（3）改善架空线路的防雷性能。架空线路零线上的重复接地对雷电流有分流作用，有利于限制雷电过电压。

（4）缩短漏电故障持续时间。因为重复接地和工作接地构成零线的并联分支，所以当发生短路时能增大单相短路电流，而且线路越长，效果越显著。这就加速了线路保护装置的动作，缩短了漏电故障持续时间。

50. B

【解析】接地线与建筑物伸缩缝、沉降缝交叉时，应弯成弧状或另加补偿连接件。接地装置地下部分的连接应采用焊接，并应采用搭焊，不得有虚焊。接地线与管道的连接可采用螺纹连接或抱箍螺纹连接，但必须采用镀锌件，以防止锈蚀。在有振动的地方，应采取防松措施。

51. A

【解析】保护导体干线必须与电源中性点和接地体（工作接地、重复接地）相连。保护导体支线应与保护干线相连。为提高可靠性，保护干线应经两条连接线与接地体连接。在低压系统，允许利用不流经可燃液体或气体的金属管道作保护导体。电缆线路应利用其专用保护芯线和金属包皮作保护零线。

52. D

【解析】架空线路的间距须考虑气温、风力、覆冰及环境条件的影响。架空线路应与有爆炸危险的厂房和有火灾危险的厂房保持必需的防火间距。架空线路与绿化区或公园树木的距离不得小于3m。架空线路应避免跨越建筑物，架空线路不应跨越可燃材料屋顶的建筑物。架空线路必须跨越建筑物时，应与有关部门协商并取得该部门的同意。

53. A

【解析】B选项错误。绝缘材料的耐热性能用允许工作温度来衡量。

C选项错误。无机绝缘材料的耐弧性能优于有机材料的耐弧性能。

D选项错误。绝缘电阻相当于漏导电流遇到的电阻，是直流电阻。

54. C

【解析】A选项错误。IT系统低压配电网中，由于单相接地电流较小，才有可能通过保护接地把漏电设备故障对地电压限制在安全范围之内。

B选项错误。IT系统低压配电网中，一般不设置中性线，更不会由于零点漂移使中性线带电。运用IT方式的供电系统，即使电源中性点不接地，一旦设备漏电，单相对地漏电流仍小，不会破坏电源电压的平衡。

D 选项错误。TT 系统应装设能自动切断漏电故障的漏电保护装置，也必须接保护接地线。

55. B

【解析】A 选项错误。自然接地体至少应有两根导体在不同地点与接地网相连（线路杆塔除外）。

C、D 选项错误。为了减小自然因素对接地电阻的影响，接地体上端离地面深度不应小于 0.6 m（农田地带不应小于 1 m），并应在冰冻层以下。

56. B

【解析】我国标准规定，工频安全电压有效值的限值为 50 V。推荐干燥环境中工频安全电压有效值的限值取 33 V，潮湿环境中工频安全电压有效值的限值取 16 V。凡有电击危险环境使用的手持照明灯和局部照明灯应采用36 V或24 V安全电压；金属容器内、隧道内、水井内以及周围有大面积接地导体等工作地点狭窄、行动不便的环境应采用 12 V 安全电压。

57. B

【解析】必须安装漏电保护装置的场所：属于 I 类的移动式电气设备及手持式电动工具；生产用的电气设备；施工工地的电气设备；安装在户外的电气装置；临时用电的电气设备；机关、学校、宾馆、饭店、企事业单位和住宅等除壁挂式空调电源插座外的其他电源插座或插座回路；游泳池、喷水池、浴池的电气设备；安装在水中的供电线路和设备；医院中可能直接接触人体的电气医用设备等均必须安装漏电保护装置。

58. A

【解析】B 选项错误。二次边保持独立。为保证安全，被隔离回路不得与其他回路及大地有任何连接。

C 选项错误。二次边线路电压过高或二次边线路过长，都会降低这种措施的可靠性。

D 选项错误。为防止隔离回路中两台设备的不同相线漏电时的故障电压带来的危险，各台设备金属外壳之间应采取等电位连接措施。

59. B

【解析】遮栏高度不应小于 1.7 m，下部边缘离地面高度不应大于 0.1 m。户内栅栏高度不应小于 1.2 m；户外栅栏高度不应小于 1.5 m。

## 二、多项选择题

60. ACD

【解析】保护接地系统中，根据戴维南定理：人体电阻为 2000 Ω，无接地的情况人体电压 $U_P=158.3$ V，如有接地电阻 $R_E=4$ Ω，则人体电压降低为 $U=4.6$ V，危险基本消除。TT 系统中，由于 $R_E$ 和 $R_N$ 同在一个数量级，漏电设备对地电压不能降低到安全范围以内。只有在采用其他间接接触电击的措施有困难的条件下才考虑采用 TT 系统。必须安装电流保护装置，优先选择剩余电流动作保护装置，而不是 TN 系统（保护接零），故 B、E 选项错误。

61. DE

【解析】直接接触电击的基本防护措施是绝缘、屏护和间距。间接接触电击预防技术有 IT 系统（保护接地）、TT 系统和 TN 系统（保护接零）。

C 选项是保护接地的方法，只可以预防间接接触电击。兼防直接接触和间接接触电击的措施有双重绝缘、安全电压、剩余电流动作保护。

A、B 选项是兼具直接接触和间接接触电击的预防措施。

62. ADE

【解析】剩余电流动作保护装置的工作原理：

剩余电流动作保护装置由检测元件、中间环节、执行机构三个基本环节及辅助电源和试验装置构成。检测元件的作用是将漏电电流信号转换为电压或功率信号输出给中间环节。中间环节通常设有放大器、比较器等，对来自零序电流互感器的漏电信号进行处理。

剩余电流动作保护器是兼防直接接触电击和间接接触电击的有效防护措施，在额定漏电动作电流不大于 30 mA 的剩余电流动作保护装置，在其他保护措施失效时，也可作为直接接触电击的补充保护。

63. ACE

【解析】必须安装剩余电流动作保护装置的设备和场所是：

（1）Ⅰ类移动式电气设备及手持式电动工具；生产用的电气设备。

（2）施工工地的电气设备；安装在户外的电气装置。

（3）临时用电的电气设备。

（4）机关、学校、宾馆、饭店、企事业单位和住宅等除壁挂式空调电源插座外的其他电源插座或插座回路。

（5）游泳池、喷水池、浴池的电气设备；安装在水中的供电线路和设备。

（6）医院中可能直接接触人体的电气医用设备等。

64. BCDE

【解析】石英绝缘在常温环境中使用不会造成绝缘破坏，绝缘受潮、承受超过绝缘规定的温升、外界机械损伤、过电压击穿等。如机械性损伤：外界损伤，电缆的绝缘车辆碾压损伤，设备的砸伤，操作不当引起的拉伤。物理性损伤：过度卷曲，拉伸，绝缘角质损伤，膨胀，冷缩。电气性损伤：谐波过电压，造成的绝缘击穿，导体长期过热，造成的绝缘老化。化学性损伤：导体绝缘长期暴晒在阳光、空气中造成的氧化，导体绝缘长期在水中导致的绝缘分解，降低耐压程度，或置于腐蚀性气体或液体中导致的绝缘损坏，和长期高温环境下的热辐射导致的绝缘碳化等。

65. BCD

【解析】A 选项错误。埋设在地下的金属管道（有可燃或者爆炸性介质的管道除外）可作为自然接地体。

E 选项错误。接地线与管道的连接可采用螺纹连接或抱箍螺纹连接，但必须采用镀锌件。在有振动的地方，应采取防松措施。

66. CE

【解析】A 选项错误。气体绝缘击穿是由碰撞电离导致的电击穿，气体击穿后绝缘性能会很快恢复。

B 选项错误。液体绝缘击穿特性与其纯净程度有关。

D 选项错误。固体绝缘电击穿的特点是作用时间短，击穿电压高；气体绝缘击穿是由碰撞电离导致的击穿。

67. CD

【解析】A 选项错误。架空线路应避免跨越建筑物，架空线路不应跨越可燃材料屋顶的建筑物。

B 选项错误。架空线路导线与街道树木或厂区树木的距离要求不同，不单单是 3 m。

E 选项错误。在 10 kV 作业中，无遮栏时，人体及其所携带工具与带电体的距离不应小于 0. 7 m；有遮栏时，遮栏与带电体之间的距离不应小于 0. 35 m。

68. CE

【解析】A 选项错误。总开关柜内保护导体端子排与自然导体之间的联结称为主等电位联结。

B 选项错误。如配电箱或用电设备的保护接零措施难以满足速断要求，或为了提高保护接零的可靠性，可将其与自然导体之间再进行联结。这一联结称为辅助等电位联结。

D 选项错误。两台设备之间局部等电位联结导体的最小截面积不得小于两台设备保护导体中较小者的截面积。

69. BE

【解析】A 选项错误。交流电气设备应优先利用建筑物的金属结构、生产用的起重机的轨道、配线的钢管等自然导体作保护导体。在低压系统，允许利用不流经可燃液体或气体的金属管道作保护导体。

C 选项错误。为了保持保护导体导电的连续性，所有保护导体，包括有保护作用的 PEN 线上不得安装单极开关和熔断器。

D 选项错误。保护导体的接头应便于检查和测试（封装的除外）。

70. CD

【解析】A 选项错误。安全隔离变压器的一次线圈与二次线圈之间有良好的绝缘，其间还可用接地的屏蔽隔离开来。

B 选项错误。一般用途的单相安全隔离变压器的额定容量不应超过 10 kV · A，三相的不应超过 16 kV · A。

E 选项错误。电铃用变压器的额定容量不应超过 100 V · A，玩具用变压器的额定容量不应超过 200 V · A。

71. CD

【解析】A 选项错误。安全电压回路的带电部分必须与较高电压的回路保持电气隔离，并不得与大地、保护接零（地）线或其他电气回路连接。

B 选项错误。如果变压器不具备双重绝缘的结构，为减轻变压器一次线圈与二次线圈短接的危险，二次线圈应接地或接零。

E 选项错误。功能特低电压当该回路与一次边保护零线或保护地线连接时，一次边应装设防止电击的自动断电装置，以防止间接接触电击。

72. CE

【解析】A 选项错误。漏电保护装置可以用来防止间接接触电击和直接接触电击，但是用于防止直接接触电击时，只作为基本防护措施的补充保护措施。

B 选项错误。按照动作原理，漏电保护装置分为电压型和电流型两类。

D 选项错误。电磁式漏电保护装置结构简单、承受过电流或过电压冲击的能力较强；但其灵敏度不高，而且工艺难度较大。

73. CE

【解析】A 选项错误。IT 系统中的字母 I 表示配电网不接地或经高阻抗接地。

B 选项错误。在 380 V 不接地低压配电系统中，保护接地电阻不大于 4 Ω，当配电变压器或发电机的容量不超过 100 kV·A，可以放宽到不大于 10 Ω。

D 选项错误。在线路较长的低压配电网中，单相电击的危险依然存在。

74. ACE

【解析】图中所示系统为 TT 系统，因此 B 选项错误。该系统过电压防护性能较好、一相故障接地时单相电击的危险性较小、故障接地点比较容易检测。

D 选项错误。发生漏电时，漏电设备对地电压一般不能降低到安全范围以内。且一般的短路保护不起作用，不能及时切断电源，使故障长时间延续下去。

75. DE

【解析】A 选项错误。除速断保护外，保护接零也能降低漏电设备对地电压。一般情况下，将漏电设备对地电压限制在某一安全范围内是困难的。

B 选项错误。对于相线对地电压 220 V 的 TN 系统，手持式电气设备的短路保护元件应保证故障持续时间不超过0.4 s。

C 选项错误。TN-S 系统是保护零线与中性线完全分开的系统，用于有爆炸危险，或火灾危险性较大，或安全要求较高的场所，宜用于有独立附设变电站的车间（TN-S 系统最安全，故适用于危险性大的场所）。TN-C-S 系统是干线部分的前一段保护零线与中性线共用，后一段保护零线与中性线分开的系统，宜用于厂内设有总变电站，厂内低压配电的场所及非生产性楼房。

76. BCDE

【解析】我国规定工频有效值的额定值有 42 V、36 V、24 V、12 V 和 6 V。凡特别危险环境使用的手持电动工具应采用 42 V 安全电压的Ⅲ类工具；凡有电击危险环境使用的手持照明灯和局部照明灯应采用 36 V 或 24 V 安全电压；金属容器内、隧道内、水井内以及周围有大面积接地导体等工作地点狭窄、行动不便的环境应采用 12 V 安全电压；6 V 安全电压用于特殊场所。当电气设备采用 24 V 以上安全电压时，必须采取直接接触电击的防护措施。

77. ABDE

【解析】本题考查的是剩余电流动作保护装置的安装。

属于 I 类的移动式电气设备及手持式电动工具；生产用的电气设备；施工工地的电气设备；安装在户外的电气装置；临时用电的电气设备；机关、学校、宾馆、饭店、企事业单位和住宅等除壁挂式空调电源插座外的其他电源插座或插座回路；游泳池、喷水池、浴池的电气设备；安装在水中的供电线路和设备；医院中可能直接接触人体的电气医用设备等均必须安装漏电保护装置。

78. AE

【解析】B 选项错误。中灵敏度电流型漏电保护装置的动作电流在 30 mA 以上、1000 mA及 1000 mA 以下，用于防止触电事故和漏电火灾。

C 选项错误。高灵敏度电流型漏电保护装置的动作电流在 30 mA 及 30 mA 以下，主要用于防止触电事故。

D 选项错误。为了避免误动作，保护装置的额定不动作电流不得低于额定动作电流的 1/2。

79. BCDE

【解析】30 mA 及 30 mA 以下的属高灵敏度，主要用于防止触电事故；30 mA以上、1000 mA 及 1000 mA 以下的属中灵敏度，用于防止触电事故和漏电火灾；1000 mA 以上的属低灵敏度，用于防止漏电火灾和监视一相接地故障。对于公共场所的通道照明电源和应急照明电源、消防用电梯及确保公共场所安全的电气设备、用于消防设备的电源（如火灾报警装置、消防水泵、消防通道照明等）、用于防盗报警的电源，以及其他不允许突然停电的场所或电气装置的电源，漏电时立即切断电源将会造成其他事故或重大经济损失。在这些情况下应装设不切断电源的报警式漏电保护装置。

80. ABC

【解析】D 选项错误。热击穿的特点是电压作用时间较长、而击穿电压较低。

E 选项错误。电化学击穿的特点是电压作用时间很长、击穿电压往往很低。

## 第三节　电气防火防爆技术

### 一、单项选择题

1. B

【解析】ⅡA 级、ⅡB 级、ⅡC 级对应的典型气体分别为丙烷、乙烯和氢气。其中，ⅡB 类危险性大于ⅡA 类，ⅡC 类危险性大于前两者，最为危险。

2. A

【解析】正常运行时连续或长时间出现或短时间频繁出现爆炸性气体、蒸气或薄雾的区域可划为 0 区。例如，油罐内部液面上部空间。正常运行时可能出现爆炸性气体、蒸气或薄雾的区域可划为 1 区。例如，油罐顶上呼吸阀附近。正常运行时不出现，即使出现也只可能是短时间偶然出现爆炸性气体、蒸气或薄雾的区域可划为 2 区。例如，油罐外 3 m。

3. B

【解析】释放源有以下几种情况：

（1）连续级释放源：连续、长时间释放或短时间频繁释放的释放源。

（2）一级释放源：正常运行时周期性释放或偶然释放的释放源。

（3）二级释放源：正常运行时不释放或不经常释放且只能短时间释放的释放源。

（4）多级释放源：存在以上两种以上特征。

存在连续级释放源的区域可划分为 0 区；存在第一级释放源区域可划分为 1 区；存在第二级释放源的区域可划分为 2 区。

4. C

【解析】用于煤矿有甲烷的爆炸性环境中的Ⅰ类设备分为 Ma、Mb 两级；保护级别 Ma >Mb。

对于Ⅱ类电气设备分级中，保护等级的排序为 Ga > Gb > Gc；对于Ⅲ类电气设备分级中，保护等级的排序为 Da > Db > Dc。

5. A

【解析】按照防爆结构和防爆性能的不同特点，防爆电气设备可分为隔爆型、充油型、充砂型、本质安全型、无火花型等。隔爆型是指在电气设备发生爆炸时，其外壳能承受爆炸性混合物在壳内爆炸时产生的压力，并能阻止爆炸火焰传播到外壳的周围，不致引起外部爆炸性混合物爆炸的电气设备。

6. B

【解析】增安型电气设备是在结构上采取措施，提高安全程度，避免在正常或规定的过载条件下出现电弧、火花或可能点燃爆炸性混合物的高温的电气设备。

7. B

【解析】防爆电气设备按防爆结构分类：隔爆型（d）、增安型（e）、充油型（o）、本质安全型（i）、正压型（p）、无火花型（n）。

8. C

【解析】Ex d ⅡB T3 Gb 表示该设备为隔爆型“d”，保护级别为 Gb，用于ⅡB 类 T3 组爆炸性气体环境。

9. B

【解析】设备为正压型，保护等级为 Db，用于ⅡB 类 T3 组爆炸性气体环境的防爆电器编号为 Ex p ⅡB T3 Db。

10. D

【解析】危险区域划分为 0 区的，使用Ⅱ类电气设备时，需使用 Ga 的防护类别；危险区域划分为 20 区的，使用Ⅲ类电气设备时，需使用 Da 的防护类别。故 A 选项正确。爆炸危险环境危险等级为 1 区的范围内，配电线路应采用铜芯电缆。煤矿井下不得采用铝芯电缆。

11. C

【解析】工作火花指电气设备正常工作或正常操作过程中产生的电火花。例如，控制开关、断路器、接触器接通和断开线路时产生的火花；插销拔出或插入时产生的火花等。

事故火花是线路或设备发生故障时出现的火花。例如，电路发生短路或接地时产生的火花；熔丝熔断时产生的火花；连接点松动或线路断开时产生的火花；变压器、断路器等高压电气设备由于绝缘质量降低发生的闪络等。

事故火花还包括由外部原因产生的火花。如雷电火花、静电火花和电磁感应火花。

12. A

【解析】漏电电流一般不大，不能促使线路熔丝动作。如漏电电流沿线路均匀分布，发热量分散，一般不会产生危险温度。

13. D

【解析】事故火花包括：电路发生短路或接地时产生的火花；熔丝熔断时产生的火花；连接点松动或线路断开时产生的火花、机械碰撞火花；变压器、断路器等高压电气设备由于绝缘质量降低发生的闪络等；外部原因产生的火花，如雷电火花、静电火花和电磁感应火花。

14. A

【解析】能与空气形成爆炸性混合物的爆炸危险物质分为三类：Ⅰ类是矿井甲烷；Ⅱ类是爆炸性气体、蒸气、薄雾；Ⅲ类是爆炸性粉尘、纤维。

15. A

【解析】B 选项错误。1 区，指正常运行时可能出现（预计周期性出现或偶然出现）爆炸性气体、蒸气或薄雾，能形成爆炸性混合物的区域；21 区，在正常运行时，空气中的可燃性粉尘云很可能偶尔出现于爆炸性环境中的区域。

C 选项错误。2 区，指正常运行时不出现，即使出现也只可能是短时间偶然出现爆炸性气体、蒸气或薄雾，能形成爆炸性混合物的区域。

D 选项错误。粉尘、纤维爆炸危险区域的级别和大小受粉尘量、粉尘爆炸极限和通风条件等因素影响。

16. B

【解析】通风情况是划分爆炸危险区域的重要因素。良好的通风标志是危险物质的浓度被稀释到爆炸下限 1/4 以下。

17. D

【解析】爆炸危险环境导线允许载流量不应高于非爆炸危险环境的允许载流量。1 区、2 区导体允许载流量不应小于熔断器熔体额定电流和断路器长延时过电流脱扣器整定电流的 1.25 倍，也不应小于电动机额定电流的 1.25 倍。高压线路应进行热稳定校验。

18. B

【解析】A 选项错误。室内电压 10 kV 以上、总油量 60 kg 以下的充油设备，可安装在两侧有隔板的间隔内。

C 选项错误。在爆炸危险环境中，应采用 TN-S 系统，并装设双极开关同时操作相线和中性线且保护导体的最小截面，铜导体不得小于 4 $mm^2$，钢导体不得小于6 $mm^2$。

D 选项错误。用二氧化碳等有不导电灭火剂的灭火器灭火时，机体、喷嘴至带电体的最小距离，电压 10 kV 者不应小于 0.4 m。

19. D

【解析】A 选项错误。对于闪点不超过 45 ℃的易燃液体，燃点仅比闪点高 1~5 ℃，一般只考虑闪点，不考虑燃点。

B 选项错误。引燃温度是指在规定试验条件下，可燃物质不需外来火源即发生燃烧的最低温度。

C 选项错误。闪点越低的危险物质的危险性越大。

20. D

【解析】(1) 0 区。指正常运行时持续出现或长时间出现或短时间频繁出现爆炸性气体、蒸气或薄雾，能形成爆炸性混合物的区域。除了装有危险物质的封闭空间，如密闭的容器、储油罐等内部气体空间外，很少存在 0 区。

(2) 1 区。指正常运行时可能出现（预计周期性出现或偶然出现）爆炸性气体、蒸气或薄雾，能形成爆炸性混合物的区域。

(3) 2 区。指正常运行时不出现，即使出现也只可能是短时间偶然出现爆炸性气体、蒸气或薄雾，能形成爆炸性混合物的区域。

(4) 20 区。空气中的可燃性粉尘云持续或长期或频繁地出现于爆炸性环境中的区域。

(5) 21 区。在正常运行时，空气中的可燃性粉尘云很可能偶尔出现于爆炸性环境中的区域。

(6) 22 区。在正常运行时，空气中的可燃粉尘云一般不可能出现于爆炸性粉尘环境中的区域，即使出现，持续时间也是短暂的。

21. B

【解析】20 区包括粉尘容器、旋风除尘器、搅拌器等设备内部的区域。21 区包括频繁打开的粉尘容器出口附近、传送带附近等设备外部邻近区域。22 区包括粉尘袋、取样点等周围的区域。

22. C

【解析】“Ex p ⅢC T120℃ Db IP44”——表示设备正压型“p”，保护级别为 Db，用于ⅢC 类导电性粉尘的爆炸性粉尘环境的防爆电气设备，其最高表面温度低于 100 ℃，外壳防护等级为 IP44。

A 选项错误。“ⅢC 表示”用于ⅢC 类导电性粉尘的爆炸性粉尘环境的防爆电气设备，而不是用于爆炸性气体环境。

B 选项错误。增安型设备的代表字母为“e”。

D 选项错误。Db 为保护级别的类别之一，而不是爆炸性环境的类别。

23. B

【解析】A 选项错误。爆炸危险环境导线允许载流量不应高于非爆炸危险环境的允许载流量。

C 选项错误，B 选项正确。1 区、2 区导体允许载流量不应小于熔断器熔体额定电流和断路器长延时过电流脱扣器整定电流的 1.25 倍，也不应小于电动机额定电流的 1.25 倍。

D 选项错误。高压线路应进行热稳定校验。

24. C

【解析】保护导体的最小截面，铜导体不得小于 4 $mm^2$，钢导体不得小于 6 $mm^2$。

25. B

【解析】工作火花指电气设备正常工作或正常操作过程中产生的电火花。例如，控制开关、断路器、接触器接通和断开线路时产生的火花；插销拔出或插入时产生的火花；直流电动机的电刷与换向器的滑动接触处、绕线式异步电动机的电刷与滑环的滑动接触处产生的火花等。

事故火花是线路或设备发生故障时出现的火花。例如，电路发生短路或接地时产生的火花；熔丝熔断时产生的火花；连接点松动或线路断开时产生的火花；变压器、断路器等高压电气设备由于绝缘质量降低发生的闪络等。事故火花还包括由外部原因产生的火花。如雷电火花、静电火花和电磁感应火花。

26. D

【解析】铁芯过热是指对于电动机、变压器、接触器等带有铁芯的电气设备，如铁芯短路，或线圈电压过高，或通电后铁芯不能吸合，由于涡流损耗和磁滞损耗增加都将造成铁芯过热并产生危险温度。

散热不良是指电气设备的散热或通风措施遭到破坏，如散热油管堵塞、通风道堵塞、安装位置不当、环境温度过高或距离外界热源太近，均可能导致电气设备和线路产生危险温度。

机械故障是指电动机被卡死或轴承损坏、缺油，造成堵转或负载转矩过大，都将产生危险温度。

27. A

【解析】对于恒定电阻的负载，电压过高，会使电流增大，发热增加，可能导致危险温度；对于恒定功率负载，电压过低，会使电流增大，发热增加，可能导致危险温度。

28. B

【解析】20 区包括粉尘容器、旋风除尘器、搅拌器等设备内部的区域。21 区包括频繁打开的粉尘容器出口附近、传送带附近等设备外部邻近区域。22 区包括粉尘袋、取样点等周围的区域。所以，面粉灌袋出口应为 21 区。

29. D

【解析】在 1 区内电缆线路严禁有中间接头，在 2 区、20 区、21 区内不应有中间接头。

30. C

【解析】在危险空间充填惰性气体或不活泼气体，防止形成爆炸性混合物。配电室允许通过走廊或套间与火灾危险环境相通，但走廊或套间应由非燃材料制成。毗连变、配电室的门、窗应向外开，通向无爆炸或火灾危险的环境。爆炸危险环境的接地和接零应采用 TN-S 系统，并装设双极开关同时操作相线和中性线。

31. C

【解析】电火花的温度很高，特别是电弧，温度高达 8000 ℃。因此，电火花和电弧不仅能引起可燃物燃烧，还能使金属熔化、飞溅，构成二次引燃源。

电火花分为工作火花和事故火花。工作火花指电气设备正常工作或正常操作过程中产生的电火花。例如，控制开关、断路器、接触器接通和断开线路时产生的火花；插销拔出或插入时产生的火花；直流电动机的电刷与换向器的滑动接触处、绕线式异步电动机的电刷与滑环的滑动接触处产生的火花等。事故火花还包括由外部原因产生的火花，如雷电火花、静电火花和电磁感应火花。

32. C

【解析】A 选项错误。电动机卡死导致电动机不转，造成无转矩输出，会产生危险温度。对于电动机、变压器、接触器等带有铁芯的电气设备，如铁芯短路，或线圈电压过高，或通电后铁芯不能吸合，由于涡流损耗和磁滞损耗增加都将造成铁芯过热并产生危险温度。

B 选项错误。电动机被卡死或轴承损坏、缺油，造成堵转或负载转矩过大，会产生危险温度。

D 选项错误。连轴节脱离，不会造成负载转矩过大，不会产生危险温度。

33. B

【解析】A 选项错误。在危险空间防止形成爆炸性混合物，应充填惰性气体或不活泼气体。

C 选项错误。爆炸危险环境的接地、接零应将设备的金属部分、金属管道以及建筑物的金属结构全部接地（或接零）并连接成连续整体。

D 选项错误。低压侧断电时，应先断开电磁起动器或低压断路器，后断开闸刀开关。

## 二、多项选择题

34. ABCD

【解析】（1）电缆绝缘损坏。电缆绝缘的机械损伤、运行中的过载、接触不良、短路等都会使绝缘损坏，导致绝缘击穿而发生电弧。

（2）电缆头故障使绝缘物自燃。施工不规范，质量差，电缆头不清洁等降低了线间绝缘。

（3）电缆接头存在隐患。电缆接头的中间接头因压接不紧、焊接不良和接头材料选择不当，导致运行中接头氧化、发热、流胶；电缆盒密封不好，进入了水或潮气，引起绝缘击穿，产生电弧将其引燃。

（4）堆积在电缆上的粉尘起火。可燃性粉尘在外界高温或电缆过负荷时，在电缆表面的高温作用下，发生自燃起火。

（5）可燃气体从电缆沟窜入变、配电室引起火灾爆炸。

（6）电缆起火形成蔓延。

35. BDE

【解析】爆炸危险物质分为 3 类：Ⅰ类：矿井甲烷（$CH_4$）。Ⅱ类：爆炸性气体、蒸气。Ⅲ类：爆炸性粉尘、纤维或飞絮。

36. ABDE

【解析】C 选项所指空间应划分为爆炸性气体环境 2 区。

37. ABD

【解析】电气线路或设备长时间过载会导致温度异常上升，形成引燃源。过载的原因主要有以下几种情况：

（1）电气线路或设备设计选型不合理，或没有考虑足够的裕量，以致在正常使用情况下出现过热。

（2）电气设备或线路使用不合理，负载超过额定值或连续使用时间过长，超过线路或设备的设计能力，由此造成过热。

（3）设备故障运行造成设备和线路过负载，如三相电动机单相运行或三相变压器不对称运行均可能造成过负载。

（4）电气回路谐波能使线路电流增大而过载。机械故障：由交流异步电动机拖动的设备，如果转动部分被卡死或轴承损坏，造成堵转或负载转矩过大，都会因电流显著增大而导致电动机过热。交流电磁铁在通电后，如果衔铁被卡死，不能吸合，则线圈中的大电流持续不降低，也会造成过热。由电气设备相关的机械摩擦导致的发热。

38. CDE

**【解析】**A 选项错误。可拆卸的接头连接不紧密或由于振动而松动会导致危险温度。

B 选项错误。各种开关的触头，如果没有足够的接触压力或表面粗糙不平，均可能增大接触电阻，产生危险温度。

39. AB

**【解析】**用于煤矿有甲烷的爆炸性环境中的Ⅰ类设备的 EPL 分为 Ma、Mb 两级。

用于爆炸性气体环境的Ⅱ类设备的 EPL 分为 Ga、Gb、Gc 三级。

用于爆炸性粉尘环境的Ⅲ类设备的 EPL 分为 Da、Db、Dc 三级。

其中，Ma、Ga、Da 级的设备具有"很高"的保护级别，该等级具有足够的安全程度，使设备在正常运行过程中、在预期的故障条件下或者在罕见的故障条件下不会成为点燃源。对 Ma 级来说，甚至在气体突出时设备带电的情况下也不可能成为点燃源。

Mb、Gb、Db 级的设备具有"高"的保护级别，在正常运行过程中、在预期的故障条件下不会成为点燃源。对 Mb 级来说，在从气体突出到设备断电的时间范围内预期的故障条件下不可能成为点燃源。Gc、Dc 级的设备具有爆炸性气体环境用设备。具有"加强"的保护级别，在正常运行过程中不会成为点燃源，也可采取附加保护，保证在点燃源有规律预期出现的情况下（如灯具的故障），不会点燃。防爆电气设备的型式和标志见下表：

| 防爆型式 | 隔爆型 | 增安型 | 本质安全型 | 正压型 | 充油型 | 充砂型 | 无火花型 | 封浇型 |
|---|---|---|---|---|---|---|---|---|
| 防爆型式标志 | d | e | i | p | o | q | n | m |

A 选项正确。甲车间型式选 d，设备保护级别选 Dc。

B 选项正确。乙车间型式选 i，设备保护级别选 Da。

C 选项错误。丙车间型式选 m，设备保护级别选 Db。

D 选项错误。丁车间型式选 p，设备保护级别选 Gb。

E 选项错误。戊车间型式选 o，设备保护级别选 Ga。

40. ADE

**【解析】**B 选项错误。利用堤或墙等障碍物，限制比空气重的爆炸性气体混合物的扩散，可缩小爆炸危险区域的范围。

C 选项错误。当危险物质释放量越大、浓度越高、爆炸下限越低、闪点越低、温度越高、通风越差时，爆炸危险区域越大。

41. ABCE

**【解析】**A 选项错误。高压应先断开断路器，后断开隔离开关。

B 选项错误。如有带电导线断落地面，应在周围画警戒圈，防止可能的跨步电压电击。

C 选项错误。泡沫灭火器的灭火剂有一定的导电性，而且对电气设备的绝缘有影响，不宜用于电气灭火；二氧化碳、干粉灭火器可用于带电灭火。

E 选项错误。用水灭火时，水枪喷嘴至带电体的距离，电压 10 kV 及以下者不应小于 3 m。

42. BE

【解析】A 选项错误。室内电压 10 kV 以上、总油量 60~600 kg 的充油设备，应安装在有防爆隔墙的间隔内。

C 选项错误。毗连变、配电室的门、窗应向外开，通向无爆炸或火灾危险的环境。

D 选项错误。室外变、配电装置不应设置在易于沉积可燃粉尘或可燃纤维的地方。

43. AD

【解析】B 选项错误。对于爆炸危险环境中的移动式电气设备，1 区和 21 区应采用重型电缆，2 区和 22 区应采用中型电缆。

C 选项错误。在有剧烈振动处应选用多股铜芯软线或多股铜芯电缆。

E 选项错误。在爆炸危险环境，低压电力、照明线路所用电线和电缆的额定电压不得低于工作电压，并不得低于 500 V。

44. AB

【解析】用于爆炸性气体环境的Ⅱ类设备的 EPL 分为 Ga、Gb、Gc 三级。

隔爆型设备是具有能承受内部的爆炸性混合物发生爆炸而不致受到破坏，而且通过外壳任何结合面或结构间隙，不致由内部爆炸引起外部爆炸性混合物爆炸的电气设备。

本质安全型设备是正常状态下和故障状态下产生的火花或热效应均不能点燃爆炸性混合物的电气设备。

Ma、Ga、Da 级的设备具有“很高”的保护级别，该等级具有足够的安全程度，使设备在正常运行过程中、在预期的故障条件下或者在罕见的故障条件下不会成为点燃源。

Mb、Gb、Db 级的设备具有“高”的保护级别，在正常运行过程中、在预期的故障条件下不会成为点燃源。

45. ABCE

【解析】D 选项错误。良好的通风标志是混合物中危险物质的浓度被稀释到爆炸下限的 1/4 以下。局部机械通风在降低爆炸性气体混合物浓度方面比自然通风和一般机械通风更为有效时，可采用局部机械通风降低爆炸危险区域等级。

46. AB

【解析】划分危险区域时，应综合考虑释放源和通风条件，并应遵循下列原则：

（1）存在连续级释放源的区域可划为 0 区，存在第一级释放源的区域可划为 1 区，存在第二级释放源的区域可划为 2 区。

（2）如通风良好，可降低爆炸危险区域等级；如通风不良，可提高爆炸危险区域等级。

（3）局部机械通风在降低爆炸性气体混合物浓度方面比自然通风和一般机械通风更为

有效时，可采用局部机械通风降低爆炸危险区域等级。

（4）在障碍物、凹坑和死角处，应局部提高爆炸危险区域等级。

（5）利用堤或墙等障碍物，限制比空气重的爆炸性气体混合物的扩散，可缩小爆炸危险区域的范围。

47. CDE

【解析】A、B 选项错误。对于防爆电气线路的敷设方式：当可燃物比空气重时，电气线路宜在较高处敷设或直接埋地。在爆炸性气体环境内钢管配线的电气线路必须做好隔离密封。

## 第四节　雷击和静电防护技术

### 一、单项选择题

1. C

【解析】球雷是雷电放电时形成的发红光、橙光、白光或其他颜色光的火球。出现的概率约为雷电放电次数的 2%。其直径多为 20 cm 左右；其运动速度约为 2 m/s 或更高一些；其存在时间为数秒钟到数分钟。

2. B

【解析】雷电危害的事故后果主要有火灾和爆炸、电击、设备和设施毁坏、大规模停电。

3. B

【解析】接触起电是将一个带电体与另一个不带电的物体接触，就可以使不带电的物体带上与带电体电荷相同的电。

4. A

【解析】雷电具有电性质、热性质和机械性质三方面的破坏作用。电性质的破坏作用是破坏高压输电系统，毁坏发电机、电力变压器等电气设备的绝缘，烧断电线或劈裂电杆，造成大规模停电事故；绝缘损坏可能引起短路，导致火灾或爆炸事故；二次放电的电火花也可能引起火灾或爆炸，二次放电也可能造成电击，伤害人命；形成接触电压电击和跨步电压导致触电事故；雷击产生的静电场突变和电磁辐射，干扰电视电话通信，甚至使通信中断；雷电也能造成飞行事故。

5. C

【解析】接地的主要作用是消除导体上的静电。

6. D

【解析】接闪器属于被雷电击中的部位，不属于装置；避雷针属于接闪器，排除。接地装置没有绝缘状态。避雷器，在正常情况下绝缘，被雷电击中后导通，之后恢复。

7. A

【解析】用于防直击雷的防雷装置，由接闪器、引下线、接地装置组成。接闪器是利用其高出被保护物的地位，把雷电引向自身，起到拦截闪击的作用，通过引下线和接地装置，把雷电流泄入大地，保护被保护物免受雷击。

8. B

【解析】滚球的半径按建筑物防雷类别确定，一类建筑物的滚球半径为30 m，二类为45 m，三类为60 m。

9. A

【解析】雷暴时应尽量离开小山、小丘，尽量离开海滨、湖滨、河边、池塘等，防止发生触电。

10. D

【解析】雷电本质是超高温电弧，其本身就具备热性质。另外，雷电具备超大的电流值，其通过导体时产生的热来不及释放，瞬间使其融化。其破坏作用包括：直击雷放电的高温电弧能直接引燃邻近的可燃物；巨大的雷电流瞬间通过导体能够烧毁导体；使金属熔化、飞溅引发火灾或爆炸；球雷侵入可引起火灾。

11. B

【解析】直击雷防护的主要措施是装设接闪杆、架空接闪线或网。接闪杆分独立接闪杆和附设接闪杆。独立接闪杆是离开建筑物单独装设的，接地装置应当单设。第一类防雷建筑物的直击雷防护，要求装设独立接闪杆、架空接闪线或网。第二类和第三类防雷建筑物的直击雷防护措施，宜采用装设在建筑物上的接闪网、接闪带或接闪杆，或由其混合组成的接闪器。

12. D

【解析】A 选项错误。带电积云与地面建筑物等目标之间的强烈放电称为直击雷，大约50%的直击雷有重复放电的性质。

B 选项错误。直击雷和感应雷都能在空间产生辐射电磁波。

C 选项错误。一次雷击的全部放电时间一般不超过500 ms。

13. A

【解析】B 选项错误。雷电流幅值指主放电时冲击电流的最大值，雷电流幅值可达数十千安至数百千安。

C 选项错误。雷电流陡度指雷电流随时间上升的速度，由于雷电流陡度很大，所以雷电具有高频特征。

D 选项错误。由于雷电的电流和陡度都很大、放电时间很短，从而表现出极强的冲击性。

14. D

【解析】A 选项错误。国家级重点文物保护的建筑物属于第二类防雷建筑物。

B 选项错误。具有1区、21区爆炸危险场所，且因电火花引起爆炸会造成巨大破坏和人身伤亡的建筑物属于第一类防雷建筑物。

C 选项错误。省级档案馆属于第三类防雷建筑物。

15. C

【解析】A 选项错误。建筑物的金属屋面可作为第一类工业建筑物以外其他各类建筑物的接闪器。

B 选项错误。对于电力装置，接闪器的保护范围可按折线法计算，折线法是将避雷针或避雷线保护范围的轮廓看作是折线，折点在避雷针或避雷线高度的1/2处。

D选项错误。接闪器焊接处应涂防腐漆。接闪器截面锈蚀30%以上时应予更换。

16. C

【解析】A选项错误。避雷器正常时处在不通的状态；出现雷击过电压时，击穿放电，切断过电压，发挥保护作用。

B选项错误。无论哪种电涌保护器，无冲击波时都表现为高阻抗，冲击到来时急剧转变为低阻抗。

D选项错误。附设接闪器每一引下线的冲击接地电阻一般也不应大于10 Ω，但对于不太重要的第三类建筑物可放宽至30 Ω。

17. B

【解析】A选项错误。严禁在装有避雷针的构筑物上架设通讯线、广播线或低压线。

C选项错误。露天装设的有爆炸危险的金属储罐和工艺装置，当其壁厚不小于4 mm时，允许不再装设接闪器，但必须接地。

D选项错误。如金属储罐和工艺装置击穿后不对周围环境构成危险，其壁厚不小于2.5 mm时不再装设接闪器。

18. B

【解析】容易得失电子，而且电阻率很高的材料才容易产生和积累静电。生产中常见的乙烯、丙烷、丁烷、原油、汽油、轻油、苯、甲苯、二甲苯、硫酸、橡胶、赛璐珞、塑料等都比较容易产生和积累静电。

19. B

【解析】A选项错误。静电能量虽然不大，但因其电压很高而容易发生放电。如果所在场所有易燃物质，又有由易燃物质形成的爆炸性混合物，包括爆炸性气体和蒸气，以及爆炸性粉尘等，即可能由静电火花引起爆炸或火灾。

C选项错误。静电电击不会使人致命。但是，不能排除由静电电击导致严重后果的可能性。例如，人体可能因静电电击而坠落或摔倒，造成二次事故。

D选项错误。在电子技术领域，生产过程中产生的静电可能引起计算机等设备中电子元件误动作，可能对无线电设备产生干扰，还可能击穿集成电路的绝缘等。

20. B

【解析】A选项错误。为了防止静电放电，在液体灌装、循环或搅拌过程中不得进行取样、检测或测温操作。

C选项错误。对于吸湿性很强的聚合材料，为了保证降低静电的效果，相对湿度应提高到80%~90%。

D选项错误。静电消除器不一定能把带电体上的静电完全消除掉，但可消除至安全范围以内。

21. B

【解析】A选项错误。阀型避雷器的接地电阻一般不应大于5 Ω。

C选项错误。电涌保护器无冲击波时表现为高阻抗，冲击到来时急剧转变为低阻抗。

D选项错误。不太重要的第三类建筑物的防雷接地电阻阻值可放宽至30 Ω。

22. D

【解析】由于生产工艺过程中积累的静电能量不大，静电电击不会使人致命。但是，不能排除由静电电击导致严重后果的可能性。

23. B

【解析】国家级重点文物保护建筑物是第二类防雷建筑物。

24. A

【解析】B 选项错误。为了避免液体在容器内喷射、溅射，应将注油管延伸至容器底部；而且，其方向应有利于减轻容器底部积水或沉淀物搅动；装油前清除罐底积水和污物，以减少附加静电。

C 选项错误。为了限制产生危险的静电，烃类燃油在管道内流动时，流速（$v$）与管径（$D$）应满足 $v^2D \leqslant 0.64$。

D 选项错误。为了防止静电放电，在液体灌装、循环或搅拌过程中不得进行取样、检测或测温操作。进行上述操作前，应使液体静置一定的时间，使静电得到足够的消散或松弛。

25. B

【解析】球雷是一团处在特殊状态下的带电气体。在雷雨季节，球雷可能从门、窗、烟囱等通道侵入室内，引起火灾。

26. C

【解析】球雷打击也能使人致命。巨大的雷电流瞬间产生的大量热量使雷电流通道中的液体急剧蒸发，体积急剧膨胀，造成被击物破坏甚至爆炸。数十至数百千安的雷电流流入地下，会在雷击点及其连接的金属部分产生极高的对地电压，可能直接导致接触电压和跨步电压电击。电力设备或电力线路破坏后即可能导致大规模停电。

27. C

【解析】为了有利于静电的泄漏，可采用导电性工具；非导电性工具不能将静电导走。接地的主要作用是消除导体上的静电，但不能从根本上消除感应静电。增湿的方法不宜用于消除高温绝缘体上的静电。静电消除器主要用来消除非导体上的静电。

28. C

【解析】塑料桶盛装汽油，汽油与塑料桶发生冲击、冲刷和飞溅会产生和积累静电，在加油时发生静电放电，产生火花，形成点火源，发生燃爆。

29. C

【解析】A 选项错误。建筑物的金属屋面可作为第一类工业建筑以外其他各类建筑物的接闪器。

B 选项错误。独立避雷针的冲击接地电阻一般不应大于 10 Ω。

D 选项错误。独立避雷针是离开建筑物单独装设的。一般情况下，其接地装置应当单设。

## 二、多项选择题

30. ACD

【解析】雷电具有电性质、热性质和机械性质等三方面的破坏作用。

电性质包括：破坏高压输电系统，毁坏发电机，电力变压器等电气设备的绝缘，烧断电线或劈裂电杆，造成大规模停电事故；绝缘损坏可能引起短路，导致火灾或爆炸事故；二次放电的电火花也可能引起火灾或爆炸，二次放电也可能造成电击；雷击产生的静电场突变和电磁辐射，干扰电视电话通信，甚至使通信中断。B、E选项是雷电的热效应。

31. BCDE

【解析】静电产生的电压可高达数十千伏以上，但其产生的能量不大，不能直接致人死命。

32. ABC

【解析】D选项错误。对于吸湿性很强的聚合材料，为了保证降低静电的效果，相对湿度应提高到80%~90%，但是增湿的方法不宜用于消除高温绝缘体上的静电。

E选项错误。为了防止静电放电，在液体灌装、循环或搅拌过程中不得进行取样、检测或测温操作。

33. BDE

【解析】A选项错误。最常见的是接触-分离起电，比较常见的是感应起电。

C选项错误。静电电压高的原因不在于静电电量大或静电能量大，而在于电容的变化。

34. ACE

【解析】B选项王某观点错误。电力系统、有爆炸和火灾危险的建筑物均应采取雷电感应防护措施。

D选项成某观点错误。电磁脉冲防护的基本方法是将建筑物所有正常时不带电的导体进行充分的等电位联结，并予以接地。

35. ACD

【解析】B选项错误。对于感应静电，接地只能消除部分危险。

E选项错误。静电消除器主要用来消除非导体上的静电。

36. ABE

【解析】C选项错误。带静电的人体接近接地导体或其他导体时，以及接地的人体接近带电的物体时，均可能发生火花放电，导致爆炸或火灾。

D选项错误。静电电击是静电放电造成的瞬间冲击性的电击。由于生产工艺过程中积累的静电能量不大，静电电击不会使人致命。但是，不能排除由静电电击导致严重后果的可能性。例如，人体可能因静电电击而坠落或摔倒，造成二次事故。静电电击还可能引起工作人员紧张而妨碍工作等。

37. ABC

【解析】国家级的会堂、办公楼、档案馆，大型展览馆，大型机场航站楼，大型火车站，大型港口客运站，大型旅游建筑，国宾馆，大型城市的重要动力设施是第二类防雷建筑物。具有2区、22区爆炸危险场所的建筑物是第二类防雷建筑物。

38. BDE

【解析】静电危害包括：

（1）爆炸和火灾。静电能量虽然不大，但因其电压很高而容易发生放电。带静电的人体接近接地导体或其他导体时，以及接地的人体接近带电的物体时，均可能发生火花放电，导致爆炸或火灾。

（2）静电电击。静电电击是静电放电造成的瞬间冲击性的电击。由于生产工艺过程中积累的静电能量不大，静电电击不会使人致命。但是，不能排除由静电电击导致严重后果的可能性。

（3）妨碍生产。生产过程中产生的静电，可能妨碍生产或降低产品质量。

## 第五节　电气装置安全技术

### 一、单项选择题

1. C

【解析】电缆火灾常见的原因有：

（1）电缆绝缘损坏。

（2）电缆头故障使绝缘物自燃。

（3）电缆接头存在隐患。

（4）堆积在电缆上的粉尘起火。

（5）可燃气体从电缆沟窜入变、配电室。

（6）电缆起火形成蔓延。其中前三条为内部原因，后三条为外部原因。

C 选项中电源电压波动、频率过低是电动机着火的主要原因。

2. D

【解析】A 选项错误。“IP43”表示“能防止直径不小于 1 mm 的工具、金属线等触及壳内带电或运动部分，防淋水”。

B 选项错误。“IP34”表示“能防止直径不小于 2.5 mm 的工具、金属线等触及壳内带电或运动部分，防溅水”。

C 选项错误。“IP25”表示“能防止直径不小于 12.5 mm 的固体异物进入壳内；能防止手指触及壳内带电或运动部分，防喷水”。

3. C

【解析】A 选项错误。电动机的运行参数应符合要求，电压波动不得超过−5%～10%，电压不平衡不得超过 5%，电流不平衡不得超过 10%。

B 选项错误。用熔断器保护时，熔体额定电流应取异步电动机额定电流的 1.5 倍（减压启动或轻载启动）或 2.5 倍（全压启动或重载启动）。

D 选项错误。电动机的外壳应根据配电网的运行方式可靠接零或接地。

4. C

【解析】A 选项错误。低压隔离开关没有或只有简单的灭弧机构；不能切断短路电流和较大的负荷电流，常用来隔离电压和控制小容量设备，与熔断器串联使用。

B 选项错误。低压断路器有强有力的灭弧装置，能分断短路电流，有多种保护功能，常用作线路主开关。

D 选项错误。控制器触头多、挡位多，常用于起重机等的控制。

5. C

【解析】A 选项错误。断路器能切断短路电流，故障时能自动跳闸，用作控制及保护的主开关。

B 选项错误。负荷开关不能切断短路电流，能接通、分断负荷电流，与熔断器串联安装用作主开关。

D 选项错误。跌开式熔断器正确的操作顺序是拉闸时先拉开中相，再拉开下风侧边相，最后拉开上风侧边相。

6. D

【解析】A 选项属于数字式兆欧表。B 选项属于钳形谐波测试仪。C 选项属于机械式接地电阻测量仪。

7. C

【解析】A 选项错误。0 类设备的外壳也可以用金属材料制成。

B 选项错误。Ⅰ类设备的防触电保护不仅靠基本绝缘，还包括一种附加的安全措施。

D 选项错误。Ⅲ类设备的防触电保护依靠安全特低电压供电，从电源方面就保证了安全，Ⅲ类设备没有保护接地或保护接零的要求。

8. C

【解析】低压控制电器的特点和性能：

| 类型 | 特点和性能 | 应　　用 |
| --- | --- | --- |
| 刀开关（低压隔离开关） | 手动操作，没有或只有简单的灭弧机构；不能切断短路电流和较大负荷电流 | 主要用来隔离电压，或控制小容量设备，与熔断器串联使用 |
| 低压断路器 | 有强力的灭弧装置，能分断短路电流，有多种保护功能 | 用作线路主开关 |
| 接触器 | 有灭弧装置，能分、合负荷电流，不能分断短路电流，能频繁操作 | 用作线路主开关 |
| 控制器 | 触头多、挡位多 | 用于起重机等的控制 |

9. C

【解析】高压开关的特点和性能：

| 名称 | 性　　能 | 应　　用 |
| --- | --- | --- |
| 断路器 | 能切断短路电流，故障时能自动跳闸 | 用作控制及保护的主开关 |
| 负荷开关 | 不能切断短路电流，能接通、分断负荷电流 | 与熔断器串联安装用作主开关 |
| 跌开式熔断器 | 能接通、分断不大的负荷电流 | 用于小容量线路的控制和保护 |
| 隔离开关 | 能分断不大的空载电流 | 用于隔离电压 |

10. D

【解析】A 选项错误。变、配电站应避开易燃易爆场所，设置在企业的上风侧。

B 选项错误。隔离开关不具备操作负荷电流的能力，切断电路时必须先拉开断路器，后拉开隔离开关；接通电路时必须先合上隔离开关，后合上断路器。

C 选项错误。高压负荷开关必须串联有高压熔断器，由熔断器切断短路电流，负荷开关只用操作负荷电流。

11. C

【解析】A 选项错误。测量连接导线不得采用双股绝缘线，而应采用绝缘良好单股线分开连接，以免双股线绝缘不良带来测量误差。

B 选项错误。被测设备必须停电。对于有较大电容的设备，停电后还必须充分放电。

D 选项错误。测量应尽可能在设备刚停止运转时进行，以使测量结果符合运转时的实际温度。

12. D

【解析】导线连接必须紧密。原则上导线连接处的力学强度不得低于原导线力学强度的 80% ；绝缘强度不得低于原导线的绝缘强度；接头部位电阻不得大于原导线电阻的 1.2 倍。铜导线与铝导线之间的连接应尽量采用铜-铝过渡接头，特别是在潮湿环境，或在户外，或遇大截面导线，必须采用铜-铝过渡接头。

13. A

【解析】绝缘电阻是电气设备最基本的性能指标。绝缘电阻是兆欧级的电阻，要求在较高的电压下进行测量。现场应用兆欧表测量绝缘电阻。

14. D

【解析】接地电阻测量仪是用于测量接地电阻的仪器，有机械式测量仪和数字式测量仪。接地电阻测量仪有 4 个接线端子。

15. D

【解析】导线连接必须紧密，原则上导线连接处的力学强度不得低于原导线力学强度的 80%；绝缘强度不得低于原导线的绝缘强度；接头部位电阻不得大于原导线电阻的 1.2 倍。电力线路的过电流保护包括短路保护和过载保护。线路导线太细将导致其阻抗过大，受电端得不到足够的电压。

16. C

【解析】A 选项错误。热继电器作用是当热元件温度达到设定值时迅速动作，并通过控制触头断开主电路。

B 选项错误。热继电器和热脱扣器的热容量较大，动作延时也较大，只宜用于过载保护，不能用于短路保护。

D 选项错误。在有冲击电流出现的线路上，熔断器不可用作过载保护元件。（2022 版教材已调整）

## 二、多项选择题

17. AE

【解析】防爆电气线路敷设要求：

（1）当可燃物质比空气重时，电气线路宜在较高处敷设或直接埋地。

（2）电缆沟敷设时，沟内应冲砂，在爆炸环境中，电缆应沿粉尘不易堆积的位置敷设。

（3）钢管配线可采用无护套的绝缘单芯或多芯导线。

（4）架空电力线路严禁跨越爆炸性气体环境，架空线路与爆炸性气体环境的水平距离，不应小于杆塔高度的 1.5 倍。

（5）爆炸环境应优先采用铜线。

18. CE

【解析】油浸式变压器火灾爆炸：变压器油箱内充有大量的用于散热、绝缘、防止内部元件和材料老化以及内部发生故障时熄灭电弧作用的绝缘油。变压器油的闪点在 130~140 ℃之间。变压器发生故障时，在高温或电弧的作用下，变压器内部故障点附近的绝缘油和固态有机物发生分解，产生易燃气体。如故障持续时间过长，易燃气体越来越多，使变压器内部压力急剧上升，若安全保护装置（气体继电器、防爆管等）未能有效动作时，会导致油箱炸裂，发生喷油燃烧。燃烧会随着油流的蔓延而扩展，形成更大范围的火灾危害。除油浸式变压器外，多油断路器等充油设备也可能发生爆炸。

19. BCD

【解析】A 选项错误。在低压电气保护装置中，有冲击电流出现的线路上，熔断器不能用作过载保护原件。

E 选项错误。在高压电气保护中，高压隔离开关不能带电操作，故断电时，应先断开高压断路器，然后断开高压隔离开关。

20. ABCE

【解析】跌开式熔断器正确的操作顺序是拉闸时先拉开中相，再拉开下风侧边相，最后拉开上风侧边相；合闸时先合上上风侧边相，再合上下风侧边相，最后合上中相。

21. BCE

【解析】A 选项错误。0 类设备外壳既可以由绝缘材料制成，也可以由金属材料制成。

D 选项错误。Ⅱ类设备具有双重绝缘和加强绝缘的结构，Ⅱ类设备可以有Ⅲ类结构的部件。

22. AB

【解析】C 选项错误。移动式电气设备的保护线不应单独敷设，而应当与电源线有同样的防护措施，即采用带有保护芯线的橡皮套软线作为电源线。

D 选项错误。在锅炉内、金属容器内、管道内等狭窄的特别危险场所，应使用Ⅲ类设备。

E 选项错误。Ⅲ类设备的安全隔离变压器、Ⅱ类设备的漏电保护装置以及Ⅱ、Ⅲ类设备的控制箱和电源连接器件等必须放在外部。

23. AD

【解析】B 选项错误。运行中低压电力线路的绝缘电阻一般不得低于每伏工作电压 1000 Ω，新安装和大修后的低压电力线路一般不得低于 0.5 MΩ。

C 选项错误。工作中，应当尽可能减少导线的接头，接头过多的导线不宜使用。

E 选项错误。铜导线与铝导线之间的连接应尽最采用铜-铝过渡接头，特别是在潮湿环境，或在户外，或遇大截面导线，必须采用铜-铝接头。

24. AC

**【解析】** B 选项错误。测量连接导线不得采用双股绝缘线，而应采用绝缘良好单股线分开连接，以免双股线绝缘不良带来测量误差。

D 选项错误。使用指针式兆欧表测量过程中，如果指针指向“0”位，表明被测绝缘已经失效。应立即停止转动摇把，防止烧坏兆欧表。

E 选项错误。测量应尽可能在设备刚停止运转时进行，以使测量结果符合运转时的实际温度。

25. AC

**【解析】** B 选项错误。热继电器的热容量较大，动作延时也较大，只宜用于过载保护，不能用于短路保护。

D 选项错误。易熔元件刚刚不会熔断的电流称为临界电流。易熔元件的临界电流大于其额定电流。

E 选项错误。由于易熔元件的热容量小，动作很快，熔断器可用作短路保护元件；在有冲击电流出现的线路上，熔断器不可用作过载保护元件。

26. DE

**【解析】** A 选项错误。7 号成型车间购买的电气设备的外壳防护等级应为 IP21。

B 选项错误。3 号铸造车间购买的电气设备的外壳防护等级应为 IP67。

C 选项错误。8 号冶炼车间购买的电气设备的外壳防护等级应为 IP34。

27. AB

**【解析】** C 选项错误。在潮湿或金属构架上等导电性能良好的作业场所，必须使用Ⅱ类或Ⅲ类设备。

D 选项错误。移动式电气设备的电源插座和插销应有专用的保护线插孔和插头。其结构应能保证插入时保护插头在导电插头之前接通。

E 选项错误。移动式电气设备的电源插座和插销应有专用的保护线插孔和插头。拔出时保护插头在导电插头之后拔出。

# 第三章　特种设备安全技术

## 第一节　特种设备的基础知识

### 一、单项选择题

1. C

**【解析】** 压力容器按照设计压力分类：

（1）低压（代号 L）0.1 MPa≤$p$＜1.6 MPa。

（2）中压（代号 M）1.6 MPa≤$p$＜10 MPa。

（3）高压（代号 H）10 MPa≤$p$＜100 MPa。

（4）超高压（代号 U）$p$≥100 MPa。

2. D

【解析】压力管道的使用范围：最高工作压力大于或者等于 0.1 MPa 的气体、液化气体、蒸气介质或者可燃、易爆、有毒、有腐蚀性、最高工作温度高于或者等于标准沸点的液体介质，且公称直径大于 50 mm 的管道。

3. D

【解析】按安全管理要求分：长输管道 GA 类（有毒有害气体、液体为 GA1 类，其余为 GA2 类）、公用管道（GB 类）、工业管道（GC 类）、动力管道（GD 类）。

4. A

【解析】压力管道按照设计压力大小分类：超高压管道（＞42 MPa）、高压管道（10~42 MPa）、中压管道（1.6~10 MPa）、低压管道（＜1.6 MPa）。

5. B

【解析】客运索道分类为：客运架空索道、客运缆车、客运拖牵索道。

6. C

【解析】压力容器按压力等级划分，划分为低压、中压、高压和超高压四个压力等级。

7. D

【解析】特种设备分为承压类特种设备和机电类特种设备。

（1）承压类特种设备：锅炉、压力容器、压力管道。

（2）机电类特种设备：电梯、起重机械、客运索道、场（厂）内专用机动车辆（叉车、观光电瓶车）、大型游乐设施。

8. D

【解析】A 选项错误。设计压力为 1.6 MPa≤$p$＜10 MPa 的压力容器为中压压力容器。

B 选项错误。设计压力为 10 MPa≤$p$＜100 MPa 的压力容器为高压压力容器。

C 选项错误。吸收塔属于分离压力容器。

9. C

【解析】（1）最高工作压力，多指在正常操作情况下，容器顶部可能出现的最高压力。

（2）设计压力，系指在相应设计温度下用以确定容器壳体厚度及其元件尺寸的压力，即标注在容器铭牌上的设计压力。

（3）压力容器的设计压力值不得低于最高工作压力。

因此，设计压力>安全泄压装置>最高工作压力>工作压力。

10. C

【解析】本题考查压力容器的分类。

首先将压力容器的介质分为两组，第一组介质为毒性程度为极度危害、高度危害的化学介质，易燃介质，液化气体；第二组介质为除第一组以外的介质组成，如毒性程度为中度危害以下的化学介质，包括水蒸气、氮气等。水蒸气为第二组介质，应看第二个图。根据压力和容积确定坐标点，以坐标点所在位置确定等级。已知该压力容器压力10 MPa，容积为 10 $m^3$，根据图示可得出该压力容器为三类。

11. C

【解析】A 选项错误。锅炉范围之一为设计正常水位容积大于或者等于 30 L，且额定蒸汽压力大于或者等于 0.1 MPa（表压）的承压蒸汽锅炉。

B 选项错误。压力容器范围之一盛装公称工作压力大于或者等于 0.2 MPa（表压），且压力与容积的乘积大于或者等于 1.0 MPa · L 的气体、液化气体和标准沸点等于或者低于 60 ℃液体的气瓶。

D 选项错误。氮气属于无毒、不可燃、无腐蚀性的气体，公称直径小于 150 mm，且其最高工作压力小于 1.6 MPa（表压）的输送无毒、不可燃、无腐蚀性气体的管道不属于特种设备。

12. A

【解析】承压类特种设备包括锅炉、压力容器（含气瓶）、压力管道。机电类特种设备包括电梯、起重机械、客运索道、大型游乐设施、场（厂）内专用机动车辆。

13. B

【解析】“锅”主要包括锅筒（或锅壳）、水冷壁、过热器、再热器、省煤器、对流管束及集箱等。“炉”主要包括燃烧设备和炉墙等。

14. C

【解析】按锅炉的蒸发量可分为大型锅炉、中型锅炉、小型锅炉。蒸发量大于 75 t/h 的锅炉称为大型锅炉。蒸发量为 20~75 t/h 的锅炉称为中型锅炉。蒸发量小于 20 t/h 的锅炉称为小型锅炉。

15. B

【解析】A 选项错误。合成塔属于反应压力容器。

C、D 选项错误。缓冲罐和消毒锅属于储存压力容器。

16. D

【解析】A 选项错误。按压力容器内介质对人类的毒害程度可分为 4 级，其中Ⅳ级为轻度危害，Ⅰ级为极度危害。

B 选项错误。设计压力为 100 MPa 的内压容器为超高压容器。

C 选项错误。罐式集装箱属于移动式压力容器。

17. C

【解析】首先判断氢气为第一组介质，所以现在要根据第一个图来判断，横坐标为 100，纵坐标为 10，代入第一个图得出该压力容器为Ⅲ类。

18. A

【解析】反应压力容器主要是用于完成介质的物理、化学反应的压力容器，如各种反应器、反应釜、聚合釜、合成塔、变换炉、煤气发生炉等。

换热压力容器主要是用于完成介质的热量交换的压力容器，如各种热交换器、冷却器、冷凝器、蒸发器等。

分离压力容器主要是用于完成介质的流体压力平衡缓冲和气体净化分离的压力容器，如各种分离器、过滤器、集油器、洗涤器、吸收塔、干燥塔、汽提塔、分汽缸、除氧器等。

储存压力容器主要是用于储存、盛装气体、液体、液化气体等介质的压力容器，如各种型式的储罐、缓冲罐、消毒锅、印染机、烘缸、蒸锅等。

19. B

【解析】根据《客运索道监督检验和定期检验规则》（TSG S7001），客运架空索道适用的负荷试验检验项目包括空载试验、重上空下试验、重下空上试验、重上重下试验、紧急驱动装置试验。其中，定期检验中年度检验项目包括空载试验、紧急驱动装置试验。

20. C

【解析】大型游乐设施，是指用于经营目的，承载乘客游乐的设施，其范围规定为设计最大运行线速度大于或者等于 2 m/s，或者运行高度距地面高于或者等于 2 m 的载人大型游乐设施。用于体育运动、文艺演出和非经营活动的大型游乐设施除外。

21. A

【解析】《塔式起重机》（GB/T 5031）5.6.5 规定，轨道运行的塔机，每个运行方向应设置限位装置，其中包括限位开关、缓冲器和终端止挡。应保证开关动作后塔机停车时其端部距缓冲器最小距离为 1000 mm，终端止挡距轨道终端最小距离为 1000 mm。

22. A

【解析】根据《固定式压力容器安全技术监察规程》（TSG 21）8.3.8 材料分析第二条中规定，有材质劣化倾向的压力容器，应当进行硬度检测，必要时进行金相分析。

23. C

【解析】反应压力容器：主要是用于完成介质的物理、化学反应的压力容器，如各种反应器、反应釜、聚合釜、合成塔、变换炉、煤气发生炉等。

换热压力容器：主要是用于完成介质的热量交换的压力容器，如各种热交换器、冷却器、冷凝器、蒸发器等。

分离压力容器：主要是用于完成介质的流体压力平衡缓冲和气体净化分离的压力容器，如各种分离器、过滤器、集油器、洗涤器、吸收塔、干燥塔、汽提塔、分汽缸、除氧器等。

储存压力容器：主要是用于储存、盛装气体、液体、液化气体等介质的压力容器，如各种型式的储罐、缓冲罐、消毒锅、印染机、烘缸、蒸锅等。

24. B

【解析】流动式起重机，可以配置立柱（塔柱），能带载或不带载情况下沿无轨道路面行驶，且依靠自重保持稳定的臂架型起重机。选项 B 正确。其余选项均为桥架类型起重机。

## 二、多项选择题

25. DE

【解析】《特种设备目录》中规定属于特种设备的要求有：

（1）锅炉：设计正常水位容积大于或者等于 30 L，且额定蒸汽压力大于或者等于 0.1 MPa（表压）的承压蒸汽锅炉；出口水压大于或者等于 0.1 MPa（表压），且额定功率大于或者等于0.1 MW的承压热水锅炉；额定功率大于或者等于0.1 MW的有机热载体锅炉。

（2）压力容器：规定为最高工作压力大于或者等于0.1 MPa（表压）的气体、液化气体和最高工作温度高于或者等于标准沸点的液体、容积大于或者等于30 L且内直径（非圆形截面指截面内边界最大几何尺寸）大于或者等于150 mm的固定式容器和移动式容器；JP2盛装公称工作压力大于或者等于0.2 MPa（表压），且压力与容积的乘积大于或者等于1.0 MPa·L的气体、液化气体和标准沸点等于或者低于60 ℃液体的气瓶；氧舱。

（3）压力管道：范围规定为最高工作压力大于或者等于0.1 MPa（表压），介质为气体、液化气体、蒸气或者可燃、易爆、有毒、有腐蚀性、最高工作温度高于或者等于标准沸点的液体，且公称直径大于或者等于50 mm的管道。

（4）起重机械：范围规定为额定起重量大于或者等于0.5 t的升降机；额定起重量大于或者等于3 t（或额定起重力矩大于或者等于40 t·m的塔式起重机，或生产率大于或者等于300 t/h的装卸桥），且提升高度大于或者等于2 m的起重机；层数大于或者等于2层的机械式停车设备。

（5）大型游乐设施：范围规定为设计最大运行线速度大于或者等于2 m/s，或者运行高度距地面高于或者等于2 m的载人大型游乐设施。

26. ABCD

【解析】压力管道是由管子、管件、阀门、补偿器等压力管道元件以及安全保护装置（安全附件）、附属设施等组成。压力管道元件一般分成管子、管件（弯头、异径接头、三通、法兰、管帽）、阀门、补偿器、连接件、密封件、附属部件（疏水器、过滤器、分离器、除污器、凝水缸、缓冲器等）、支吊架等。

## 第二节　特种设备事故的类型

### 一、单项选择题

1. D

【解析】机体回转挤伤事故多发生在野外作业的汽车、轮胎和履带起重机作业中。

2. D

【解析】A选项错误。发生锅炉重大事故时，要停止供给燃料和送风，减弱引风。

B选项错误。锅炉发生重大事故时，应熄灭和清除锅炉炉膛内的燃料，注意不能用向炉膛浇水的方法灭火，而应使用黄砂或湿煤灰将红火压灭。

C选项错误。锅炉发生重大事故时，切断锅炉同蒸汽总管的联系，打开锅筒上放空排放或安全阀以及过热器出口集箱和疏水阀。

3. C

【解析】A选项错误。锅炉缺水时，水位表内往往看不到水位，表内发白发亮。

B、D选项错误。缺水事故发生后，低水位警报器动作并发出警报，过热蒸汽温度升高，给水流量不正常地小于蒸汽流量。

4. C

【解析】A 选项错误。“叫水”操作后，如果此时水位表中有水位出现说明锅炉轻微缺水，可以立即向锅炉上水，使水位恢复正常。

B 选项错误。“叫水”操作一般只适用于相对容水量较大的小型锅炉，不适用于相对容水量很小的电站锅炉或其他锅炉。

D 选项错误。对相对容水量小的电站锅炉或其他锅炉，以及最高火界在水连管以上的锅壳锅炉，一旦发现缺水，应立即停炉。

5. C

【解析】发现汽水共腾时，应减弱燃烧力度，降低负荷，关小主汽阀；加强蒸汽管道和过热器的疏水；全开连续排污阀，并打开定期排污阀放水，同时上水，以改善锅水品质；待水质改善、水位清晰时，可逐渐恢复正常运行。

6. C

【解析】过热器管道的水击常发生在满水或汽水共腾事故中，在暖管时也可能出现。

7. A

【解析】为了预防水击事故，给水管道和省煤器管道的阀门启闭不应过于频繁，开闭速度要缓慢；对可分式省煤器的出口水温要严格控制，使之低于同压力下的饱和温度 40 ℃；防止满水和汽水共腾事故，暖管之前应彻底疏水；上锅筒进水速度应缓慢，下锅筒进汽速度也应缓慢。发生水击时，除立即采取措施使之消除外，还应认真检查管道、阀门、法兰、支撑等，如无异常情况，才能使锅炉继续运行。

8. D

【解析】A 选项错误。锅炉送风机突然停转时，引风机继续运转，烟气侧压力急降，造成炉膛、刚性梁及炉墙破坏的现象属于负压爆炸；炉膛内积存的可燃性混合物瞬间同时爆燃，从而使炉膛烟气侧压力突然升高，超过了设计允许值而造成水冷壁、刚性梁及炉顶、炉墙破坏的现象，即正压爆炸。

B 选项错误。炉膛爆炸常发生于燃油、燃气、燃煤粉的锅炉。

C 选项错误。在启动锅炉点火时要认真按操作规程进行点火，严禁采用“爆燃法”。

9. D

【解析】A 选项错误。尾部烟道二次燃烧主要发生在燃油锅炉上。

B 选项错误。锅炉停炉时，引风机有可能将尚未燃烧的可燃物吸引到尾部烟道上。此时烟气流速很低，甚至不流动，容易发生尾部烟道二次燃烧，即引风机将可燃物带到尾部烟道，带有温度的烟气属于点火源。

C 选项错误。为防止产生尾部烟道二次燃烧，要提高燃烧效率，尽可能减少不完全燃烧损失，保证烟道各种门孔及烟气挡板密封良好。

10. A

【解析】在设计上要控制炉膛燃烧热负荷，在炉膛中布置足够的受热面，控制炉膛出口温度，使之不超过灰渣变形温度。

11. C

【解析】A 选项错误。压力容器发生超压超温时，对于有毒易燃易爆介质要通过接管排至安全地点。

B 选项错误。如果属超温引起的超压可使用水喷淋冷却降温。

D 选项错误。压力容器发生泄漏时，要马上切断进料阀门及泄漏处前端阀门。

12. A

【解析】B 选项错误。容器的操作压力或壁温超过安全操作规程规定的极限值，而且采取措施仍无法控制，并有继续恶化的趋势，应立即采取紧急措施，停止容器的运行。

C 选项错误。操作岗位发生火灾，威胁到容器的安全操作时，应立即采取紧急措施，停止容器的运行。

D 选项错误。压力容器安全装置全部失效，连接管件断裂，紧固件损坏等，难以保证安全操作时，应立即采取紧急措施，停止容器的运行。

13. D

【解析】因为带压堵漏的特殊性，有些紧急情况下不能采取带压堵漏技术进行处理，这些情况包括：

（1）毒性极大的介质管道。

（2）管道受压元件因裂纹而产生泄漏。

（3）管道腐蚀、冲刷壁厚状况不清。

（4）由于介质泄漏使螺栓承受高于设计使用温度的管道。

（5）泄漏特别严重（当量直径大于 10 mm），压力高、介质易燃易爆或有腐蚀性的管道。

（6）现场安全措施不符合要求的管道。

14. C

【解析】A 选项错误。锅炉缺水时，水位表往往看不到水位且表内发白发亮。

B 选项错误。发现锅炉缺水时应首先判断是轻微缺水还是严重缺水，轻微缺水时可以立即向锅炉上水，严重缺水的情况下，必须紧急停炉，严禁给锅炉上水，以免造成锅炉爆炸事故。

D 选项错误。严重缺水时，必须紧急停炉。

15. C

【解析】A 选项错误。造成汽水共腾的原因主要有锅水品质太差或负荷增加或压力降低过快。

B 选项错误。发生汽水共腾时，水位表内出现泡沫，水位急剧波动，汽水界线难以分清，过热蒸气温度急剧降低。

D 选项错误。当发现汽水共腾时，应减弱燃烧力度，降低负荷，关小主汽阀；加强蒸汽管道和过热器的疏水；全开连续排污阀，并打开定期排污阀放水，同时上水，以改善锅水品质；待水质改善、水位清晰时，可逐渐恢复正常运行。

16. B

【解析】过热器损坏的原因：

（1）锅炉满水、汽水共腾或汽水分离效果差而造成过热器内进水结垢，导致过热爆管。

（2）受热偏差或流量偏差使个别过热器管子超温而爆管。

（3）启动、停炉时对过热器保护不善而导致过热爆管。

（4）工况变动（负荷变化、给水温度变化、燃料变化等）使过热蒸汽温度上升，造成金属超温爆管。

（5）材质缺陷或材质错用（如在需要用合金钢的过热器上错用了碳素钢）。

（6）制造或安装时的质量问题，特别是焊接缺陷。

（7）管内异物堵塞。

（8）被烟气中的飞灰严重磨损。

（9）吹灰不当，损坏管壁等。

17. C

【解析】在未判定缺水程度或者已判定属于严重缺水的情况下，严禁给锅炉上水，以免造成锅炉爆炸事故。

18. B

【解析】锅炉缺水时，水位表内往往看不到水位，表内发白发亮。缺水事故发生后，低水位警报器动作并发出警报，过热蒸汽温度升高，给水流量不正常地小于蒸汽流量。

19. B

【解析】对于无毒非易燃介质，要打开放空管排汽；对于有毒易燃易爆介质要打开放空管，将介质通过接管排至安全地点。

20. A

【解析】救护设备应按以下要求存放，并进行日常检查：

（1）检查所有的救护设备是否选用正确无误并处于最佳状态，特别对绳索、安全带、保护索等。

（2）平时不用时要把救护设备分类保存好以备及时使用。存放的地点应当放在有良好的通风和防雨房间内以防发霉。

（3）每年至少要进行一次营救演练，以观察每个部件是否保持其原有性能，对各种索具也不应当超时使用，要及时更换。

（4）当营救设备每次使用后或者演习之后，一定要把索具铺展开来，检查其有无打结和损坏等，然后再收藏好。

（5）凡是营救用品只准在营救时使用，不得挪作他用。

21. A

【解析】管道泄漏的紧急处理，不能带压堵漏的情况包括：

（1）毒性极大的介质管道。

（2）管道受压元件因裂纹而产生泄漏。

（3）管道腐蚀、冲刷壁厚状况不清。

（4）由于介质泄漏使螺栓承受高于设计使用温度的管道。

（5）泄漏特别严重（当量直径大于 10 mm），压力高、介质易燃易爆或有腐蚀性的管道。

（6）现场安全措施不符合要求的管道。

22. D

【解析】D 选项属于坠落事故而不是重物坠落事故。坠落事故主要是指从事起重作业的人员，从起重机机体等高空处坠落至地面的摔伤事故，也包括工具、零部件等从高空坠落，使地面人员受伤的事故。

23. C

【解析】预防液击破坏的措施包括：

（1）装置开停和生产调节过程中，尽量缓慢开闭阀门。

（2）缩短管子长度。

（3）在管道靠近液击源附近设安全阀、蓄能器等装置，释放或吸收液击的能量。

（4）采用具有防液击功能的阀门。这种阀门可根据特定系统要求调整快慢关角行程及快慢关闭时间。还有一种设置在管道系统中的电液伺服调节阀，当液击压力波处于上升状态时迅速开阀泄压，液击压力波为负压时迅速关闭，从而控制住液击压力波，使其不超过运行压力的 10%。

（5）采用自控保护装置。利用管道监控与数据采集系统，实现紧急顺序自动启停泵控制，或者采用调节阀超前骤发液击波来削弱和消除液击破坏。

24. A

【解析】压力管道的疲劳破坏多属于低周高应力破坏，而低周高应力疲劳取决于材料的塑性应变能力。低碳钢、碳锰钢具有较好的塑性应变能力，同时又具有抗低周疲劳破坏的特性，高强钢则与之相反。

25. B

【解析】A 选项错误。长输管道的内腐蚀是其输送介质的本身，或者在温度、压力的共同作用下对管道内壁产生的腐蚀，按照腐蚀破坏的特征分为局部腐蚀和全面腐蚀。

C 选项错误。减缓埋地管道外腐蚀的主要方法是防腐层和阴极保护，长输管道一般采用防腐层和阴极保护联合进行保护。

D 选项错误。管线的腐蚀寿命可以预测。

26. C

【解析】A 选项错误。吊装重心选择不当，造成偏载起吊或吊装中心不稳是造成脱绳事故的重要原因。

B 选项错误。吊装方法不当，吊钩钩口变形引起开口过大是造成脱钩事故的重要原因。

D 选项错误。吊钩因长期磨损，使断面减小却仍然使用或经常超载使用是造成吊钩断裂事故的重要原因。

27. C

【解析】A 选项错误。为保证人体触电不至于造成严重伤害与伤亡，起重机应采用低压安全操作，常采用 36 V 安全低压。

B 选项错误。对于起重机馈电的裸露滑触线必须加设护栏、护网等屏护设施。

D 选项错误。司机室地板应该是绝缘的，而不应该是导电的。

28. B

【解析】因题干中描述“单个石块的重量均小于汽车吊的额定起重量”，所以不存在超载现象，不会发生断臂事故；“并设置完好的缓冲碰撞保护措施”，可避免发生相互撞毁事故；机体摔伤事故原因为防风抗滑等安全装置存在的问题，题干描述为“合格的汽车起重机”，所以该事故不会发生。只会发生倾翻事故。倾翻事故是自行式起重机的常见事故，自行式起重机倾翻事故大多是由起重机作业前支承不当引发，如野外作业场地支承地基松软，起重机支腿未能全部伸出等。

29. C

【解析】依据《特种设备安全监察条例》第二十八条，特种设备使用单位应当按照安全技术规范的定期检验要求，在安全检验合格有效期届满前一个月向特种设备检验检测机构提出定期检验要求。

30. C

【解析】锅炉负荷变化时，燃料量、送风量、引风量都需进行调节，调节的顺序是：当负荷增加时，应先增大引风量，再增大送风量，最后增大燃料量；当负荷降低时，应首先减小燃料量，然后减小送风量，最后减小引风量，并将炉膛负压调整到规定值。

31. B

【解析】运行人员发现锅炉水位表内出现泡沫，汽水界限难以区分，过热蒸汽温度下降，过热蒸汽带水，这是汽水共腾的后果。发现汽水共腾时，应减弱燃烧力度，降低负荷，关小主汽阀；加强蒸汽管道和过热器的疏水；全开连续排污阀，并打开定期排污阀放水，同时上水，以改善锅水品质；待水质改善、水位清晰时，可逐渐恢复正常运行。

32. A

【解析】本题考查的是起重机械事故。

B 选项错误。过渡节指的是塔吊最上面的标准节，用于标准节和大臂的连接过渡。

C 选项错误。新装标准节引入顶升套架内后，与原塔身标准节对正，缓慢落下新装标准节，退出引渡小车，将新装标准节与原塔身标准节连接牢靠，紧固好双螺母。

D 选项错误。正常情况下塔式起重机顶升作业应先将一节塔身标准节吊入引进梁，然后再吊一节塔身标准节寻找平衡点，找到平衡点后将回转下支座与塔身标准节连接螺栓拆除（此时绝不允许将回转下支座与顶升套架连接销轴拆除）。通过液压油缸将顶升套架顶升后，放入一节新塔身标准节，将新塔身标准节与原塔身标准节连接螺栓安装好，再将回转下支座与新塔身标准节连接螺栓安装好，完成顶升作业。

33. A

【解析】A 选项正确，B、D 选项错误。锅炉满水的处理：发现锅炉满水后，应冲洗水位表，检查水位表有无故障；一旦确认满水，应立即关闭给水阀停止向锅炉上水，启用省煤器再循环管路，减弱燃烧，开启排污阀及过热器、蒸汽管道上的疏水阀；待水位恢复正常后，关闭排污阀及各疏水阀；查清事故原因并予以消除，恢复正常运行。如果满水时出现水击，则在恢复正常水位后，还须检查蒸汽管道、附件、支架等，确定无异常情况，才可恢复正常运行。

C 选项错误。“叫水”程序是缺水事故的措施。

34. B

【解析】蠕变失效的特征：蠕变断口可能因长期在高温下被氧化或腐蚀，表面被氧化层或其他腐蚀物覆盖。宏观上还有一个重要特征，即因长期蠕变，致使管道在直径方向有明显的变形，并伴有许多沿径线方向的小蠕变裂纹，甚至出现表面龟裂，或穿透壁厚而泄漏，或引起破裂事故。常见的管道蠕变断裂包括：管道焊缝熔合线处蠕变开裂；运行中管道沿轴向开裂；三通焊缝部位蠕变失效。

35. D

【解析】钢丝绳应在卷筒上的极限安全圈应保证在 2 圈以上。

## 二、多项选择题

36. ABCE

【解析】锅炉爆炸事故包括：水蒸气爆炸、超压爆炸、缺陷导致爆炸、严重缺水爆炸。

37. ABE

【解析】A 选项描述的是煮炉的目的而不是烘炉的目的。

B 选项错误。为了防止水击应该打开疏水阀。

E 选项错误。锅炉正常停炉的次序为先停燃料供应，随之停止送风，减少引风。

38. ABDE

【解析】管道操作人员在运行中发现操作条件异常时应及时进行调整。遇有下列情况时，应立即采取紧急措施并及时报告有关部门和人员：

（1）介质压力、温度超过材料允许的使用范围且采取措施后仍不见效。

（2）管道及管件发生裂纹、鼓包、变形、泄漏或异常振动、声响等。

（3）安全保护装置失效。

（4）发生火灾等事故且直接威胁正常安全运行。

（5）管道的阀门及监控装置失灵，危及安全运行。

C 选项描述的是压力管道防腐措施失效，无须紧急停止运行。

39. BCE

【解析】脱绳事故是指重物从捆绑的吊装绳索中脱落溃散发生的伤亡毁坏事故。

造成脱绳事故的主要原因有重物的捆绑方法与要领不当，造成重物滑脱；吊装重心选择不当，造成偏载起吊或吊装中心不稳，使重物脱落；吊载遭到碰撞、冲击而摇摆不定，造成重物失落等。

A 选项属于可能造成脱钩事故的原因。D 选项属于可能造成断绳事故的原因。

40. BDE

【解析】A 选项错误。腐蚀可以分为内腐蚀（介质引起）和外腐蚀（环境引起），从腐蚀形态上可以分为全面腐蚀和局部腐蚀，从腐蚀机理上可分为均应腐蚀、点腐蚀、缝隙腐蚀等。

C 选项错误。管道裂纹主要来源于两种途径：一是管材制造和管道安装中产生的裂纹，二是管道系统使用中产生或扩展的裂纹。前者是管材轧制裂纹、焊接裂纹和应力裂纹，后者是腐蚀裂纹、疲劳裂纹和蠕变裂纹。

41. AB

【解析】C 选项错误。锅炉发生爆管事故时，蒸汽及给水压力下降，给水流量明显地大于蒸汽流量。

D 选项错误。锅炉发生省煤器损坏事故时，给水流量不正常的大于蒸汽流量。

E 选项错误。锅炉发生过热器损坏事故时，过热蒸汽温度升高，蒸汽流量明显下降，且不正常的小于给水流量。

42. CDE

【解析】A 选项错误。锅炉满水时，水位表内看不到水位，但表内发暗。

B 选项错误。满水发生后，高水位报警器动作并发出警报，过热蒸汽温度降低，给水流量不正常的大于蒸汽流量。

43. DE

【解析】A 选项错误。管道振动最常见的振源是机器的振动和管道内流体的不稳定流动引起的振动。

B 选项错误。为预防振动事故，避免管道结构固有频率、管道内气柱固有频率与压缩机、机泵的激振频率相等而形成共振。

C 选项错误。改变管道内气柱固有频率主要可以通过改变缓冲器容积、管道直径和长度，或增设缓冲器等方法实现。管道结构固有频率的改变，可以通过改变管道支座型式、数量、位置来实现，这种方法可以不改管道系统的基本结构，工作量要小些。

44. ABCD

【解析】如果材料强度高而韧性差，疲劳裂纹产生并扩展到临界裂纹尺寸时，就会突然以极快的速度扩展而爆破。如果材料的强度较低而韧性较好，疲劳裂纹扩展到相当尺寸后，即使穿透了管壁仍未达到临界裂纹尺寸，此时管道只发生介质泄漏而不爆破。管道几何不连续部位、焊缝附近、材料存在缺陷部位都有不同程度的应力集中，有些部位的集中应力往往要比设计应力高出几倍，完全有可能达到甚至超过材料的屈服极限。管道上反复作用的载荷主要由运行中压力的波动、强迫振动和周期性的外载荷所引起。交变的压力载荷对疲劳的影响最大。

45. ABCE

【解析】预防蠕变措施之一为加强定期检验。按期进行定期检验，并在定期检验中重点检查设置的监察管段的变化情况，进行必要的化学分析、金相分析，必要时应在管路中设置可拆卸管段以供检验分析取样和破坏性检验。

## 第三节　锅炉安全技术

### 一、单项选择题

1. A

【解析】常见锅炉缺水原因：

（1）工作人员疏忽大意，对水位监视不严；或操作人员擅离职守，放弃了对水位表的监视。

（2）水位表故障或出现假水位，操作人员未及时发现。

（3）水位报警器或给水自动调节失灵而又未及时发现。

（4）给水设备或给水管路故障，无法给水或水量不足。

（5）忘关排污阀或排污阀泄漏。

（6）水冷壁、对流管束或省煤器管子爆破漏水。

A 选项中负荷增加过快可导致锅炉满水事故。

2. B

【解析】满水事故处理措施：

发现锅炉满水后，应冲洗水位表，检查水位表有无故障；一旦确认满水，应立即关闭给水阀停止向锅炉上水，启用省煤器再循环管路，减弱燃烧，开启排污阀及过热器、蒸汽管道上的疏水阀；待水位恢复正常后，关闭排污阀及各疏水阀；查清事故原因并予以消除，恢复正常运行。如果满水时出现水击，则在恢复正常水位后，还须检查蒸汽管道、附件、支架等，确定无异常情况，才可恢复正常运行。

3. D

【解析】形成汽水共腾的原因：

（1）锅水品质太差。由于给水品质差、排污不当等原因，造成锅水中悬浮物或含盐量太高，碱度过高。由于汽水分离，锅水表面层附近含盐浓度更高，锅水黏度很大，气泡上升阻力增大。在负荷增加、汽化加剧时，大量气泡被黏阻在锅水表面层附近来不及分离出去，形成大量泡沫，使锅水表面上下翻腾。

（2）负荷增加和压力降低过快。当水位高、负荷增加过快、压力降低过速时，会使水面汽化加剧，造成水面波动及蒸汽带水。

4. D

【解析】锅炉爆管的原因包括：①水质不良、管子结垢后并超温爆破；②水循环故障；③严重缺水；④制造、运输安装中管内落入异物，如钢球、木塞等；⑤烟气磨损导致管壁减薄；⑥运行或停炉的管壁因腐蚀而减薄；⑦管子膨胀受阻碍，由于热应力造成裂纹；⑧吹灰不当造成管壁减薄；⑨管路缺陷或焊接缺陷在运行中发展扩大。

5. B

【解析】省煤器损坏的现象：给水流量不正常的大于蒸汽流量；严重时，锅炉水位下降，过热蒸汽温度上升；省煤器烟道内有异常声响，烟道潮湿或漏水，排烟温度下降，烟气阻力增大。引风机电流增大。

6. B

【解析】省煤器损坏原因有：

（1）烟速过高或烟气含灰量过大，飞灰磨损严重。

（2）给水品质不符合要求，特别是未进行除氧，管子水侧被严重腐蚀。

（3）省煤器出口烟气温度低于其酸露点，在省煤器出口段烟气侧产生酸性腐蚀。

（4）材质缺陷或制造安装时的缺陷导致破裂。

（5）水击或炉膛、烟道爆炸剧烈振动省煤器并使之损坏等。

D 选项吹灰不当，损坏管壁是过热器损坏的原因。

7. C

【解析】过热器损坏的原因：

（1）锅炉满水、汽水共腾或汽水分离效果差而造成过热器内进水结垢，导致过热爆管。

（2）受热偏差或流量偏差使个别过热器管子超温而爆管。

（3）启动、停炉时对过热器保护不善而导致过热爆管。

（4）工况变动使过热蒸汽温度上升，造成金属爆管。

（5）材质缺陷或材质错用。

（6）制造或安装时出现的质量问题，如焊接缺陷。

（7）管内异物堵塞。

（8）被烟气中的飞灰严重磨损。

（9）吹灰不当，磨损管壁。

C 选项是省煤器损坏的原因。

8. D

【解析】A 选项是锅炉满水事故现象。B 选项是锅炉汽水共腾事故现象。C 选项是锅炉爆管事故现象。

9. B

【解析】水击事故的原因大致归为：

（1）阀门突然关闭，高速水流突然受阻，形成水击。

（2）蒸汽冷凝形成压力降低区，形成水击。

B 选项中煤的灰渣熔点低，是造成锅炉结渣的主要原因。

10. D

【解析】D 选项中控制火焰中心位置，避免火焰偏斜和火焰冲墙是防止锅炉结渣的预防措施。

11. A

【解析】锅炉运行中，运行人员应不间断地通过水位表监督锅内的水位。锅炉水位应经常保持在正常水位线处，并允许在正常水位线上下 50 mm 内波动。

12. A

【解析】（1）在设计上要控制炉膛燃烧热负荷，在炉膛中布置足够的受热面，控制炉膛出口温度，使之不超过灰渣变形温度；合理设计炉膛形状，正确设置燃烧器，在燃烧器结构性能设计中充分考虑结渣问题；控制水冷壁间距不要太大。要把炉膛出口处受热面管间距拉开；炉排两侧装设防焦集箱等。

（2）在运行上要避免超负荷运行；控制火焰中心位置，避免火焰偏斜和火焰冲墙；合理控制过量空气系数和减少漏风。

（3）对沸腾炉和层燃炉，要控制送煤量，均匀送煤，及时调整燃料层和煤层厚度。

（4）发现锅炉结渣要及时清除。清渣应在负荷较低、燃烧稳定时进行，操作人员应注意防护和安全。

13. B

【解析】水位表应合理安装；每台锅炉至少应装 2 个独立的直读式水位表，额定蒸发量为小于或等于 0.5 t/h 的可以装 1 个；水位表应当有放水阀门和接到安全地点的放水管；

玻璃管式水位表应有防护装置。

14. D

【解析】在用锅炉的安全阀每年至少校验一次。新安装的锅炉或者安全阀检修、更换后，应当校验项目为整定压力、密封性。

15. B

【解析】排污阀或放水装置的作用是排放锅水蒸发而残留下的水垢、泥渣及其他有害物质，将锅水的水质控制在允许的范围内，使受热面保持清洁，以确保锅炉的安全、经济运行。

16. A

【解析】点火前，开动引风机给锅炉通风 5 ~ 10 min，没有风机的需自然通风 5~10 min，以清除炉膛及烟道中的可燃物质。点燃气、油、煤粉炉时，应先通风，之后投入点燃火炬，最后送入燃料。一次点火未成功需重新点燃火炬时，一定要在点火前给炉膛烟道重新通风，待充分清除可燃物之后再进行点火操作。

17. A

【解析】停炉操作应按规程规定的次序进行。锅炉正常停炉的次序应该是先停燃料供应，随之停止送风，减少引风；与此同时逐渐降低锅炉负荷，相应地减少锅炉上水，但应维持锅炉水位稍高于正常水位。

18. B

【解析】A 选项错误。逐渐降低锅炉负荷，相应地减少锅炉上水，但应维持锅炉水位稍高于正常水位。

C 选项错误。对无旁通烟道的可分式省煤器，应密切监视其出口水温，并连续经省煤器上水、放水至水箱中，使省煤器出口水温低于锅筒压力下饱和温度 20 ℃。

D 选项错误。为防止锅炉降温过快，在正常停炉的 4 ~ 6 h 内，应紧闭炉门和烟道挡板。

19. D

【解析】锅炉启动步骤(顺序不能颠倒)：检查准备→上水→烘炉→煮炉→点火升压→暖管与并汽。

20. B

【解析】对于燃气、燃油锅炉，炉膛停火后，引风机至少要继续引风 5 min 以上。停炉时应打开省煤器旁通烟道，关闭省煤器烟道挡板，但锅炉进水仍需经省煤器。在正常停炉的 4~6 h 内，应紧闭炉门和烟道挡板。在锅水温度降至 70 ℃以下时，方可全部放水。

21. C

【解析】炉水压试验的程序为缓慢升压至工作压力，检查是否有泄漏和异常现象，缓慢升压至试验压力，至少保持 20 min，再缓慢降压至工作压力进行检查。

22. B

【解析】锅炉有下列情况之一时，应进行内部检验：

（1）新安装的锅炉在运行一年后。

（2）移装锅炉投运前。

(3) 锅炉停止运行一年以上恢复运行前。

(4) 受压元件经重大修理或改造后及重新运行一年后。

(5) 根据上次内部检验结果和锅炉运行情况，对设备安全可靠性有怀疑时。

(6) 根据外部检验结果和锅炉运行情况，对设备安全可靠性有怀疑时。

23. B

【解析】按载热介质分为蒸汽锅炉、热水锅炉和有机热载体锅炉。锅炉出口介质为饱和蒸汽或者过热蒸汽的锅炉称为蒸汽锅炉。锅炉出口介质为高温水（大于120 ℃）或者低温水（120 ℃以下）的锅炉称为热水锅炉。以有机质液体作为热载体工质的锅炉称为有机热载体锅炉。

24. A

【解析】B选项错误。选用压力表的量程范围，一般应在工作压力的1.5~3倍，最好选用2倍。

C选项错误。A级锅炉压力表精确度应当不低于1.6级，其他锅炉压力表精确度应当不低于2.5级。

D选项错误。热水锅炉用的压力表应当有缓冲弯管，弯管内径应当不小于10 mm。

25. C

【解析】A选项错误。每台锅炉至少应装2个独立的直读式水位表，额定蒸发量小于或等于0.5 t/h的锅炉可只装一个。

B选项错误。超温报警装置应安装在热水锅炉的出口处，当锅炉的水温超过规定的水温时，自动报警，提醒司炉人员采取措施减弱燃烧。

D选项错误。为防止炉膛和尾部烟道再次燃烧造成破坏，常采用在炉膛和烟道易爆处装设防爆门。

26. D

【解析】A选项错误。一次点火未成功需重新点燃火炬时，一定要在点火前给炉膛烟道重新通风，待充分清除可燃物之后再进行点火操作。

B选项错误。升压过程发现有卡住现象应停止升压，待排除故障后再继续升压。发现膨胀不均匀时也应采取措施消除。

C选项错误。在一定时间内压力表指针应离开原点。如锅炉内已有压力而压力表指针不动，则须将火力减弱或停息，校验压力表并清洗压力表管道，待压力表正常后，方可继续升压。

27. A

【解析】B选项错误。灭火后即把炉门、灰门及烟道挡板打开，以加强通风冷却。

C选项错误。因缺水紧急停炉时，严禁给锅炉上水，并不得开启空气阀及安全阀快速降压。

D选项错误。紧急停炉是为防止事故扩大，不得不采用的非常停炉方式，有缺陷的锅炉应尽量避免紧急停炉。

28. D

【解析】A、B选项错误。为防止炉膛爆炸，点火前，开动引风机给锅炉通风5~10

min，没有风机的可自然通风 5~10 min，之后投入点燃火炬，最后送入燃料。

C 选项错误。一次点火未成功需要重新点燃火炬时，一定要在点火前给炉膛烟道重新通风，待充分清除可燃物之后再进行点火操作。

29. A

【解析】B 选项错误。紧急停炉的操作次序是：立即停止添加燃料和送风，减弱引风，与此同时，设法熄灭炉膛内的燃料。灭火后即把炉门、灰门及烟道挡板打开，以加强通风冷却。

C 选项错误。锅水冷却至 70 ℃左右允许排水。

D 选项错误。因缺水紧急停炉时，严禁给锅炉上水，并不得开启空气阀及安全阀快速降压。

30. B

【解析】锅炉在减弱燃烧时不宜上水，人工烧炉在投煤、扒渣时也不宜上水。

31. A

【解析】依据《固定式压力容器安全技术监察规程》（TSG 21）：

$$pT = \eta p \frac{[\sigma]}{[\sigma]^t}$$

式中　$pT$——耐压试验压力，MPa；

$\eta$——耐压试验压力系数，见下表；

$p$——压力容器的设计压力或者压力容器铭牌上规定的最高允许工作压力（对在用压力容器为检验确定的允许使用压力或者监控使用压力），MPa；

$[\sigma]$——试验温度下材料的许用应力（或者设计应力强度），MPa；

$[\sigma]^t$——设计温度下材料的许用应力（或者设计应力强度），MPa。

耐力试验的压力系数

| 压力容器的材料 | 压力系数 $\eta$ | |
|---|---|---|
| | 液（水）压 | 气压、气液组合 |
| 钢和有色金属 | 1.25 | 1.10 |
| 铸铁 | 2.00 | — |

因此，压力容器出厂前以水为介质进行耐压试验时，试验压力应为设计压力的 1.25 倍。

32. C

【解析】为防止炉膛和尾部烟道再次燃烧造成破坏，常采用在炉膛和烟道易爆处装设防爆门。

33. D

【解析】根据《锅炉定期检验规则》（TSG G7002），试验前，对试验环境进行确认，周围的环境温度不应当低于 5 ℃，否则应当采取有效的防冻措施。对奥氏体材料的受压部位，水中的氯离子浓度不得超过 25 mg/L。水（耐）压试验过程应缓慢升压至工作压力，升压速率不超过每分钟 0.5 MPa。在试验压力下保持 20 min。

## 二、多项选择题

34. AC

【解析】A 选项中，发生锅炉爆炸事故时，司炉人员一定要保持清醒的头脑，不要惊慌失措，必须设法躲避爆炸物和高温水、汽，在尽可能的情况下尽快将人员撤离现场。

C 选项中，熄灭和清除炉膛内的燃料不能用向炉膛浇水的方法灭火，而应用黄砂或湿煤灰将红火压灭。

35. ABE

【解析】锅炉发生爆炸的原因：

（1）水蒸气爆炸。

（2）超压爆炸：超压爆炸指由于安全阀、压力表不齐全、损坏或装设错误，操作人员擅离岗位或放弃监视责任，关闭或关小出汽通道，无承压能力的生活锅炉改作承压蒸汽锅炉等原因，致使锅炉主要承压部件筒体、封头、管板、炉胆等承受的压力超过其承载能力而造成的锅炉爆炸。

（3）缺陷导致爆炸：缺陷导致爆炸指锅炉承受的压力并未超过额定压力，但因锅炉主要承压部件出现裂纹、严重变形、腐蚀、组织变化等情况，导致主要承压部件丧失承载能力，突然大面积破裂爆炸。

（4）严重缺水导致爆炸：锅炉的主要承压部件如锅筒、封头、管板、炉胆等，不少是直接受火焰加热的。锅炉一旦严重缺水，上述主要受压部件得不到正常冷却，甚至被烧，金属温度急剧上升甚至被烧红。这样的缺水情况是严禁加水的，应立即停炉。如给严重缺水的锅炉上水，往往酿成爆炸事故。长时间缺水干烧的锅炉也会爆炸。

36. BC

【解析】形成汽水共腾的原因：

（1）锅水品质太差。由于给水品质差、排污不当等原因，造成锅水中悬浮物或含盐量太高，碱度过高。由于汽水分离，锅水表面层附近含盐浓度更高，锅水黏度很大，气泡上升阻力增大。在负荷增加、汽化加剧时，大量气泡被黏阻在锅水表面层附近来不及分离出去，形成大量泡沫，使锅水表面上下翻腾。

（2）负荷增加和压力降低过快。当水位高、负荷增加过快、压力降低过速时，会使水面汽化加剧，造成水面波动及蒸汽带水。

37. ADE

【解析】省煤器损坏原因有：

（1）烟速过高或烟气含灰量过大，飞灰磨损严重。

（2）给水品质不符合要求，特别是未进行除氧，管子水侧被严重腐蚀。

（3）省煤器出口烟气温度低于其酸露点，在省煤器出口段烟气侧产生酸性腐蚀。

（4）材质缺陷或制造安装时的缺陷导致破裂。

（5）水击或炉膛、烟道爆炸剧烈振动省煤器并使之损坏等。

B 选项是汽水共腾事故原因，C 选项是锅炉爆管事故原因。

38. ACD

【解析】紧急停炉的操作次序：立即停止添加燃料，减弱引风；设法熄灭炉膛内的燃料，对于一般层燃炉可以用砂土或湿灰土灭火，链条炉可以开快挡使炉排快速运转，把红火送入灰坑；灭火后即把炉门、灰门及烟道挡板打开，以加强通风冷却；锅内可以较快降压并更换锅水，锅水冷却至 70 ℃左右允许排水。因缺水事故紧急停炉时，严禁给锅炉上水，并不得开启空气阀及安全阀快速降压。

39. BDE

【解析】A 选项错误。在用锅炉的安全阀每年至少校验一次，检验一般在锅炉运行状态下进行。

C 选项错误。锅炉运行中安全阀不允许解列。

40. CE

【解析】A 选项错误。为使水位保持正常，锅炉在低负荷运行时，水位应稍高于正常水位，以防负荷增加时水位降得过低；锅炉在高负荷运行时，水位应稍低于正常水位，以免负荷降低时水位升得过高。

B 选项错误。对于间断上水的锅炉，为保持气压稳定，要注意上水均匀。上水间隔的时间不宜过长，一次上水不宜过多。在燃烧减弱时不宜上水，人工烧炉在投煤、扒渣时也不宜上水。

D 选项错误。当锅炉蒸发量和负荷不相等时，气压就要变动。若负荷小于蒸发量，气压就上升；负荷大于蒸发量，气压就下降。

41. ABE

【解析】C 选项错误。对于燃气、燃油锅炉，炉膛停火后，引风机至少要继续引风 5 min以上。

D 选项错误。对无旁通烟道的可分式省煤器，应密切监视其出口水温，并连续经省煤器上水、放水至水箱中，使省煤器出口水温低于锅筒压力下饱和温度 20 ℃。

42. ABCE

【解析】停炉保养常用的方式有压力保养、湿法保养、干法保养和充气保养。

43. ACE

【解析】B 选项错误。应根据锅炉工作压力选用压力表，压力表的量程范围一般应为工作压力的 1.5~3 倍，最好选用 2 倍。

D 选项错误。锅炉蒸汽空间设置的压力表应当有存水弯管或者其他冷却蒸汽的措施，热水锅炉用的压力表也应有缓冲弯管，弯管内径应当不小于 10 mm。

44. ACD

【解析】本题考查的是锅炉启动步骤。

上水温度最高不超过 90 ℃，水温与筒壁温差不超过 50 ℃。故 B 选项错误。对于层燃炉一般用木材引火，严禁用挥发性强烈的油类或易燃物引火，以免造成爆炸事故。故 E 选项错误。

45. BCD

【解析】A 选项错误。新装、移装、大修或长期停用的锅炉，其炉膛和烟道的墙壁非常潮湿，一旦骤然接触高温烟气，将会产生裂纹、变形，甚至发生倒塌事故。为防止此种情况发生，此类锅炉在上水后、启动前要进行烘炉。

E 选项错误。对省煤器的保护措施是：对钢管省煤器，在省煤器与锅筒间连接再循环管，在点火升压期间，将再循环管上的阀门打开，使省煤器中的水经锅筒、再循环管（不受热）重回省煤器，进行循环流动。但在上水时应将再循环管上的阀门关闭。

## 第四节 气瓶安全技术

### 一、单项选择题

1. B

**【解析】**把容积不超过 3000 L，用于储存和运输压缩气体、液化气体、溶解气体、吸附气体的可重复充装的可移动式的容器叫作气瓶。

2. A

**【解析】**瓶阀阀体上如装有爆破片，其公称爆破压力应为气瓶的水压试验压力，而不是气压试验压力。

3. C

**【解析】**依据《气瓶搬运、装卸、储存和使用安全规定》(GB/T 34525)，不应使用翻斗车或铲车搬运气瓶，叉车搬运时应将气瓶装入集装格或集装篮内。气瓶搬运中如需吊装时，不应使用电磁起重设备。用机械起重设备吊运散装气瓶时，应将气瓶装入集装格或集装篮中，并妥善加以固定。不应使用链绳、钢丝绳捆绑或钩吊瓶帽等方式吊运气瓶。依据《汽车运输危险货物规则》(JT 617)“附表 D1 危险货物配装表”：乙炔和液化石油气同属于压缩气体和液化气体类的“5 项易燃气体”，因此可以混放运输。

4. D

**【解析】**为使先入库或临近检验期限的气瓶优先发出，应尽量将这些气瓶储存在一起，并在栅栏的牌子上注明。

5. D

**【解析】**A 选项错误。盛装助燃和不可燃气体瓶阀的出气口螺纹为右旋，可燃气体瓶阀的出气口螺纹为左旋。

B 选项错误。工业用非重复充装焊接气瓶瓶阀设计成不可重复充装的结构，瓶阀与瓶体的连接采用焊接方式。

C 选项错误。与乙炔接触的瓶阀材料，选用含铜量小于 65% 的铜合金（质量比）。

6. D

**【解析】**A 选项错误。易熔合金塞装置结构简单，是通过控制温度来控制瓶内的温升压力的，只适用于气瓶，不适用于固定式容器。

B 选项错误。永久气体气瓶的爆破片一般装配在气瓶阀门上。

C 选项错误。一般气瓶都没有安装安全阀。

7. A

**【解析】**B 选项错误。车用压缩天然气气瓶的易熔合金塞装置的动作温度为 110 ℃。

C 选项错误。公称动作温度为 70 ℃的易熔合金塞装置用于除溶解乙炔气瓶外的公称工作压力小于或等于 3.45 MPa 的气瓶。

D 选项错误。公称动作温度为 102.5 ℃的易熔合金塞装置用于公称工作压力大于 3.45 MPa 且不大于30 MPa的气瓶。

8. A

**【解析】** B 选项错误。对于焊接气瓶，安全泄压装置应当装设在瓶阀或者阀座上，也可以单独装设在气瓶的封头上。

C 选项错误。对于工业用非重复充装焊接钢瓶，应当将爆破片直接焊接在气瓶封头部位。

D 选项错误。对于溶解乙炔气瓶安全泄压装置，应当将易熔合金塞装设在气瓶上封头、阀座或者瓶阀上。

9. B

**【解析】** A 选项错误。气瓶实行固定充装单位充装制度，气瓶充装单位应当充装本单位自有并且办理使用登记的气瓶（车用气瓶、非重复充装气瓶、呼吸器用气瓶以及托管气瓶除外）。

C 选项错误。严禁充装超期未检气瓶、改装气瓶、翻新气瓶和报废气瓶。

D 选项错误。无标签的气瓶不准出充装单位。

10. C

**【解析】** A 选项错误。当人工将气瓶向高处举放或气瓶从高处落地时必须两人同时操作。

B 选项错误。不得使用电磁起重机吊运气瓶。

D 选项错误。乙炔气瓶和液化石油气气瓶严禁同车运输。

11. A

**【解析】** 冬季集中供暖库房设计温度为 10 ℃，严禁采用煤炉、电热器取暖。

12. C

**【解析】** A 选项错误。盛装剧毒气体、自燃气体的气瓶，禁止装设安全泄压装置。

B 选项错误。车用压缩天然气气瓶应当装设爆破片-易熔合金塞串联复合装置或者玻璃泡装置。

D 选项错误。盛装低压有毒气体的气瓶不应当单独装设安全阀，盛装高压有毒气体的气瓶应当选用爆破片-易熔合金塞复合装置。

13. D

**【解析】** 气瓶的贮存、保管应符合下列规定：

（1）气瓶瓶库屋顶应为轻型结构，应有足够的泄压面积，应有通风换气装置。严禁明火和其他热源。

（2）可燃气体的气瓶不可与氧化性气体气瓶同库储存；氢气不准与笑气、氨、乙炔、氯乙烷等同库。

（3）应当遵循先入先发的原则。

（4）空、实瓶应分开放置。

（5）可燃、有毒、窒息气瓶库房应有自动报警装置。

14. B

【解析】燃气气瓶和氧气、氮气以及惰性气体气瓶，一般不装设安全泄压装置。

15. D

【解析】依据《气瓶安全技术规程》（TSG 23），气瓶按照用途一般分为：

（1）工业用气瓶。

（2）医用气瓶。

（3）燃气气瓶。

（4）车用气瓶。

（5）呼吸器用气瓶。

（6）消防灭火用气瓶。

16. D

【解析】由于无缝气瓶瓶体上不宜开孔，高压无缝气瓶容积较小，安全泄放量也小，不需要太大的泄放面积，因此用于永久气体气瓶的爆破片一般装配在气瓶阀门上。

17. B

【解析】依据《气瓶安全技术规程》（TSG 23），公称工作压力确定原则：

（1）盛装压缩气体气瓶的公称工作压力，是指在基准温度（一般为 20 ℃）下的气瓶内气体达到完全均匀状态时的限定（充）压力，一般选用正整数系列。

（2）盛装高压液化气体气瓶的公称工作压力，是指 60 ℃时气瓶内气体压力的上限值。

（3）盛装低压液化气体气瓶的公称工作压力，是指 60 ℃时所充装气体的饱和蒸气压。

（4）盛装溶解气体气瓶的公称工作压力，是指在 15 ℃时的气瓶内气体的化学性能、物理性能达到平衡条件下的静置压力。

（5）低温绝热气瓶的公称工作压力，是指在气瓶正常工作状态下，内胆顶部气相空间可能达到的最高压力；根据实际使用需要，可在 0.2~ 3.5 MPa 范围内选取。

（6）盛装标准沸点等于或者低于 60 ℃ 的液体以及混合气体气瓶的公称工作压力，按照相关标准规定选取。

（7）消防灭火用气瓶的公称工作压力，应当不小于灭火系统相关标准中规定的最高工作温度下的最大工作压力。

18. B

【解析】可燃气体的气瓶不可与氧化性气体气瓶同库储存；氢气不准与笑气、氨、氯乙烷、环氧乙烷、乙炔等同库。

19. D

【解析】运输车辆应具有固定气瓶的相应装置，散装直立气瓶高出栏板部分不应大于气瓶高度的 1/4。

20. C

【解析】车用压缩天然气气瓶应当装设爆破片-易熔合金塞串联复合装置。

21. B

【解析】根据《化学品分类和危险性公示通则》（GB 13690），压力下气体是指高压气体在压力等于或大于200 kPa（表压）下装入贮器的气体，或是液化气体或冷冻液化气体。压力下气体包括压缩气体、液化气体、溶解液体、冷冻液化气体。

22. C

【解析】我国目前使用的易熔合金塞装置的公称动作温度有102.5 ℃、100 ℃和70 ℃三种。车用压缩天然气气瓶的易熔合金塞装置的动作温度为110 ℃。

23. A

【解析】根据《气瓶充装许可规则》（TSG R4001），气瓶充装单位应当经省级质量技术监督部门（以下简称发证机关）批准，取得气瓶充装许可证后，方可在批准的范围内从事气瓶充装工作。

根据《气瓶安全技术监察规程》（TSG R0006），充装高（低）压液化气体应当对充装量逐瓶复检（设复检用计量衡器），严禁过量充装，充装超量的气瓶不准出站并且应当及时处置。

根据《气瓶安全技术监察规程》（TSG R0006），气瓶实行固定充装单位充装制度，气瓶充装单位应当充装本单位自有并且办理使用登记的气瓶（车用气瓶、非重复充装气瓶、呼吸器用气瓶以及托管气瓶除外）。

根据《气瓶充装许可规则》（TSG R4001），混合气体、低温液化气体、车用气瓶加气站的气瓶充装许可，也应当按本规则执行。

因此，选项A错误。

## 二、多项选择题

24. DE

【解析】A选项错误。盛装氧气和强氧化性气体的气瓶瓶阀的非金属密封材料必须具有阻燃性和抗老化性。

B选项错误。工业用非重复充装焊接气瓶瓶阀必须设计成不可重复充装的结构，瓶阀与瓶体的连接采用焊接方式。

C选项错误。瓶阀出厂时应逐只出具合格证。

25. BCDE

【解析】B选项错误。气瓶运送过程严禁拖拽、随地平滚、顺坡横或竖滑下或用脚踢，严禁肩扛、背驼、怀抱、托举等。

C选项错误。当人工将气瓶向高处举放或气瓶从高处落地时必须二人同时操作。

D选项错误。不得使用金属链绳捆绑后吊运气瓶。

E选项错误。氧气瓶不可与可燃气体气瓶同车。

26. ABCE

【解析】气瓶的安全附件：瓶阀、瓶帽、安全泄压装置（如爆破片-易熔塞复合装置）、防震圈。

27. AE

【解析】B选项错误。对于固定式瓶帽，其帽体下部有加工螺纹，但此螺纹不起紧固作用，在其帽口处还有侧向突缘，上有螺孔，瓶帽装入瓶颈后用紧固螺栓紧固，使瓶帽固定在气瓶上。

C 选项错误。保护罩是保护瓶帽、瓶阀或易熔塞免受撞击而设置的敞口屏罩式零件，可兼作提升零件。

D 选项错误。公称容积大于或等于 10 L 的钢质焊接气瓶，应当配有不可拆卸的保护罩或者固定式瓶帽。

28. ACD

【解析】B 选项错误。应当采用逐瓶称重的方式进行充装，禁止无称重直接充装（车用气瓶除外）。

E 选项错误。禁止在充装站外由罐车等移动式压力容器直接对气瓶进行充装。

29. ABC

【解析】采用电解法制取氢气、氧气的充装单位，当氢气中含氧量或者氧气中含氢量超过 0.5%（体积比）时，应当停止充装，同时查明原因并采取有效措施。充装高或低压液化气体前，应当采用逐瓶称重的方式进行充装，车用气瓶除外。充装低温液化气体及低温液体时，应当采用衡器逐瓶（车用焊接绝热气瓶除外）复检充装低温液化气体及低温液体的气瓶，充装超量的气瓶应当及时采取有效措施进行处置，否则不允许出充装站。

30. ACDE

【解析】气瓶入库应按照气体的性质、公称工作压力及空实瓶严格分类存放，应有明确的标志。可燃气体的气瓶不可与氧化性气体气瓶同库储存；氢气不准与笑气、氨、氯乙烷、环氧乙烷、乙炔等同库。

## 第五节　压力容器安全技术

### 一、单项选择题

1. D

【解析】压力容器发生事故应急处置措施为：关闭或切断进汽阀门，停止进料，对无毒非易燃介质，打开放空管，有毒易燃易爆介质，排至安全地点。

2. A

【解析】压力容器事故应急措施：

（1）压力容器发生超压超温时要马上切断进汽阀门；对于反应容器停止进料；对于无毒非易燃介质，要打开放空管排汽；对于有毒易燃易爆介质要打开放空管，将介质通过接管排至安全地点。

（2）如果属超温引起的超压，除采取上述措施外，还要通过水喷淋冷却以降温。

（3）压力容器发生泄漏时，要马上切断进料阀门及泄漏处前端阀门。

（4）压力容器本体泄漏或第一道阀门泄漏时，要根据容器、介质不同使用专用堵漏技术和堵漏工具进行堵漏。

（5）易燃易爆介质泄漏时，要对周边明火进行控制，切断电源，严禁一切用电设备运行，并防止静电产生。

3. C

【解析】在用压力容器划分为2、3、4、5四个等级，其中4级是指主体材料不符合有关规定；主体材料、强度、结构有较严重的不符合法规和标准的缺陷，强度经校验尚能满足要求；焊缝存在线性缺陷，根据检验报告未发现缺陷发展或者扩大；其检验报告确定为不能在规定的定期检验周期内，在规定的操作条件下能安全使用。

4. B

【解析】射线检测的特点：可以获得缺陷直观图像，定性准确，对长度、宽度尺寸的定量也较准确；检测结果有直接记录，可以长期保存；对体积型缺陷（气孔、夹渣类）检出率高，对面积性缺陷（裂纹、未熔合类）如果照相角度不适当容易漏检；适宜检验厚度较薄的工件，不适宜检验较厚的工件；适宜检验对接焊缝，不适宜检验角焊缝以及板材、棒材和锻件等；对缺陷在工件中厚度方向的位置、尺寸（高度）的确定较困难；检测成本高、速度慢；射线对人体有害。

5. B

【解析】锅炉的日常维护保养主要包括以下内容：

（1）保持完好的防腐层。

（2）消除产生腐蚀的因素。

（3）消灭容器的“跑、冒、滴、漏”。

（4）加强容器在停用期间的维护。

（5）经常保持容器的完好状态。

6. A

【解析】A选项中，碳钢容器的碱脆需要具备温度、拉伸应力和较高的碱液浓度等条件，介质中含有稀碱液的容器，必须采取措施消除使稀液浓缩的条件，如接缝渗漏、器壁粗糙或存在铁锈等多孔性物质等。

7. D

【解析】承装有毒介质的压力容器发生超温超压时，要马上将放空管接入安全地带，防止有毒介质挥发。

8. C

【解析】易熔塞属于“熔化型”安全泄放装置，它的动作取决于容器壁的温度，主要用于中、低压的小型压力容器，在盛装液化气体的钢瓶中应用更为广泛。

9. C

【解析】安全阀与爆破片装置并联组合时，爆破片的标定爆破压力不得超过容器的设计压力。安全阀的开启压力应略低于爆破片的标定爆破压力。

10. D

【解析】压力容器爆炸分为物理爆炸现象和化学爆炸现象。物理爆炸现象属于高压气体超压爆炸。化学爆炸现象是容器内介质发生化学反应，释放能力生成高温、高压，其爆炸危害程度往往比物理爆炸现象严重。

11. C

【解析】压力容器一般应当于投用满3年时进行首次全面检验。下次的全面检验周期为：

（1）安全状况等级为 1、2 级的，一般每 6 年一次。

（2）安全状况等级为 3 级的，一般 3~6 年一次。

（3）安全状况等级为 4 级的，应当监控使用，累计监控使用时间不得超过 3 年。

12. C

【解析】（1）注意通风和监护。

（2）注意用电安全。在容器内检验而用电灯照明时，照明电压不应超过24 V。检验仪器和修理工具的电源电压超过 36 V 时，必须采用绝缘良好的软线和可靠的接地线。容器内严禁采用明火照明。

（3）禁止带压拆装连接部件。

（4）人孔和检查孔打开后，必须清除所有可能滞留的易燃、有毒、有害气体。压力容器内部空间的气体含氧量应当在 18%~23%（体积比）之间。

13. B

【解析】A 选项应保持完好的防腐层。

C 选项停用的容器，必须将内部的介质排除干净，腐蚀性介质要经过排放、置换、清洗等技术处理。

D 选项容器上所有的安全装置和计量仪表，应定期进行调整校正，使其始终保持灵敏、准确。

14. D

【解析】安全阀按其结构和作用原理可分为杠杆式、弹簧式和脉冲式等。当安全阀的入口处装有隔断阀时，隔断阀必须保持常开状态并加铅封。爆破片的防爆效率取决于它的厚度、泄压面积和膜片材料的选择。

15. B

【解析】消除产生腐蚀的因素。有些工作介质只有在某种特定条件下才会对容器的材料产生腐蚀。因此要消除这种能引起腐蚀的、特别是应力腐蚀的条件。例如，一氧化碳气体只有在含有水分的情况下才可能对钢制容器产生应力腐蚀，应尽量采取干燥、过滤等措施；碳钢容器的碱脆需要具备温度、拉伸应力和较高的碱液浓度等条件，介质中含有稀碱液的容器，必须采取措施消除使稀碱浓缩的条件，如接缝渗漏，器壁粗糙或存在铁锈等多孔性物质等；盛装氧气的容器，常因底部积水造成水和氧气交界面的严重腐蚀，要防止这种腐蚀，最好使氧气经过干燥，或在使用中经常排放容器中的积水。

16. B

【解析】A 选项错误。氧舱舱门门框与筒体、封头，递物筒接管与筒体，观察（照明）窗法兰与筒体等焊接的角焊缝需要进行 100% 磁粉检测。

C 选项错误。设置有 2 个以上（含 2 个）舱室的，应当分别对各舱室进行耐压试验，当各个舱室耐压试验符合要求后，方能进行氧舱整体耐压试验。

D 选项错误。氧舱气压试验介质应为干燥洁净的氮气或空气，并且应当避免油脂污染。

17. D

【解析】A 选项错误。金属压力容器一般于投用后 3 年内进行首次定期检验，安全状况等级为 5 级的，应当对缺陷进行处理，否则不得继续使用。

B 选项错误。非金属压力容器一般于投用后 1 年内进行首次定期检验。安全状况等级为 4 级的，不得继续在当前介质下使用；如果用于其他适合的腐蚀性介质时，应当监控使用，其检验周期由检验机构确定，但是累计监控使用时间不得超过 1 年。

C 选项错误。安全状况等级为 1、2 级的金属压力容器，符合下列条件的，定期检验周期可以适当延长：介质腐蚀速率每年低于0. 1 mm、有可靠的耐腐蚀金属衬里或者热喷涂金属涂层的压力容器，通过 1 次至 2 次定期检验，确认腐蚀轻微或者衬里完好的，其检验周期最长可以延长至 12 年。

18. C

**【解析】** A 选项错误。安全阀锈死、阀瓣与阀座黏住、杠杆被卡住或安全阀定压不准，可能会造成安全阀到规定压力时不开启。

B 选项错误。阀杆、阀瓣安装位置不正或者被卡住，可能会造成安全阀排放泄压后阀瓣不回座。

D 选项错误。选用的安全阀排量太小，或者排气管截面积太小，可能会造成排气后压力继续上升。

19. B

**【解析】** A 选项错误。安全阀的整定压力一般不大于该压力容器的设计压力。

C 选项错误。压力容器上爆破片的设计爆破压力一般不大于该容器的设计压力，并且爆破片的最小爆破压力不得小于该容器的工作压力。

D 选项错误。当安全阀和爆破片并联使用时，安全阀的开启压力应略低于爆破片爆破压力。

20. A

**【解析】** 压力表是指示容器内介质压力的仪表，是压力容器的重要安全装置。按其结构和作用原理，压力表可分为液柱式、弹性元件式、活塞式和电量式四大类。

21. A

**【解析】** 过高的加载速度会降低材料的断裂韧性，可能使存在微小缺陷的容器在压力的快速冲击下发生脆性断裂。

22. D

**【解析】** 本题考查的是压力容器安全附件。

A 选项错误。当安全阀与爆破片装置并联组合时，安全阀的开启压力应略低于爆破片的标定爆破压力。

B 选项错误。当安全阀进口和容器之间串联安装爆破片装置，爆破片破裂后的泄放面积应不小于安全阀进口面积。

C 选项错误、D 选项正确。爆破帽爆破压力误差较小，泄放面积较小，多用于超高压容器。

23. A

**【解析】** 安全阀与爆破片装置并联组合时，爆破片的标定爆破压力不得超过容器的设计压力。安全阀的开启压力应略低于爆破片的标定爆破压力。

当安全阀出口侧串联安装爆破片装置时，容器内的介质应是洁净的，不含有胶着物质或阻塞物质；当安全阀与爆破片之间存在背压时，阀仍能在开启压力下准确开启；爆破片的泄放面积不得小于安全阀的进口面积。

24. D

【解析】压力容器的维护保养主要包括以下内容：

（1）保持完好的防腐层。

（2）消除产生腐蚀的因素。

（3）消灭容器的“跑、冒、滴、漏”，经常保持容器的完好状态。

（4）加强容器在停用期间的维护。

（5）经常保持容器的完好状态。

25. A

【解析】当年度检查与月度检查时间重合时，可不再进行月度检查。

26. A

【解析】根据《固定式压力容器安全技术监察规程》（TSG 21）7.2.2.2.1 规定，搪玻璃压力容器检查内容包括：

（1）压力容器外表面防腐漆是否完好，是否有锈蚀、腐蚀现象。

（2）密封面是否有泄漏。

（3）夹套底部排净（疏水）口开闭是否灵活。

（4）夹套顶部放气口开闭是否灵活。

27. B

【解析】超声检测和射线检测主要是针对被检测物内部的缺陷，磁粉检测、渗透检测和涡流检测主要是针对被检测物的表面及近表面缺陷。

28. D

【解析】安全阀与爆破片装置并联组合时，爆破片的标定爆破压力不得超过容器的设计压力。安全阀的开启压力应略低于爆破片的标定爆破压力。

29. C

【解析】依据《固定式压力容器安全技术监察规程》（TSG 21），安全状况等级为 1、2 级的，一般每 6 年检验一次。安全状况等级为 3 级的，一般每 3~6 年检验一次。安全状况等级为 4 级的，监控使用，其检验周期由检验机构确定，累计监控使用时间不得超过 3 年，在监控使用期间，使用单位应当采取有效的监控措施。安全状况等级为 5 级的，应当对缺陷进行处理，否则不得继续使用。

30. B

【解析】对运行中的容器进行检查，包括工艺条件、设备状况以及安全装置等方面。

在工艺条件方面，主要检查操作压力、操作温度、液位是否在安全操作规程规定的范围内，容器工作介质的化学组成，特别是那些影响容器安全（如产生应力腐蚀、使压力升高等）的成分是否符合要求。

在设备状况方面，主要检查各连接部位有无泄漏、渗漏现象，容器的部件和附件有无塑性变形、腐蚀以及其他缺陷或可疑迹象，容器及其连接管道有无振动、磨损等现象。

在安全装置方面，主要检查安全装置以及与安全有关的计量器具是否保持完好状态。

## 二、多项选择题

31. BCD

【解析】压力容器在使用过程中，发生下列异常现象时，应立即采取紧急措施，停止容器的运行：

（1）超温、超压、超负荷时，采取措施后仍不能有效控制。

（2）主要受压元件发生裂纹、鼓包、变形。

（3）安全装置全部失效。

（4）接管、紧固件损坏，难以保证安全运行。

（5）发生火灾、撞击等直接威胁压力容器安全运行的情况。

（6）高压容器的信号孔或警报孔泄漏。

（7）液位超过规定，采取措施后仍不能得到有效控制。

（8）压力容器与管道发生严重振动，危及安全运行。

32. BCD

【解析】A 选项错误。安全阀对于有毒物质和含胶着的物质不能使用。

E 选项错误。当安全阀与爆破片串联组合时，爆破片破裂后的泄放面积应不小于安全阀的进口面积。

33. AE

【解析】B 选项错误。压力容器与安全泄放装置之间的连接管和管件的通孔，其截面积不得小于安全阀的进口截面积。

C 选项错误。压力容器一个连接口上装设两个或者两个以上的安全泄放装置时，则该连接口入口的截面积，应当至少等于这些安全泄放装置的进口截面积总和。

D 选项错误。安全泄放装置与压力容器之间一般不宜装设截止阀门（而不是“不得”）。

34. DE

【解析】A 选项错误。射线检测对体积性缺陷（气孔、夹渣类）检出率高，对面积性缺陷（裂纹、未熔合类）如果照相角度不适当，容易漏检。

B 选项错误。超声波检测对面积性缺陷的检出率较高，而体积性缺陷检出率较低，并且适宜检验厚度较大的工件，对位于工件厚度方向上的缺陷定位较准确，且材质、晶粒度对检测有影响。

C 选项错误。渗透检测适用于除疏松多孔性材料外任何种类的材料，可以检出表面张口的缺陷，但对埋藏缺陷或闭口型的表面缺陷无法检出。

35. DE

【解析】A 选项错误。常用的射线检测方法有 X 射线和 γ 射线两种，射线检测适用于检测厚度较薄的工件以及检验对接焊缝；不适宜检测角焊缝以及板材、棒材和锻件等。

B 选项错误。超声波检测对面积性缺陷检出率较高，适用于各种试件，包括对接焊缝、角焊缝、板材、管材、棒材、锻件以及复合材料等。

C 选项错误。磁粉检测适宜铁磁材料探伤，不能用于非铁磁材料，可以检测出表面和近表面缺陷，不可用于检测内部缺陷，且具有成本低、速度快、灵敏度高等特点，可以发现极细小的裂纹以及其他缺陷。

36. BCD

【解析】A 选项错误。若发现防腐层损坏，即使是局部的，也应该先经修补等妥善处理以后再继续使用。

E 选项错误。停用的容器，必须将内部的介质排除干净，腐蚀性介质要经过排放、置换、清洗等技术处理。

37. BE

【解析】A 选项错误。射线照相检测的局限性在于不能确定缺欠的埋藏深度和平行于射线方向的尺寸等。

C 选项错误。涡流检测的局限性在于较难检测出形状复杂的工件表面或近表面缺欠等。

D 选项错误。磁粉检测局限性在于不适用于非铁磁性材料，如奥氏体钢、铜、铝等材料且难以确定缺欠的深度等。

38. AE

【解析】B 选项错误。爆破片与安全阀相比，它具有结构简单、泄压反应快、密封性能好、适应性强等特点。

C 选项错误。爆破帽为一端封闭，中间有一薄弱层面的厚壁短管，爆破压力误差较小，泄放面积较小，多用于超高压容器，其破爆压力与材料强度之比一般为 0.2~0.5。

D 选项错误。紧急切断阀按操作方式的不同，可分为机械（或手动）牵引式、油压操纵式、气压操纵式和电动操纵式等多种，前两种目前在液化石油气槽车上应用非常广泛。

39. AB

【解析】搪玻璃压力容器年度检查项目包括：

（1）压力容器外表面防腐漆是否完好，是否有锈蚀、腐蚀现象。

（2）密封面是否有泄漏。

（3）夹套底部排净（疏水）口开闭是否灵活。

（4）夹套顶部放气口开闭是否灵活。

40. CD

【解析】A 选项错误。金属压力容器检验周期：金属压力容器一般于投用后 3 年内进行首次定期检验。安全状况等级为 3 级的，一般每 3 年至 6 年检验一次。

B 选项错误。非金属压力容器检验周期：非金属压力容器一般于投用后 1 年内进行首次定期检验，安全状况等级为 1 级的，一般每 3 年检验一次；安全状况等级为 2 级的，一般每 2 年检验一次。

E 选项错误。安全状况等级为 1、2 级的金属压力容器，介质腐蚀速率每年低于 0.1 mm、有可靠的耐腐蚀金属衬里或者热喷涂金属涂层的压力容器，通过 1 次至 2 次定期检验，确认腐蚀轻微或者衬里完好的，其检验周期最长可以延长至 12 年。

41. ABE

【解析】当安全阀出口侧串联安装爆破片装置时，应满足下列条件：

（1）容器内的介质应是洁净的，不含有胶着物质或阻塞物质。

（2）安全阀泄放能力应满足要求。

（3）当安全阀与爆破片之间存在背压时，阀仍能在开启压力下准确开启。

（4）爆破片的泄放面积不得小于安全阀的进口面积。

（5）安全阀与爆破片装置之间应设置放空管或排污管，以防止该空间的压力累积。

42. AE

【解析】根据《固定式压力容器安全技术监察规程》（TSG 21）3. 2. 16 快开门式压力容器设计专项要求规定，设计快开门式压力容器时，安全联锁装置应当满足以下要求：

（1）当快开门达到预定关闭部位，方能升压运行 。

（2）当压力容器的内部压力完全释放，方能打开快开门。

## 第六节　压力管道安全技术

### 一、单项选择题

1. D

【解析】紧急切断阀能在管道发生大量泄漏时紧急止漏，一般还具有过流闭止及超温闭止的性能，并且能在近程和远程独立进行操作的安全附件。

2. C

【解析】应立即采取紧急措施的情况：介质压力、温度超过允许使用范围且采取措施后仍不见效；管道及管件发生裂纹、鼓包、变形、泄漏或异常振动、声响等；安全保护装置失效、发生火灾事故且直接威胁正常安全运行；管道阀门及监控装置失灵，危及安全运行。

3. D

【解析】管道随时间逐渐发展的缺陷导致的原因：

（1）腐蚀减薄：分为内腐蚀由介质引起，外腐蚀由环境引起。

（2）冲刷磨损：介质流速越大，冲蚀越严重，硬度越大越严重；弯头、变径管件等地方最严重。

（3）开裂：管道最危险的缺陷。包括：①管材安装时产生的裂纹，焊接裂纹、应力裂纹；②使用中产生的裂纹，腐蚀裂纹、疲劳裂纹和蠕变裂纹。

（4）材质劣化（氢脆等）、变形。

针对管道的液击破坏应尽量缓慢开闭阀门、缩短管子长度、靠近液击源附近设置安全阀、蓄能器等装置、采用具有防液击功能的阀门；针对管系振动破坏应避免与管道结构固有频率形成共振、减轻气液两相流的激振力、加强支架刚度。

4. D

【解析】A 选项错误。长输管道一般设置安全泄放装置、热力管道设置超压保护装置，除特殊情况外，处于运行中可能超压的管道系统均应设置泄压装置。

B 选项错误。安全阻火速度应大于安装位置可能达到的火焰传播速度。

C 选项错误。不能采取带压堵漏的方法情况：介质毒性极大；管道受压元件因裂纹而产生泄漏；管道腐蚀、冲刷壁厚状况不清；由于介质泄漏使螺栓承受高于设计使用温度的管道；泄漏特别严重，压力高、介质易燃易爆或有腐蚀性的管道；现场安全措施不符合要求的管道。

5. B

【解析】对于长输管道腐蚀破坏：内腐蚀是介质本身造成的；外腐蚀是埋地管道缺陷的主要因素，大气腐蚀主要在海边或工业区，主要对象为跨越段和露管段。

6. D

【解析】爆燃型阻火器：阻止火焰亚音速传播。爆轰型阻火器：阻止火焰音速、超音速传播。

7. D

【解析】A 选项错误。安全阻火速度应大于安装位置可能达到的火焰传播速度。

B 选项错误。爆燃型阻火器能够阻止火焰以亚音速传播，爆轰型阻火器能够阻止火焰以音速、超音速传播。

C 选项错误。阻火器安装不得靠近炉子和加热设备。

8. D

【解析】压力管道保养要求：静电跨接和接地装置要保持良好完整，及时消除缺陷；及时消除“跑、冒、滴、漏”；经常对管道底部、弯曲处等薄弱环节进行检查；禁止将管道及支架作为电焊领先或起重工具的锚点和撬抬重物额支撑点；停用的管道应排除管内有毒、可燃介质，并进行置换。

9. B

【解析】压力管道故障处理：可拆接头和密封填料处泄漏：采取紧固措施消除泄漏，但不得带压紧固连接件；管道发生异常振动和摩擦，应采取隔断振源等措施；人工燃气中含有一定量的萘蒸汽，温度降低就形成凝固，造成堵塞，定期清洗管道。

10. C

【解析】A 选项错误。输气站应在进站截断阀上游和出站截断阀下游设置泄压放空装置。

B 选项错误。热力管道的泄压装置多采用安全阀，安全阀开启压力一般为正常最高工作压力的 1.1 倍，最低为 1.05 倍。

D 选项错误。安全阀或爆破片的入口管道和出口管道上不宜设置切断阀，但工艺有特殊要求必须设置切断阀时，应满足相应安全技术要求。

11. C

【解析】紧急切断装置包括紧急切断阀、远程控制系统和易熔塞自动切断装置。

12. B

【解析】A 选项错误。爆燃型阻火器是用于阻止火焰以亚音速通过的阻火器，轰爆型阻火器是用于阻止火焰以音速或超音速通过的阻火器。

C 选项错误。选用的阻火器的安全阻火速度应大于安装位置可能达到的火焰传播速度。

D 选项错误。选用阻火器时，其最大间隙应不大于介质在操作工况下的最大试验安全间隙。

13. B

【解析】A 选项错误。工艺物料含有水汽或者其他凝固点高于 0 ℃的蒸汽（如醋酸蒸汽等），有可能发生冻结的情况，阻火器应当设置防冻或者解冻措施。

C 选项错误。单向阻火器安装时，应当将阻火侧朝向潜在点火源。

D 选项错误。阻火器不得靠近炉子和加热设备，除非阻火单元温度升高不会影响其阻火性能。

14. C

【解析】A 选项错误。开工升温过程中，高温管道需对管道法兰连接螺栓进行热紧，低温管道需进行冷紧。

B 选项错误。管道交变载荷的特点是应力较大而交变频率较低。

D 选项错误。操作人员和维修人员对管线巡回检查的项目中包括各项工艺操作指标参数、系统平稳运行情况；管道接头、阀门及各管件密封情况；防腐层、保温层完好情况；管道振动情况；管道支吊架的紧固、腐蚀和支承情况，管架、基础完好情况；阀门等操作机构润滑状况；安全阀、压力表等安全保护装置运行状况；静电跨接、静电接地、抗腐蚀阴极保护装置的运行和完好状况；地表环境情况；其他缺陷。

15. C

【解析】禁止将管道及支架作为电焊的零线或起重工具的锚点和撬抬重物的支撑点。

16. B

【解析】A 选项错误。操作维修人员在可拆卸接头和密封填料处发现问题后，一般可采取紧固措施消除泄漏，但不得带压紧固连接件。

C 选项错误。燃气管道发生不均匀沉降时，冷凝水会积存在下沉处的管道中，形成袋水，如果冷凝水达到一定数量，不及时抽除，就会堵塞管道。

D 选项错误。萘蒸气不具有腐蚀性，人工燃气中常含有一定量的萘蒸气，温度降低就凝成固体，附着在管道内壁使其流动断面减小或堵塞。

17. D

【解析】工业管道中进出装置的可燃、易爆、有毒介质管道应在边界处设置切断阀，并在装置侧设“8”字盲板。

18. B

【解析】在需防止流体倒流的工业管道上，应设置止回阀。在燃气管道的高压储存门站、储配站调压工艺系统的燃气入口处，也应当装设止回阀。

19. C

【解析】根据《压力管道定期检验规则——工业管道》（TSG D7005）附件 A 工业管道年度检查要求的规定，年度检查应当至少包括对管道安全管理情况、管道运行状况和安全附件与仪表的检查，必要时应当进行壁厚测定和电阻值测量。

管道运行状况检查内容包括：检查波纹管膨胀节表面有无划痕、凹痕、腐蚀穿孔、开裂以及波纹管波间距是否符合要求，有无失稳现象，铰链型膨胀节的铰链、销轴有无变形、脱落、损坏现象，拉杆式膨胀节的拉杆、螺栓、连接支座是否符合要求等情况。对有蠕胀测量要求的管道，检查管道蠕胀测点或者蠕胀测量带是否完好。

电阻值测量内容应当包括对输送易燃、易爆介质的管道，以抽查方式进行防静电接地电阻值和法兰间接触电阻值测定。

磁粉检测属于定期检验的内容不属于年度检查的内容。

## 二、多项选择题

20. AB

【解析】管道随时间逐渐发展的缺陷导致的原因：

（1）腐蚀减薄。内腐蚀由介质引起，外腐蚀由环境引起。

（2）冲刷磨损。介质流速越大，冲蚀越严重，硬度越大越严重；弯头、变径管件等地方最严重。

（3）开裂。管道最危险的缺陷。包括：①管材安装时产生的裂纹，焊接裂纹、应力裂纹；②使用中产生的裂纹，腐蚀裂纹、疲劳裂纹和蠕变裂纹。

（4）材质劣化（氢脆等）、变形。

21. BCE

【解析】不能采取带压堵漏的方法情况：介质毒性极大；管道受压元件因裂纹而产生泄漏；管道腐蚀、冲刷壁厚状况不清；由于介质泄漏使螺栓承受高于设计使用温度的管道；泄漏特别严重，压力高、介质易燃易爆或有腐蚀性的管道；现场安全措施不符合要求的管道。

22. ADE

【解析】B 选项错误。工业管道中进出装置的可燃、易爆、有毒介质管道应在边界处设置切断阀，并在装置内部设“8”字盲板。

C 选项错误。安全阻火速度应大于安装位置可能达到的火焰传播速度。

23. ABD

【解析】压力管道安全操作要求：

（1）加载和卸载速度不能太快，高温或低温条件下工作的管道加热冷却应缓慢。

（2）开工升温过程中，高温管道需对管道法兰连接螺栓进行热紧，低温管道需进行冷紧。

（3）运行时应尽量避免压力和温度的大幅波动，尽量减少管道开停次数。

（4）在交变载荷作用下，在几何结构不连续和焊缝附近存在应力集中的地方，材料容易发生低周疲劳破坏。

24. ABC

【解析】A 选项正确。根据《压力管道定期检验规则——工业管道》第二十条规定，对需要重点管理的管道或者有明显腐蚀的弯头、三通等部位，应当采取定点或者抽查的方式进行壁厚测定。

B 选项正确。第二十一条规定，对输送易燃、易爆介质的管道，采取抽查的方式进行防静电接地电阻值和法兰间接触电阻值测定。

C 选项正确。第二十五条规定，对安全阀是否在检验有效期内使用进行检查。

D 选项和 E 选项属于全面检测的内容。

25. BE

【解析】A 选项错误。低压管道使用的压力表精度应当不低于 2.5 级，中压、高压管道使用的压力表精度应当不低于 1.5 级。

C 选项错误。凝水缸的间距，视水量和油量多少而定，通常为 500 m 左右。

D 选项错误。放散管是一种专门用来排放管道中燃气或空气的装置。

26. ABDE

【解析】C 选项错误。不得利用与易燃易爆生产设备有联系的金属构件作为电焊地线，以防止在电路接触不良的地方产生高温或电火花。

## 第七节　起重机械安全技术

### 一、单项选择题

1. C

【解析】斜拉斜吊易造成乱绳挤伤切断钢丝绳造成起升绳破断的断绳事故。

2. B

【解析】造成吊装绳破断的原因有：绳与被吊物夹角大于 120°，使吊装绳上的拉力超过极限值而拉断；吊装钢丝绳品种规格选择不当，或仍使用已达到报废标准的钢丝绳捆绑重物；吊装绳与重物之间接触处无垫片等保护措施。

3. A

【解析】起重机机械失落事故主要是发生在起升机构取物缠绕系统中，每根钢丝绳在卷筒上的极限安全圈数要在 2 圈以上，并且有下降限位保护装置。

4. B

【解析】起重机常采用的安全低压操作电压为 36 V 或 42 V。

5. D

【解析】倾翻事故是自行式起重机的常见事故。

6. D

【解析】机体摔伤事故是由于无防风夹轨器，无车轮止垫或无固定锚链等，或者上述安全设施机能全部失效，当遇到强风吹击可能发生倾倒、位移，甚至从栈桥上翻落，造成严重的机体摔伤事故。A、B、C 选项都是倾翻事故的原因。

7. C

【解析】起重机械的位置限制与调整装置主要有上升极限位置限制器、运行极限位置限制器、偏斜调整和显示装置和缓冲器。

8. A

【解析】轻小型起重设备、桥式起重机、门式起重机、门座起重机、缆索起重机、桅杆起重机、铁路起重机、旋臂起重机、机械式停车设备的检验周期为每 2 年 1 次，其中吊运熔融金属和炽热金属的起重机每年 1 次。起重机械使用单位应按期向所在地具有资格的检验机构申请在用起重机械的安全技术检验。起重设备应在检验有效期满前 3 个月内进行检验。

9. C

【解析】起重机在工作过程中突然断电，应把所有控制器手柄放置零位，拉下保护箱闸刀开关，关闭总电源，若短时间停电，司机可在驾控室耐心等候；若长时间停电，应撬起起升机制动器，放下载荷。

10. A

【解析】B 选项错误。用两台或多台起重机吊运同一重物时，每台起重机都不得超载。

C 选项错误。吊运过程中应保持钢丝绳垂直，保持运行同步。

D 选项错误。吊运时，有关负责人员和安全人员应在场指导。

11. A

【解析】凸轮式偏斜调整装置是在柔性支腿上固接一个转动臂，通过转动臂带动固定于桥架上的拨叉。当桥架两端支腿出现偏斜时，桥架与支腿发生相对转动，再经转动臂带动叉子，反应给叉子同轴的凸轮。

12. B

【解析】倾翻事故是自行式起重机的常见事故，自行式起重机倾翻事故大多是由起重机作业前支承不当引发，如野外作业场地支承地基松软，起重机支腿未能全部伸出等。起重量限制器或起重力矩限制器等安全装置动作失灵、悬臂伸长与规定起重量不符、超载起吊等因素也都会造成自行式起重机倾翻事故。

13. B

【解析】起重机每月检查项目包括：安全装置、制动器、离合器等有无异常，可靠性和精度；重要零部件（如吊具、钢丝绳滑轮组、制动器、吊索及辅具等）的状态，有无损伤，是否应报废等；电气、液压系统及其部件的泄漏情况及工作性能；动力系统和控制器等。停用一个月以上的起重机构，使用前也应做上述检查。

14. D

【解析】A 选项错误。防撞装置通常采用红外线、超声波、微波等无触点式开关与起重机电气控制系统相配合，当某台起重机运行到距离另一台起重机达到一定长度时，防撞装置的无触点式开关会及时发出警报或直接切断运行机构的动力源，由起重机的操作员操作或由机构自动停止工作。

B 选项错误。防撞装置具有可设定多个报警距离、精度高、功能全、环境适应能力强的特点。

C 选项错误。检测波不经过反射板反射的产品统称为直射型。

15. B

【解析】A 选项错误。开机作业前，应确认处于安全状态方可开机，并保证起重机与其他设备或固定建筑物的最小距离在 0.5 m 以上。

C 选项错误。司机在正常操作过程中，不得利用极限位置限制器停车；不得利用打反车进行制动。

D 选项错误。司机在正常操作过程中，不得带载调整起升、变幅机构的制动器。

16. C

【解析】A 选项错误。吊物上面有人的时候，严禁起吊。

B 选项错误。对紧急停止信号，无论任何人发出，都必须立即执行。

D 选项错误。用两台或多台起重机吊运同一重物时，每台起重机都不得超载。

17. D

【解析】露天作业的轨道起重机，当风力大于 6 级时，应停止作业；当工作结束时，应锚定住起重机。

18. C

【解析】A 选项错误。塔式起重机、升降机、流动式起重机每年检验 1 次。

B 选项错误。桥式起重机、门式起重机、门座式起重机、缆索起重机、桅杆起重机、机械式停车设备每 2 年检验 1 次，其中涉及吊运熔融金属的起重机每年 1 次。

D 选项错误。起重机械上所附设的升降装置和用于安装修理等用途的起重设备，作为整机的附属装置随同整机一同检验，其检验项目可根据实际情况确定。

19. B

【解析】极限力矩限制器主要作用是防止回转驱动装置偶尔过载，保护电动机、金属结构及传动零部件免遭破坏。

20. A

【解析】起重机每日检查应检查各类安全装置、制动器、操纵控制装置、紧急报警装置，轨道的安全状况，钢丝绳的安全状况。

21. C

【解析】在露天跨工作的桥架式或门式起重机因环境因素的影响，可能出现地形风。它持续时间较短，但风力很强，足以吹动起重机做较长距离的滑行，并可能撞毁轨道端部止挡，造成脱轨或跌落。所以《起重机械安全规程》（GB 6067.1）规定，在露天跨工作的桥式起重机宜装设防风夹轨器和锚定装置或铁鞋。起重机抗风防滑装置主要有 3 类：夹轨器、锚定装置和铁鞋。

22. B

【解析】司机在正常操作过程中，不得利用极限位置限制器停车；不得利用打反车进行制动；不得在起重作业过程中进行检查和维修；不得带载调整起升、变幅机构的制动器，或带载增大作业幅度；吊物不得从人头顶上通过，吊物和起重臂下不得站人。

23. C

【解析】A 选项错误。可多人吊挂同一吊物。

B 选项错误。吊运大而重的物体应加诱导绳，诱导绳长应能使司索工既可握住绳头，同时又能避开吊物正下方，以便发生意外时司索工可利用该绳控制吊物。

D 选项错误。吊物捆扎部位的毛刺要打磨平滑，尖棱利角应加垫物，防止起吊吃力后损坏吊索。

24. C

【解析】开机作业前，应确认起重机与其他设备或固定建筑物的最小距离是否在0.5 m以上。

25. A

【解析】B 选项错误。依据题干描述："场地中单件设备重量均小于汽车吊的额定起重量"。

D 选项错误。"吊物捆绑不牢"有可能导致被吊起物坠落伤人，不会导致起重机吊臂折断。

C 选项错误。"吊物有浮置物"是指吊装物体中含有未被固定的物品，像这类未被固定的物品被称作"浮置物"。在吊装过程中浮置物易翻滚、滑移、脱落，而造成事故，但不会导致起重机吊臂折断。

A 选项正确。如果吊物被埋置，起吊可能造成起重机械失稳前倾，吊臂折断。

26. D

【解析】对吊物的质量和重心估计要准确，如果是目测估算，应增大 20% 来选择吊具；每次吊装都要对吊具进行认真的安全检查，如果是旧吊索应根据情况降级使用，绝不可侥幸超载或使用已报废的吊具。

27. A

【解析】起重机械年度检查是指每年对所有在用的起重机械至少进行 1 次全面检查。停用 1 年以上、遇 4 级以上地震或发生重大设备事故、露天作业的起重机械经受 9 级以上的风力后的起重机，使用前都应做全面检查。

28. D

【解析】用两台或多台起重机吊运同一重物时，每台起重机都不得超载。

29. B

【解析】A 选项错误。司索工主要从事地面工作，如准备吊具、捆绑挂钩、摘钩卸载等，多数情况还承担指挥任务。

C 选项错误。司索工对吊物的质量和重心估计要准确，如果是目测估算，应增大 20% 来选择吊具。

D 选项错误。摘钩时应等所有吊索完全松弛再进行，确认所有绳索从钩上卸下再起钩，不允许抖绳摘索，更不许利用起重机抽索。

## 二、多项选择题

30. ABCE

【解析】联锁安全装置的基本原理：只有安全装置关合时，机器才能运转；而只有机器的危险部件停止运动时，安全装置才能开启。联锁安全装置可采取机械、电气、液压、气动或组合的形式。在设计联锁装置时，必须使其在发生任何故障时，都不使人员暴露在危险之中。

31. BE

【解析】桥架类型起重机有门式起重机、桥式起重机、绳索起重机。臂架类型起重机有：塔式起重机、门座式起重机、流动式起重机。

32. BDE

【解析】造成脱绳事故的主要原因有：

(1) 重物的捆绑方法不当，造成重物滑脱。

(2) 吊装重心选择不当，造成偏载起吊或吊装重心不稳，使重物脱落。

(3) 吊载遭到碰撞、冲击而摇摆不定，造成重物失落。

33. BCDE

【解析】起重机重物失落事故包括脱绳事故、断绳事故、断钩事故和脱钩事故。

34. ABC

【解析】机体摔伤事故的原因包括由于起重机作业前支承不当引发，如野外作业场地支承地基松软，起重机支腿未能全部伸出。起重限制器或起重力矩限制器等安全装置动作失灵、悬臂伸长与规定起重量不符、超载起吊等因素造成。D、E 选项属于机体摔伤事故原因。

35. BCE

【解析】在室外作业的门式起重机、门座式起重机、塔式起重机等，易在风力作用下发生机体摔伤事故。

36. ABC

【解析】起重机防风防爬装置主要有夹轨器、锚定装置、铁鞋 3 类。

37. ABCD

【解析】A 选项错误。起重前应进行小高度、短行程试吊，以确定起重机的载荷承受能力。

B 选项错误。主、副两套起升机构不得同时工作（设计允许的除外）。

C 选项错误。被吊重物与吊绳之间有锐利棱角处、光滑处必须加衬垫。

D 选项错误。司索工与整个搬运过程作业安全关系极大，多数情况下还担任指挥任务。

38. BC

【解析】A 选项错误。正常操作过程中，不得利用极限位置限制器停车，不得利用打反车进行制动。

D 选项错误。起升、变幅机构的制动器不得带载调整起升、变幅机构的制动器带载增大作业幅度。

E 选项错误。如作业场地为斜面，则工作人员应站在斜面上方。

39. BE

【解析】A 选项错误。对重质量大于吊笼质量时，应设置双向安全器。

C 选项错误。对于额定提升速度不超过 0.63 m/s 的施工升降机，可采用瞬时式安全器，否则应采用渐进式安全器。

D 选项错误。齿轮齿条式施工升降机应采用渐进式安全器。

40. ABE

【解析】触电安全防护措施：

(1) 保证安全电压。

(2) 保证绝缘的可靠性。

(3) 加强屏护保护。

(4) 严格保证配电最小安全净距。

(5) 保证接地与接零的可靠性。

（6）加强漏电触电保护。

C 选项应为保证绝缘的可靠性。D 选项不属于触电安全防护措施。

41. CE

【解析】A 选项错误。起重机所用的制动器按结构特性可分为块式、带式和盘式三种，其中块式用得最多。

B 选项错误。超载限制器按其功能型式可以分为自动停止型、报警型、综合型三大类型。按结构型式可以分为机械式、电子式和液压式等。

D 选项错误。使用保险销钉结构的极限力矩限制装置属于不可恢复的最终保护，重新使用需要另行配置销钉。

42. AB

【解析】C 选项错误。可两处操作或采用有线控制的起重机，应装设联锁保护装置，以保证只能在一处操作，不能两处同时都能操作。

D 选项错误。跨度等于或超过 40 m 的装卸桥和门式起重机，应装偏斜调整和显示装置。

E 选项错误。起重机抗风防滑装置主要有夹轨器、锚定装置、铁鞋三类。露天工作于轨道上运行的门式起重机、装卸桥、塔式起重机和门座起重机，均应装设抗风防滑装置。

43. BDE

【解析】A 选项错误。流动式起重机和动臂式塔式起重机上应安装防后倾装置（液压变幅除外）。

C 选项错误。幅度限位器应保证最大变幅速度超过40 m/min的起重机，在小车向外运行且当起重力矩达到额定值的 80%时，应自动转换为低于 40 m/min 的低速运行。

44. AD

【解析】B 选项错误。强迫换速装置主要应用在最大变幅速度超过40 m/min的塔式起重机上，在小车向外运行时，当起重力矩达到 0. 8 倍的额定值时，检查是否自动转换为不高于 40 m/min 的速度运行。

C 选项错误。防坠安全器应用在施工升降机上，当吊笼超速运行，其速度达到防坠安全器的动作速度时，防坠安全器应立即动作，并可靠地制停吊笼。在安全器发生作用的同时切断传动装置的电源。

E 选项错误。机械式停车设备应沿车的行进方向，在载车板上设置高度为 25 mm 以上的阻车装置，当采用其他有效措施阻车时，也可不再设此阻车装置。

45. ABCD

【解析】起重作业中“五不挂”原则：起重或吊物质量不明不挂，重心位置不清楚不挂，尖棱利角和易滑工件无衬垫物不挂，吊具及配套工具不合格或报废不挂，包装松散捆绑不良不挂。

46. ABDE

【解析】起重机械操作过程中要坚持“十不吊”原则：①指挥信号不明或乱指挥不吊；②斜拉物体不吊；③重物上站人或有浮置物不吊；④物体重量不清或超负荷不吊；⑤遇有拉力不清的埋置物不吊；⑥工件捆绑、吊挂不牢不吊；⑦重物棱角处与吊绳之间未加衬垫不吊；⑧结构或零部件有影响安全工作的缺陷或损伤时不吊；⑨钢（铁）水装得过满不吊；⑩工作场地昏暗，无法看清场地、被吊物及指挥信号不吊。

47. BCD

【解析】A 选项错误。起钩时，地面人员不应站在吊物倾翻、坠落可波及的地方；如果作业场地为斜面，则应站在斜面上方（不可在死角），防止吊物坠落后继续沿斜面滚移伤人。

E 选项错误。对于大型、重要的物件的吊运或多台起重机共同作业的吊装，事先要在有关人员参与下，由指挥、起重机司机和司索工共同讨论，编制作业方案，必要时报请有关部门审查批准。并非所有吊装作业均需有关部门审查批准。

48. ABDE

【解析】A 选项错误。对吊物的质量和重心估计要准确，如果是目测估算，应增大20%来选择吊具。

B 选项错误。形状或尺寸不同的物品不经特殊捆绑不得混吊，防止坠落伤人。

D 选项错误。摘钩时应等所有吊索完全松弛再进行，确认所有绳索从钩上卸下再起钩，不允许抖绳摘索，更不许利用起重机抽索。

E 选项错误。物悬挂在空中时，指挥者和司索工不得擅离职守。

49. ABDE

【解析】起重机械安全装置包括：制动器、起重量限制器、起重力矩限制器、极限力矩限制器、起升高度限制器、运行机构行程限位器、缓冲器和端部止挡、紧（应）急停止开关、联锁保护装置、偏斜显示（限制）装置、轨道清扫器、抗风防滑装置、风速仪、防碰撞装置、报警装置、防止臂架向后倾翻装置、电缆卷筒终端限位装置、回转限位装置、幅度限位器、幅度指示器等。护顶架属于叉车的安全装置。

50. ABE

【解析】每日检查的项目包括：各类安全装置、制动器、操纵控制装置、紧急报警装置、轨道的安全状况、钢丝绳的安全状况。

电气系统工作性能、动力系统和控制器属于每月检查的项目。

## 第八节　场（厂）内专用机动车辆安全技术

### 一、单项选择题

1. D

【解析】对于叉车等升起高度超过 1.8 m，必须设置护顶架，护顶架一般都是由型钢焊接而成，必须能够遮掩司机的上方，护顶架应进行静态和动态两种载荷试验检测。

2. B

【解析】在进行物品的装卸过程中，必须使用制动器制动叉车。

3. D

【解析】A 选项错误。物件提升离地后，应将起落架后仰，方可行驶。

B 选项错误。叉车在下坡时严禁熄火滑行，严禁在斜坡上转向行驶。

C 选项错误。内燃机为动力的叉车，严禁在易燃易爆仓库作业。

4. C

【解析】链条应进行极限拉伸载荷和检验载荷试验。

5. C

【解析】月检内容包括：安全装置、制动器、离合器、电气和液压系统、动力系统和控制器、重要零部件（如吊具、货叉、制动器、铲车、斗及辅具等）。

6. A

【解析】液压系统中必须设置安全阀。

7. D

【解析】A 选项错误。叉车液压系统的高压胶管必须通过耐压试验、爆破试验、泄漏试验以及长度变化试验、脉冲试验等试验检测。

B 选项错误。货叉是安装在叉车货叉梁上的 L 形承载装置，也称取物装置。货叉必须符合相关标准，并通过重复加载的载荷试验检测。

C 选项错误。起升货叉架的链条，主要有板式链和套筒滚子链两种。需进行极限拉伸载荷和检验载荷试验。

8. A

【解析】每日检查是指在每天作业前进行，应检查各类安全装置、制动器、操纵控制装置、紧急报警装置的安全状况，检查发现有异常情况时，必须及时处理。严禁带病作业。

9. D

【解析】A 选项错误。物件提升离地后，应将起落架后仰，方可行驶。

B 选项错误。严禁货叉上载人，驾驶室除规定的操作人员外，严禁其他任何人进入或在室外搭乘。叉车在叉取易碎品、贵重品或装载不稳的货物时，应采用安全绳加固。必要时，应有专人引导，方可行驶。

C 选项错误。不得单叉作业和使用货叉顶货或拉货。

10. B

【解析】A 选项错误。两辆叉车同时装卸一辆货车时，应有专人指挥联系，保证安全作业。

C 选项错误。物件提升离地后，应将起落架后仰，方可行驶。

D 选项错误。当物件重量不明时，应将该物件叉起离地 100 mm 后检查机械的稳定性，确认无超载现象后，方可运送。

11. B

【解析】叉车安全操作技术包括：

（1）叉装物件时，被装物件重量应在该机允许载荷范围内。当物件重量不明时，应将该物件叉起离地 100 mm 后检查机械的稳定性，确认无超载现象后，方可运送。

（2）叉装时，物件应靠近起落架，其重心应在起落架中间，确认无误，方可提升。

（3）物件提升离地后，应将起落架后仰，方可行驶。

（4）两辆叉车同时装卸一辆货车时，应有专人指挥联系，保证安全作业。

(5) 不得单叉作业和使用货叉顶货或拉货。

(6) 叉车在叉取易碎品、贵重品或装载不稳的货物时，应采用安全绳加固，必要时，应有专人引导，方可行驶。

(7) 以内燃机为动力的叉车，进入仓库作业时，应有良好的通风设施。严禁在易燃、易爆的仓库内作业。

(8) 严禁货叉上载人。驾驶室除规定的操作人员外，严禁其他任何人进入或在室外搭乘。

12. D

**【解析】** 叉装物件时，被装物件重量应在该机允许载荷范围内。当物件重量不明时，应将该物件叉起离地 100 mm 后检查机械的稳定性，确认无超载现象后，方可运送。

## 二、多项选择题

13. ADE

**【解析】** (1) 使用许可厂家的合格产品，场（厂）内机动车辆的设计、制造单位，必须取得生产许可证或者安全认可证，才能生产相应种类的场（厂）内机动车辆。试制场（厂）内机动车辆新产品或者部件，必须由认可的型式试验机构进行整机或者部件的型式试验，合格后方可提供用户使用。

(2) 登记建档，新增、大修、改造的场（厂）内机动车辆在正式使用前，首先必须进行验收检验，合格后到当地特种设备安全监察机构登记，经审查批准登记建档、取得场（厂）内机动车辆牌照，方可使用。

(3) 作业人员、司机必须经过专门考核并取得特种设备作业人员操作证，方可独立操作。

(4) 定期检验制度，在用场（厂）内机动车辆安全定期检验周期为 1 年。

14. CE

**【解析】** A 选项错误。当重物质量不明时，应将该物件叉起离地 100 mm 后检查机械的稳定性，确认无超载现象后，方可运送。

B 选项错误。物件提升离地后，应将起落架后仰，方可行驶。

D 选项错误。以内燃机为动力的叉车，进入仓库作业时，应有良好的通风设施。严禁在易燃、易爆的仓库内作业。

15. ADE

**【解析】** B、C 选项错误。起升货叉架的链条，主要有板式链和套筒滚子链两种。需进行极限拉伸载荷和检验载荷试验。

16. ABC

**【解析】** D 选项错误。电气安全试验——适用于蓄电池观光车辆、跟踪能力测定——适用于观光列车。

E 选项错误。最大坡度下坡制停试验属于观光车检验项目。

17. ABCD

**【解析】** 叉车等车辆的液压系统，一般都使用中高压供油，高压油管的可靠性不仅关系车辆的正常工作，而且一旦发生破裂将会危害人身安全。因此，高压胶管必须符合相关标准，并通过耐压试验、长度变化试验、爆破试验、脉冲试验、泄漏试验等试验检测。

18. CDE

【解析】A、B 选项错误。根据《场（厂）内专用机动车辆安全技术监察规程》（TSG N0001），蓄电池叉车的控制系统应当具有欠电压、过电流、过热和过电压保护功能。蓄电池叉车的电气系统应当采用双线制，保证良好的绝缘，控制部分应当可靠。

## 第九节　客运索道安全技术

### 一、单项选择题

1. C

【解析】单线循环固定抱索器客运架空索道应具备的安全装置要求如下：

（1）站内机械设备、电气设备有必要的隔离防护措施。

（2）驱动迂回轮应有防止钢丝绳滑出轮槽飞出的装置。

（3）张紧小车前后均应装设缓冲器。

（4）应设行程保护装置。

（5）吊厢门应安装锁闭系统，不能由车内打开。

（6）吊具距地大于 15 m 时，应有缓降器救护工具；如有高度 10 m 以上支架或爬梯应设护圈。

（7）站台、机房、控制室应设带自锁装置的蘑菇头紧急停车按钮。

（8）应设超速保护，在运行速度超过额定速度的 10% 时，能自动停车。

2. D

【解析】A 选项错误。每天开始运行前，应彻底检查全线设备是否处于完好状态，运送乘客之前应进行一次试车，确认无误并经值班站长签字或授权负责人签字后方可运送乘客。

B 选项错误。司机除按运转维护规程操作外，对驱动机、操作台每班至少检查一次，对当班所发生的故障检查是否排除，应写在运行日记中。

C 选项错误。紧急情况下，索道站长或其代表一定要在场，才允许在事故状态下再开车以便将乘客运回站房。

3. C

【解析】根据《安全生产应急管理制度》相关规定，各单位、部门要结合实际，有计划、有重点地组织对相关预案的演练，每年至少进行两次，并做好演练过程的记录。

4. B

【解析】A 选项错误。如果索道夜间需要运行时，站内、站口、支架旁、桥梁上、长度超过 100 m 的隧道内应当设置照明装置，拖牵索道线路上的照明装置应当可以照亮全部线路。

C 选项错误。新建架空索道和高位拖牵索道的运载索以及编成一根连续环线的牵引索最多允许有 2 个编接接头，使用中出现损伤需要局部更换时最多允许有 3 个编接接头，相邻两个接头编接末端的间距不小于 3000 d。

D 选项错误。客运索道司机室在关好门窗和室内人员安静时测量的噪声不大于 80 dB（A）为合格。

5. D

【解析】A 选项错误。对于单线循环固定抱索器脉动式索道，应配备至少两套不同类型、来源及独立控制的进站减速控制装置，且每套装置应能可靠减速。

B 选项错误。对于单线循环固定抱索器脉动式索道，应设有进站速度检测开关，当索道减速后，应能按设定减速曲线可靠减速至低速进站。

C 选项错误。对于单线固定抱索器往复式索道，应设越位开关，在客车超越停车位置时，索道应能自动紧急停车。

6. A

【解析】B 选项错误。对于客运拖牵索道，支架高度从地面算起超过 4 m 的支架应有固定爬梯，并且装设工作平台。

C 选项错误。对于客运缆车，在个别有危树的地方应装设检测树倒的装置，一旦树倒立即报警并紧急停车。

D 选项错误。对于客运缆车，应设超速保护，在运行速度超过额定速度 10% 时，能自动停车。

7. A

【解析】B 选项错误。如客运索道夜间运行时，站内及线路上应有针对性照明，支架上电力线不允许超过 36 V。

C 选项错误。吊箱门应安装闭锁系统，不能由车内打开，也不能由于撞击或大风的影响而自动打开。

D 选项错误。吊具距地大于 15 m 时，应有缓降器救护工具，绳索长度应适应最大高度救护要求。

8. C

【解析】依据《客运索道监督检验和定期检验规则》（TSG S7001），全部抱索器或者夹索器应当在使用 3000 h 或者 2 年后进行首次无损检测，无损检测的零件清单应当满足使用维护说明书的要求。此后每 3 年全部无损检测一次。当使用期达到 10 年时，固定抱索器应当每年、脱挂抱索器和夹索器应当每 2 年全部无损检测一次。使用达到 15 年时应当予以更换。无损检测应当采用磁粉检测法，并符合 JB/T 4730 中的Ⅱ级要求。无损检测人员应当具有特种设备无损检测的相关资格。

## 二、多项选择题

9. BE

【解析】客运索道安全管理规定如下：

（1）使用单位应设置安全管理机构或者配备专职的安全管理人员，对客运索道使用情况进行经常性的检查，发现问题立即处理，情况紧急时，可以决定停止使用客运索道。

（2）每天开始运行前，应彻底检查全线设备是否处于完好状态，运送乘客之前应进行一次试车，确认无误并经值班站长签字或授权负责人签字后方可运送乘客。

(3) 司机除按运转维护规程操作外，对驱动机、操作台每班至少检查一次，对当班所发生的故障是否排除，应写在运行日记中。交接班时按规定的检查次序进行，并查看前一班正在操作运转的情况。值班电工、钳工对专责设备每班至少检查一次，线路润滑巡视工每班至少全线巡视一周。

(4) 若设备停运期间遇到恶劣天气，应对线路进行彻底的检查，证明一切正常后方可运送乘客。

(5) 紧急情况下，索道站长或其代表一定要在场，才允许在事故状态下再开车以便将乘客运回站房。

(6) 应在规定的时期内对钢丝绳和抱索器进行无损探伤，对于单线循环式索道上运载工具间隔相等的固定抱索器，应按规定的时间间隔位移。运营后每 1~2 年应对支架各相关位置进行检测，以防发生重大脱索事故。

10. ACE

**【解析】** B 选项错误。有负力的索道应设超速保护，在运行速度超过额定速度 15% 时，能自动停车。

D 选项错误。如索道夜间运行时，站内及线路上应有针对性照明，支架上电力线不允许超过 36 V。

11. AB

**【解析】** C 选项错误。承载索与张紧索的连接处应有二次保护装置及防止自行旋转的装置。

D 选项错误。承载索两端锚固的索道，应采用可测可调的双重锚固装置。

E 选项错误。车厢定员大于 15 人和运行速度大于 3 m/s 的索道客车吊架与运行小车之间应设减摆器。

12. BE

**【解析】** A 选项错误。客运索道每天开始运行之前，应彻底检查全线设备是否处于完好状态，在运送乘客之前至少应进行一次试车。

C 选项错误。值班电工、钳工对专责设备每班至少检查一次，线路润滑巡视工每班至少全线巡视一周（线路长的索道，可分段分工检查）。

D 选项错误。若设备因事故停车，造成运行中断，只有在排除了故障或采取了有关安全措施，且必须经值班站长同意后，方可重新运送乘客。

## 第十节　大型游乐设施安全技术

### 一、单项选择题

1. B

**【解析】** 栅栏门开启方向应只有一个方向，并应与乘客行进方向一致。

2. B

**【解析】** 当液压、气动系统元件损坏会发生危险的设备，必须在系统中设置防止失压或失速的保护装置。

3. D

【解析】根据游乐设施的性能、结构及运行方式的不同。必须设置相应形式的安全装置，其中止逆装置是沿斜坡牵引的提升系统，必须设有防止载人装置逆行的装置，在最大冲击负荷时必须止逆可靠，止逆装置安全系数≥4。

4. B

【解析】月检要求检查下列项目：各种安全装置；动力装置、传动和制动系统；绳索、链条和乘坐物；控制电路与电气元件；备用电源。

5. A

【解析】B 选项错误。沿斜坡牵引的提升系统，必须设有防止载人装置逆行的装置，止逆行装置逆行距离的设计应使冲击负荷最小，在最大冲击负荷时必须止逆可靠。

C 选项错误。在游乐设施中，采用直流电机驱动或者设有速度可调系统时，必须设有防止超出最大设定速度的限速装置，限速装置必须灵敏可靠。

D 选项错误。绕水平轴回转并配有平衡重的游乐设施，乘人部位在最高点有可能出现静止状态时，应有防止或处理该状态的措施；油缸或气缸行程的终点，应设置限位装置，且灵敏可靠。

6. A

【解析】B 选项错误。游乐设备正式运营前，操作员应将空车按实际工况运行 2 次以上，确认一切正常再开机营业。

C 选项错误。紧急停止按钮的位置，必须让本机台所有取得证件的操作人员都知道，以便需紧急停车时，每个操作员都能操作。

D 选项错误。设备运行中，在乘客产生恐惧、大声叫喊时，操作员应立即停机，让恐惧乘客下来。

7. D

【解析】机械设备的运动部件上设置了行程开关，与其相对运动的固定点上安装极限位置的挡块，或者是相反安装位置。当行程开关的机械触头碰上挡块时，切断了控制电路，机械就停止运行或改变运行，由于机械的惯性运动，这种行程开关有一定的“超行程”以保护开关不受损坏。

8. A

【解析】游乐设施常见的缓冲器分蓄能型缓冲器和耗能型缓冲器，前者主要以弹簧和聚氨酯材料等为缓冲元件，后者主要是油压缓冲器。

9. D

【解析】大型游乐设施检查方面，使用单位应进行大型游乐设施的自我检查、每日检查、每月检查和年度检查。

（1）对使用的游乐设施，每年要进行一次全面检查，必要时要进行载荷试验，并按额定速度进行起升、运行、回转、变速等机构的安全技术性能检查。

（2）月检要求检查下列项目：各种安全装置；动力装置、传动和制动系统；绳索、链条和乘坐物；控制电路与电气元件；备用电源。

（3）日检要求检查下列项目：控制装置、限速装置、制动装置和其他安全装置是否有效及可靠；运行是否正常，有无异常的振动或者噪声；易磨损件状况；门联锁开关及安全带等是否完好；润滑点的检查和加添润滑油；重要部位（轨道、车轮等）是否正常。

## 二、多项选择题

10. CD

**【解析】** C 选项错误。设备运行中，在乘客产生恐惧、大声叫喊时，操作员应立即停机，让恐惧乘客下来。

D 选项错误。设备运行中，操作人员不能离开岗位。

11. BCDE

**【解析】** A 选项错误。游乐设施常见的缓冲器分蓄能型缓冲器和耗能型缓冲器，前者主要以弹簧和聚氨酯材料等为缓冲元件，后者主要是油压缓冲器。

# 第四章　防火防爆安全技术

## 第一节　火灾爆炸事故机理

### 一、单项选择题

1. C

**【解析】** 不论是固体还是液体，燃烧的本质都是先变成气体，然后气体被加热氧化分解出可燃气体，可燃气体被点燃产生稳定燃烧。

2. D

**【解析】** 可燃固体的燃烧过程，一般受热后首先熔化，蒸发成蒸气，蒸气进行氧化分解出可燃气体，着火燃烧。

3. C

**【解析】** 熔点较低的可燃固体受热后熔融，然后像可燃液体一样蒸发成蒸气而燃烧，称为蒸发燃烧。

4. D

**【解析】** E 类火灾指的是带电火灾，如发电机、电缆、家用电器等。

5. B

**【解析】**（1）A 类火灾：指固体物质火灾。这种物质通常具有有机物质性质，一般在燃烧时能产生灼热的余烬。如木材、干草、煤炭、棉、毛、麻、纸张等火灾。

（2）B 类火灾：指液体或可熔化的固体物质火灾。如煤油、柴油、原油、甲醇、乙醇、沥青、石蜡、塑料等火灾。

（3）C 类火灾：指气体火灾。如煤气、天然气、甲烷、乙烷、丙烷、氢气等火灾。

（4）D 类火灾：指金属火灾。如钾、钠、镁、钛、锆、锂、铝镁合金等火灾。

（5）E 类火灾：指带电火灾。物体带电燃烧的火灾。

（6）F 类火灾：指烹饪器具内的烹饪物（如动植物油脂）火灾。

6. B

【解析】一般情况下，密度越大，闪点越高而自燃点越低。油品密度如下：汽油<煤油<轻柴油<重柴油<蜡油<渣油。

7. A

【解析】一般火灾的扑灭黄金时间只有十多分钟，这属于火灾的初起期。

8. D

【解析】这个过程中的爆炸本质上是火药的爆炸，火药的巨大威力破坏了石头的完整性，将其粉碎为小石子。

9. B

【解析】典型火灾事故的发展分为初起期、发展期、最盛期、减弱期和熄灭期。初起期是火灾开始发生的阶段，这一阶段可燃物的热解过程至关重要，主要特征是冒烟、阴燃。发展期是火势由小到大发展的阶段，一般采用 $T$ 平方特征火灾模型来简化描述该阶段非稳态火灾热释放速率随时间的变化，即假定火灾热释放速率与时间的平方成正比，轰燃就发生在这一阶段。最盛期的火灾燃烧方式是通风控制火灾，火势的大小由建筑物的通风情况决定。熄灭期是火灾由最盛期开始消减直至熄灭的阶段，熄灭的原因可以是燃料不足、灭火系统的作用等。

10. C

【解析】A 选项中，无定形锑转化成结晶锑放热引发的爆炸属于固相爆炸。

B 选项中，液氧和煤粉混合引发的爆炸属于液相爆炸。

D 选项中，钢水与水混合产生的蒸气爆炸属于液相爆炸。

11. D

【解析】A、B 选项中的爆炸属于喷雾爆炸，属于气相爆炸。

C 选项氯乙烯属于气体，分解爆炸属于气相爆炸。

12. D

【解析】爆炸分为爆燃、爆炸、爆轰三个阶段。其中，爆燃阶段的标志是爆炸冲击波以亚音速传播；爆轰阶段的标志是爆炸冲击波以音速或超音速传播。

13. C

【解析】爆炸的破坏作用主要包括冲击波、碎片冲击、震荡作用、次生事故。

14. C

【解析】爆炸破坏作用有：冲击波、碎片冲击、震荡作用、次生事故、有毒气体。爆炸发生时，特别是较猛烈的爆炸往往会引起短暂的地震波。例如，某市的亚麻厂发生麻尘爆炸时，有连续 3 次爆炸，结果在该市地震局的地震检测仪上，记录了在 7 s 之内的曲线上出现有 3 次高峰。在爆炸波及的范围内，这种地震波会造成建筑物的震荡、开裂、松散倒塌等危害。

15. B

【解析】爆炸极限是表征可燃气体、蒸气和可燃粉尘危险性的主要指标之一。当可燃性气体、蒸气或可燃性粉尘与空气（或氧）在一定浓度范围内均匀混合，遇到火源发生爆炸的浓度范围称为爆炸浓度极限，简称爆炸极限。

16. B

【解析】点火源的活化能量越大，加热面积越大，作用时间越长，爆炸极限范围也越大。当火花能量达到某一数值时，爆炸极限范围受点火能量的影响较小，当点火能量为10 J时，其爆炸极限范围趋于稳定值，为6%~15%。所以，一般情况下，爆炸极限均在较高的点火能量下测得。如测甲烷与空气混合气体的爆炸极限时，用10 J以上的点火能量，其爆炸极限为5%~15%。

17. B

【解析】可燃混合气中加入惰性气体，会使爆炸极限范围变窄，一般上限降低，下限变化比较复杂。当加入的惰性气体超过一定量以后，任何比例的混合气均不能发生爆炸。

18. D

【解析】混合气体的初始压力对爆炸极限的影响较复杂。在0.1~2.0 MPa的压力下，对爆炸下限影响不大，对爆炸上限影响较大；当压力大于2.0 MPa时，爆炸下限变小，爆炸上限变大，爆炸范围扩大。

19. B

【解析】混气初温越高，混气的爆炸极限范围越宽，爆炸危险性越大。

20. A

【解析】由图可知，原始温度为500 ℃曲线为最外侧曲线，曲线最低处水平切线切点所对应的纵轴数值约为13，因此可知甲烷在该温度条件下的临界压力约为13 kPa。

21. B

【解析】爆炸极限计算由题意可得 $L_m = 100 \div (80\% \div 5\% + 15\% \div 3.22\% + 4\% \div 2.37\% + 1\% \div 1.86\%) = 4.37\%$。

22. B

【解析】评价粉尘爆炸危险性的主要特征参数是爆炸极限、最小点火能量、最低着火温度、粉尘爆炸压力及压力上升速率。

23. A

【解析】由于粉尘初次爆炸产生的冲击波会将堆积的粉尘扬起，悬浮在空气中，在新的空间形成达到爆炸极限浓度范围内的混合物，加之外围粉尘迅速填补第一次爆炸形成的负压区，而飞散的火花和辐射热成为点火源，引起第二次爆炸。

24. C

【解析】分解爆炸的敏感性与压力有关。分解爆炸所需的能量，随压力的升高而降低。在高压下较小的点火能量就能引起分解爆炸，而压力较低时则需要较高的点火能量才能引起分解爆炸，当压力低于某值时，就不再产生分解爆炸，此压力值称为分解爆炸的极限压力（临界压力）。

25. C

【解析】液相爆炸包括聚合爆炸、蒸发爆炸以及由不同液体混合所引起的爆炸。例如，硝酸和油脂，液氧和煤粉等混合时引起的爆炸；熔融的矿渣与水接触或钢水包与水接触时，由于过热发生快速蒸发引起的蒸气爆炸等。

26. A

【解析】混合爆炸气体的初始温度越高，爆炸极限范围越宽，则爆炸下限越低，上限越高，爆炸危险性增加。

27. B

【解析】A 选项错误。除结构简单的可燃气体（如氢气）外，大多数可燃物质的燃烧并非是物质本身在燃烧，而是可燃物质受热分解出的气体或液体蒸气在气相中的燃烧。

C 选项错误。在可燃固体燃烧中，像硫、磷、石蜡等单质，受热后首先熔化或升华，然后蒸发成蒸气，氧化分解后进行燃烧。

D 选项错误。有的可燃固体（如焦炭等）不能分解为气态物质，在燃烧时则呈炽热状态，没有火焰产生。

28. D

【解析】A 选项错误。家用燃气设备的燃烧就属于扩散燃烧。

B 选项错误。酒精、汽油、苯的燃烧属于蒸发燃烧。

C 选项错误。木材、纸张、棉、麻、毛及合成的高分子材料的燃烧属于分解燃烧。

29. A

【解析】

火灾分类表

| 火灾分类 | 对应的物质 | 示　　例 |
|---|---|---|
| A 类火灾 | 固体物质火灾 | 木材、棉、毛、麻、纸张火灾等 |
| B 类火灾 | 液体或可熔化的固化物质火灾 | 汽油、煤油、柴油、原油、甲醇、乙醇、沥青、石蜡火灾等 |
| C 类火灾 | 气体火灾 | 煤气、天然气、甲烷、乙烷、丙烷、氢气火灾等 |
| D 类火灾 | 金属火灾 | 钾、钠、镁、钛、锆、锂、铝镁合金火灾等 |
| E 类火灾 | 带电火灾 | 物体带电燃烧的火灾，如发电机、电缆、家用电器等 |
| F 类火灾 | 烹饪器具内烹饪物火灾 | 动植物油脂等 |

B 选项错误。贮存在仓库中发电机燃烧引起的火灾属于 A 类火灾。

C 选项错误。固体镁条燃烧引起的火灾属于 D 类火灾。

D 选项错误。实验室内铝粉尘燃烧引起的火灾属于 D 类火灾。

30. D

【解析】A 选项错误。初起期是火灾开始发生的阶段，这一阶段可燃物的热解过程至关重要，主要特征是冒烟、阴燃。

B 选项错误。由于建筑物内可燃物、通风等条件的不同，建筑火灾有可能达不到最盛期，而是缓慢发展后就熄灭了。

C 选项错误。最盛期的火灾燃烧方式是通风控制火灾，火势的大小由建筑物的通风情况决定。

31. C

【解析】A 选项错误。直链反应的基本特点是，每个自由基与其他分子反应后只生成一个新自由基。

B 选项错误。支链反应是指在反应中一个自由基能生成一个以上的新的自由基。

D 选项错误。在压力较高时，因自由基相互碰撞生成分子造成自由基消失；在压力较低时，因自由基撞击器壁将能量散失或被吸附造成自由基消失。

32. B

【解析】一般来说，爆炸现象具有以下特征：

（1）爆炸过程高速进行。

（2）爆炸点附近压力急剧升高，多数爆炸伴有温度升高。

（3）发出或大或小的响声。

（4）周围介质发生震动或邻近的物质遭到破坏。

爆炸最主要的特征是爆炸点及其周围压力急剧升高。

33. D

【解析】A 选项错误。爆燃是火炸药、燃爆性气体混合物的一种快速燃烧现象，伴有爆炸的一种以亚音速传播的燃烧波。

B 选项错误。发生爆燃时，物质爆炸时的燃烧速度为每秒数米，爆炸时无多大破坏力，声响也不大。

C 选项错误。物质爆炸时的燃烧速度为每秒十几米至数百米，爆炸时能在爆炸点引起压力激增，有较大破坏力，有震耳的声响。

34. D

【解析】在用乙炔焊接时，不能使用含银焊条。

35. A

【解析】用爆炸上限、下限之差与爆炸下限浓度之比值表示危险度 $H=(L_{上}-L_{下})/L_{下}$。

甲烷：$H=(15-4.9)/4.9=2.06$；

乙烯：$H=(34-2.8)/2.8=11.14$；

氢气：$H=(75-4)/4=17.75$；

一氧化碳：$H=(74.5-12)/12=5.21$；

根据以上计算结果，甲烷的危险性是最小的。

36. D

【解析】具有粉尘爆炸危险性的物质较多，大体可分为七类：①金属类（如镁粉、铝粉、其他金属等）；②煤炭类（如活性炭、煤等）；③粮食类（如面粉、淀粉、玉米粉、啤酒麦芽粉、麦糠、大麦粉等）；④合成材料类（如塑料、染料、合成黏结剂等）；⑤饲料类（如血粉、鱼粉、饲料粉等）；⑥农副产品类（如棉花、烟草、砂糖等）；⑦林产品类（如纸粉、木粉等）。

37. C

【解析】本题考查的是燃烧过程及燃烧形式。

可燃气体与空气通过旋流器进行充分混合，并形成一定浓度的可燃气体混合物，被点火源点燃所引起的燃烧或爆炸，称为预混燃烧。

38. B

【解析】液体和固体可燃物受热分解并析出的可燃气体挥发物越多，其自燃点越低。

39. D

【解析】一般情况下，密度越大，闪点越高而自燃点越低。例如，汽油<煤油<轻柴油<重柴油<蜡油<渣油，而其闪点依次升高，自燃点则依次降低。

40. C

【解析】A 选项错误。导线因电流过载，金属迅速气化而引起的爆炸是物理爆炸。

B 选项错误。乙炔在无氧条件下发生的分解爆炸是化学爆炸。

D 选项错误。熔融的矿渣与水接触而引起的爆炸属于物理爆炸。

41. A

【解析】B 选项错误。在用乙炔焊接时，不能使用含银焊条。

C 选项错误。爆炸极限是表征可燃气体、蒸气和可燃粉尘危险性的主要指标之一。

D 选项错误。许多可燃混合气的爆炸可以用热着火机理解释，燃烧和爆炸都是可燃物与氧化剂之间的化学反应，当系统的温度升高到一定程度时，反应的速率将迅速加快，于是便引发了燃烧或爆炸。不过有一些爆炸现在用热着火理论是无法解释的，而根据着火的链式反应理论则可以给出合理的说明。

42. A

【解析】本题考查的是煤尘爆炸。

煤尘属于粉尘的一种，粉尘爆炸是一个瞬间的连锁反应，属于不稳定的气固二相流反应。粉尘爆炸具有如下特点：

（1）粉尘爆炸速度或爆炸压力上升速度比爆炸气体小，但燃烧时间长，产生的能量大，破坏程度大。

（2）爆炸感应期较长。

（3）有产生二次爆炸的可能性。

（4）粉尘有不完全燃烧现象。

粉尘爆炸与可燃气爆炸有两点区别，一是粉尘爆炸所需的点火能要大得多；二是在可燃气爆炸中，促使温度上升的传热方式主要是热传导，而在粉尘爆炸中，热辐射的作用大。

43. B

【解析】具有粉尘爆炸危险性的物质较多，大体可分为七类：①金属类（如镁粉、铝粉、其他金属等）；②煤炭类（如活性炭、煤等）；③粮食类（如面粉、淀粉、玉米粉、啤酒麦芽粉、麦糠、大麦粉等）；④合成材料类（如塑料、染料、合成黏结剂等）；⑤饲料类（如血粉、鱼粉、饲料粉等）；⑥农副产品类（如棉花、烟草、砂糖等）；⑦林产品类（如纸粉、木粉等）。

44. D

【解析】当粉尘粒度越细，比表面越大，反应速度越快，爆炸上升速率就越大。

45. D

【解析】A 选项错误。一般情况下着火点越低，火灾危险性越大。

B 选项错误。一般情况下闪点越低，火灾危险性越大。

C 选项错误。爆炸下限越低，火灾危险性越大。

46. C

【解析】发展期是火势由小到大发展的阶段，一般采用 $T$ 平方特征火灾模型来简化描述该阶段非稳态火灾热释放速率随时间的变化，即假定火灾热释放速率与时间的平方成正比，轰燃就发生在这一阶段。

47. C

【解析】能够爆炸的最低浓度称为爆炸下限；能发生爆炸的最高浓度称为爆炸上限。用爆炸上限、下限之差与爆炸下限浓度之比值表示其危险度 $H$，即 $H=(L_{上}-L_{下})/L_{下}$ 或 $H=(Y_{上}-Y_{下})/Y_{下}$。故，$H=\frac{44\%-4\%}{4\%}=10.00$。

48. B

【解析】粉尘爆炸的条件：

（1）粉尘本身具有可燃性。

（2）粉尘悬浮在空气（或助燃气体）中并达到一定浓度。

（3）有足以引起粉尘爆炸的起始能量。

49. D

【解析】点火源的活化能量越大、加热面积越大、作用时间越长，爆炸极限范围也越宽。一般情况下，爆炸极限均在较高的点火能量下测得。如测甲烷与空气混合气体的爆炸极限时，用 10 J 以上的点火能量，其爆炸极限为5%～15%。

50. D

【解析】粉尘爆炸过程与可燃气爆炸相似，但有两点区别：一是粉尘爆炸所需的发火能要大得多；二是在可燃气爆炸中，促使温度上升的传热方式主要是热传导；而在粉尘爆炸中，热辐射的作用大。

51. A

【解析】发展期是火势由小到大发展的阶段，一般采用 $T$ 平方特征火灾模型来简化描述该阶段非稳态火灾热释放速率随时间的变化，即假定火灾热释放速率与时间的平方成正比。

52. B

【解析】雷尼镍是催化剂，量很少，虽然其引起了甲苯的爆燃，但火灾是甲苯爆燃造成的，甲苯为液态，因此为 B 类液体火灾。

53. B

【解析】在规定条件下，不用任何辅助引燃能源而达到自行燃烧的最低温度称为自燃点。液体和固体可燃物受热分解并析出来的可燃气体挥发物越多，其自燃点越低。固体可燃物粉碎得越细，其自燃点越低。一般情况下，密度越大，闪电越高而自燃点越低。

54. D

【解析】物理爆炸是一种极为迅速的物理能量因失控而释放的过程，在此过程中，体系内的物质以极快的速度把内部所含有的能量释放出来，转变成机械能、热能等能量形态。这是一种纯物理过程，只发生物态变化，不发生化学反应。

活泼金属与水接触引起的爆炸，是活泼金属接触水后发生剧烈的化学反应，产生氢气的同时释放大量热能，引燃氢气造成的，属于化学爆炸。

空气中的可燃粉尘云引起的爆炸，是空气中飞散的易燃性粉尘剧烈燃烧造成的，属于化学爆炸。

液氧和煤粉混合而引起的爆炸，是氧化性物质与还原性物质混合发生化学反应造成的，属于化学爆炸。

导线因电流过载而引起的爆炸，是电流过载，导线过热，金属迅速气化造成的，属于物理爆炸。

55. C

【解析】用爆炸上限、下限之差与爆炸下限浓度之比值表示其危险度。$H=(L_{上}-L_{下})/L_{下}$。$H$ 值越大，表示可燃性混合物的爆炸极限范围越宽，爆炸危险性越大。

由题目条件计算可得：$H_{丁烷}=(8.5-1.5)/1.5=4.7$；$H_{乙烯}=(34.0-2.8)/2.8=11.1$；$H_{氢气}=(75.0-4.0)/4.0=17.8$；$H_{一氧化碳}=(74.5-12.0)/12.0=5.2$。氢气的火灾爆炸危险性最大。

56. B

【解析】粉尘爆炸压力及压力上升速率（$dp/dt$）主要受粉尘粒度、初始压力、粉尘爆炸容器、湍流度等因素的影响。粒度对粉尘爆炸压力上升速率的影响比其对粉尘爆炸压力的影响大得多。

## 二、多项选择题

57. ABC

【解析】火的三要素是：氧化物、可燃物、热源。

58. ABDE

【解析】能发生分解爆炸的气体有：乙炔、乙烯、环氧乙烷、臭氧、联氨、丙二烯、甲基乙炔、乙烯基乙炔、一氧化氮、二氧化氮、氰化氢、四氟乙烯等。

59. BC

【解析】A 选项中，酒精灯点燃的燃烧是蒸发燃烧。

D 选项中，A4 纸点燃后燃烧属于分解燃烧。

E 选项中，燃气灶的燃烧属于扩散燃烧。

60. CDE

【解析】A 选项中，固体镁着火属于 D 类金属火灾。

B 选项中，废品仓库储存的废旧电缆线由于不带电着火属于 A 类固体火灾。

61. BCD

【解析】A 选项中，熔融的钢水与水混合产生蒸气爆炸属于固液相爆炸。

E 选项中，熔融的矿渣与水接触属于固液相爆炸。

62. ABD

【解析】本题中，引起爆炸的首要原因是熔融的钢水接触到低温雨水，迅速汽化，蒸发速度过快而导致钢包膨胀而引起的爆炸。引爆周围钢包后，相当于周围钢包中熔融的钢水和粉尘同时被引爆，后续的爆炸为化学爆炸。

63. ABCE

【解析】对混合爆炸气体的爆炸极限值产生影响的因素包括：①温度的影响；②压力的影响；③惰性介质的影响；④爆炸容器对爆炸极限的影响；⑤点火源的影响。

64. ABC

【解析】具有粉尘爆炸危险性的物质较多，常见的有金属粉尘、煤粉、粮食粉尘、饲料粉尘、棉麻粉尘、烟草粉尘、纸粉、木粉、火炸药粉尘和大多数含有 C、H 元素的有机合成材料粉尘。

65. ABC

【解析】D 选项错误。一般情况下，自燃点越低，火灾危险性越大。

E 选项错误。一般情况下，着火延滞期越长，火灾危险性越小。

66. CD

【解析】A 选项错误。固体可燃物粉碎得越细，其自燃点越低。

B 选项错误。一般情况下，物质的燃点或着火点越低，火灾危险性越大。

E 选项错误。下列油品的密度：汽油<煤油<轻柴油<重柴油<蜡油<渣油，而其闪点依次升高，自燃点则依次降低。

67. ADE

【解析】B 选项错误。粉尘爆炸过程比气体爆炸过程复杂，要经过尘粒的表面分解或蒸发阶段及由表面向中心燃烧的过程，所以感应期比气体长得多。

C 选项错误。粉尘爆炸速度或爆炸压力上升速度比爆炸气体小，但燃烧时间长，产生能量大，破坏程度大。

68. BD

【解析】A 选项错误。环氧乙烷在压力下发生简单分解爆炸，按爆炸能量来源分类属于化学爆炸，按照爆炸反应相分类属于气相爆炸。

C 选项错误。液氧和煤粉等混合时引起的爆炸，按爆炸能量来源分类属于化学爆炸，按照爆炸反应相分类属于液相爆炸。

E 选项错误。三硝基甲苯（TNT）由于受热发生的爆炸，按爆炸能量来源分类属于化学爆炸，按照爆炸反应相分类属于固相爆炸。

69. ABDE

【解析】C 选项错误。粉尘作业场所轻微的爆炸冲击波会使积存在地面上的粉尘扬起，造成更大范围的二次爆炸。

70. BD

【解析】A 选项错误。粉尘爆炸速度或爆炸压力上升速度比爆炸气体小，但燃烧时间长，产生的能量大，破坏程度大。

C 选项错误。可燃气体爆炸中，促使温度上升的传热方式主要是热传导；而在粉尘爆炸中，热辐射的作用大。

E 选项错误。铝粉在空气中的爆炸极限约为 35 $g/m^3$。

71. CDE

【解析】A 选项错误。一般来说，粉尘粒度越细，分散度越高，可燃气体和氧的含量越大，火源强度、初始温度越高，湿度越低，惰性粉尘及灰分越少，爆炸极限范围越大，粉尘爆炸危险性也就越大。

B 选项错误。粒度对粉尘爆炸压力上升速率的影响比其对粉尘爆炸压力的影响大得多。

72. BDE

【解析】A 选项错误。爆炸形成的高温、高压、高能量密度的气体产物，以极高的速度向周围膨胀，强烈压缩周围的静止空气，使其压力、密度和温度突跃升高。

C 选项错误。爆炸发生时，特别是较猛烈的爆炸往往会引起短暂的地震波。

73. ABDE

【解析】C 选项错误。点火源的活化能量越大、加热面积越大、作用时间越长，爆炸极限范围也越宽。

74. ADE

【解析】B 选项错误。粉尘爆炸感应期较长。粉尘的爆炸过程比气体的爆炸过程复杂，要经过尘粒的表面分解或蒸发阶段及由表面向中心燃烧的过程，所以感应期比气体长得多。

C 选项错误。粉尘爆炸速度或爆炸压力上升速度比爆炸气体小，但燃烧时间长，产生的能量大，破坏程度大。

75. ABDE

【解析】当乙炔受热或受压时，容易发生聚合、加成、取代或爆炸性分解等反应。乙炔易与铜、银、汞等重金属反应生成爆炸性的乙炔盐，这些乙炔盐只需轻微的撞击便能发生爆炸而使乙炔着火。甲烷的爆炸极限为 5%～15% ，乙炔的爆炸极限为 1.5%～82%，所以乙炔爆炸下限低于天然气。不能用含铜量超过 70% 的铜合金制造盛乙炔的容器；在用乙炔焊接时，不能使用含银焊条。

76. ABCE

【解析】爆炸破坏作用包括冲击波、碎片伤害、震荡作用、次生事故（火灾、高处坠落、二次爆炸等）、有毒气体。一般爆炸不会产生电磁力毁伤。

## 第二节 防火防爆技术

### 一、单项选择题

1. C

【解析】对于有飞溅火花的加热装置，应布置在上述设备的侧风向。

2. D

【解析】A 选项错误。如焊接系统和其他设备相连，应将相连的管道拆下断开或加堵金属盲板隔绝，再进行清洗，最后吹扫置换。

B 选项错误。不得利用与可燃易爆生产设备有联系的金属构件作为电焊地线。

C 选项错误。若气体爆炸下限大于 4%，环境中该气体浓度应小于 0.5%；爆炸下限小于 4% 的可燃气体或蒸气，浓度应小于 0.2%。

3. B

【解析】对于存在火灾和爆炸危险性的场所，不得使用蜡烛、火柴或普通灯具照明。汽车、拖拉机一般不允许进入，如确需进入，其排气管上应安装火花熄灭器。

4. B

【解析】在易燃易爆场所工人应禁止穿钉鞋，不得使用铁器制品，搬运储存可燃物体和易燃液体的金属容器时，应当使用专门的运输工具，禁止在地面上滚动、拖拉或抛掷。在爆炸危险生产环境中，机件的运转部分应该用两种材料制作，其中之一是不发生火花的有色金属材料（铜、铝）。

5. C

【解析】本质安全型防爆电气设备是指在正常工作或故障情况下产生电火花，其电流值均小于所在场所爆炸性混合物的最小引爆电流，而不会引起爆炸的电气设备。

6. C

【解析】在生产过程中，应根据可燃易燃物质的燃烧爆炸特性，以及生产工艺和设备等的条件，采取有效的措施，预防在设备和系统里或在其周围形成爆炸性混合物。这类措施主要有设备密闭、厂房通风、惰性介质保护、以不燃溶剂代替可燃溶剂、危险物品隔离储存等。以不燃或难燃的材料代替可燃或易燃材料，是防火与防爆的根本性措施。因此，在满足生产工艺要求的条件下，应当尽可能地用不燃溶剂或火灾危险性小的物质代替易燃溶剂或火灾危险性较大的物质，这样可防止形成爆炸性混合物，为生产创造更为安全的条件。

7. D

【解析】防止爆炸的一般原则：一是控制混合气体中的可燃物含量处在爆炸极限以外；二是使用惰性气体取代空气；三是使氧气浓度处于其极限值以下。

8. D

【解析】维修焊割用火的控制：

（1）在输送、盛装易燃物料的设备、管道上，或在可燃可爆区域内动火时应将系统和环境进行彻底的清洗或清理。

（2）动火现场应配备必要的消防器材，并将可燃物品清理干净。

（3）气焊作业时，应将乙炔发生器放置在安全地点，以防回火爆炸伤人或将易燃物引燃。

（4）电杆线破残应及时更换或修理，不得利用与易燃易爆生产设备有关联的金属构件作为电焊地线，以防止在电路接触不良的地方产生高温或电火花。

9. A

【解析】化学抑爆是在火焰传播显著加速的初期通过喷洒抑爆剂来抑制爆炸的作用范围及猛烈程度的一种防爆技术。

10. B

【解析】工业阻火器分为机械阻火器、液封和料封阻火器。工业阻火器常用于阻止爆炸初期火焰的蔓延。一些具有复合结构的机械阻火器也可阻止爆轰火焰的传播。工业阻火器对于纯气体介质才是有效的。

11. D

【解析】A 选项错误。安全阀按其结构和作用原理可分为杠杆式、弹簧式和脉冲式等。按气体排放方式分为全封闭式、半封闭式和敞开式三种。

B 选项错误。爆破片的防爆效率取决于它的厚度、泄压面积和膜片材料的选择。

C 选项错误。作为泄压设施的轻质屋面板和墙体的质量不宜大于 60 $kg/m^2$。

12. D

【解析】从理论上讲，防止火灾爆炸事故发生的基本原则：一是防止和限制可燃可爆系统的形成；二是当燃烧爆炸物质不可避免地出现时，要尽可能消除或隔离各类点火源；三是阻止和限制火灾爆炸的蔓延扩展，尽量降低火灾爆炸事故造成的损失。

13. D

【解析】A 选项错误。芥子气毒性极大，不得作为显味剂。

B 选项错误。对爆炸危险度大的可燃气体以及危险设备和系统，在连接处应尽量采用焊接接头，减少法兰连接；如果必须使用法兰连接时，应尽量选用止口连接面型。

C 选项错误。为保护安全，厂房可以用通风的方法使可燃气体、蒸气或粉尘的浓度不致达到危险的程度，一般应控制在爆炸下限 1/5 以下。

14. A

【解析】生产中用的单向阀有升降式、摇板式、球式等几种，其作用是仅允许气体或液体向一个方向流动，遇到倒流时即自行关闭，可用来防止发生回火时火焰倒吸和蔓延等事故。

15. B

【解析】泄压面积 $A=10CV^{2/3}$，乙炔 $C$ 值≥0.2，代入数据 $A=200$。

16. B

【解析】A 选项错误。氢气管线连接处应尽量采用焊接，减少法兰连接。

C 选项错误。停车检修油气管道时应采用惰性气体吹扫管道内的油气，防止发生爆炸。

D 选项错误。四氯化碳属于不燃溶剂，丙酮属于可燃溶剂，从防止爆炸的角度，应采用四氯化碳，但同时应采取相应的安全措施。

17. C

【解析】A 选项错误。对于气体中有杂质的输送管道，应当选用主动式、被动式隔爆装置，工业阻火器对于纯气体介质才是有效的。

B 选项错误。工业阻火器常用于阻止爆炸初期火焰的蔓延。

D 选项错误。在正常情况下，阻火阀门受环状或者条状的易熔金属的控制，处于开启状态，一旦着火，温度升高，易熔金属即会融化，阀门受重力作用自动关闭。

18. D

【解析】防止爆炸的一般原则：一是控制混合气体中的可燃物含量处在爆炸极限以外；二是使用惰性气体取代空气；三是使氧气浓度处于其极限值以下。

19. A

【解析】B 选项错误。当安全阀的入口处装有隔断阀时，隔断阀必须保持常开状态并加铅封。

C 选项错误。压力容器的介质不洁净，易于结晶或聚合应选用爆破片作为泄压介质，爆破片一般 6~12 个月更换一次。

D 选项错误。工作介质为剧毒的压力容器应采用爆破片作为防爆泄压装置，因为安全阀会存在微量泄漏。

20. B

【解析】有飞溅火花的加热装置，应布置在上述设备的侧风向。

21. A

【解析】乙炔、氢、氯化甲烷、硫化氢、氨等属于易燃气体，除惰性气体外，不准和其他种类的物品共储。

22. D

【解析】在有爆炸性危险的生产场所，对有可能引起火灾危险的电器、仪表等采用充氮正压保护。

23. A

【解析】化学抑爆技术可以避免有毒或易燃易爆物料以及灼热物料、明火等窜出设备，对设备强度的要求较低。适用于泄爆易产生二次爆炸，或无法开设泄爆口的设备以及所处位置不利于泄爆的设备。常用的抑爆剂有化学粉末、水、卤代烷和混合抑爆剂等。

24. C

【解析】压力容器的安全阀最好直接装设在容器本体上。液化气体容器上的安全阀应安装于气相部分，防止排出液体物料，发生事故。

25. B

【解析】在输送、盛装易燃物料的设备、管道上，或在可燃可爆区域内动火时，应将系统和环境进行彻底的清洗或清理。然后用惰性气体进行吹扫置换，气体分析合格后方可动焊。同时可燃气体应符合：爆炸下限大于 4% （体积百分数）的可燃气体或蒸气，浓度应小于 0.5%；爆炸下限小于 4% 的可燃气体或蒸气，浓度应小于 0.2%的标准。

26. C

【解析】如果压力容器的介质不洁净、易于结晶或聚合，这些杂质或结晶体有可能堵塞安全阀，使得阀门不能按规定的压力开启，失去了安全阀泄压作用，在此情况下就只得用爆破片作为泄压装置。

27. C

【解析】工业阻火器在工业生产过程中时刻都在起作用，对流体介质的阻力较大，而主动式、被动式隔爆装置只是在爆炸发生时才起作用，因此它们在不动作时对流体介质的阻力小，有些隔爆装置甚至不会产生任何压力损失。工业阻火器对于纯气体介质才是有效的，对气体中含有杂质（如粉尘、易凝物等）的输送管道，应当选用主动式、被动式隔爆装置为宜。

主动式（监控式）隔爆装置由一灵敏的传感器探测爆炸信号，经放大后输出给执行机构，控制隔爆装置喷洒抑爆剂或关闭阀门，从而阻隔爆炸火焰的传播。

被动式隔爆装置主要有自动断路阀、管道换向隔爆等形式，是由爆炸波推动隔爆装置的阀门或闸门来阻隔火焰。

28. A

【解析】在生产过程中，应根据可燃易燃物质的燃烧爆炸特性，以及生产工艺和设备等条件，采取有效措施，预防在设备和系统里或在其周围形成爆炸性混合物。这类措施主要有设备密闭、厂房通风、惰性介质保护、以不燃溶剂代替可燃溶剂、危险物品隔离储存等。划分防爆区域只规定了相应的区域等级；静电防护装置可通过消除静电消除点火能量，但不是最有效的方式，且题干中并未描述发生闪爆的能量来源为静电；可燃气体检测不能从根本上解决，不属于最有效的方式。

29. B

【解析】A、C、D 选项属于消除或隔离各类点火源。

B 选项属于火灾爆炸发生后，阻止和限制火灾爆炸的蔓延扩展的措施。

30. D

【解析】必须用通风的方法使可燃气体、蒸气或粉尘的浓度不致达到危险的程度，一般应控制在爆炸下限 1/5 以下。如果挥发物既有爆炸性又对人体有害，其浓度应同时控制到满足《工业企业设计卫生标准》的要求。

31. A

【解析】火星熄灭器熄火的基本方法主要有以下几种：

（1）当烟气由管径较小的管道进入管径较大的火星熄灭器中，气流由小容积进入大容积，致使流速减慢、压力降低，烟气中携带的体积、质量较大的火星就会沉降下来，不会从烟道飞出。

（2）在火星熄灭器中设置网格等障碍物，将较大、较重的火星挡住；或者采用设置旋转叶轮等方法改变烟气流动方向，增加烟气所走的路程，以加速火星的熄灭或沉降。

（3）用喷水或通水蒸气的方法熄灭火星。

32. D

【解析】A、B 选项错误。杠杆式安全阀结构简单但笨重，限于中、低压系统，适于温度较高的系统，不适于持续运行的系统。

C 选项错误，D 选项正确。弹簧式安全阀对振动的敏感性小，可用于移动式的压力容器；长期高温会影响弹簧力，不适用于高温系统。

## 二、多项选择题

33. ABC

【解析】防火技术措施主要有：

（1）以不燃溶剂代替可燃溶剂。

（2）密闭和负压操作。

（3）通风除尘。

（4）惰性气体保护。

（5）采用耐火建筑材料。

（6）严格控制火源。

（7）阻止火焰的蔓延。

（8）抑制火灾可能发展的规模。

（9）组织训练消防队伍和配备相应的消防器材。

34. CD

【解析】防爆基本措施：

（1）防止爆炸性混合物的形成。

（2）严格控制火源。

（3）及时泄出爆燃开始时的压力。

（4）切断爆炸传播途径。

（5）减弱爆炸压力和冲击波对人员、设备和建筑的损坏。

（6）检测报警。

35. CE

【解析】C 选项错误。正确说法应为，天然气系统投运前，不能用一氧化碳有毒气体吹扫系统中的残余杂物，应该使用惰性气体吹扫。

E 选项错误。必须使用通风的方法使可燃气体、蒸气或粉尘的浓度控制在爆炸下限的 1/5 以下。

36. ACE

【解析】B 选项错误。主动式、被动式阻火器是靠装置某一元件的动作来阻隔火焰，而不是靠本身的物理特性。

D 选项错误。工业阻火器对于纯气体介质才有效，对气体中含有杂质的输送管道应选用主动、被动式隔爆装置为宜。

37. BCDE

【解析】B 选项错误。安全阀存在微量泄漏，剧毒气体压力容器应选择爆破片而非安全阀作为泄压装置。

C 选项错误。当安全阀的入口处装有隔断阀时，隔断阀必须保持常开状态并加铅封。

D 选项错误。新装安全阀安装前应由安装单位继续复校后加铅封。

E 选项错误。由于钢、铁片破裂时可能产生火花，有爆燃性气体的系统不宜选用钢、铁制爆破片。

38. BD

【解析】A 选项错误。明火加热设备的布置，应远离可能泄漏易燃气体或蒸气的工艺设备和储罐区，并应布置在其上风向或侧风向。

C 选项错误。电杆线破残应及时更换或修理，不得利用与易燃易爆生产设备有联系的金属构件作为电焊地线。

E 选项错误。输送易燃物料的管道，应用惰性气体进行吹扫置换，并使可燃气体符合爆炸下限大于 4%（体积百分数）的可燃气体或蒸气，浓度应小于 0.5%；爆炸下限小于 4% 的可燃气体或蒸气，浓度应小于 0.2% 的标准。

39. ABD

【解析】C 选项错误。在有爆炸性危险的生产场所，对有可能引起火灾危险的电器、仪表等采用充氮正压保护。

E 选项错误。氮气等惰性气体在使用前应经过气体分析，其中含氧最不得超过 2%。

40. DE

【解析】A 选项错误。起爆药、炸药、雷管应隔离储存。

B 选项错误。汽油、酒精、煤油等易燃液体不准与其他种类物品共同储存，如数量甚少，允许与固体易燃物品隔开存放。

C 选项错误。钾、钠、黄磷等不准与其他种类的物品共储，钾、钠须浸入石油中，黄磷浸入水中，均单独储存。

41. DE

【解析】A 选项错误。工业阻火器分为机械阻火器、液封和料封阻火器。工业阻火器常用于阻止爆炸初期火焰的蔓延。

B 选项错误。主动式、被动式隔爆装置是靠装置某一元件的动作来阻隔火焰，这与工业阻火器靠本身的物理特性来阻火是不同的。

C 选项错误。工业阻火器在工业生产过程中时刻都在起作用，对流体介质的阻力较大，而主动式、被动式隔爆装置只是在爆炸发生时才起作用，因此它们在不动作时对流体介质的阻力小，有些隔爆装置甚至不会产生任何压力损失。

42. BCE

【解析】A 选项错误。杠杆式安全阀结构简单但笨重，限于中、低压系统，适于温度较高的系统，不适于持续运行的系统。

D 选项错误。全封闭式安全阀排出的气体全部通过排放管排放，介质不外泄，主要用于存有有毒或易燃气体的系统。

43. CD

【解析】A 选项错误。爆破片应具有脆性，当受到爆炸波冲击时易于破裂。

B 选项错误。操作压力较高的系统可选用铝、铜等材质的爆破片。

E 选项错误。如果在系统超压后未破裂的爆破片以及正常运行中有明显变形的爆破片应立即更换。

44. ACDE

【解析】本题考查的是防止爆炸的措施。

A、C、D、E 选项均属于防止爆炸的措施。B 选项属于减轻爆炸事故的后果。

45. AE

【解析】B 选项错误。电焊杆破残应及时更换或修理，不得利用与易燃易爆生产设备有联系的金属构件为电焊地线，以防止在电路接触不良的地方产生高温或电火花。

C 选项错误。气焊作业时，应将乙炔发生器放置在安全地点，以防回火爆炸伤人或将易燃物引燃。

D 选项错误。在易燃易爆区动火时应保证：可燃气体应符合爆炸下限大于 4%（体积百分数）的可燃气体或蒸气，浓度应小于 0.5%；爆炸下限小于 4% 的可燃气体或蒸气，浓度应小于 0.2% 的标准。

46. DE

【解析】A 选项错误。氮气等惰性气体在使用前应经过气体分析，其中含氧量不得超过 2%。

B 选项错误。$COCl_2$是剧毒气体，不得作为显味剂。

C 选项错误。用通风的方法使可燃气体、蒸气或粉尘的浓度不致达到危险的程度，一般应控制在爆炸下限 1/5 以下。

47. CDE

【解析】爆破片的防爆效率取决于它的厚度、泄压面积和膜片材料的选择。

48. ABCD

【解析】以下情况通常需考虑采用惰性介质保护：

(1) 可燃固体物质的粉碎、筛选处理及其粉末输送时，采用惰性气体进行覆盖保护。

(2) 处理可燃易爆的物料系统，在进料前用惰性气体进行置换，以排除系统中原有的气体，防止形成爆炸性混合物。

(3) 将惰性气体通过管线与火灾爆炸危险的设备、储槽等连接起来，在万一发生危险时使用。

(4) 易燃液体利用惰性气体充压输送。

(5) 在有爆炸性危险的生产场所，对有可能引起火灾危险的电器、仪表等采用充氮正压保护。

(6) 易燃易爆系统检修动火前，使用惰性气体进行吹扫置换。

(7) 发现易燃易爆气体泄漏时，采用惰性气体冲淡；发生火灾时，用惰性气体进行灭火。

49. ABDE

【解析】化学抑爆是在火焰传播显著加速的初期通过喷洒抑爆剂来抑制爆炸的作用范围及猛烈程度的一种防爆技术。它可用于装有气相氧化剂中可能发生爆燃的气体、油雾或粉尘的任何密闭设备。例如：加工设备、储藏设备、装卸设备、试验室和中间试验厂的设备以及可燃粉尘气力输送系统的管道等。当安全阀的入口处装有隔断阀时，隔断阀必须保持常开状态并加铅封。对于工作介质为剧毒气体或可燃气体（蒸气）里含有剧毒气体的压力容器，其泄压装置应采用爆破片而不宜用安全阀，以免污染环境，因为对于安全阀来说，微量的泄漏是难免的。主动式、被动式隔爆装置是靠装置某一元件的动作来阻隔火焰。防爆门（窗）一般设置在使用油、气或燃烧煤粉的燃烧室外壁上，防爆门（窗）应设置在人不常到的地方，高度最好不低于 2 m。

50. DE

【解析】合理利用惰性气体，对防火防爆具有很大的实际作用。氮气等惰性气体在使用前应经过气体分析，其中含氧量不得超过 2%。

## 第三节　烟花爆竹安全技术

### 一、单项选择题

1. D

【解析】能量特征是标志火药做功能力的参量，一般是指 1 kg 火药燃烧时气体产物所做的功。

2. A

【解析】爆竹类装药工序危险性较大，属于1.1$^{-1}$级建筑物。

3. C

【解析】A选项错误。烟火药常用的氧化剂包括高氯酸钾、硝酸钾、四氧化三铅等。

B选项错误。烟火药常用的还原剂包括镁铝合金粉、铝粉、木炭、硫黄等。

D选项错误。烟火药常用的添加剂包括木炭、纸屑、稻壳等。

4. D

【解析】A选项错误。能量特征标志火药做功能力的参量，一般是指1 kg火药燃烧时气体产物所做的功。

B选项错误。燃烧特性标志火药能最释放的能力，主要取决于火药的燃烧速率和燃烧表面积。

C选项错误。燃烧表面积主要取决于火药的几何形状、尺寸和对表面积的处理情况。

5. D

【解析】A选项错误。由专业燃放人员在特定的室外空旷地点燃放、危险性很大的产品属于A级。

B选项错误。由专业燃放人员在特定的室外空旷地点燃放、危险性较大的产品属于B级。

C选项错误。适于室外开放空间燃放、危险性较小的产品属于C级。

6. C

【解析】A选项错误。除造粒和制开包（球）药外，电动机械制造（作）烟火药及裸药效果件，在机械运转时，人与机械间应有防护设施隔离。

B选项错误。不应用粉碎氧化剂的设备粉碎还原剂，或用粉碎还原剂的设备粉碎氧化剂。

D选项错误。进行烟火药混合的设备应达到不产生火花和静电积累的要求，不应使用易产生火花（铁质）和静电积累（塑料）材质。

7. C

【解析】A选项错误。厂房的危险等级应由其中危险最大的生产工序确定，仓库的危险等级应由其中所储存最危险的物品确定。

B选项错误。1.1级建筑物，是指建筑物内的危险品在制造、储存、运输中具有整体爆炸危险或有迸射危险，其破坏效应将波及周围的建筑物。

D选项错误。进行引火线干燥工序的车间属于1.1$^{-2}$级建筑。

8. A

【解析】B选项错误。1.1级厂房可附设更衣室，不可附设车间办公用室。

C选项错误。车间办公用室和生活辅助用室应为单层建筑，其门窗不宜面向相邻厂房危险性工作间的泄爆面。

D选项错误。距离本厂围墙小于12 m的危险性建筑物，危险性建筑物面向围墙方向的外墙宜为实体墙。

9. B

【解析】A 选项错误。危险性建筑物的砌体厚度不应小于 240 mm，并不得采用空斗墙和毛石墙。

C 选项错误。1.1 级、1.3 级厂房外墙上宜设置安全窗，可作为安全出口，但不得计入安全出口的数目。

D 选项错误。有易燃易爆粉尘的工作间设置吊顶时，吊顶上不应有孔洞。

10. A

【解析】B 选项错误。抗爆间室无轻型窗的墙和屋盖在设计药量爆炸空气冲击波的整体作用下，允许产生一定的残余变形。

C 选项错误。抗爆间室朝室外的一面应设置轻型窗，窗台的高度不应高于室内地面 0.4 m。

D 选项错误。当危险品仓库均采用抗爆间室时，可不设置抗爆屏院，结构可不按殉爆设计。

11. C

【解析】A 选项错误。危险场所不宜设置接插装置，当确需设置时，应选择相应防爆型插座与插销带联锁保护装置，并满足断电后插销才能拔出或插入的要求。

B 选项错误。门灯及安装在外墙外侧的开关、控制按钮、控制箱等，选型应为与灯具防爆级别相同的产品。

D 选项错误。安装电气设备工作间的门应设在外墙上或通向非危险场所，且门应向室外或非危险场所开启。

12. C

【解析】A 选项错误。变电所引至危险性建筑物的低压供电系统宜采用TN-C-S 接地形式，从建筑物内总配电箱开始引出的配电线路和分支线路必须采用 TN-S 系统。

B 选项错误。危险性建筑物内电气设备的工作接地、保护接地、防雷电感应等接地、防静电接地、信息系统接地等应共用接地装置，接地电阻值应取其中最小值。

D 选项错误。接地体宜沿建筑物墙外埋地敷设，并应构成闭合回路，且每隔 18~24 m 室内与室外连接一次，每个建筑物的连接不应少于 2 处。

13. C

【解析】危险场所需要采用空气增湿方法泄漏静电时，其室内空气相对湿度宜为 60%。黑火药生产的危险场所空气相对湿度应为 65%。当工艺有特殊要求时可按工艺要求确定。

14. B

【解析】本题考查的是装、筑药工具。

装、筑药工具应采用木、铜、铝制品或不产生火花的材质制品，严禁使用铁质工具。塑料工具能够产生静电，也不能使用。

15. C

【解析】A 选项错误。烟花爆竹药剂的外相容性是指药剂与其接触物质之间的相容性，内相容性是药剂中组分与组分之间的相容性。

B 选项错误。炸药的爆发点越低，表示炸药对热的敏感度越高。

D 选项错误。摩擦感度是指在摩擦作用下，火药发生燃烧或爆炸的难易程度。

16. B

【解析】A 选项错误。抗爆间室的墙应高出厂房相邻屋面不少于 0.5 m。

C 选项错误。抗爆间室之间或抗爆间室与相邻工作间之间不应设地沟相通。

D 选项错误。抗爆间室的门、操作口、观察孔和传递窗的结构应能满足抗爆及不传爆的要求。

17. D

【解析】A 选项错误。对于 F0 区场所，即炸药、起爆药、火工品的储存场所，制造加工、储存场所，不应安装电气设备。

B 选项错误。对于 F2 区场所，即理化分析成品试验站，选用密封型、防水防尘型设备。

C 选项错误。对于 F1 区场所，即起爆药、火工品制造的场所，电气设备表面温度不得超过允许表面温度，且符合防爆电气设备的有关规定。

18. C

【解析】手工直接接触烟火药的工序应使用铜、铝、木、竹等材质的工具，不应使用铁器、瓷器和不导静电的塑料、化纤材料等工具盛装、掏挖、装筑（压）烟火药。

19. A

【解析】确定计算药量时应注意以下几点：

（1）防护屏障内的危险品药量，应计入该屏障内的危险性建筑物的计算药量。

（2）抗爆间室的危险品药量可不计入危险性建筑物的计算药量。

（3）厂房内采取了分隔防护措施，相互间不会引起同时爆炸或燃烧的药量可分别计算，取其最大值。

《烟花爆竹作业安全技术规程》（GB 11652）对定量的定义是：在危险性场所允许存放（或滞留）的最大药物质量（含半成品、成品中的药物质量）。

20. D

【解析】成品、有药半成品的干燥应在专用场所（晒场、烘房）进行；严格执行每栋工房定员、定量、热能选择、干燥方式等；产品干燥不应与药物干燥在同一晒场（烘房）进行，摩擦类产品不应与其他类产品在同一晒场（烘房）干燥。蒸汽干燥的烘房温度小于或等于 75 ℃，升温速度小于或等于30 ℃/h，不宜采用肋形散热器。热风干燥成品，有药半成品室温小于或等于 60 ℃，风速小于或等于1 m/s；循环风干燥应有除尘设备，除尘设备要定期清扫。干燥后的成品、有药半成品应通风散热。在干燥散热时，不应翻动和收取，应冷却至室温时收取。

21. A

【解析】烟火药组成包括：氧化剂、还原剂、黏合剂、添加剂等。

（1）常用的氧化剂包括：高氯酸钾、硝酸钾、硝酸钡、硝酸锶、四氧化三铅等。

（2）常用的还原剂包括：镁铝合金粉、铝粉、钛粉、铝渣、铁粉、木炭、硫黄、苯甲酸钾、苯二甲酸氢钾等。

（3）常用的黏合剂包括：酚醛树脂（简称树脂、PF）、淀粉（包括江米粉、糯米粉、小麦粉等)、虫胶(又名柒片、洋干漆、紫胶)、聚乙烯醇(简称 PVA)、硝化棉、单基火药、硝基漆、桃胶、糊精。

(4)常用的添加剂包括:草酸钠、氟铝酸钠、氟硅酸钠、硫酸钡、碳酸锶、硫酸锶、碱式碳酸铜、聚氯乙烯、六氯代苯、六氯乙烷、氯化橡胶、珍珠岩粉、木炭、纸屑、稻壳、棉籽皮、锯末、香料、石蜡(又名矿蜡、白蜡)、硬脂酸(化学名十八烷酸)、各种香料、AQ-888 烟花增效剂。

22. B

**【解析】**烟花爆竹工厂的安全距离实际上是危险性建筑物与周围建筑物之间的最小允许距离,包括工厂危险品生产区内的危险性建筑物与其周围村庄、公路、铁路、城镇和本厂住宅区等的外部距离,以及危险品生产区内危险性建筑物之间以及危险建筑物与周围其他建(构)筑物之间的内部距离。安全距离作用是:保证一旦某座危险性建筑物内的爆炸品发生爆炸时,不至于使邻近的其他建(构)筑物造成严重破坏和造成人员伤亡。

23. D

**【解析】**烟花爆竹药剂中组分与组分之间的相容性是内相容性。

24. B

**【解析】**手工直接接触烟火药的工序应使用铜、铝、木、竹等材质的工具,不应使用铁器、瓷器和不导静电的塑料、化纤材料等工具盛装、掏挖、装筑(压)烟火药;盛装烟火药时药面应不超过容器边缘。

25. B

**【解析】**$A_1$ 级建筑物应设安全防护屏障。$A_2$ 级建筑物应单人单栋使用。$A_3$ 级建筑物应单人单间使用,并且每栋同时作业人员的数量不得超过 2 人。C 级建筑物的人均使用面积不得少于 3.5 $m^2$。

## 二、多项选择题

26. DE

**【解析】**燃烧速率标志火药能量释放的能力,火药的燃烧特性主要取决于火药的燃烧速率和燃烧表面积。

27. BDE

**【解析】**粉碎和筛选原料时应坚持做到:

(1)三固定:固定工房、固定设备、固定最大粉碎量。

(2)四不准:不准混用工房、不准混用设备和工具、不准超量投料、不准在工房内存放粉碎好的药物。

(3)所有粉碎和筛选设备应接地,电气设备必须是防爆型的,要做到远距离操作,进出料时必须停机停电,工房应注意通风。

28. ABCE

**【解析】**A 选项错误。能量特征是指火药做工能力(使用特征),1 kg 火药燃烧时气体所做的功。

B 选项错误。烟花爆竹的燃烧特性取决于火药的燃烧类型和燃烧表面积。

C 选项错误。爆发点是使火药开始爆炸变化，介质所需加热到的最低温度。

E 选项错误。炸药热敏感度越低，临界温度越高。

29. ACD

**【解析】**黑火药粉碎，应将硫黄和木炭两种原料应混合粉碎；烟花爆竹生产过程中避免使用铁质工具和塑料工具。

30. ACD

**【解析】**烟花爆竹生产过程中的防火防爆措施包括：

（1）领药时要按照“少量、多次、勤运走”的原则限量领药。

（2）装、筑药应在单独工房操作。

（3）钻孔与切割有药半成品时，应在专用工房内进行，每间工房定员 2 人，人均使用工房面积不得少于 3.5 $m^2$，严禁使用不合格工具和长时间使用同一件工具。

（4）贴筒标和封口时，操作间主通道宽度不得少于 1.2 m，人均使用面积不得少于 3.5 $m^2$，半成品停滞量的总药量，人均不得超过装、筑药工序限量的 2 倍。

（5）手工生产硝酸盐引火线时，应在单独工房内进行，每间工房定员 2 人，人均使用工房面积不得少于 3.5 $m^2$，每人每次限量领药 1 kg；机器生产硝酸盐引火线时，每间工房不得超过 2 台机组，工房内药物停滞量不得超过 2.5 kg；生产氯酸盐引火线时，无论手工或机器生产，都限于单独工房、单机、单人操作，药物限量 0.5 kg。

（6）干燥烟花爆竹时，一般应采用日光、热风散热器、蒸气干燥、红外线或远红外线烘烤，严禁使用明火。

31. BCE

**【解析】**烟花爆竹生产过程中的防火防爆措施主要包括：领药时要按照“少量，多次、勤运走”的原则限量领药；装、筑药应在单独工房操作。装、筑不含高感度烟火药时，每间工房定员 2 人；装、筑高感度烟火药时，每间工房定员 1 人。半成品、成品要及时转运，工作台应靠近出口窗口。装、筑药工具应采用木、铜、铝制品或不产生火花的材质制品，严禁使用铁质工具。工作台上等冲击部位必须垫上接地导电橡胶板；干燥烟火爆竹时，一般采用日光、热风散热器、蒸气干燥，或用红外线、远红外线烘烤，严禁使用明火，所以 B、C、E 选项正确。A、D 选项都是烟火药制造过程中的防火防爆措施。

32. BDE

**【解析】**装、筑药应在单独工房操作。装、筑不含高感度烟火药时，每间工房定员 2 人；装、筑高感度烟火药时，每间工房定员 1 人。半成品、成品要及时转运，工作台应靠近出口窗口。装、筑药工具应采用木、铜、铝制品或不产生火花的材质制品，严禁使用铁质工具。工作台上等冲击部位必须垫上接地导电橡胶板。

33. ABCD

**【解析】**E 选项错误。抗爆间室的危险品药量可不计入危险性建筑物的计算药量。参见《烟花爆竹工程设计安全规范》。

34. CD

**【解析】**A 选项错误。一般来说，热点的半径越小，临界温度越高，炸药的敏感度越低，临界温度越高。

B 选项错误。相容性包括内相容性和外相容性，其中外相容性是指将药剂作为一个体系，它与另一种药剂或结构材料之间的相容性。

E 选项错误。烟火药的水分应小于或等于 1.5%，笛音药、粉状黑火药、含单基火药的烟火药应小于或等于 3.5%。

35. BD

**【解析】**A 选项错误。摩擦药的混合，应将氧化剂、还原剂分别用水润湿后方可混合，混合后的烟火药应保持湿度；不应使用干法和机械法混合摩擦药。

C 选项错误。采用湿法配制含铝、铝镁合金等活性金属粉末的烟火药时，应及时做好通风散热处理。

E 选项错误。混合药（除黑火药外）应及时用于制作产品或效果件，湿药应即混即用，保持湿度，防止发热。

36. BD

**【解析】**A 选项错误。手工直接接触烟火药的工序应使用铜、铝、木、竹等材质的工具，不应使用铁器、瓷器、化纤材料、不导静电的塑料等工具盛装、掏挖、装筑烟火药。

C 选项错误。当筒体变形、筒体内壁不洁净或效果件变形时，按废弃物处理，不应将药物强行装入。

E 选项错误。含有较大颗粒的铝、钛、铁粉的烟火药，不应筑压。

37. BDE

**【解析】**A 选项错误。围墙与危险性建筑物、构筑物之间的距离宜设为12 m，且不应小于 5 m。

C 选项错误。危险品生产厂房靠山布置时，距山脚不宜太近，当危险品生产厂房布置在山凹中时，应考虑人员的安全疏散和有害气体的扩散。

38. ABCD

**【解析】**A 选项错误。引火线制造厂房应单间单机布置，每栋厂房连建间数不超过 4 间。

B 选项错误。1.1 级厂房的人均使用面积不宜少于 9.0 $m^2$，1.3 级厂房的人均使用面积不宜少于 4.5 $m^2$。

C 选项错误。产品陈列室不应陈列危险品。

D 选项错误。1.1 级厂房内不应设置除更衣室外的辅助用室，1.3 级厂房内可设置如工器具室等生产辅助用室。

39. BE

**【解析】**A 选项错误。危险品总仓库区内，烟火药、黑火药、引火线仓库单库存药量不宜超过 5000 kg，1.1 级成品仓库单库存药量不宜超过 10000 kg，1.3 级成品仓库单库存药量不宜超过 20000 kg。

C 选项错误。烟火药、黑火药堆垛的高度不应超过 1.0 m，半成品与未成箱成品堆垛的高度不应超过 1.5 m，成箱成品堆垛的高度不应超过 2.5 m。

D 选项错误。危险品的运输宜采用符合安全要求并带有防火罩的汽车运输，不宜用三轮车运输，严禁用畜力车、翻斗车和各种挂车运输。

40. ABCE

【解析】《烟花爆竹　安全与质量》（GB 10631）规定的主要安全性能检测项目包括：摩擦感度、撞击感度、静电感度、爆发点、相容性、吸湿性、水分、pH。

41. BCD

【解析】A 选项错误。当设计药量大于 1 kg 时，抗爆间室的墙及屋盖应采用现浇钢筋混凝土结构，墙厚不宜小于 300 mm。

E 选项错误。厂房内主要通道宽度不应小于 1.2 m，每排操作岗位间的通道宽度和工作间内的通道宽度不应小于 1.0 m。

42. ACD

【解析】B 选项错误。生产、储存爆炸物品的工厂、仓库应建在远离城市的独立地带，禁止设立在城市市区和其他居民聚集的地方及风景名胜区。

E 选项错误。危险品生产区内危险性建筑物之间以及危险建筑物与周围其他建（构）筑物之间的距离称为内部距离。

43. ABD

【解析】C 选项错误。进行二元或三元黑火药混合的球磨机与药物接触的部分不应使用铁制部件，可用黄铜、杂木、楠竹和皮革及导电橡胶等材料制成。

E 选项错误。含氯酸盐等高感度药物的混合，应有专用工房，并使用专用工具。不应使用球磨机混合氯酸盐烟火药等高感度药物。

## 第四节　民用爆炸物品安全技术

### 一、单项选择题

1. C

【解析】工业雷管包括电雷管、磁电雷管、电子雷管、导爆管雷管、继爆管等。

2. D

【解析】乳化炸药生产的火灾爆炸危险因素主要来自物质危险性，如生产过程中的高温、撞击摩擦、电气和静电火花以及雷电引起的危险性。包装好后的乳化炸药仍然具有较高的温度，热量应及时排放。

3. C

【解析】根据《民用爆炸物品安全管理条例》规定，储存的民用爆炸物品数量不得超过储存设计容量，对性质相抵触的民用爆炸物品必须分库储存，严禁在库房内存放其他物品。

4. D

【解析】民用爆破器材生产企业应当采取下列职业危害预防措施：

（1）为从业人员配备符合国家标准或行业标准的劳动防护用品。

（2）对重大危险源进行检测、评估，采取监控措施。

（3）为从业人员定期进行健康检查。

5. D

【解析】依据上述公式将数据带入第一个公式可得 $\Delta P \approx 0.04$。

6. A

【解析】乳化炸药生产的火灾爆炸危险因素主要来自物质危险性，如生产过程中的高温、撞击摩擦、电气和静电火花、雷电引起的危险性。

7. C

【解析】民用爆炸物品包括工业炸药、工业雷管、工业索类火工品、其他民用爆炸品、原材料。其中，工业索类火工品如工业导火索、工业导爆索、切割索、塑料导爆管、引火线。

8. D

【解析】乳化炸药的运输可能发生翻车、撞车、坠落、碰撞及摩擦等险情，会引起乳化炸药的燃烧或爆炸。

9. D

【解析】A 选项错误。在炸药的爆炸变化过程中，炸药的化学能转变成热能，热的释放是爆炸变化过程的发生和自行传播的必要条件。

B 选项错误。爆炸变化过程所放出的热量称为爆炸热，常用炸药的爆热在 3700～7500 kJ/kg。

C 选项错误。许多炸药的氧化剂和还原剂共存于一个分子内，能够发生快速的逐层传递的化学反应，使爆炸过程以极快的速度进行，通常为每秒几百米或几千米。

10. C

【解析】安定性是指炸药必须在长期储存中保持其物理化学性质的相对稳定。为改善炸药的安定性，一般在炸药中加入少量的化学安定剂，如二苯胺等。

11. B

【解析】硝酸铵储存过程中会发生自然分解，放出热量。当环境具备一定的条件时热量聚集，当温度达到爆发点时引起硝酸铵燃烧或爆炸。油相材料都是易燃危险品，储存时遇到高温、氧化剂等，易发生燃烧而引起燃烧事故。乳化炸药的运输可能发生翻车、撞车、坠落、碰撞及摩擦等险情，会引起乳化炸药的燃烧或爆炸。乳化炸药生产的火灾爆炸危险因素主要来自物质危险性，如生产过程中的高温、撞击摩擦、电气和静电火花、雷电引起的危险性。因此，静电火花的危险性来自乳化炸药生产过程而不是运输过程。

12. A

【解析】干粉灭火剂中的灭火组分是燃烧反应的非活性物质，当进入燃烧区域火焰中时，捕捉并终止燃烧反应产生的自由基，降低了燃烧反应的速率，当火焰中干粉浓度足够高，与火焰的接触面积足够大，自由基中止速率大于燃烧反应生成的速率，链式燃烧反应被终止，从而火焰熄灭。

13. A

【解析】引燃能是指释放能够触发初始燃烧化学反应的能量，也叫最小点火能。静电放电的火花能量达到工业炸药的引燃能即可引爆炸药。

## 二、多项选择题

14. BCD

【解析】A 选项错误。民用爆炸品的机械感度包括撞击感度、摩擦感度、针刺感度、不包括冲击波感度。

E 选项错误。影响民用爆炸品爆炸的因素很多，主要有炸药的性质、装药的临界尺寸、炸药层的厚度和密度、炸药的杂质及含量、周围介质的气体压力和壳体的密封、环境温度和湿度等，不包括起爆方式。

# 第五节　消防设施与器材

## 一、单项选择题

1. A

【解析】火灾自动报警系统中报警器的功能：火灾报警器是火灾自动报警系统中的主要设备，它除了具有控制、记忆、识别和报警功能外，还具有自动检测、联动控制、打印输出、图形显示、通信广播等功能。

2. A

【解析】二氧化碳灭火器是利用内部充装的液态二氧化碳的蒸气压将二氧化碳喷出灭火的一种灭火器具，其利用降低氧气含量，造成燃烧区域窒息而灭火。一般当氧气的含量低于 12% 或二氧化碳的浓度达到 30% ~ 35% 时，燃烧终止。1 kg 的二氧化碳液体在常温常压下能生成 500 L 左右的气体，这些足以使 1 $m^3$ 空间范围内的火焰熄灭。由于二氧化碳是一种无色的气体，灭火不留痕迹，并具有一定的电绝缘性能等特点，因此，更适宜于扑救 600 V 以下带电电器、贵重设备、图书档案、精密仪器仪表的初起火灾，以及一般可燃液体的火灾。

3. B

【解析】干粉灭火器按适用范围可分为普通干粉灭火器和多用干粉灭火器两类。其中普通干粉灭火器主要用于可燃液体、可燃气体以及带电设备火灾的扑灭。

虽然二氧化碳灭火器也可以用于 600 V 以下带电火灾的扑灭，但由于二氧化碳灭火器只适用于扑灭带电火灾的初起火灾，因此不可选用二氧化碳灭火器。

4. B

【解析】不能用水的火灾主要包括：密度小于水和不溶于水的易燃液体的火灾。如汽油、煤油、柴油等。苯类、醇类、醚类、酮类、酯类及丙烯氰等大容量储罐，若用水扑救，水会沉在液体下层，被加热后会引起爆沸，形成可燃液体的飞溅和流溢，使火势扩大。气体灭火剂主要是二氧化碳和氮气。灭火机理是降低氧气浓度，窒息灭火。氧气浓度降低至 12% 或二氧化碳浓度达到 30% ~ 35%，燃烧终止。泡沫灭火剂不适用于气体火灾和电器火灾。

5. D

【解析】干粉灭火剂由一种或多种具有灭火能力的细微无机粉末组成，主要包括活性灭火组分、疏水成分、惰性填料，粉末的粒径大小及其分布对灭火效果有很大的影响。窒息、冷却、辐射及对有焰燃烧的化学抑制作用是干粉灭火效能的集中体现，其中化学抑制作用是灭火的基本原理，起主要灭火作用。

6. A

【解析】定温火灾探测器原理为环境温度达到限值报警，属于非接触式。差温火灾探测器原理为环境温度上升速率超过限值报警。差定温火灾探测器既可定温响应又可差温响应。

7. B

【解析】A 选项中，感烟式火灾探测器适用于 A 类火灾中初期报警，后期烟雾遮挡光路影响报警器动作。

C 选项中，感光式火灾探测器适用于没有阴燃阶段的醇类火灾。

D 选项中，感温式火灾探测器适用于有明显温度变化的室内火灾报警。

8. A

【解析】《中华人民共和国消防法》中规定，消防设施是指火灾自动报警系统、自动灭火系统、消火栓系统、防烟系统以及应急广播和应急照明、安全疏散设施等。

9. B

【解析】消防系统中有三种控制方式：自动控制、联动控制、手动控制。

10. A

【解析】火灾报警控制器按其用途不同，可分为区域火灾报警控制器、集中火灾报警控制器和通用火灾报警控制器三种基本类型。

11. A

【解析】不能用水扑灭的火灾主要包括：

（1）密度小于水和不溶于水的易燃液体的火灾，如汽油、煤油、柴油等。苯类、醇类、醚类、酮类、酯类及丙烯腈等大容量储罐，如用水扑救，则水会沉在液体下层，被加热后会引起爆沸，形成可燃液体的飞溅和溢流，使火势扩大。

（2）遇水产生燃烧物的火灾，如金属钾、钠、碳化钙等，不能用水，而应用砂土灭火。

（3）硫酸、盐酸和硝酸引发的火灾，不能用水流冲击，因为强大的水流能使酸飞溅，流出后遇可燃物质，有引起爆炸的危险。酸溅在人身上，能灼伤人。

（4）电气火灾未切断电源前不能用水扑救，因为水是良导体，容易造成触电。

（5）高温状态下化工设备的火灾不能用水扑救，以防高温设备遇冷水后骤冷，引起形变或爆裂。

12. A

【解析】B 选项错误。卤代烷 1211、1301 灭火剂会破坏臭氧，现已淘汰。

C 选项错误。高倍数泡沫灭火剂的发泡倍数在 201~1000 倍。

D 选项错误。干粉灭火剂中的灭火组分是燃烧反应的非活性物质，灭火原理是通过捕捉并终止燃烧反应产生的自由基，降低了燃烧反应的速率，使链式燃烧反应被终止，从而火焰熄灭。

13. D

【解析】A 选项错误。灭火器按其移动方式可分为手提式、悬挂式、推车式。

B 选项错误。泡沫灭火器按使用操作可分为手提式、舟车式、推车式。

C 选项错误。二氧化碳灭火器是利用降低氧气含量，造成燃烧区窒息而灭火，一般当氧气的含量低于 12% 或二氧化碳浓度达 30%~35% 时，燃烧中止。

14. A

【解析】本题考查的是二氧化碳灭火器。

二氧化碳是一种无色的气体，灭火不留痕迹，并有一定的电绝缘性能等特点，二氧化碳灭火器更适宜于扑救 600 V 以下带电电器、贵重设备、图书档案、精密仪器仪表的初起火灾，以及一般可燃液体的火灾。

15. D

【解析】根据工程建设的规模、保护对象的性质、火灾报警区域的划分和消防管理机构的组织形式，将火灾自动报警系统划分为三种基本形式：区域火灾报警系统、集中报警系统和控制中心报警系统。

16. B

【解析】由于二氧化碳是一种无色的气体，灭火不留痕迹，并有一定的电绝缘性能等特点，所以更适宜扑救 600 V 以下带电电器、贵重设备、图书档案、精密仪器仪表的初起火灾，以及一般可燃液体的火灾。

17. C

【解析】多用干粉也称 ABC 干粉，是指磷酸铵盐干粉、聚磷酸铵干粉等，它不仅适用于扑救可燃液体、可燃气体和带电设备的火灾，还适用于扑救一般固体物质火灾，但都不能扑救轻金属火灾。

18. D

【解析】A 选项错误。感光探测器适用于监视有易燃物质区域的火灾发生，如仓库、燃料库、变电所、计算机房等场所，特别适用于没有阴燃阶段的燃料火灾（如醇类、汽油、煤气等易燃液体、气体火灾）的早期检测报警。

B 选项错误。紫外火焰探测器适用于有机化合物燃烧的场合，如油井、输油站、飞机库、可燃气罐、液化气罐、易燃易爆品仓库等，特别适用于火灾初期不产生烟雾的场所（如生产储存酒精、石油等场所）。

C 选项错误。光电式感烟火灾探测器有一个很大的缺点就是对黑烟灵敏度很低，对白烟灵敏度较高，因此，这种探测器适用于火情中所发出的烟为白烟的情况。

19. C

【解析】我国现行国家标准《火灾自动报警系统设计规范》明确规定“本规定适用于工业与民用建筑和场所内设置的火灾自动报警系统，不适用于生产和储存火药、炸药、弹药、火工品等场所设置的火灾自动报警系统。”

20. D

【解析】A 选项错误，D 选项正确。感光探测器适用于监视有易燃物质区域的火灾发生，如仓库、燃料库、变电所、计算机房等场所，特别适用于没有阴燃阶段的燃料火灾（如醇类、汽油、煤气等易燃液体、气体火灾）的早期检测报警。

B 选项错误。红外线波长较长，烟粒对其吸收和衰减能力较弱，致使有大量烟雾存在的火场，在距火焰一定距离内，仍可使红外线敏感元件（Pbs 红外光敏管）感应，发出报警信号。

C 选项错误。紫外火焰探测器适用于有机化合物燃烧的场合，例如油井、输油站、飞机库、可燃气罐、液化气罐、易燃易爆品仓库等，特别适用于火灾初期不产生烟雾的场所(如生产储存酒 精、石油等场所)。

## 二、多项选择题

21. CE

**【解析】**不能使用水扑灭的火灾包括：①密度小于水和不溶于水的液体；②遇水产生燃烧物的火灾；③硫酸、盐酸、硝酸引起的火灾；④电气火灾未切断电源前；⑤高温状态下的化工设备。

22. BDE

**【解析】**A 选项中，轻金属火灾只能用砂土掩埋，不能使用干粉灭火器。

C 选项中，泡沫灭火器不能用于扑救 B 类水溶性火灾，也不能用于扑救带电设备和 C 类、D 类火灾。

23. ADE

**【解析】**B 选项错误。普通干粉也称 BC 干粉，是指碳酸氢钠干粉、改性钠盐、氨基干粉等，主要用于扑灭可燃液体、可燃气体以及带电设备火灾。

C 选项错误。多用干粉也称 ABC 干粉，是指磷酸铵盐干粉、聚磷酸铵干粉等，它不仅适用于扑救可燃液体、可燃气体和带电设备的火灾，还适用于扑救一般固体物质火灾，但都不能扑救轻金属火灾。

24. CE

**【解析】**A 选项错误。感光探测器适用于监视有易燃物质区域的火灾发生，如仓库、燃料库、变电所、计算机房等场所，特别适用于没有阴燃阶段的燃料火灾（如醇类、汽油、煤气等易燃液体、气体火灾）的早期检测报警。

B 选项错误。紫外火焰探测器属于感光火灾探测器，特别适用于火灾初期不产生烟雾的场所（如生产储存酒精、石油等场所）。

D 选项错误。监测密度大于空气的可燃气体（如石油液化气、汽油、丙烷、丁烷等）时，探测器应安装在泄漏可燃气体处的下部，距地面不应超过 0.5 m。监测密度小于空气的可燃气体（如煤气、天然气、一氧化碳、氨气、甲烷、乙烷、乙烯、丙烯、苯等）时，探测器应安装在可能泄漏可燃气体的上部或屋内顶棚上。

25. AB

**【解析】**C 选项错误。酸碱灭火器不适用于带电场合火灾的扑救。

D 选项错误。二氧化碳灭火器适宜于扑救 600 V 以下带电电器、贵重设备、图书档案、精密仪器仪表的初起火灾，以及一般可燃液体的火灾。

E 选项错误。普通干粉灭火器和多用干粉灭火器都不能扑救轻金属火灾。

26. AE

【解析】B 选项错误。光电式感烟火灾探测器有一个很大的缺点就是对黑烟灵敏度很低，对白烟灵敏度较高。

C 选项错误。根据工作原理的不同，差温火灾探测器可分为电子差温探测器、膜盒感温探测器等。

D 选项错误。复合式火灾探测器包括复合式感温感烟火灾探测器、复合式感温感光火灾探测器、复合式感温感烟感光火灾探测器、分离式红外光束感温感光火灾探测器。

27. BCDE

【解析】本题考查的是 ABC 干粉灭火剂。

ABC 干粉灭火剂不仅适用于扑救可燃液体、可燃气体和带电设备的火灾，还适用于扑救一般固体物质火灾，但不能扑救轻金属火灾。

28. ACD

【解析】B 选项错误。区域报警系统比较简单，使用很广泛，如行政事业单位，工矿企业的要害部门和娱乐场所均可使用。

E 选项错误。区域报警系统一般适用于二级保护对象；集中报警系统一般适用于一、二级保护对象；控制中心报警系统一般适用于特级、一级保护对象。

# 第五章　危险化学品安全基础知识

## 第一节　危险化学品安全的基础知识

### 一、单项选择题

1. C

【解析】在同一区域储存两种或两种以上不同危险级别的危险化学品，应按最高等级的危险化学品标志。

2. C

【解析】有毒物质的毒害性指的是，进入人体内并累积到一定量时，便会扰乱或破坏机体的正常生理功能，引起暂时性或持久性的病理改变，甚至危及生命。

3. D

【解析】《化学品分类和危险性公示　通则》(GB 13690) 将危险化学品分为三大类。第一大类含爆炸物等 16 类；第二大类含急性毒性等 10 类；第三大类含危害水生环境等 7 类。

4. A

【解析】危险化学品的主要危险特性：

(1) 燃烧性。爆炸物、压力下可燃性气体、易燃液体、易燃固体、自燃物品、遇水易燃物品、有机过氧化物等，在条件具备时均可能发生燃烧。

(2) 爆炸性。爆炸物、压力下可燃性气体、易燃液体、易燃固体、自燃物品、遇水易燃物品、有机过氧化物等危险化学品均可能由于其化学活性或易燃性引发爆炸事故。

(3) 毒害性。许多危险化学品可通过一种或多种途径进入人体和动物体内，当其在人体累积到一定量时，便会扰乱或破坏机体的正常生理功能，引起暂时性或持久性的病理改变，甚至危及生命。

（4）腐蚀性。强酸、强碱等物质能对人体组织、金属等物品造成损坏，接触人的皮肤、眼睛或肺部、食道等时，会引起表皮组织坏死而造成灼伤。内部器官被灼伤后可引起炎症，甚至会造成死亡。

（5）放射性。放射性危险化学品通过放出的射线可阻碍和伤害人体细胞活动机能并导致细胞死亡。

5. B

【解析】工业生产中毒性危险化学品进入人体的最重要的途径是呼吸道。凡是以气体、蒸气、雾、烟、粉尘形式存在的毒性危险化学品，均可经呼吸道侵入体内。呼吸道吸收程度与其在空气中的浓度密切相关，浓度越高，吸收越快。

6. A

【解析】接触苯可引起再生障碍性贫血。

7. C

【解析】工业毒性危险化学品对人体的危害包括：刺激；过敏；窒息（包括单纯窒息、血液窒息、细胞内窒息）；麻醉和昏迷；中毒；致癌；致畸；致突变；尘肺。氰化氢会导致人体细胞内窒息。甲苯会导致人体呼吸系统过敏。典型的血液窒息性物质就是一氧化碳。二氧化碳会导致单纯窒息。

8. D

【解析】烟是直径小于0.1 μm的悬浮于空气中的固体微粒，如熔铜时产生的氧化锌烟尘，熔镉时产生的氧化镉烟尘，电焊时产生的电焊烟尘等。

9. C

【解析】本题主要考查危险化学品的概念及主要危险特性。

危险化学品的主要危险特性是燃烧性、爆炸性、毒害性、腐蚀性、放射性。

10. B

【解析】A选项错误。信号词位于化学品名称的下方；根据化学品的危险程度和类别，用“危险”“警告”两个词分别进行危害程度的警示。根据《化学品分类和标签规范》（GB 30000）选择不同类别危险化学品的信号词。

C选项错误。对于小于或等于100 mL的化学品小包装，为方便标签使用，安全标签要素可以简化，包括化学品标识、象形图、信号词、危险性说明、应急咨询电话、供应商名称及联系电话、资料参阅提示语等。

D选项错误。填写化学品生产商或生产商委托的24 h化学事故应急咨询电话。国外进口化学品安全标签上应至少有一家中国境内的24 h化学事故应急咨询电话。

11. D

【解析】化学品安全技术说明书包含化学品及企业标识、危险性概述、成分/组成信息、急救措施、消防措施 、泄漏应急处理、操作处置与储存、接触控制和个体防护、理化性质、稳定性和反应活性、毒理性资料、生态学信息、废弃处置、运输信息、法规信息、其他信息16大项的安全信息内容。

D 选项属于成分/组成信息，即标明该化学品是物质还是混合物。如果是物质，应提供其化学品名或通用名、美国化学文摘登记号（CAS 号）及其他标识符。如果某种物质按 GHS 分类标准为危险化学品，则应列明应包括对该物质的危险性分类产生影响的杂质和稳定剂在内的所有危险组分的化学名或通用名以及浓度或浓度范围。如果是混合物，不必列明所有组分。

12. B

【解析】危险性说明是指简要概述化学品的危险特性，居信号词下方。

13. B

【解析】氢气是一种极易燃烧、爆炸、无毒的气体。光气又称碳酰氯，剧毒，不燃，化学反应活性较高，遇水后有强烈腐蚀性。硝酸具有强氧化性、不燃，是一种腐蚀性液体。

14. A

【解析】根据《化学品分类和危险性象形图标识　通则》（GB/T 24774）附录 A 规定，在外包装或容器上所用的图作为标签的化学品类别是氧化性气体。

15. D

【解析】强酸、强碱等物质能对人体组织、金属等物品造成损坏，接触人的皮肤、眼睛或肺部、食道等时，会引起表皮组织坏死而造成灼伤。这种特性属于危险化学品的腐蚀性。

16. D

【解析】化学品安全技术说明书（safety data sheet for chemical products，SDS）提供了化学品（物质或混合物）在安全、健康和环境保护等方面的信息，推荐了防护措施和紧急情况下的应对措施。常规化学反应信息不属于化学品安全技术说明书内容。

## 二、多项选择题

17. ABCE

【解析】工业的无害化排放，是通风防毒工程必须遵守的重要准则。根据输送介质特性和生产工艺的不同，可采用不同的有害气体净化方法。有害气体净化方法大致分为洗涤法、吸附法、袋滤法、静电法、燃烧法和高空排放法。

18. ABCE

【解析】氢气、液氨、盐酸、氢氧化钠溶液，这些都是气体和液体，没有放射性危害。

19. ABC

【解析】危险化学品储存方式分为隔离储存、隔开储存、分离储存 3 种。

20. BC

【解析】根据化学品的危险程度，分别用“危险”“警告”两个词进行危害程度的警示。

21. ACDE

【解析】B 选项错误。成分/组成信息中标明该化学品是物质还是混合物。如果是物质，应提供其化学品名或通用名、美国化学文摘登记号（CAS 号）及其他标识符。如果某种物质按 GHS 分类标准为危险化学品，则应列明应包括对该物质的危险性分类产生影响的杂质和稳定剂在内的所有危险组分的化学名或通用名以及浓度或浓度范围。如果是混合物，不必列明所有组分。

22. BD

【解析】A 选项错误。对于小于或等于 100 mL 的化学品小包装，为方便标签使用，安全标签要素可以简化。

C 选项错误。根据化学品的危险程度和类别，用“危险”“警告”两个词分别进行危害程度的警示。

E 选项错误。盛装危险化学品的容器或包装，在经过处理并确认其危险性完全消除之后，方可撕下安全标签，否则不能撕下相应的标签。

## 第二节　危险化学品的燃烧爆炸类型和过程

### 一、单项选择题

1. C

【解析】某化工企业装置设备内残存可燃气体，在动火时发生爆炸，该爆炸最有可能属于爆炸性混合物爆炸。

2. D

【解析】尘粒大小相同，密度大者沉降速度快、稳定程度低。在通风除尘设计中，要考虑密度这一因素。

高分散度的尘粒通常带有电荷，尘粒带有相异电荷时，可促进凝集、加速沉降。粉尘的这一性质对选择除尘设备有重要意义。

高分散度的煤炭、糖、面粉、硫黄、铝、锌等粉尘具有爆炸性。

3. A

【解析】可燃气体遇点火源被点燃后，若发生层流或近似层流燃烧，速度太低，不足以产生显著的爆炸超压，在这种条件下蒸气云仅仅是燃烧。在燃烧传播过程中，由于遇到障碍物或受到局部约束，引起局部紊流，火焰与火焰相互作用产生更高的体积燃烧速率，使膨胀流加剧，而这又使紊流更强烈，从而又能导致更高的体积燃烧速率，结果火焰传播速度不断提高，可达层流燃烧的十几倍乃至几十倍，发生爆炸。

4. A

【解析】B 选项错误。梯恩梯不属于简单分解爆炸物质，而属于复杂分解爆炸。

C 选项错误。发生复杂分解爆炸的可爆炸物的危险性较简单分解爆炸物稍低。

D 选项错误。乙炔在压力下发生的爆炸属于简单分解爆炸。

5. B

【解析】(1) 简单分解爆炸。引起简单分解的爆炸物，在爆炸时并不一定发生燃烧反应，其爆炸所需要的热量是由爆炸物本身分解产生的。属于这一类的有乙炔银、叠氮铅等，这类物质受轻微震动即可能引起爆炸，十分危险。此外，还有些可爆炸气体在一定条件下，特别是在受压情况下，能发生简单分解爆炸。例如，乙炔、环氧乙烷等在压力下的分解爆炸。

(2) 复杂分解爆炸。这类可爆炸物的危险性较简单分解爆炸物稍低。其爆炸时伴有燃烧现象，燃烧所需的氧由本身分解产生。例如，梯恩梯、黑索金等。

（3）爆炸性混合物爆炸。所有可燃性气体、蒸气、液体雾滴及粉尘与空气（氧）的混合物发生的爆炸均属此类。这类混合物的爆炸需要一定的条件，如混合物中可燃物浓度、含氧量及点火能量等。实际上，这类爆炸就是可燃物与助燃物按一定比例混合后遇具有足够能量的点火源发生的带有冲击力的快速燃烧。

6. D

【解析】引起简单分解的爆炸物，在爆炸时并不一定发生燃烧反应，其爆炸所需要的热量是由爆炸物本身分解产生的。复杂分解爆炸物的危险性较简单分解爆炸物稍低。其爆炸时伴有燃烧现象，燃烧所需的氧由本身分解产生。

## 二、多项选择题

7. AE

【解析】A 选项错误。粉尘爆炸的燃烧速度、爆炸压力均比混合气体爆炸小。

E 选项错误。玻璃粉尘主要成分为二氧化硅，不会发生爆炸。

8. ABCD

【解析】化工企业中常见的着火源有明火、化学反应热、化工原料的分解自燃、热辐射、高温表面、摩擦和撞击、绝热压缩、电气设备及线路的过热和火花、静电放电、雷击和日光照射等。

9. ABC

【解析】引起简单分解的爆炸物，在爆炸时并不一定发生燃烧反应，其爆炸所需要的热量是由爆炸物本身分解产生的。属于这一类的有乙炔银、叠氮铅等，这类物质受轻微震动即可能引起爆炸，十分危险。此外，还有些可爆炸气体在一定条件下，特别是在受压情况下，能发生简单分解爆炸。例如乙炔、环氧乙烷等在压力下的分解爆炸。A、B、C 选项属于简单分解爆炸。

D 选项属于爆炸性混合物爆炸。

E 选项属于复杂分解爆炸。

# 第三节　危险化学品燃烧爆炸事故的危害

## 一、单项选择题

1. C

【解析】对环境空气中可燃气的监测，常常直接给出可燃气环境危险度，即该可燃气在空气中的含量与其爆炸下限的百分比（%LEL）。所以，这种监测有时又被称作“测爆”，所用的监测仪器称为“测爆仪”。

2. D

【解析】防止爆炸的一般原则：一是控制混合气体中的可燃物含量处在爆炸极限以外；二是使用惰性气体取代空气；三是使氧气浓度处于其极限值以下。

D 选项“设计足够的泄爆面积”不能防止爆炸发生，但爆炸发生后可以减弱爆炸造成的危害。

3. B

【解析】A 选项错误。爆炸形成的高温、高压、高能量密度的气体产物，以极高的速度向周围膨胀，强烈压缩周围的静止空气，使其压力、密度和温度突跃升高。

C 选项错误。爆炸发生时，特别是较猛烈的爆炸往往会引起短暂的地震波。

D 选项错误。粉尘作业场所轻微的爆炸冲击波会使积存在地面上的粉尘扬起，造成更大范围的二次爆破。

4. B

【解析】对于工作介质为剧毒气体或可燃气体（蒸气）里含有剧毒气体的压力容器其泄压装置也应采用爆破片而不宜用安全阀，以免污染环境。因为对于安全阀来说微量的泄漏是难免的。

5. A

【解析】面粉属于粉尘的一种，粉尘爆炸多数为不完全燃烧，所以产生的一氧化碳等有毒物质也相当多。

6. A

【解析】冲击波的破坏作用主要是由其波阵面上的超压引起的。在爆炸中心附近，空气冲击波波阵面上的超压可达几个甚至十几个大气压，在这样高的超压作用下，建筑物被摧毁，机械设备、管道等也会受到严重破坏。

7. A

【解析】火灾是在起火后火场逐渐蔓延扩大，随着时间的延续，损失程度迅速增长，损失大约与时间的平方成比例。

爆炸的机械破坏效应会使容器、设备、装置以及建筑材料等的碎片，在相当大的范围内飞散而造成伤害。碎片的四处飞散距离一般可达数十米到数百米。

冲击波是爆炸形成的高温、高压、高能量密度的气体产物，以极高的速度向周围膨胀，强烈压缩周围的静止空气，使其压力、密度和温度突跃升高，像活塞运动一样推向前进，产生波状气压向四周扩散冲击。因此冲击波造成的破坏并非主要由高温气体快速升温引起。

在爆炸反应中会生成一定量的 CO、NO、$H_2S$、$SO_2$ 等有毒气体。特别是在有限空间内发生爆炸时，有毒气体会导致人员中毒或死亡。因此，爆炸伴随燃烧并不会使气体毒性降低。

8. D

【解析】A 选项错误。爆炸的破坏作用主要包括爆炸碎片的破坏作用和爆炸冲击波的破坏作用。

B 选项错误。当冲击波大面积作用于建筑物时，波阵面超压在 20~30 kPa 内，就足以使大部分砖木结构建筑受到严重破坏。超压在 100 kPa 以上时，除坚固的钢筋混凝土建筑外，其余部分将全部破坏。

C 选项错误。机械设备、装置、容器等爆炸后产生许多碎片，飞出后会在相当大的范围内造成危害。碎片破坏范围一般在 100~500 m。（2022 版教材已调整）

## 二、多项选择题

9. BCD

【解析】防止容器或室内爆炸的安全措施：

（1）抗爆容器。对已知的爆炸结果做系统的评定表明，在符合一定结构要求的前提下，即使容器和设备没有附加的防护措施，也能承受一定的爆炸压力。若选择这种结构形式的设备在剧烈爆炸下没有被炸碎，而只产生部分变形，那么设备的操作人员就可以安然无恙，这也就达到了最重要的防护目的。

（2）爆炸卸压。通过固定的开口及时进行泄压，则容器内部就不会产生高爆炸压力，因而也就不必使用能抗这种高压的结构。把没有燃烧的混合物和燃烧的气体排放到大气里去，就可把爆炸压力限制在容器材料强度所能承受的某一数值。卸压装置可分为一次性（如爆破膜）和重复使用的装置（如安全阀）。

（3）房间泄压。它主要是用来保护容器和装置的，能使被保护设备不被炸毁和使用人员不受伤害。它可用卸压措施来保护房间，但不能保护房间里的人。这种情况下，房间内的设施必须是遥控的，并在运行期间严禁人员进入房间。一般可以通过窗户、外墙和建筑物的房顶来进行卸压。

10. ABCD

【解析】爆炸控制措施主要有设备密闭、厂房通风、惰性介质保护、以不燃溶剂代替可燃溶剂、危险物品隔离储存等。

11. ABD

【解析】防爆的基本原则是根据对爆炸过程特点的分析采取相应的措施。防止第一过程的出现，控制第二过程的发展，削弱第三过程的危害。主要应采取以下措施：

（1）防止爆炸性混合物的形成。

（2）严格控制火源。

（3）及时泄出燃爆开始时的压力。

（4）切断爆炸传播途径。

（5）减弱爆炸压力和冲击波对人员、设备和建筑的损坏。

12. BCDE

【解析】防爆泄压装置主要有安全阀、爆破片、泄爆设施等。

13. ABE

【解析】C 选项错误。机械设备、装置、容器等爆炸后产生许多碎片，飞出后会在相当大的范围内造成危害，一般碎片飞散范围在半径 500 m 以内。

D 选项错误。在爆炸中心附近，空气冲击波波阵面上的超压可达几个甚至十几个大气压，当波阵面超压在 100 kPa 以上时，除坚固的钢筋混凝土建筑外，其余部分将全部破坏。

## 第四节　危险化学品事故的控制和防护措施

### 一、单项选择题

1. D

【解析】A 选项错误。应用甲苯替代苯。

B 选项错误。对于面式扩散源需要使用全面通风。

C 选项错误。把生产设备的管线阀门、电控开关放在与生产地点完全隔离的操作室内。

2. A

【解析】本题是用二氧化氯泡腾片替代液氯杀菌。

3. B

【解析】危险化学品中毒、污染事故预防控制措施主要是替代、变更工艺、隔离、通风、个体防护和保持卫生。用乙烯为原料，通过氯化或氧氯化制乙醛，不需用汞作催化剂，彻底消除了汞害。该控制措施属于变更工艺。

4. A

【解析】在化工厂内，可能散发有毒气体的设备应布置在全年主导风向的下风向。

5. A

【解析】B 选项错误。可能散发可燃气体的场所和设施，宜布置在人员集中场所及明火或散发火花地点的全年最小频率风向的上风侧。

C 选项错误。甲、乙类液体储罐，宜布置在站场地势较低处，当受条件限制或有特殊工艺要求时，可布置在地势较高处，但应采取有效的防止液体流散的措施。

D 选项错误。在山区，应避开山洪及泥石流对站场造成威胁的地段，应避开窝风地段。

6. C

【解析】输送有毒或有腐蚀性介质的管道，不得在人行道上空设置阀体、伸缩器、法兰等，若与其他管道并列时，应在外侧或下方安装。

7. A

【解析】B 选项错误。罐区应设在地势比工艺装置略低的区域。

C 选项错误。锅炉设备和配电设备可能会成为引火源，应设置在易燃液体设备的上风区域。

D 选项错误。管路禁止穿过围堰区。

8. A

【解析】选用泵要依据流体的物理化学特性，一般溶液可选用任何类型泵输送；悬浮液可选用隔膜式往复泵或离心泵输送；黏度大的液体、胶体溶液、膏状物和糊状物可选用齿轮泵、螺杆泵或高黏度泵；毒性或腐蚀性较强的可选用屏蔽泵；输送易燃易爆的有机液体可选用防爆型电机驱动的离心式油泵等。

9. D

【解析】存在火灾和爆炸危险的场所，如厂房、仓库、油库等地，汽车、拖拉机一般不允许进入，如确实需要进入，其排气管上应安装火花熄灭器。

10. D

【解析】电石库、乙炔站均属于第一类防雷建筑，露天钢质封闭气罐属于第二类防雷建筑。

11. D

【解析】通风分局部排风和全面通风两种。

（1）对于点式扩散源，可使用局部排风。所需风量小，经济有效，并便于净化回收。

（2）对于面式扩散源，要使用全面通风。全面通风亦称稀释通风。所需风量大，不能净化回收。

12. A

【解析】应当用甲苯替代喷漆中用的苯。

13. C

【解析】A 选项错误。全面排风是用新鲜空气将作业场所中的污染物稀释到安全浓度以下，所需风量大，不能净化回收。

B 选项错误。全面通风的目的不是消除污染物，而是将污染物分散稀释，所以全面通风仅适合于低毒性作业场所，不适合于污染区量大的作业场所。

D 选项错误。实验室中的通风橱，焊接室或喷漆室可移动的通风管和导管都是局部排风设备。

14. D

【解析】A、B 选项属于防止燃烧、爆炸系统的形成。C 选项属于限制火灾、爆炸蔓延扩散的措施。

15. A

【解析】个体防护用品不能降低作业场所中有害化学品的浓度，它仅仅是一道阻止有害物进入人体的屏障。防护用品本身的失效就意味着保护屏障的消失，因此个体防护不能被视为控制危害的主要手段，而只能作为一种辅助性措施。

16. C

【解析】防止燃烧、爆炸系统的形成的措施有替代、密闭、惰性气体保护、通风置换、安全监测及连锁。控制明火和高温表面属于清除点火源。防爆泄压装置、安装阻火装置属于限制火灾、爆炸蔓延扩散的措施。

## 二、多项选择题

17. AE

【解析】石油天然气开发中，输油气站场选址应远离居民生活区。

18. ADE

【解析】化工管路的布置原则：

（1）应合理安排管路，使管路与墙壁、柱子、场地、其他管路等之间应有适当的距离，并尽量采用标准件，以便于安装，操作、巡查与检修。管道尽量架空敷设，平行成列走直线，少拐弯、少交叉以减少管架的数量；并列管线上的阀门应尽量错开排列；从主管上引出支管时，气体管从上方引出，液体管从下方引出。

（2）输送有毒或有腐蚀性介质的管道，不得在人行道上空设置阀体、伸缩器、法兰等，若与其他管道并列时应在外侧或下方安装；输送易燃、易爆介质的管道不应敷设在生活间、楼梯和走廊等处；配置安全阀、防爆膜、阻火器、水封等防火防爆安全装置，并应采取可靠的接地措施；易燃易爆及有毒介质的放空管应引至室外指定地点或高出层面 2 m 以上。

(3) 管道敷设应有坡度，以免管内或设备内积液，坡度方向要根据介质流动方向和生产工艺特点确定。

(4) 对于温度变化较大的管路要采取热补偿措施，有凝液的管路要安排凝液排出装置，有气体积聚的管路要设置气体排放装置。长距离输送蒸气的管道要在一定距离处安装疏水阀，以排除冷凝水。

19. ACD

【解析】A 选项错误。工艺装置区应该离开工厂边界一定的距离。

C 选项错误。罐区应设在地势比工艺装置区略低的区域。

D 选项错误。锅炉设备和配电设备可能会成为引火在易燃液体设备的上风区域。

20. ABCE

【解析】爆炸性气体环境危险场所分区应根据爆炸性气体混合物出现的频繁程度和持续时间来划分。释放源级别和通风条件对分区有直接影响。

21. ABDE

【解析】限制火灾、爆炸蔓延扩散的措施包括阻火装置、防爆泄压装置及防火防爆分隔等。

## 第五节 危险化学品储存、运输与包装安全技术

### 一、单项选择题

1. C

【解析】危险化学品运输安全技术与要求。装运爆炸、剧毒、放射性、易燃液体、可燃气体等物品，必须使用符合安全要求的运输工具；禁忌物料不得混运；禁止用电瓶车、翻斗车、铲车、自行车等运输爆炸物品。运输强氧化剂、爆炸品及用铁桶包装的一级易燃液体时，没有采取可靠的安全措施时，不得用铁底板车及汽车挂车；禁止用叉车、铲车、翻斗车搬运易燃、易爆液化气体等危险物品；温度较高地区装运液化气体和易燃液体等危险物品，要有防晒设施；放射性物品应用专用运输搬运车和抬架搬运，装卸机械应按规定负荷降低25%的装卸量；遇水燃烧物品及有毒物品，禁止用小型机帆船、小木船和水泥船承运。

2. A

【解析】运输易燃、易爆物的机动车，其排气管应装阻火器，并悬挂“危险品”标志。

3. A

【解析】聚合反应过程中应设置可燃气体检测报警器，一旦发现设备、管道有可燃气体泄漏，将自动停车，反应釜的搅拌和温度应有检测和联锁装置，发现异常能自动停止进料。

4. A

【解析】热裂化在高温、高压下进行，装置内的油品温度一般超过其自燃点，漏出会立即着火。热裂化过程产生大量的裂化气，如泄漏会形成爆炸性气体混合物，遇加热炉等明火，会发生爆炸。

5. C

【解析】硝化反应是放热反应。

6. D

【解析】A 选项错误。提高电感加热设备的安全可靠程度应采用较大截面的导线，防止过载。

B 选项错误。加热炉点火前都应进行吹扫。

C 选项错误。干燥物料中有害杂质挥发性较强时应事先清除。

7. D

【解析】阻火器又名防火器、管道阻火器，是防止外部火焰蹿入存有易燃易爆气体的设备、管道内或阻止火焰在设备、管道间蔓延。

8. D

【解析】选用泵要依据流体的物理化学特性，一般溶液可选用任何类型泵输送；悬浮液可选用隔膜式往复泵或离心泵输送；黏度大的液体、胶体溶液、膏状物和糊状物可选用齿轮泵、螺杆泵或高黏度泵；毒性或腐蚀性较强的可选用屏蔽泵；输送易燃易爆的有机液体可选用防爆型电机驱动的离心式油泵等。

9. A

【解析】（1）爆炸物品、易燃液体、易燃固体、遇水或空气自燃物品、能引起燃烧的物品等必须单独存放。

（2）易燃气体、助燃气体、氧化剂、有毒物品等除惰性气体外必须单独存放。

（3）惰性气体除易燃气体、助燃气体、氧化剂、有毒物品外必须单独存放。氰化钠、氰化钾属于有毒物品，二氧化硫属于惰性气体，硝化甘油属于爆炸物品，乙炔属于易燃气体，乙醚、汽油属于易燃液体，磷化钙属于遇水或空气自燃物品。

10. A

【解析】放射性物品应用专用运输搬运车和抬架搬运，装卸机械应按规定负荷降低25%的装卸量。

11. C

【解析】A 选项错误。危险货物包装分为Ⅰ、Ⅱ、Ⅲ三类。

B 选项错误。Ⅰ类包装适用内装危险性较大的货物。

D 选项错误。Ⅲ类包装适用内装危险性较小的货物。

12. C

【解析】A 选项错误。贮存危险化学品必须遵照国家法律、法规和其他有关的规定。危险化学品必须储存在经公安部门批准设置的专门的危险化学品仓库中，经销部门自管仓库储存危险化学品及贮存数量必须经公安部门批准。未经批准不得随意设置危险化学品贮存仓库。

B 选项错误。危险化学品露天堆放，应符合防火、防爆的安全要求，爆炸物品、一级易燃物品、遇湿燃烧物品、剧毒物品不得露天堆放。

D 选项错误。根据危险化学品性能分区、分类、分库储存。各类危险化学品不得与禁忌物料混合储存。

13. D

【解析】危险化学品露天堆放，应符合防火、防爆的安全要求，爆炸物品、一级易燃物品、遇湿燃烧物品、剧毒物品不得露天堆放。同一区域贮存两种及两种以上不同级别的危险化学品时，应按最高等级危险化学品的性能标志。储存危险化学品的仓库必须配备有专业知识的技术人员，其库房及场所应设专人管理，管理人员必须配备可靠的个人安全防护用品。危险化学品储存方式分为：隔离储存、隔开储存、分离储存3种。

14. C

【解析】道路危险货物运输过程中，驾驶人员不得随意停车。不得在居民聚居点、行人稠密地段、政府机关、名胜古迹、风景浏览区停车。如需在上述地区进行装卸作业或临时停车，应采取安全措施。运输爆炸物品、易燃易爆化学物品以及剧毒、放射性等危险物品，应事先报经当地公安部门批准，按指定路线、时间、速度行驶。禁止通过内河封闭水域运输剧毒化学品以及国家规定禁止通过内河运输的其他危险化学品，环氧乙烷属于内河禁止散装运输的危险化学品。运输危险货物应当配备必要的押运人员，保证危险货物处于押运人员的监管之下。禁止用叉车、铲车、翻斗车搬运易燃、易爆液化气体等危险物品。

15. D

【解析】《危险货物运输包装通用技术条件》（GB 12463）根据盛装内装物的危险程度，将运输包装分为3个类别：

（1）Ⅰ类包装：适用内装危险性较大的货物。

（2）Ⅱ类包装：适用内装危险性中等的货物。

（3）Ⅲ类包装：适用内装危险性较小的货物。

16. C

【解析】《危险货物运输包装通用技术条件》（GB 12463）把危险货物包装分成3类：Ⅰ类包装适用内装危险性较大的货物；Ⅱ类包装适用内装危险性中等的货物；Ⅲ类包装适用内装危险性较小的货物。

## 二、多项选择题

17. ABCD

【解析】在易发生火灾和爆炸的危险区域进行动火作业时，动火现场需配备必要的消防器材，并且要将现场的可燃物品清理干净，还要对附近可能积存可燃气的管沟进行妥善处理。A选项动火作业票是必备的，所以选择。

18. ABE

【解析】《常用化学危险品贮存通则》（GB 15603）规定爆炸物品不准和其他类物品同贮，必须单独隔离限量贮存，仓库不准建在城镇，还应与周围建筑、交通干道、输电线路保持一定安全距离。压缩气体和液化气体必须与爆炸物品、氧化剂、易燃物品、自燃物品、腐蚀性物品隔离贮存。易燃气体不得与助燃气体、剧毒气体同贮；氧气不得与油脂混合贮存。盛装液化气体的容器属压力容器的，必须有压力表、安全阀、紧急切断装置，并定期检查，不得超装。易燃液体、遇湿易燃物品、易燃固体不得与氧化剂混合贮存，具有还原性氧化剂应单独存放。本题中梯恩梯、硝化甘油、雷汞都属爆炸品应当单独存放。

19. ABD

【解析】防止爆炸的一般原则：一是控制混合气体中的可燃物含量处在爆炸极限以外；二是使用惰性气体取代空气；三是使氧气浓度处于其极限值以下。为此应防止可燃气向空气中泄漏，或防止空气进入可燃气体中；控制、监视混合气体各组分浓度；装设报警装置和设施。

20. BCDE

【解析】B 选项错误。没有采取可靠的安全措施时，不得用铁底板车及汽车挂车运输强氧化剂、爆炸品及用铁桶包装的一级易燃液体。

C 选项错误。放射性物品应用专用运输搬运车和抬架搬运，装卸机械应按规定负荷降低 25% 的装卸量。

D 选项错误。禁止用电瓶车、翻斗车、铲车、自行车等运输爆炸物品。

E 选项错误。液氯属于严禁通过内河封闭水域运输的物质。

## 第六节　危险化学品经营的安全要求

### 一、单项选择题

1. A

【解析】粗苯是易燃液体，对于易燃液体，不可采用压缩空气压送，因为空气与易燃液体蒸气混合，可形成爆炸性混合物，且有产生静电的可能。对于闪点很低的可燃液体，应用氮气或二氧化碳等惰性气体压送。

2. D

【解析】当输送可燃气体的管道着火时，应及时采取灭火措施。管径在150 mm以下的管道，一般可直接关闭闸阀熄火；管径在 150 mm 以上的管道着火时，不可直接关闭闸阀熄火，应采用逐渐降低气压，通入大量水蒸气或氮气灭火的措施。

3. C

【解析】A 选项错误。系统卸压要缓慢由高压降至低压，但压力不得降至零，更不能造成负压，一般要求系统内保持微正压。

B 选项错误。高温设备不能急骤降温，避免造成设备损伤。

D 选项错误。最安全可靠的隔绝办法是拆除部分管线或插入盲板。

4. D

【解析】A 选项错误。危险化学品商店不含备货库房的营业场所面积应不小于 60 $m^2$，危险化学品商店内不应设有生活设施。

B 选项错误。营业场所只允许存放单件质量小于50 kg或容积小于 50 L 的民用小包装危险化学品，其存放总质量不得超过 1 t。

C 选项错误。备货库房只允许存放单件质量小于 50 kg 或容积小于 50 L 的民用小包装危险化学品，其存放总质量不得超过 2 t。

5. C

【解析】《危险化学品经营企业安全技术基本要求》（GB 18265）要求经营剧毒物品企业的人员，除要达到经国家授权部门的专业培训，取得合格证书方能上岗的条件外，还应经过县级以上（含县级）公安部门的专门培训，取得合格证书后方可上岗。

依据《危险化学品安全管理条例》第四十一条，危险化学品生产企业、经营企业销售剧毒化学品、易制爆危险化学品，应当如实记录购买单位的名称、地址、经办人的姓名、身份证号码以及所购买的剧毒化学品、易制爆危险化学品的品种、数量、用途。销售记录以及经办人的身份证明复印件、相关许可证件复印件或者证明文件的保存期限不得少于1年。

剧毒化学品、易制爆危险化学品的销售企业、购买单位应当在销售、购买后5日内，将所销售、购买的剧毒化学品、易制爆危险化学品的品种、数量以及流向信息报所在地县级人民政府公安机关备案，并输入计算机系统。

6. A

【解析】B选项错误。危险化学品企业业务经营人员应经国家授权部门的专业培训，取得合格证书方能上岗。

C选项错误。危险化学品必须储存在经公安部门批准设置的专门的危险化学品仓库中，经销部门自管仓库储存危险化学品及贮存数量必须经公安部门批准。未经批准不得随意设置危险化学品贮存仓库。

D选项错误。根据危险化学品性能分区、分类、分库储存。各类危险化学品不得与禁忌物料混合储存。

7. B

【解析】《危险化学品安全管理条例》第三十五条规定，从事剧毒化学品、易制爆危险化学品经营的企业，应当向所在地设区的市级人民政府安全生产监督管理部门提出申请，从事其他危险化学品经营的企业，应当向所在地县级人民政府安全生产监督管理部门提出申请（有储存设施的，应当向所在地设区的市级人民政府安全生产监督管理部门提出申请）。申请人应当提交其符合本条例第三十四条规定条件的证明材料。设区的市级人民政府安全生产监督管理部门或者县级人民政府安全生产监督管理部门应当依法进行审查，并对申请人的经营场所、储存设施进行现场核查，自收到证明材料之日起30日内作出批准或者不予批准的决定。予以批准的，颁发危险化学品经营许可证；不予批准的，书面通知申请人并说明理由。设区的市级人民政府安全生产监督管理部门和县级人民政府安全生产监督管理部门应当将其颁发危险化学品经营许可证的情况及时向同级环境保护主管部门和公安机关通报。申请人持危险化学品经营许可证向工商行政管理部门办理登记手续后，方可从事危险化学品经营活动。法律、行政法规或者国务院规定经营危险化学品还需要经其他有关部门许可的，申请人向工商行政管理部门办理登记手续时还应当持相应的许可证件。故办理危险化学品经营许可证不需要的是行政备案。

## 二、多项选择题

8. ACD

【解析】危险化学品运输企业，应当对其驾驶员、船员、装卸管理人员、押运人员进行有关安全知识培训。驾驶员、装卸管理人员、押运人员必须掌握危险化学品运输的安全知识，并经所在地设区的市级人民政府交通部门考核合格，船员经海事管理机构考核合格，取得上岗资格证，方可上岗作业。

9. ADE

【解析】B 选项错误。运输强氧化剂、爆炸品及用铁桶包装的一级易燃液体时，没有采取可靠的安全措施时，不得用铁底板车及汽车挂车。

C 选项错误。运输爆炸、剧毒和放射性物品，应派不少于 2 人进行押运。

10. BE

【解析】氧化反应中有些氧化剂本身是强氧化剂，如高锰酸钾、氯酸钾、过氧化氢等。

11. ACD

【解析】管子与管子、管子与管件、管子与阀件、管子与设备之间连接的方式主要有 4 种，即螺纹连接、法兰连接、承插式连接及焊接。

12. ABCE

【解析】D 选项中，闪点较高及沸点在 130 ℃以上的可燃液体，如有良好的接地装置，可用空气压送。

## 第七节　泄漏控制与销毁处置技术

### 一、单项选择题

1. C

【解析】危险废弃物无害化处理方式选用固化/稳定化的方法，目前常用的固化/稳定化的方法有水泥固化、石灰固化、塑性材料固化法、自凝胶固化、有机聚合物固化法、熔融固化或陶瓷固化法。

2. D

【解析】A 选项错误。一般的工业废弃物可以直接进入填埋场进行填埋。

B 选项错误。凡确认不能使用的爆炸性物品，必须予以销毁，在销毁以前应报告公安部门。

C 选项错误。爆炸性物品的处理方法主要有爆炸法、烧毁法、溶解法、化学分解法。

3. B

【解析】A 选项错误。扑救遇湿易燃物品火灾时，绝对禁止用水、泡沫、酸碱等湿性灭火剂扑救。一般可使用干粉、二氧化碳、卤代烷扑救。

C 选项错误。固体遇湿易燃物品（钾、钠、铝、镁）应使用水泥、干砂、干粉、硅藻土等覆盖。

D 选项错误。扑救水溶性易燃液体火灾时，比水轻又不溶于水的液体用直流水、雾状水灭火往往无效，可用普通蛋白泡沫或轻泡沫扑救；水溶性液体最好用抗溶性泡沫扑救。

4. B

【解析】一般工业废弃物可以直接进入填埋场进行填埋。对于粒度很小的固体废弃物，为了防止填埋过程中引起粉尘污染，可装入编织袋后填埋。

5. C

【解析】几种特殊化学品火灾扑救注意事项：

（1）扑救气体类火灾时，切忌盲目扑灭火焰，在没有采取堵漏措施的情况下，必须保持稳定燃烧。

（2）扑救爆炸物品火灾时，切忌用沙土盖压，以免增强爆炸物品的爆炸威力；另外扑救爆炸物品堆垛火灾时，水流应采用吊射，避免强力水流直接冲击堆垛，以免堆垛倒塌引起再次爆炸。

（3）扑救遇湿易燃物品火灾时，绝对禁止用水、泡沫、酸碱等湿性灭火剂扑救。一般可使用干粉、二氧化碳、卤代烷扑救，但钾、钠、铝、镁等物品用二氧化碳、卤代烷无效。固体遇湿易燃物品应使用水泥、干砂、干粉、硅藻土等覆盖。对镁粉、铝粉等粉尘，切忌喷射有压力的灭火剂，以防止将粉尘吹扬起来，引起粉尘爆炸。

（4）扑救易燃液体火灾时，比水轻又不溶于水的液体用直流水、雾状水灭火往往无效，可用普通蛋白泡沫或轻泡沫扑救；水溶性液体最好用抗溶性泡沫扑救。

（5）扑救毒害和腐蚀品的火灾时，应尽量使用低压水流或雾状水，避免腐蚀品、毒害品溅出；遇酸类或碱类腐蚀品最好调制相应的中和剂稀释中和。

（6）易燃固体、自燃物品火灾一般可用水和泡沫扑救，只要控制住燃烧范围，逐步扑灭即可。

6. A

【解析】扑救遇湿易燃物品火灾时，绝对禁止用水、泡沫、酸碱等湿性灭火剂扑救。一般可使用干粉、二氧化碳、卤代烷扑救，但钾、钠、铝、镁等物品用二氧化碳、卤代烷无效。扑救爆炸物品堆垛火灾时，水流应采用吊射，避免强力水流直接冲击堆垛，以免堆垛倒塌引起再次爆炸。扑救气体类火灾时，切忌盲目扑灭火焰，在没有采取堵漏措施的情况下，必须保持稳定燃烧。否则，大量可燃气体泄漏出来与空气混合，遇点火源就会发生爆炸，造成严重后果。

7. C

【解析】A 选项错误。凡确认不能使用的爆炸性物品，必须予以销毁，在销毁以前应报告当地公安部门，选择适当的地点、时间和销毁方法。

B 选项错误。有机过氧化物是一种易燃、易爆品。其废弃物应从作业场所清除并销毁，其方法主要取决于该过氧化物的物化性质，根据其特性选择合适的方法处理，以免发生意外事故。处理方法主要有分解、烧毁、填埋。

D 选项错误。一般工业废弃物而不是危险废弃物可以直接进入填埋场进行填埋，粒度很小的废弃物可装入编织袋后填埋。对于危险废弃物，要采用固化/稳定化的方法，使其无害化。

## 二、多项选择题

8. ABCE

【解析】凡确认不能使用的爆炸性物品，必须予以销毁，在销毁以前应报告当地公安部门，选择适当的地点、时间及销毁方法。一般可采用爆炸法、烧毁法、溶解法和化学分解法进行处理。

9. AD

【解析】B 选项错误。扑救爆炸物品火灾时，切忌用沙土盖压，以免增强爆炸物品的爆炸威力；另外扑救爆炸物品堆垛火灾时，水流应采用吊射，避免强力水流直接冲击堆垛，以免堆垛倒塌引起再次爆炸。

C 选项错误。扑救遇湿易燃物品火灾时，绝对禁止用水、泡沫、酸碱等湿性灭火剂扑救。一般可使用干粉、二氧化碳、卤代烷扑救，但钾、钠、铝、镁等物品用二氧化碳、卤代烷无效。

E 选项错误。扑救易燃液体火灾时，比水轻又不溶于水的液体用直流水、雾状水往往无效，可用普通蛋白泡沫或轻泡沫灭火扑救。

10. CDE

【解析】几种特殊化学品火灾扑救注意事项：

（1）扑救气体类火灾时，切忌盲目扑灭火焰，在没有采取堵漏措施的情况下，必须保持稳定燃烧。否则，大量可燃气体泄漏出来与空气混合，遇点火源就会发生爆炸，造成严重后果。

（2）扑救爆炸物品火灾时，切忌用沙土盖压，以免增强爆炸物品的爆炸威力；另外扑救爆炸物品堆垛火灾时，水流应采用吊射，避免强力水流直接冲击堆垛，以免堆垛倒塌引起再次爆炸。

（3）扑救遇湿易燃物品火灾时，绝对禁止用水、泡沫、酸碱等湿性灭火剂扑救。一般可使用干粉、二氧化碳、卤代烷扑救，但钾、钠、铝、镁等物品用二氧化碳、卤代烷无效。固体遇湿易燃物品应使用水泥、干砂、干粉、硅藻土等覆盖。对镁粉、铝粉等粉尘，切忌喷射有压力的灭火剂，以防止将粉尘吹扬起来，引起粉尘爆炸。

（4）扑救易燃液体火灾时，比水轻又不溶于水的液体用直流水、雾状水灭火往往无效，可用普通蛋白泡沫或轻泡沫扑救；水溶性液体最好用抗溶性泡沫扑救。

（5）扑救毒害和腐蚀品的火灾时，应尽量使用低压水流或雾状水，避免腐蚀品、毒害品溅出；遇酸类或碱类腐蚀品最好调制相应的中和剂稀释中和。

（6）易燃固体、自燃物品火灾一般可用水和泡沫扑救，只要控制住燃烧范围，逐步扑灭即可。

## 第八节　危险化学品的危害及防护

### 一、单项选择题

1. A

【解析】当遇到危险时，现场处置人员必须先做好自身防护，才能抢险救灾。

2. A

【解析】扑救气体类火灾时，切忌盲目扑灭火焰，在没有采取堵漏措施情况下，必须保持稳定燃烧。

3. C

【解析】扑救毒害或腐蚀品的火灾时，应尽量使用低压水流或雾状水，避免腐蚀品、毒害品溅出；遇酸类或碱类腐蚀品最好调制相应的中和剂稀释中和。

4. C

【解析】在毒性气体浓度高、缺氧的环境中进行固定作业应选用送风长管式或自吸长管式防毒面具。

5. D

【解析】空气中缺氧监测。在一些可能产生缺氧的场所，特别是人员进入设备作业时，必须进行氧含量的监测，氧含量低于18%时，严禁入内，以免造成缺氧窒息事故。

6. D

【解析】特殊化学品火灾扑救的注意事项如下：

(1) 扑救气体类火灾时，切忌盲目扑灭火焰，在没有采取堵漏措施的情况下，必须保持稳定燃烧。

(2) 扑救爆炸物品火灾时，切忌用沙土盖压，以免增强爆炸物品的爆炸威力。

(3) 扑救易燃液体火灾时，绝对禁止用水、泡沫、酸碱等湿性灭火剂扑救。

(4) 扑救易燃液体火灾时，比水轻又不溶于水的液体用直流水、雾状水灭火往往无效，可用普通蛋白泡沫或轻泡沫扑救；水溶性液体最好用抗溶性泡沫扑救。

(5) 扑救毒害和腐蚀品的火灾时，应尽量使用低压水流或雾状水，避免腐蚀品、毒害品溅出；遇酸类或碱类腐蚀品最好调制相应的中和剂稀释中和。

(6) 易燃固体、自燃物品火灾一般可用水和泡沫扑救，只要控制住燃烧范围，逐步扑灭即可。

7. C

【解析】取样时间与动火作业的时间不得超过30 min，如超过此间隔时间或动火停歇时间为30 min以上时，必须重新取样分析。

8. A

【解析】设备内作业安全要点包括：

(1) 设备内作业必须办理设备内安全作业证，并要严格履行审批手续。

(2) 进设备内作业前，必须将该设备与其他设备进行安全隔离（加盲板或拆除一段管线，不允许采用其他方法代替）。

(3) 采取适当的通风措施，确保设备内空气良好流通。

(4) 在设备内动火，必须按规定同时办理动火证和履行规定的手续。

(5) 设备内作业必须设专人监护，并与设备内作业人员保持有效的联系。

9. D

【解析】动火分析标准：若使用测爆仪时，被测对象的气体或蒸气的浓度应小于或等于爆炸下限的20%（体积比，下同）；若使用其他化学分析手段时，当被测气体或蒸气的爆炸下限大于或等于10%时，其浓度应小于1%；当爆炸下限小于10%、大于或等于4%时，其浓度应小于0.5%；当爆炸下限小于4%、大于或等于1%时，其浓度应小于0.2%。

若有两种以上的混合可燃气体，应以爆炸下限低者为准。本题中，乙烷的爆炸下限为 2.9%小于 4%，其浓度应小于 0.2%。

10. A

【解析】均相燃烧是指燃烧反应在同一相中进行，如天然气在空气中燃烧是在同一气相中进行的，属于均相燃烧。

11. D

【解析】含硫油气井作业相关人员应进行专门的硫化氢防护培训，首次培训时间不得少于 15 h，每 2 年复训一次，复训时间不少于 6 h。

12. A

【解析】陆上钻井队当班生产班组应每人配备一套呼吸保护设备，另配备一定数量作为公用，海上钻井作业人员应保证 100%配备。

13. B

【解析】不准用铁器敲击，以防引起火花。

14. D

【解析】敌百虫性质较稳定，但遇碱则水解成敌敌畏，其毒性增大了 10 倍。

15. B

【解析】A 选项错误。空气中一氧化碳含量达到 0.5%时就会导致血液携氧能力严重下降。

C 选项错误。苯急性中毒主要表现为对中枢神经系统的麻醉作用，而慢性中毒主要为造血系统的损害。

D 选项错误。三硝基甲苯中毒可出现白内障、中毒性肝病、贫血、高铁血红蛋白血症等。

16. B

【解析】A 选项错误。对氰化钠、氰化钾及其他氰化物的污染，可用硫代硫酸钠、硫酸亚铁、次氯酸钠、高锰酸钾水溶液浇在污染处。

C 选项错误。苯胺泄漏后，可用稀释的盐酸或硫酸溶液浸湿污染处，再用水冲洗。

D 选项错误。被黄磷污染的用具，可用 5%硫酸铜溶液冲洗。

17. B

【解析】A 选项错误。双罐式防毒口罩适用于毒性气体的体积浓度低，一般不高于 1%的场所。

C 选项错误。送风长管式呼吸器适用于毒性气体浓度高，缺氧的固定作业的场所。

D 选项错误。自吸长管式呼吸器适用于毒性气体浓度高，缺氧的固定作业的场所，且导管限长小于 10 m，管内径大于 18 mm。

18. C

【解析】高强度的放射线对人体造血系统造成的伤害主要表现为恶心、呕吐、腹泻，但很快能好转，经过 2~3 周无症状之后，出现脱发、经常性流鼻血，再出现腹泻，极度憔悴，通常在 2~6 周后死亡。

19. B

【解析】呼吸道防毒劳动防护用具的选用原则见下表：

呼吸道防毒面具选用表

<table>
<tr><th colspan="4">品　类</th><th>使用范围</th></tr>
<tr><td rowspan="6">过滤式</td><td rowspan="3">全面罩式</td><td colspan="2">头罩式面具</td><td rowspan="6">毒性气体的体积浓度低，一般不高于1%，具体选择按《呼吸防护自吸过滤式防毒面具》（GB 2890）进行</td></tr>
<tr><td rowspan="2">面罩式面具</td><td>导管式</td></tr>
<tr><td>直接式</td></tr>
<tr><td rowspan="3">半面罩式</td><td colspan="2">双罐式防毒口罩</td></tr>
<tr><td colspan="2">单罐式防毒口罩</td></tr>
<tr><td colspan="2">简易式防毒口罩</td></tr>
<tr><td rowspan="7">隔离式</td><td rowspan="4">自给式</td><td rowspan="2">供氧（气）式</td><td>氧气呼吸器</td><td rowspan="3">毒性气体浓度高，毒性不明或缺氧的可移动性作业</td></tr>
<tr><td>空气呼吸器</td></tr>
<tr><td rowspan="2">生氧式</td><td>生氧面具</td></tr>
<tr><td>自救器</td><td>上述情况短暂时间事故自救用</td></tr>
<tr><td rowspan="3">隔离式</td><td rowspan="2">送风长管式</td><td>电动式</td><td rowspan="2">毒性气体浓度高，缺氧的固定作业</td></tr>
<tr><td>人工式</td></tr>
<tr><td colspan="2">自吸长管式</td><td>同上，导管限长<10 m，管内径>18 mm</td></tr>
</table>

20. B

【解析】毒性危险化学品可经呼吸道、消化道和皮肤进入人体。

21. B

【解析】填埋方法可用于处理有机过氧化物废弃物和一般工业固体废弃物。将液态腐蚀性危险化学品填埋存在污染环境等风险。将液态腐蚀性危险化学品存放在试剂柜的上层有倾覆的危险。腐蚀性危险化学品的废液不能单单经过稀释就排放至下水道。

22. D

【解析】自给式氧气呼吸器适用于毒性气体浓度高，毒性不明或缺氧的可移动性作业。头罩式面具、双罐式防毒口罩的使用范围为毒性气体的体积浓度低，一般不高于1%。长管式送风呼吸器适用于毒性气体浓度高，缺氧的固定作业。根据题干描述，本次救援行动属于在毒性不明的环境中进行的可移动性作业，因此营救人员应该选择佩戴自给式氧气呼吸器。

23. A

【解析】毒性危险化学品可经呼吸道、消化道和皮肤进入人体。在工业生产中，毒性危险化学品主要经呼吸道和皮肤进入人体，有时也可经消化道进入。

## 二、多项选择题

24. CD

【解析】按作用机理，呼吸道防毒面具分为过滤式和隔离式。

25. CD

【解析】对于毒性气体浓度高，毒性不明或缺氧的可移动性作业环境中，可选用的防毒面具有自给式氧气呼吸器、自给式空气呼吸器、自给式生氧面具、自给式自救器等。

26. CDE

【解析】A 选项错误。系统卸压应缓慢由高压降至低压，但压力不得降为零，更不能造成负压，一般要求系统内保持微正压。

B 选项错误。降温应按规定的降温速率进行降温，高温设备不得急骤降温，以免造成设备损伤。

27. CDE

【解析】C 选项错误。盲板的尺寸应符合阀门或管道的口径；盲板的厚度需通过计算确定，原则上盲板厚度不得低于管壁厚度；盲板及垫片的材质，要根据介质特性、温度、压力选定。

D 选项错误。根据现场实际情况制作合适的盲板。

E 选项错误。加入盲板的部位要有明显的挂牌标志，严防漏插漏抽。

28. ADE

【解析】若置换介质的密度大于被置换介质的密度，应由设备或管道最低点送入置换介质；若置换介质的密度小于被置换介质的密度，应由设备或管道最高点送入置换介质。

29. ABCD

【解析】危险化学品露天堆放，应符合防火、防爆的安全要求；爆炸物品、一级易燃物品、遇湿燃烧物品、剧毒物品不得露天堆放。

30. ABCE

【解析】在禁火区进行焊接与切割作业及在易燃、易爆场所使用喷灯、电钻、砂轮等进行可能产生火焰、火花或炽热表面的临时性作业均属于动火作业。

31. ABE

【解析】C 选项错误。储罐中低液位燃烧比高液位燃烧速度更快，因为受火焰加热的罐壁可以进一步加速油品的蒸发。

D 选项错误。天然气火焰传播速度随着管道直径的增加而增加，当达到某个直径时速度就不再增加。

32. AB

【解析】石油钻井是利用钻机设备及破岩工具破碎地层形成井筒的工艺过程。石油钻井过程蕴藏多种风险，其中最大的风险是井喷和硫化氢中毒。

33. CD

【解析】C 选项错误。后建工程应从先建工程下方穿过。

D 选项错误。输油气管道穿越公路、铁路应尽量垂直交叉，因条件限制无法垂直交叉时，最小夹角不应小于 30°。

34. ABC

【解析】在工业生产中，毒性危险化学品主要经呼吸道和皮肤进入体内，有时也可经消化道进入。

35. BCDE

【解析】A 选项错误。腐蚀性物品接触人的皮肤、眼睛、肺部、食道等，会引起表皮细胞组织发生破坏作用而造成灼伤，而且被腐蚀性物品灼伤的伤口不易愈合。（2022 版教材已调整）

36. BCDE

【解析】凡确认不能使用的爆炸性物品，必须予以销毁，在销毁以前应报告当地公安部门，选择适当的地点、时间及销毁方法。一般可采用爆炸法、烧毁法、溶解法、化学分解法 4 种方法。